北京理工大学“双一流”建设精品出版工程

Inorganic Chemistry Experiment
(2nd Edition)

无机化学实验
（第2版）

付引霞　冯 霄 ◎ 主编

北京理工大学出版社
BEIJING INSTITUTE OF TECHNOLOGY PRESS

内容简介

《无机化学实验（第2版）》包括绪论、无机化学实验的基础知识和基本操作、无机化学实验中的基本原理、基本操作训练与化学常数测定实验、化学原理的应用实验、元素及其化合物的性质实验、无机物的制备与提纯、综合设计型实验和研究创新型实验。本书在第1版的基础上，根据化学学科的发展和实验仪器的更新，结合科研和教学实践，对部分内容、编排顺序和文字叙述进行了修订，将一些科研项目转化为教学实验，增加了一些新型分析测试仪器，反映了学科前沿知识，并融入了现代合成实验技术，加强了学生综合素质训练。

本书可作为理科化学类专业无机化学实验教材，也可作为化工、材料、环境、生物等专业的基础化学实验教材。

图书在版编目（CIP）数据

无机化学实验／付引霞，冯霄主编．--2版．--北京：北京理工大学出版社，2022.5
ISBN 978-7-5763-1311-6

Ⅰ．①无…　Ⅱ．①付…②冯…　Ⅲ．①无机化学-化学实验　Ⅳ．①O61-33

中国版本图书馆CIP数据核字（2022）第074303号

出版发行／北京理工大学出版社有限责任公司
社　　址／北京市海淀区中关村南大街5号
邮　　编／100081
电　　话／(010)68914775(总编室)
(010)82562903(教材售后服务热线)
(010)68944723(其他图书服务热线)
网　　址／http://www.bitpress.com.cn
经　　销／全国各地新华书店
印　　刷／三河市华骏印务包装有限公司
开　　本／787毫米×1092毫米　1/16
印　　张／18.5
字　　数／435千字
版　　次／2022年5月第2版　2022年5月第1次印刷
定　　价／58.00元

责任编辑／多海鹏
文案编辑／魏　笑
责任校对／周瑞红
责任印制／李志强

作 者 简 介

付引霞，女，生于1966年，化学与化工学院教师，高级实验师。付引霞从事本科生实验教学工作三十多年，讲授“无机化学”“无机化学实验”“大学化学实验”“分析化学实验”“有机化学实验”等课程；独立为全校本科生开设了“生活化学实验”公选课，自编讲义学生已使用十余年；作为主编之一编写的“无机化学实验”获得2008年北京高等教育精品教材奖；多次获得学校实验教改项目；以第一作者曾发表多篇实验教改论文，并获得国家发明专利；多次辅导学生参加化学实验竞赛获得一等奖。

冯霄，男，生于1986年，化学与化工学院教师，教授。冯霄在教学方面承担本科生“无机化学实验A”“无机化学实验B”“普通化学实验”“化学与社会”“大学化学C”“大学化学A”等课程授课工作；科研方面主要从事关于晶态多孔材料的构效关系研究，以及膜分离相关领域应用研究，取得了一系列研究成果。

编 者 的 话

“无机化学实验”是大学化学、化工专业学生的第一门化学实验必修课，是无机化学教学的一个重要环节。通过本书，可以使学生在获得对物质变化的感性认识的同时，加深对无机化学的基本概念与基本理论的理解，学习规范的无机化学实验的基本操作技能，掌握无机化学基本常数的测定方法、常见元素及化合物的性质，进而对学生进行全方面综合实验技能的训练，初步建立“量”的概念。通过实验，培养学生动手能力，学习如何观察、记录和解释实验现象，处理实验数据及准确无误地表达实验过程并完成实验报告，培养学生一丝不苟、严谨、求实的科学作风，以及综合运用知识分析和解决问题的能力。

本书在编写过程中的指导思想是：重视基础、强化无机合成及综合实验、注重理论联系实际及综合能力的培养。在内容编排上由易到难，既有传统的、经典的无机化学实验，旨在加强学生基本操作、基本技能和基本理论，又有综合性较强，并引入现代合成技术的研究型实验，以满足不同层次的教学需求。在编写形式上力求文字流畅，原理深入浅出，便于学生在实验前的预习自学。通过基础实验，在实验技能和实验理论两个方面可以得到循序渐进的提高，同时在无机合成及综合实验中，可以体现出对学生综合能力和综合素质的全面培养。本书中的研究创新型实验为选做实验，目的是培养学生查阅文献、独立设计实验及综合运用所学知识解决问题的能力，可视实验教学时数和实验条件选做。

编 者

前　言

《无机化学实验》于2007年出版，2008年被评为北京高等教育精品教材。在十多年的教学使用过程中，本书得到了广大师生的大力支持与厚爱。随着课程建设的不断加强以及实验仪器的智能化，编者结合多年来的教学改革、教学实践、教材使用情况，以及兄弟院校使用本书所提出的宝贵意见和建议，继承第1版的优点和精髓，保持第1版的指导思想。在“十四五”规划教材立项的支持下，我们更有信心和责任，尽最大努力将本书修订好。

根据学科发展和教学实践，对编排体系进行了较大的调整。将第1版中基础知识和基本操作，以及无机化学实验常用仪器设备合并为一章，删除了一些陈旧过时的仪器，增加了一些先进的智能化仪器设备。同时，本书对实验内容进行了适当的增减和修改，融入了一些思政要素，使本书更具时代性和适用性。

将部分科研项目经过转换用于本科生实验教学当中。本书增加了一些新的具有综合性、设计性、研究创新性实验，使无机化学教学实验中融入一些科研元素，让学生在学习基础知识的同时，了解本学科的一些前沿知识，培养学生科学思维能力、探索和创新精神，加强综合素质的训练。

第1版教材在使用过程中，有师生提出附录内容偏少。比如，无机物在不同温度下的溶解度、常用指示剂的配制方法、常用缓冲溶液的配制等经常要用的内容，学生需要到其他书籍中去查找，为此在第1版附录的基础上，又进行了针对性内容的扩充，便于师生们直接查找与使用。

本书共分9章，含有41个实验。主要内容包括：绪论；无机化学实验的基础知识和基本操作；无机化学实验中的基本理论；基本操作训练与化学常数测定实验；化学原理的应用实验；元素及其化合物的性质实验；无机物的制备与提纯；综合设计性实验；研究创新型实验。应用面较宽，既可作为理科化学类专业的无机化学实验教材，也可作为化工、材料、环境、生物等专业的基础化学实验教材。

本书参加编写修订的有：付引霞（第1章，第2章2.1、2.2、2.3、2.4、2.5.1、2.5.2、2.5.7、2.5.10，第3章，第4章，第6章，第8章及附录）；冯霄（第2章2.5.3、2.5.4、2.5.5、2.5.6，第5章，第7章，第9章）。全书最后由付引霞统稿，由付引霞、冯霄、刘成鹏校对。

在本书的修订过程中，编者参阅了大量兄弟院校同名教材与其他相关教材，并得到了长期工作在无机化学实验教学一线的老师们的帮助与指导，在此表示诚挚的感谢！

由于编者水平有限，本书在内容取舍、编写修订方面难免有疏漏或不妥之处，恳请读者批评指正。

编　者

2022年3月17日

目　录

第1章

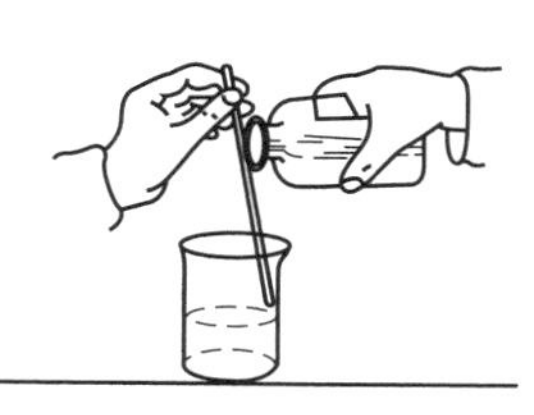

绪　论

1.1　无机化学实验课程的地位与学习目的

化学强调理论与实践相结合，是一门以实验为基础的自然学科。因而，化学实验课程已成为培养学生创新精神和实践动手能力的重要环节，在高校实践教学体系中占据重要地位。化学实验是化学素质教育和创新教育的良好载体和重要途径，对于培养学生的创新精神、探究能力和灌输思想教育有着非常重要的作用。在全国高校思想政治工作会议上，习近平总书记指出："做好高校思想政治工作，要因事而化、因时而进、因势而新。要遵循思想政治工作规律，遵循教书育人规律，遵循学生成长规律，不断提高工作能力和水平。要用好课堂教学这个主渠道，思想政治理论课要坚持在改进中加强，提升思想政治教育亲和力和针对性，满足学生成长发展需求和期待，其他各门课都要守好一段渠、种好责任田，使各类课程与思想政治理论课同向同行，形成协同效应。"在培养未来化学工作者的大学基础教育中，化学实验课程占非常重要的地位。

无机化学实验是学生进入大学后的第一门实践性课程，也是学好后续各门化学课程的重要基础课程。其目的和任务主要有以下四个方面：

（1）通过实验，学生可以直接获得大量的化学事实，即掌握大量物质变化的第一感性知识，使学生在学习过程中能从感性认识上升到理性认识，再运用理论知识指导实验。

（2）通过实验，对学生进行科学研究的基本训练，使学生能够了解无机化合物的一般制备、提纯和分离方法，以及确定化合物的组成、含量和结构的测试方法。培养学生独立工作和独立思考的能力，使学生学会仔细观察、记录实验现象，并能归纳、总结、正确处理实验数据，能用科学的语言表述实验结果。

（3）通过实验，学生在经过严格训练后，能规范地掌握化学实验的基本操作技能、基本实践技术，以及科学研究的基本方法。

（4）通过实验，培养学生实事求是的科学态度。科学来不得半点虚假，不能为取得好成绩而谎报实验数据，这是科学研究的大忌。同时，学生还要培养良好的实验习惯、科学的思维方式和一丝不苟的敬业精神，为成为科学创新型人才奠定一定的理论与实践基础。

1.2　无机化学实验的基本要求和学习方法

要达到上述四点学习目的，不仅要有正确的学习态度，还要有正确的学习方法，这是实

验取得成功的前提。无机化学实验课程的学习方法大致有三个步骤。

1.2.1 实验预习

充分预习是做好实验的前提和保证。只有充分理解实验原理、操作要领，明确在实验中需要解决的问题，才能积极主动和有条不紊地进行实验，才能达到应有的实验效果和目的。预习内容包括：

（1）阅读教材。认真钻研实验教材和教科书与实验有关的内容，明确本次实验的目的、基本原理及全部内容，了解实验步骤、仪器的使用及实验中应注意的事项。

（2）查阅资料。查阅有关教材、参考资料、附录及相关手册，写出实验所需要的物理化学数据（包括查阅出来的和自己计算出来的）、化学反应方程式及预测的实验现象，了解实验所涉及药品的理化性质和安全使用注意事项。

（3）书写预习报告。在规范的实验记录本上写出预习报告，包括：实验名称、目的、原理、内容、所需要的仪器名称或画出仪器装置图、实验中的注意事项等。在实验现象、实验数据记录、分析与讨论处留白，待实验中或实验后补充完整。预习报告需在实验前交给指导教师检查。

1.2.2 实验过程

按照预习拟定的实验方案（或设计性实验中自己设计的实验方法）、步骤和试剂用量进行实验，并做到以下四点：

（1）认真而规范地操作，仔细观察实验现象，及时并翔实地记录实验过程中的现象、问题及有关实验数据。

（2）实验过程中积极思考，发现和预习时不符的现象或反常现象。一旦发现，先仔细查找、分析原因，力争自己解决问题，必要时可与同学或指导教师讨论。如遇实验失败，先查找原因，经指导教师同意后方可重做实验。

（3）实验过程中严格遵守仪器、试剂、水、电和气的安全使用注意事项，始终保持实验室肃静和整洁。

（4）实验结束后，要将仪器、试剂整理好，所用玻璃器皿刷洗干净放回原位。关闭水、电、气开关，清扫实验室，经指导教师检查后方可离开实验室。

1.2.3 实验后

认真、独立完成实验报告。实验报告是实验的记录、概括和总结，也是对实验者综合能力的考核。其内容包括：

（1）实验名称。

（2）实验目的。简述实验所要达到的目的和要求。

（3）实验原理。简述实验原理，写出主要计算公式或反应方程式。

（4）实验所用的仪器、药品及装置。要写明所用仪器的规格、数量，药品的名称、浓度，并绘制装置示意图。

（5）实验内容、步骤。要求简明扼要，尽量采用符号、框图、表格等形式表达，如实记录实验现象和实验数据，不要全盘抄写教材。

（6）实验结果及数据处理。根据实验现象及记录的实验过程，做出简明解释，写出反应方程式，做出小结或最后结论。数据处理务必将所依据的公式和主要数据表达清楚，计算时注意物理量的单位及有效数字的规范使用。

（7）问题与讨论。对实验现象及过程中出现的一些问题进行讨论，敢于提出自己的见解，对实验方法、装置等提出改进的意见或建议。

无机化学实验大致可分为性质、测定及制备三大类，下面将三类实验报告的格式推荐如下，以供参考。

无机化学性质实验报告

实验名称：______________________________

班级________姓名________同组人________指导教师________

实验日期____________　室温________

一、实验目的

____

二、实验原理（简述）

____

三、仪器、试剂、材料

____

四、实验内容

实验步骤	实验现象	解释及结论（包括反应式）

五、问题及讨论

____

无机化学测定实验报告

实验名称：______________________________

班级________姓名________同组人________指导教师________

实验日期____________室温____________

一、实验目的

____

二、测定原理与方法（简述）

____

三、仪器、试剂、材料

____

四、实验内容、步骤

____

五、数据记录

六、数据处理

七、结果与问题讨论

无机化学制备实验报告

实验名称：____

班级________姓名________同组人________指导教师________

实验日期____________　　室温________

一、实验目的

二、实验原理（简述）

三、仪器、试剂、装置图

四、简单流程和主要反应条件

五、实验过程、主要现象及数据

六、实验结果

产量与得率：

纯度评价：

项目	方法	现象及结果

主要性质：

七、问题及讨论

第2章

无机化学实验的基础知识和基本操作

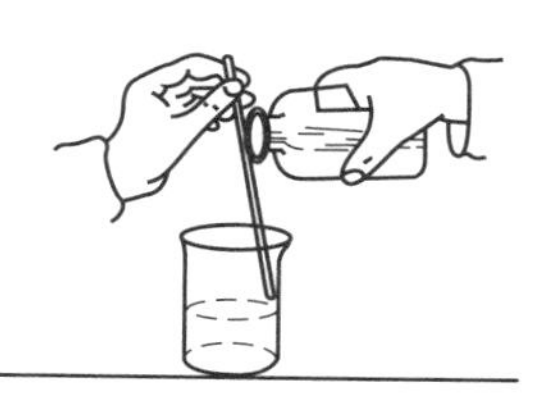

2.1 实验室基础知识

2.1.1 实验室学生守则

(1) 每次实验学生应提前10分钟进入实验室，认真清点仪器。如发现仪器破损或缺少，应立即报告指导教师，按规定手续向指导教师补领。实验时仪器如有损坏，应按规定手续向指导教师换取新仪器，不得擅自拿用其他位置上的仪器。

(2) 学生每次应在指定位置进行实验，不得随意串走，实验中如遇问题，可举手向指导教师请教。

(3) 实验时要爱护公物，小心使用实验仪器和设备，不得擅自拆装或挪动实验仪器和设备。尤其在使用精密仪器时，必须严格按照操作规程进行。如发现仪器出现故障，应立即停止使用并报告指导教师，以便及时妥善处理。

(4) 实验时要注意节约水、电、试剂。试剂的取用应按照正确的操作规程进行，以免污染原试剂。

(5) 学生应以严谨求实的科学态度进行实验，认真测定数据，如实记录实验现象及数据。实验结束后，应及时向指导教师递交实验报告。

(6) 实验结束后，应将公用仪器、工具、试剂等摆放整齐。火柴梗、废纸等废弃物扔到废物箱，严禁投入水池内。废渣、废液不得随意倾倒，应服从统一处理。严禁将实验仪器和化学药品带出实验室。

(7) 实验结束后，值日生打扫和整理实验室，认真检查实验室水、电、气源开关，经指导教师允许后方可离开实验室。

2.1.2 实验室安全操作规程与安全知识

进入化学实验室，必然会遇到有毒、易燃、易爆、有腐蚀性的药品。无论怎样简单的实验，都不能粗心大意。因此，要求每个同学在思想上高度重视安全问题。实验前充分了解有关安全方面的注意事项。实验时要有条理，井然有序，严格遵守安全操作规程，避免事故的发生。实验室安全操作规程与安全知识如下：

（1）实验室内严禁吸烟，饮食和大声喧哗。

（2）初次进入实验室，要了解实验室的水阀、电源开关和燃气总阀的位置，并了解它们的使用规则及实验室其他物品的放置情况。如紧急洗眼器（见图2-1）、紧急洗眼冲淋器（见图2-2）、灭火器，以及万一发生事故时人员撤离的安全通道等。

图2-1　紧急洗眼器

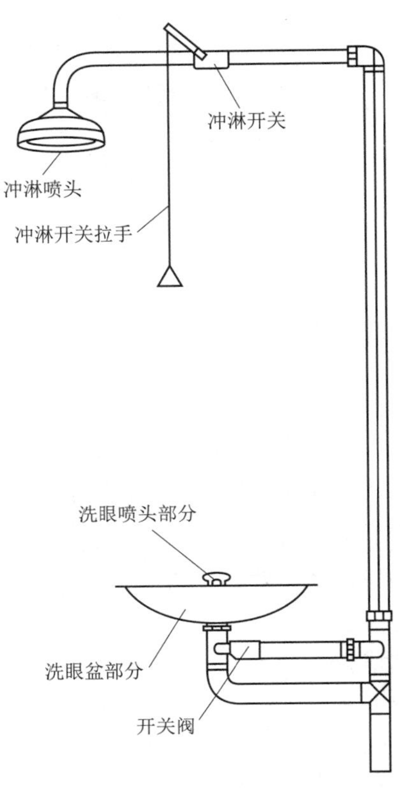

图2-2　紧急洗眼冲淋器

（3）实验前，必须按照实验要求做好充分预习，为安全实验做好必要准备。实验事故虽不可预测，但其危险性是可以估计到的。

（4）使用易燃、易爆、有刺激性气味的气体，或实验中能产生上述物质，应严格按照操作规程并在远离火源、有通风设备的地方进行。

（5）实验中如用到剧毒试剂或贵金属，应遵循有关取用制度。有毒物质不能接触皮肤和洒落到桌（地）面上，用后废液统一回收处理。

（6）使用浓酸、浓碱和具有强腐蚀性试剂时，应避免洒在衣服和皮肤上，以免灼伤。必要时可佩戴防护眼镜和橡胶手套。

（7）加热和浓缩液体时应十分小心。加热液体时，不能俯视正在加热的液体，更不能将正在加热的试管口对着自己或他人，以免液体溅出伤人。浓缩液体时，特别是有晶体出现之后，要不停地搅拌，避免液体溅入眼睛、皮肤和衣服上。

（8）对于性质不明的化学试剂，严禁任意混合。严禁将氧化剂与可燃物一起研磨或用纸直接称量，避免发生意外事故。

（9）自拟或改变实验方案时，必须经指导教师批准后方可进行。

（10）实验室内的所有试剂及仪器，不得带出实验室。实验结束后放回原处。

2.1.3　实验室事故的应急处理方法

在实验过程中若不幸发生事故，在紧急情况下，必须先在实验室立即进行应急处理。处理方法见表 2-1。

表 2-1　实验室事故应急处理方法

种类		一般急救措施
灼伤	烫伤	切勿用水冲洗，应在受伤处涂抹烫伤药，如獾油。还可用 3%~5% $KMnO_4$ 溶液或 5%新制丹宁溶液使用消毒纱布浸湿毛孔
	酸灼	先将酸擦去，再用大量水冲洗，然后用饱和 $NaHCO_3$ 溶液或稀氨水或肥皂液冲洗，最后用水冲洗，必要时去医院治疗 氢氟酸灼伤，立即用上法洗至伤处呈苍白色，并涂以甘油与氧化镁糊（2∶1）。严防氢氟酸侵入皮下和骨骼中
	碱灼	先用大量水冲洗，然后用 2%硼酸或 2%醋酸冲洗，最后用水冲洗，严重者应去医院治疗
中毒	有毒气体	立即将中毒者移至新鲜空气流通的地方，必要时进行人工呼吸。吸入氯、氯化氢等气体时，可吸入少量酒精和乙醚的混合蒸气解毒。吸入硫化氢气体感到不适时，应立即到室外呼吸新鲜空气
	毒物入口	把 5~10 mL 稀硫酸铜溶液加入一杯温水中，内服后，用手指伸入咽喉部促使呕吐，立即送医院治疗
创伤		伤口内若有玻璃碎片，需先挑出，然后抹红药水并包扎。若没有玻璃碎片，出血不多，伤口处抹红药水，撒上消炎粉后包扎或贴创可贴
触电		切断电源，必要时进行人工呼吸，严重者急救后立即送医院治疗
起火		立即灭火，采取必要措施，防止火势蔓延，切断电源，移走易燃、易爆等物品。根据起火原因选择灭火方法。一般小火，用湿布、石棉布或沙子覆盖燃烧物 油类、有机溶剂起火，可用 CO_2 灭火器、干粉灭火器，不能用水灭火 电器设备起火，使用 CCl_4 或 CO_2 灭火器灭火，不能用泡沫灭火器，以免触电 碱金属起火，要用干粉灭火器或沙土灭火，不能用 CO_2 灭火器或用水灭火 实验室人员衣服着火，立即脱衣，或用石棉布覆盖着火处，或就地卧倒打滚，起到灭火作用

2.1.4　实验室危险化学废弃物处理方法

1. 危险化学废弃物的概念

危险废弃物：具有易燃性、腐蚀性、反应性、毒性和感染性等一种或一种以上危险特性，可能对人体健康和生态环境造成直接危害，或者在不适当的运输、储存、处理过程中对

人体健康和生态环境造成间接危害的废物。

实验室危险废弃物：被列入《国家危险废物名录》的化学废弃物，包括具有各种毒性、腐蚀性、易燃性、易爆性和化学反应性的化学废弃物。

实验室“三废”：废水、废气、固体废弃物。

2. 危险化学废弃物的处理原则

1）尽可能减少废弃物的产生。

2）能通过回收、提纯的方法再利用的，应该采取有效的方法进行回收再利用。

3）没有回收利用价值的废弃物提倡进行无害化处理，处理达到国家相关排放标准后可以直接排放。

4）不能进行回收和无害化处理的化学废弃物必须严格按照学校和学院规定进行分类处理。

3. 危险化学废弃物处理的一般性方法

1）一般（有毒有害）化学废液处理。

（1）收集桶内的废弃化学试剂分为一般有机物、一般无机物和含卤素有机物。

（2）倒入废液收集桶的化学试剂主要有毒有害成分必须在《实验室危险废物投放登记表》上登记，写明有毒有害成分的中文全称，不可写简称或缩写。废液桶随时盖紧，放在阴凉通风处。

（3）倒入废液前应仔细查看废液桶的《废弃试剂处置清单》，确认倒入后不会与桶中已有的化学物质发生异常反应。例如混合后会产生有毒有害气体或者剧烈放热等情况的废液不能倒入同一废液桶中，应单独暂存于其他容器中，并贴上标签。

（4）不可将剧毒物质倒入上述三类废液桶中。

（5）无毒害的或者经过无害化处理的废液不必倒入废液桶中。

（6）废液桶不可过满，须保留1/10的空间。

（7）废液桶内严禁倒入固体废弃物。

（8）废液桶上交之前，需将废弃试剂处置清单贴于桶上。

2）剧毒化学废液处理。

废液单独盛放，放置于保险柜中，不可将剧毒物质废液集中混合在一个容器中，按照《剧毒试剂管理规定》进行妥善保管，等待消纳厂家回收剧毒化学废液。

3）废旧化学试剂处理。

（1）调剂利用。

废旧但尚有使用价值的试剂提倡院内调剂，供其他实验室选用，节约资源。

（2）上交废弃化学试剂室。

废旧化学试剂（固体或者液体）在原瓶内存放，保持原有标签，注明是废弃试剂，提供废弃试剂具体明细表，上交废弃化学试剂室。

4）化学固体废弃物处理。

（1）实验室暂存。

化学固体废弃物主要指化学实验所产生的固体废弃物及吸附了危险化学物质的其他固体等，这些固体废弃物应随时贴好标签并妥善保存。

（2）上交废弃化学试剂室。

提供固体废弃物具体明细表，上交废弃化学试剂室。

4. 危险化学废弃物无害化处理

从实验室排出的化学废弃物虽然在量上少于工业废弃物，但长期排放仍然会造成环境污染。同时，对废弃物中所含的某些贵重的有用物质没有回收，也是一种资源浪费。学生应加强对环境保护的认识，根据废弃物的性质，自觉采取有效措施，以免危害自身。危险化学废弃物处理方法见表 2-2。

表 2-2　危险化学废弃物处理方法

种类	处理方法		可净化的废弃物
废气	溶液吸收法。用适当的液体吸收剂处理气体混合物，除去其中有害气体	常用吸收剂：水、碱性或酸性溶液、氧化剂溶液	可净化：SO_2、NO_x、HF、SiF_4、HCl、Cl_2、NH_3、汞蒸气、酸雾等废气
	固体吸收法。废气与固体吸收剂接触，废气中的污染物吸附在固体表面而被分离	吸收剂：活性炭	可净化：H_2S、Cl_2、CO_x、SO_2、NO_x、CCl_4 等
		吸收剂：活性氧化铝	可净化：H_2O、H_2S、SO_2、HF
		吸收剂：分子筛	可净化：NO_x、H_2O、CO_2、SO_2、H_2S、NH_3 等
		吸收剂：硅胶	可净化：H_2O、NO_x、SO_2 等
废液	中和法。对于酸质量分数小于 5% 的酸性废液或碱质量分数小于 3% 的碱性废液，可采用中和法		酸性或碱性废液中若不含其他有害物质时，中和稀释后，即可排放
	萃取法。选用能溶解污染物，但不溶于水的萃取剂，使其与废液混合，提取污染物，可净化废液		例如从含卤素的 CCl_4 废液中回收 CCl_4
	沉淀法。在废液中加入某化学试剂，使之与废液中的污染物反应，生成沉淀，进行分离		适用于除去废液中的重金属离子，碱土金属离子及某些非金属（如：砷、氟、硫、硼等）
	氧化还原法。废液中溶解的有害无机物，可通过氧化还原反应，转化为无害的新物质		常用氧化剂：漂白粉，处理含氮、含硫等废液 常用还原剂：$FeSO_4$、Na_2SO_3、锌粒等，如处理废液中的 Cr（Ⅵ）
	还有活性炭吸附法、离子交换法、电化学方法等		
废渣	掩埋法。有毒废渣先经化学处理后，于远离居民区的指定地点深埋。无毒废渣直接掩埋，有毒与无毒废渣的掩埋地点都要有专人记录		

2.1.5　实验室用水

工农业生产、科学研究和日常生活对水质各有不同的要求。在化学实验中所用的水必须经过纯化处理。根据不同实验要求，对水质的要求也不同。对于对水质有特殊要求的实验，可根据需要，检验有关项目，如氧、铁、钙含量等。

一般的化学实验和分析工作用一次蒸馏水或去离子水。在超纯分析或精密物理化学实验中，需要水质更高的二次蒸馏水、三次蒸馏水、亚沸蒸馏水、无二氧化碳蒸馏水以及无氨蒸馏水等。

1. 实验室用水的规格

根据国际标准（ISO 3696—1987），我国颁布了《分析实验室用水规格和试验方法》的国家标准（GB/T 6682—2008），国家标准中规定了分析实验室用水的级别、技术指标和检验方法，见表2-3。

表2-3 实验室用水的级别及主要技术指标

指标名称	一级	二级	三级
pH范围/(298 K)	—	—	5.0~7.5
电导率/[298 K/($mS \cdot m^{-1}$)]	≤0.01	≤0.10	≤0.50
可氧化物质（以氧计）/（$mg \cdot cm^{-3}$）	—	≤0.08	≤0.4
蒸发残渣（378 K±2 K）/（$mg \cdot cm^{-3}$）	—	≤1.0	≤2.0
吸光度（254 nm，1 cm光程）	≤0.001	≤0.01	—
可溶性硅（以SiO_2计）/（$mg \cdot cm^{-3}$）	≤0.01	≤0.02	—

注：（1）在一级水、二级水的纯度下，难于测定其真实的pH，因此，对其pH范围不作规定。
（2）在一级水的纯度下，难以测定其可氧化物质和蒸发残渣，因此，对其限量不作规定。可用其他条件和制备方法来保证一级水的质量。

通常，实验室常用的各种水样的电导率大致范围见表2-4。

表2-4 各种水样的电导率

水样	自来水	蒸馏水	去离子水	最纯水（理论值）
电导率/($S \cdot m^{-1}$)	$5.3 \times 10^{-4} \sim 5.0 \times 10^{-3}$	$6.3 \times 10^{-8} \sim 2.8 \times 10^{-6}$	$8.0 \times 10^{-7} \sim 4.0 \times 10^{-6}$	5.5×10^{-8}

2. 纯水的制备方法

实验室制备纯水一般可用蒸馏法、离子交换法和电渗析法。制备纯水的原水应该是饮用水或其他适当纯度的水。

1）蒸馏法。

蒸馏法制水多用电阻加热蒸馏设备或硬质玻璃蒸馏器。制取高纯水时用银质、金质、石英或聚四氟乙烯蒸馏器。

蒸馏法制纯水是基于水与杂质有不同的挥发性，而且水对热很稳定，只有当温度高于2 000 ℃时，才明显地开始离解为氢和氧。将自来水在蒸馏装置中加热汽化，再将蒸汽冷却，即得到蒸馏水。能除去水中的非挥发性杂质，使水较纯净，但不能完全除去水中溶解的气体杂质。适用于洗涤要求不十分严格的仪器和配制一般实验用溶液。

2）离子交换法。

离子交换法制水是将自来水依次通过阳离子树脂交换柱、阴离子树脂交换柱，阴、阳离子树脂混合交换柱，这样得到的水称为去离子水，其纯度比蒸馏水高。离子交换法制备的去离子水不能除去有机质，其电导率不能表示有机物的污染程度，因为它是利用离子交换树脂的离子交换作用，将水中外来的离子除去或减少到一定程度。

3）电渗析法。

电渗析是在外电场作用下，利用阴、阳离子交换膜对水中存在的阴、阳离子的选择性渗透性质（即阳膜只能通过阳离子，阴膜只能通过阴离子）除去离子型杂质，从而使水净化的一种物理化学方法。类似于离子交换法。

4）三级水。

蒸馏法、离子交换法、电渗析法或反电渗析法等方法制取得到的纯水为三级水。可用于一般化学实验，是实验室最常用的水。

5）二级水。

将三级水再次蒸馏或离子交换处理后制得。可含有微量的无机、有机或胶态杂质。主要用于无机痕量分析实验，如电化学实验。

6）一级水。

将二级水用石英蒸馏器或离子交换处理后，再经 0.2 μm 微孔滤膜过滤制得。基本上不含有溶解或胶态离子杂质及有机物。主要用于有严格要求的分析实验，如：高效液相色谱分析用水。

在实验工作中，应根据实验要求，选用不同纯度的纯水。还应尽可能使用新制的纯水。

3. 水纯度的检验方法

检验纯水质量的主要指标是电导率。纯水只有微弱的导电性。测量电导率时应选用可测定高纯水的电导率仪，其最小量程为 0.02 μS/cm。另外，还可以根据具体实验需要对纯水作其他项目的测定。如重金属离子、SO_4^{2-}、Cl^-、NO_3^-、游离 CO_2、pH 等。对生物化学、医药化学等方面有时还要进行一些特殊项目的测定。

2.2　无机化学实验常规仪器

2.2.1　常规仪器介绍（见表 2-5）

表 2-5　常规仪器

仪器	材质与规格	使用说明
烧杯	玻璃质或塑料质。玻璃质分硬质和软质、一般型和高型、有刻度和无刻度等。一般以容积表示规格，有 50 mL、100 mL、250 mL、500 mL、1 000 mL、2 000 mL 等	玻璃烧杯常用于大量物质溶解的反应容器，可以加热。用于配制溶液，溶解试样。也可代替水浴锅用于水浴。加热时烧杯底部要垫石棉网，所盛反应液体一般不能超过烧杯容积的 2/3 塑料质（聚四氟乙烯）烧杯常用于有强碱性溶剂或氢氟酸分解样品的反应容器。加热温度一般不能超过 200 ℃

续表

仪器	材质与规格	使用说明
锥形瓶　碘量瓶	玻璃质，分硬质和软质、有塞（磨口）和无塞、广口和细口等。一般以容积表示规格，有 50 mL、100 mL、250 mL、500 mL 等	用作反应容器、接收容器、滴定容器（便于振荡）和液体干燥器等。加热时应垫石棉网或用水浴，以防破裂 有塞的锥形瓶又称碘量瓶，在间接碘量法中使用
试管　离心试管	玻璃质，分硬质试管和软质试管、普通试管和离心试管等。一般以容积表示规格，有 5 mL、10 mL、15 mL、20 mL、25 mL 等。无刻度试管按外径（mm）×管长（mm）分类，有 8×70、10×75、10×100、12×100、12×120 等	试管常用作常温或加热条件下少量试剂的反应容器，便于操作和观察，也可用来收集少量的气体。硬质试管可以加热至高温，但加热后不能骤冷 离心试管主要用于沉淀分离。离心试管加热时可采用水浴，反应液不应超过容积的 1/2
试管架	一般为木质、塑料或铝质，有不同形状和大小，用于放置试管和离心试管	使用过的试管和离心试管应及时洗涤，以免放置时间过久而难于洗涤
量筒	玻璃质，一般以容积表示规格，有 5 mL、10 mL、25 mL、50 mL、100 mL、500 mL、1 000 mL等	量出容器。用于量取一定体积的液体。使用时不可加热，不可量取热的液体或溶液，不可用作实验容器，以防影响量筒的准确性 读取数据时，应将凹液面的最低点与视线置于同一水平上并读取与弯月面相切的数据。一般精确度不高
移液管　吸量管	玻璃质，分单刻度大肚型和刻度管型两种，一般以容积表示规格。常量的有1 mL、2 mL、5 mL、10 mL、25 mL、50 mL 等；微量的有0.1 mL、0.25 mL、0.5 mL 等	量出容器。精确量取一定体积的液体，不能移取热的液体。使用时注意保护下端尖嘴部位 移液管和吸量管不能加热

续表

仪器	材质与规格	使用说明
容量瓶	玻璃质，一般以容积表示规格，有 10 mL、25 mL、50 mL、100 mL、500 mL、1 000 mL、2 000 mL等	量入容器。用于配制准确浓度的溶液。注意事项：① 不能加热，不能代替试剂瓶用来储存溶液，以避免影响容量瓶容积的准确度；② 为配制准确，溶质应先在烧杯内溶解后再移入容量瓶；③ 不用时应在塞子和旋塞处垫上纸片，以防塞子不能取出
酸式滴定管　碱式滴定管	玻璃质，有酸式和碱式两种，一般以容积表示规格，常见的有 10 mL、25 mL、50 mL、100 mL 等 按玻璃的颜色区分，有无色和棕色两种	用于滴定分析或量取较准确体积的液体。酸式滴定管还可用作柱色谱分析实验中的色谱柱
分液漏斗　滴液漏斗	玻璃质，分球形、梨形、筒形和锥形等。一般以容积表示规格，有 50 mL、100 mL、250 mL、500 mL 等	分液漏斗用于分离互不相溶的液体，也可用于向某容器加入试剂。若分离液体后需滴加，则需用滴液漏斗 注意事项：① 不能加热；② 防止塞子和旋塞损坏；③ 不用时应在塞子和旋塞处垫上纸片，以防塞子不能取出。特别是分离或滴加碱性溶液后，更应注意
安全漏斗	玻璃质，分为直形、环形和球形	用于加液体和装配气体发生器，使用时应将漏斗颈插入液面以下

续表

仪器	材质与规格	使用说明
长颈漏斗　短颈漏斗	玻璃质、搪瓷质或塑料质，分为长颈和短颈两种。一般以漏斗颈表示规格，有 30 mm、40 mm、60 mm、100 mm、120 mm等	用于过滤沉淀或倾注液体，长颈漏斗也可用于装配气体发生器。不能加热（若需加热，可用铜漏斗过滤），但可过滤热的液体
布氏漏斗	瓷质，常以直径表示大小	用于减压过滤，常与抽滤瓶配套使用。不能加热，滤纸应稍小于漏斗内径
漏斗式（玻璃漏斗）　坩埚式（砂芯漏斗）	是一类由颗粒状玻璃、石英、陶瓷或金属等经高温烧结，并具有微孔结构的过滤器。常用的是砂芯漏斗，它的底部是玻璃砂在 873 K 左右烧结的多孔片。根据烧结玻璃孔径的大小分为六种型号	用于过滤沉淀，常和抽滤瓶配套使用。不宜过滤浓碱溶液、氢氟酸溶液或热的浓磷酸溶液
抽滤瓶	玻璃质，一般以容积表示规格，有 50 mL、100 mL、250 mL、500 mL等	用于减压过滤，上口接布氏漏斗或玻璃漏斗，侧嘴接真空泵。不能加热
表面皿	玻璃质，一般以直径表示规格，有 45 mm、65 mm、75 mm、90 mm 等	多用于盖在烧杯或蒸发皿上，防止杯内液体迸溅或落入灰尘污染。使用时不能直接加热

续表

仪器	材质与规格	使用说明
平底烧瓶　圆底烧瓶 蒸馏烧瓶	通常为玻璃质，分硬质和软质，有平底、圆底、长颈、短颈、细口、厚口和蒸馏烧瓶等几种。一般以容积表示规格，有 50 mL、100 mL、250 mL、500 mL 等	用于化学反应的容器或液体的蒸馏。使用时液体的盛放量不能超过烧瓶容量的 2/3，一般固定在铁架台上使用
滴瓶	通常为玻璃质，分无色和棕色（避光）两种。滴瓶上乳胶滴头另配。一般以容积表示规格，有 15 mL、30 mL、60 mL、125 mL 等	用于盛放少量液体试剂或溶液，便于取用。滴管为专用，不得弄脏弄乱，以防玷污试剂。滴管不能吸得太满或倒置，以防试剂腐蚀乳胶滴头
细口瓶	通常为玻璃质，有磨口和不磨口，无色和有色（避光）之分。一般以容积表示规格，有 100 mL、125 mL、250 mL、500 mL、1 000 mL 等	细口瓶用于盛放液体试剂或溶液。注意事项：① 不能直接加热；② 细口瓶不能放置碱性物质，因碱性物质会把细口瓶颈和塞粘住。如盛放碱液时，要换橡皮塞。作气体燃烧实验时应在瓶底放薄层的水或沙子，以防破裂；③ 细口瓶不用时应用纸条垫在瓶塞与瓶颈间，以防打不开；④ 细口瓶与塞均配套，防止弄乱
广口瓶	一般为玻璃质，有无色和棕色（避光），磨口和光口之分。一般以容积表示规格，有 30 mL、60 mL、125 mL、250 mL、500 mL 等	广口瓶用于储存固体试剂，广口瓶通常作集气瓶使用。注意事项同细口瓶

续表

仪器	材质与规格	使用说明
药匙	由塑料或牛角制成	用于取用固体试剂，用后应立即洗净、晾干。药匙两端各有一个匙，一大一小，根据取用试剂量多少选用 不能用于取灼热的试剂
称量瓶	玻璃质，分高型和扁平型两种	用于准确称取一定量固体试剂。扁平称量瓶主要用于测定样品中的水分。盖子为配套的磨口塞，不能弄乱或丢失。不能加热 不用时应洗净，在磨口处垫上纸条
酒精灯	玻璃质，灯芯套管为瓷质，盖子有塑料质或玻璃质之分	用于一般加热。使用时，酒精灯内的酒精不能超过灯壶容积的2/3，不能低于其容积的1/4
石棉网	由铁丝网上涂石棉制成	用于使容器均匀受热。不能与水接触，石棉脱落时不能使用（石棉是电的不良导体）。不可卷折
泥三角	由铁丝扭成，并套有瓷管	灼烧坩埚时放置坩埚用。使用前应检查铁丝是否断裂，断裂的不能用。注意不能摔落
水浴锅	铜或铝制，现在多用恒温水槽代替	用于间接加热。使用应留意水面高度，及时补水，防止烧干

续表

仪器	材质与规格	使用说明
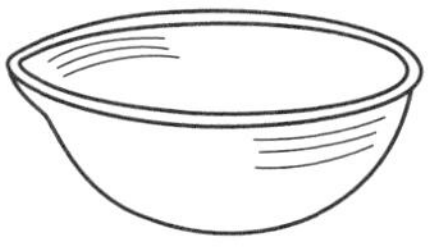 蒸发皿	通常为瓷质，也有玻璃、石英、铂制品，有平底和圆底之分。一般以容积表示规格，有 75 mL、200 mL、400 mL 等	用于蒸发和浓缩液体。一般放在石棉网上加热使其受热均匀。也可直接火加热。使用时应根据液体性质选用不同材质的蒸发皿 蒸发皿能耐高温，但不宜骤冷
 坩埚	材质有普通瓷、铁、石英、镍和铂等，一般以容积表示规格，有 10 mL、15 mL、25 mL、50 mL 等	用于灼烧固体。使用时应根据灼烧温度及试样性质选用不同类型的坩埚，以防损坏坩埚 可直接用火灼烧至高温。灼热的坩埚不能直接放在桌上（可放在石棉网上）。不宜骤冷
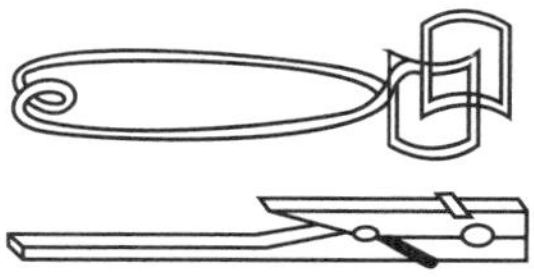 试管夹	有木制、竹制、钢制等，形状各不相同	用于夹持试管
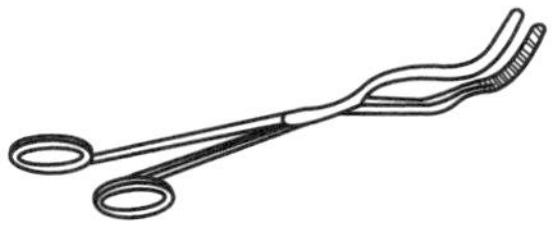 坩埚钳	铁或铜制，有大小和长短之分	用于夹持坩埚或热的蒸发皿 应先将坩埚钳的尖端预热，放置时尖端向上，以保持钳的尖端干净
 毛刷	常以大小或用途分类，有试管刷、烧瓶刷、滴定管刷等	用于洗刷仪器。毛刷顶部无毛的刷子不能使用 小心刷子顶端的铁丝撞破玻璃
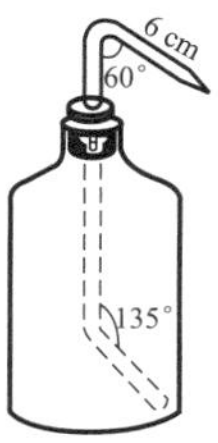 6 cm 60° 135° 洗瓶	一般为塑料质	通常用于盛放去离子水

续表

仪器	材质与规格	使用说明
铁架台、铁圈和铁夹	铁制品，铁夹有铝制的和铜制的	铁夹用于固定蒸馏烧瓶、冷凝管、试管等仪器。铁圈可放置分液漏斗或反应容器 铁夹夹持仪器时，不能过紧或过松，以仪器不能转动为宜
温度计	玻璃质，常用的有汞温度计和酒精温度计	用于测量系统的温度。若不慎将汞温度计损坏，洒出的汞（汞有毒）需按要求处理
点滴板	瓷质。有白色和黑色之分，常以穴的多少表示规格，有9穴、12穴等	用于性质实验的点滴反应。有白色沉淀时用黑色点滴板
燃烧匙	铜质	用于检验某些固体的可燃性。用后应立即洗净并干燥，以防腐蚀

续表

仪器	材质与规格	使用说明
研钵	材质有瓷、玻璃和玛瑙等。一般以口径（单位 mm）大小表示规格	用于研碎固体，或固—固、固—液的研磨。按固体的性质和硬度选用不同的研钵。注意事项：① 使用时不能敲击，只能研磨，以防击碎研钵或研杵，避免固体飞溅；② 易爆物只能轻轻压碎，不能研磨，以防爆炸 不能用火直接加热
水止夹　螺旋夹	铁制品	用于打开和关闭流体的通道
干燥器	玻璃质，按玻璃颜色分为无色和棕色两种，以内径表示规格，有100 mm、150 mm、180 mm、200 mm 等	分上下两层，下层放干燥剂，上层放需保持干燥的物品，如易吸收水分、已经烘干或灼烧后的物质。红热的物品待稍冷后才能放入。未完全冷却前，要每隔一定时间开一开盖子，以调节干燥器内的气压
启普发生器	玻璃质	适用于块状（或颗粒状）固体与液体在常温下反应制取气体，有“随开随用、随关随停”的优点。若块状固体会在反应中很快溶解或粉化，则不宜使用启普发生器。启普发生器不能用于加热
干燥管	玻璃质，形状多种	用于干燥气体。使用时两端应用棉花或玻璃纤维填塞，中间装干燥剂。大头进气，小头出气
干燥塔	玻璃质，形状多种。一般以容量表示规格，有 125 mL、250 mL、500 mL 等	用于净化气体，进气口插入液体中，不能接错。若反接，则可作缓冲瓶使用 洗涤液约为容器容积的 1/3，不得超过 1/2

2.2.2 玻璃仪器的洗涤、干燥与储存

1. 玻璃仪器的洗涤

化学实验中经常使用各种玻璃仪器和陶瓷器皿，用不干净的仪器或器皿进行实验，会影响实验结果的准确性。因此，在进行化学实验前，首先要洗涤所用的仪器，保证其干净。每次做完实验后，玻璃仪器要立即洗涤，避免残留物变质固化。

洗涤玻璃仪器的方法很多，有机械法、化学法、物理化学法、超声波法、蒸气法等，以及这些方法之间的交替使用或结合使用。在洗涤仪器时，主要根据实验的要求、污物的性质和玷污的程度来选择适当的洗涤方法和洗涤剂。附在玻璃仪器上的污物，一般可分为：尘土和其他不溶性物质、可溶性物质及油污和其他有机物。针对这些情况，可分别采用下列洗涤方法。

1）水溶性污物的洗涤。

用自来水刷洗。这种方法既能洗去可溶性物质，也可洗去附在仪器上的尘土和其他不溶性物质，但油污和其他有机物就很难洗去。刷洗时应先刷洗仪器外面。

2）油污的洗涤。

用去污粉（或五洁粉）、肥皂或合成洗涤剂刷洗（去污粉是由碳酸钠、白土、细砂等混合而成，碳酸钠是碱性物质，有强的去油污能力，细砂的摩擦作用和白土的吸附作用可增强仪器清洗的效果；合成洗涤剂的主要成分是十二烷基苯磺酸钠，与肥皂一样，具有憎水性和亲水性基团）。在用本法前应先用自来水刷洗。再在湿润的仪器上，洒少许去污粉或合成洗涤剂，然后用毛刷擦洗。经毛刷擦洗后，用自来水冲去仪器内外的去污粉（直至没有白色的细颗粒状粉末留下为止）或合成洗涤剂。

3）氧化性污物的洗涤。

氧化性污物可用还原性洗液洗涤。例如二氧化锰等氧化物，可先用少量浓盐酸洗涤，再用水冲洗干净。

4）还原性污物的洗涤。

还原性污物要用氧化性洗涤剂洗涤。最常用的是重铬酸钾—硫酸溶液。必要时也可以用少量浓硫酸或浓硝酸洗涤。

5）不溶于水的有机物质的洗涤。

有机污物，一般难溶于水，但有机污物一般都能被氧化，所以可以用重铬酸钾洗液洗涤。若简单用水无法洗涤干净，可选用适当有机溶剂洗涤；若洗涤仍不干净，再用重铬酸钾洗液洗涤。

6）特殊污物的洗涤。

有些不溶污垢久置后很难用刷洗方法洗去，这时应根据沾在器壁上的污垢的性质，采用适当的方法或试剂进行针对性洗涤。即利用酸碱中和反应、氧化还原反应、配位反应等将不溶物转化为易溶物再进行清洗。如：

① 铁盐引起的黄色污染可加入稀盐酸或稀硝酸溶解片刻，即可除去。

② 使用高锰酸钾后的污物可用草酸溶液洗去。

③ 有银、铜附着时，可加入硝酸，若仍洗涤不干净，可稍稍加热。

④ 盛石灰水的试管或试剂瓶有白色污物时，加入稀盐酸，充分振荡，即可除去。

⑤ 附有硫黄的试管，可与氢氧化钠溶液一起加热或加入少量苯胺加热，硫黄能溶于苯

胺，将加热后溶液倒入其他容器内，再用肥皂和毛刷充分洗涤试管即可。

⑥ 难溶氢氧化物、碳酸盐等可用盐酸处理，生成可溶氯化物。

⑦ 沉积在器壁上的银盐，一般用硫代硫酸钠溶液洗涤，生成易溶配合物。

⑧ 沉积在器壁上的碘可用硫代硫酸钠溶液洗涤，也可用碘化钾或氢氧化钠溶液清洗。

经过上述方法洗净的仪器，再用去离子水淋洗内壁2~3次。每次用水应尽量少，注意节约。

洗净的仪器倒置时器壁上只留下一层均匀的水膜，水在器壁上能无阻碍地流动。若器壁局部挂水或有水流拐弯的现象，表示仪器洗得不够干净。

2. 几种洗涤剂的配制方法

1）铬酸洗液。

由浓硫酸和重铬酸钾溶液配制而成。配制方法：取5 g $K_2Cr_2O_7$ 溶于10 mL热水中，待冷却后，慢慢加入100 mL浓 H_2SO_4。新配制的洗液为红褐色溶液，应密闭保存。

在进行精确的定量实验时，或遇到一些口小、管细的仪器很难用前述的方法刷洗时，往往采用铬酸洗液来洗涤。它具有很强的氧化性，去油污和有机物的能力强。

使用铬酸洗液必须注意下列事项：

（1）使用洗液时，应尽量先把仪器内的水去掉，以免稀释洗液。然后往仪器内加入少量洗液，将仪器倾斜，慢慢转动，务必使仪器内壁全部为洗液所润湿。最后转动仪器，使洗液在仪器内壁流动几次，如果浸泡一段时间或使用热的洗液，效果更好。

（2）洗液使用后，倒回原瓶，可重复使用。储存洗液的瓶子，要经常盖紧，以免硫酸吸水。洗液经多次洗涤后，如果呈绿色，则表示不再具有氧化性和去污能力，不能再使用了。

（3）洗液具有强腐蚀性，会灼伤皮肤和破坏衣物。如不慎将洗液洒在衣物、皮肤、桌面上，应立即用大量水冲洗。

（4）六价铬有毒，对人体危害很大，应尽量少用，少排放。清洗残留在器壁上的洗液时，第一、第二遍水不要直接倒入下水口，应倒入废液桶中统一处理，以免污染环境。

2）混酸洗液。

很多污物（如金属铂、铼、钨及硫化物、氧化硅等）用前述方法皆不能洗净，这些污物可用浓硝酸与浓盐酸（体积比为1∶3时称为王水）或浓 HNO_3 与氢氟酸的混合酸（由100~120 mL 40%氢氟酸，150~250 mL硝酸和650~750 mL去离子水配制而成）来洗涤。浓 HNO_3 与氢氟酸的混合酸在常温下使用，应储存于塑料瓶中。这两种混合酸洗涤剂皆是利用氧化还原反应和配位反应来达到清洗目的。

3）碱性洗液。

碱性洗液适用于洗涤油脂和有机酸等有机物。常用的碱性洗液有碳酸钠、碳酸氢钠、磷酸三钠、氢氧化钠等。上述碱性洗液的浓度最高为40%，最低为5%。使用碱性洗液时，特别注意不要溅入眼睛。

3. 仪器的干燥和储存

1）仪器的干燥。

实验用仪器除要求洗净外，有些实验还要求仪器必须干燥。干燥的方法有以下四种（见图2-3）。

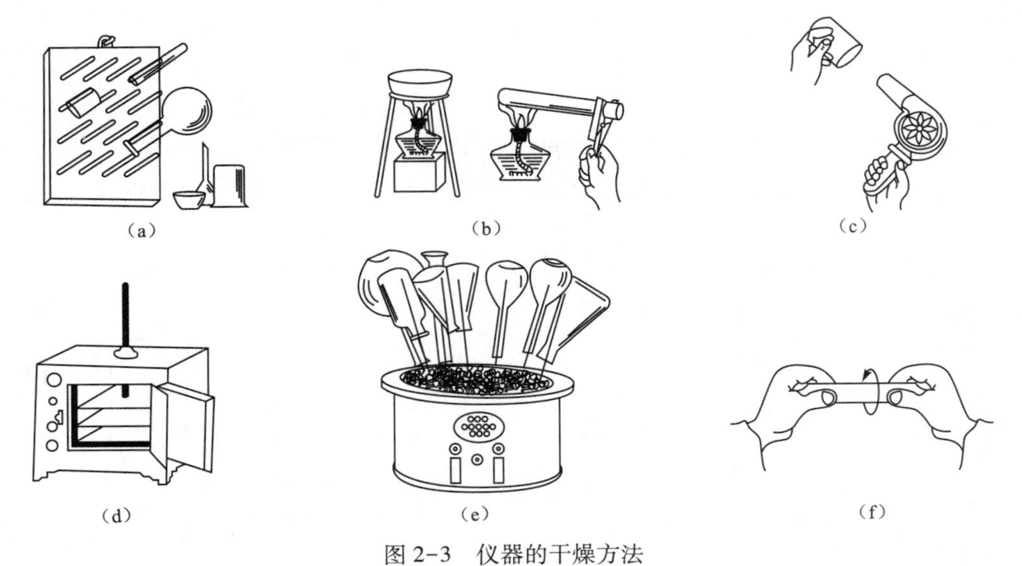

图 2-3　仪器的干燥方法

（a）晾干法；（b）、（d）烘烤法；（c）、（e）热冷风吹干法；（f）有机溶剂快速干燥法

（1）晾干法。是让残留在仪器内壁的水分自然挥发而使仪器干燥。一般是将洗净的仪器倒置在干净的仪器柜内或滴水架上，任其自然干燥。可用此方法干燥的仪器主要是容量仪器，加热烘干时容易炸裂的仪器，以及不需要将其内壁挂水完全排除至恒重的仪器。

（2）热（冷）风吹干法。洗净的仪器若急需干燥，可用电吹风直接吹干，或倒插在气流烘干器上。若在吹风前用易挥发的有机溶剂（如乙醇或丙酮等）淋洗一下，则干燥的更快。此法尤其适用于不能烤干、烘干的计量仪器。

（3）烘烤法。需要干燥较多仪器时可使用电热鼓风干燥箱进行烘干，将洗净的仪器倒置稍沥去水滴后，放入干燥箱的隔板上，关好门。控制箱内温度在 105 ℃左右，恒温烘干 30 min。对于可加热或耐高温的仪器，如试管、烧杯、烧瓶等，还可利用加热的方法使水分迅速蒸发而干燥。加热前应先擦干仪器外壁的水珠，再用小火烤干。试管烤干时应使试管口向下倾斜，以免水珠倒流炸裂试管，从试管底部开始，慢慢移向管口，烤至不见水珠后将管口朝上，把水汽赶尽。

应注意的是，一般带有刻度的计量仪器，如移液管、容量瓶、滴定管等，不能用加热的方法干燥，以免受热变形而影响仪器的精密度。刚烘烤完毕的热仪器不能直接放在冷的桌面上，特别是潮湿的，以免因局部骤冷而破裂。

（4）有机溶剂快速干燥法。急用的仪器可以采用有机溶剂快速干燥法，即将易挥发的有机溶剂（常用酒精或先用酒精再用丙酮）倒入已洗净的仪器中，先倾斜并转动仪器，使器壁的水与有机溶剂互溶，然后倒出，最后自然晾干或用冷风吹干。

2）仪器的储存。

洗净的仪器应妥善储存，以免再次被玷污。例如称量瓶可以放在干燥器中。成套仪器则应有次序地放入专用柜中。磨口仪器的磨口和塞子之间必须衬以干净的纸条，以免日后因黏结而打不开。暂时不用的玻璃仪器不要储存在去离子水中或浸泡在水中，更不能长期储存于酸、碱溶液中。

2.3 化学试剂的介绍及使用

2.3.1 危险化学品的分类及注意事项

危险化学品是指具有着火、爆炸或中毒危险的物质，对这些物质一定要有所了解。根据危险品的性质，常用的化学试剂大致分为易燃、易爆和有毒物质三大类。

表 2–6 常用危险化学品储存禁忌物配存表

危险化学品的种类和名称		配存顺号	1	2	3	4	5	6	7	8	9	10	11	12	13	14	15	16	17	18	19	20	21	22
爆炸品	炸药及爆炸性药品（不同品名的不得在同一库内配存）	1	1																					
	其他爆炸品	2	×	2																				
氧化剂	有机氧化剂	3	×	×	3																			
	亚硝酸盐、亚氯酸盐、次亚氯酸盐	4	△	△	×	4																		
	其他无机氧化剂	5	△	△	×	×	5																	
压缩气体和液化气体	剧毒（液氯和液氨不能在同一库内配存）	6	×	×	×	×	×	6																
	易燃	7	×	△	×	△	△		7															
	助燃（氧及氧空钢瓶不得与油脂在同一库内配存）	8	×	△					△	8														
	不燃	9	×								9													
自燃物品	一级	10	×	×	×	△	△	×	×	×		10												
	二级	11	×	△				×	△	△			11											
遇水燃烧物品（不得与含水液体货物在同一库内配存）		12	×	×	△	△	△	△	△	△		×		12										
易燃液体		13	×	×	×	△	×	×		×		×	△		13									
易燃固体（H 发孔剂不可与酸性腐蚀物及有毒和易燃酯类危险货物配存）		14	×	△	×	△	△	×		×		×				14								
毒害品	氰化物	15	△														15							
	其他毒害品	16	△															16						
腐蚀物品 酸性腐蚀物品	溴	17	×	×	×				△			×	△	△	△		×	△	17					
	过氧化氢	18	×	△	△							△	△	×	△		×	△		18				
	硝酸、发烟硝酸、硫酸、发烟硫酸、氯磺酸	19	×	×	×	×	5	×	×	△	△	×	×	△	△	△	×	△	△	△	19			
	其他酸性腐蚀物品	20	×	△	△	△	△	△	△			△		△			×	△		△	△	20		
腐蚀物品 碱性及其他腐蚀物品	生石灰、漂白粉	21	△	△		△	△								△					△	×	△	21	
	其他（无水肼、水合肼、氨水不得与氧化剂配存）	22												△							×			22
配存顺号			1	2	3	4	5	6	7	8	9	10	11	12	13	14	15	16	17	18	19	20	21	22

注：① 无配存符号表示可以配存。
② △表示可以配存，堆放时至少隔离 2 m。
③ ×表示不可以配存。
④ 有注释时按注释规定办理。
⑤ 除硝酸盐（如硝酸钠、硝酸钾、硝酸铵等）与硝酸、发烟硝酸可以配存外，其他情况均不得配存。
⑥ 无机氧化剂不得与松软的粉状可燃物（如：煤粉、焦粉、碳黑、糖、淀粉、锯末等）配存。

由表2-6可知，危险化学品储存应注意如下事项：

（1）危险化学品要与普通化学品分开放置。

（2）危险化学品要储存在具有通风或吸附功能的柜子中。

（3）性质相抵触的危险化学品不能混存。

（4）腐蚀性危险化学品储存在托盘中。

1. 易燃化学试剂

易燃化学试剂是指在空气中能够自燃或遇到其他物质容易燃烧的化学试剂，分类见表2-7。

表2-7 易燃化学试剂分类

分类	特点	举例	防护方法	灭火方法
自燃物质	在室温中，一接触空气即着火燃烧	白磷。有机金属化合物 R_nM（R＝烷基或烯丙基，M＝Li、Na、K等）、硝酸纤维素等	处理毒性大的自燃物质时，要佩戴防护面具和胶皮手套	可用干燥沙土覆盖，用干粉灭火器灭火
遇水燃烧物	与水反应着火，有时还由于产生气体而发生爆炸	金属钠、钾、锂、铷、铯及其氢化物，碳化物和钠汞齐等	使用这类物质时，要佩戴胶皮手套或用镊子操作，绝不可用手直接取用	可用干燥沙土覆盖，严禁用水或潮湿的东西或 CCl_4 及 CO_2 灭火器
易燃液体	易挥发，汽化和燃烧，其蒸气一般具有毒性和麻醉性，大多属于有机溶剂	乙醚、丙酮、汽油、甲醇、乙醇、吡啶，甲苯、柴油、煤油等	使用易燃液体时，要佩戴防毒面具，加热时用水浴，避免明火，及时排风。废液集中保管，回收	用 CO_2 灭火器、沙子、泡沫灭火器或干粉灭火器进行灭火，不能用水灭火
易燃固体	在空气或水中因发生反应放热而自燃，外力撞击时而分解，放出氧气与可燃性物质发生剧烈燃烧，有时会发生爆炸	无机物：红磷、镁粉、氯酸盐、过氧化物等 有机物：乙醇钠、二硝基苯、α-萘酚等	应储存于阴凉干燥处，并通风、隔热和防水。性质相反的试剂（强氧化剂与强还原剂）或能相互引燃的试剂分开储存	碱金属过氧化物燃烧，不能用水灭火。通常要根据燃烧物及周围设施选择灭火方法，避免燃烧物与灭火剂发生反应

2. 易爆化学品

易爆化学品大致分为两种：一种是可燃性气体与空气混合后，达到爆炸界限浓度时着火而发生燃烧爆炸；另一种是由于加热、撞击、摩擦、曝晒，以及与酸、碱、金属及氧化性物质接触时，易于分解的物质。它们能在瞬息之间发生剧烈的化学反应，产生突然气化的分解爆炸。易爆化学品分类见表2-8。

表 2-8　易爆化学品分类

分类	特点	举例	防护方法	灭火方法
可燃性气体	如泄漏并滞留不散，当达到一定浓度时，即着火爆炸	H_2、乙炔、CO、甲醚、氨、甲胺、氯甲烷、H_2S、二硫化碳、氰化氢	此类气体的高压钢瓶应放在室外，通风良好的地方，避免阳光直射。使用可燃气体，要开窗通风，乙炔会分解爆炸，不可将其加热或撞击。根据需要，戴防护面具或防毒面具	采用气体灭火的方法。泄漏气体量大时，尽可能关闭气源，扑灭火焰，开窗，立即离开现场
分解爆炸物	由于加热或撞击引起着火爆炸 接触酸、碱、金属及还原剂物质等，会发生爆炸	硝酸酯、硝酸铵、硝基化合物、叠氮化合物	不可将此类物质与酸、碱、金属及还原剂随便混合，根据需要准备好或戴上防护面具、耐热防护衣或防毒面具 储存于阴凉、通风、干燥处	可用 CO_2 灭火器、泡沫灭火器和干粉灭火器
氧化剂与有机物混合	这类试剂不是由于外力作用引发爆炸，而是由于混入了某些有机物，引发燃烧或爆炸	C_2H_5OH 加浓 HNO_3、$KMnO_4$ 加甘油、$HClO_4$ 加乙醇、过氧化钠加乙酸	使用 HNO_3、$HClO_4$、H_2O_2（氧化剂）等时，与有机物分隔存放，废液需单独存放 储存于阴凉、通风、干燥处，需要准备好防护面具	可用 CO_2 灭火器、泡沫灭火器和干粉灭火器

3. 有毒化学品

有毒化学品是指对人体和其他生物有强烈伤害作用的试剂。少量有毒化学品侵入人体时，人会局部或全身中毒以致死亡。这类药品有气、液、固三种状态，可以通过人的呼吸器官、消化器官和皮肤进入体内，分类见表 2-9。

表 2-9　有毒化学品分类

分类	特点	举例	防护方法
毒气	具有窒息性或刺激性。容许浓度在 200 mg/m^3（空气）以下的气体	光气、氰化氢、HF、HCl、HBr、SO_2、H_2S、PH_3、CO、Cl_2、Br_2、F_2	使用毒气时，必经严格遵守操作规程，要有良好的防护装置、通风设备。备有防毒面具和解毒药品

续表

分类	特点	举例	防护方法
强酸、强碱	刺激皮肤，有腐蚀作用，造成化学烧伤	NaOH、KOH、$Ca(OH)_2$、HCl、H_2SO_4、HNO_3、CF_3COOH	备乳胶手套。强酸、强碱试剂对人体、金属、纤维、塑料，以及毛发等具有不同程度腐蚀作用，腐蚀过程中产生大量热，因而要与氧化剂、易燃物、易爆物隔离，并存放于阴凉、干燥、通风处
剧毒固体	毒性很强、中毒快、严重者致死，如KCN的致死量为0.05 g	无机氰化物、As_2O_3，可溶性Hg盐，可溶性钡盐、金属Hg、铊盐	贴好标签，单独储存，专人管理，备有防毒面具、乳胶手套，良好通风，备解毒药品。实验完毕，认真洗手
有毒有机物	有机毒物遇火易燃烧	苯、甲醇、CS_2 等有机溶剂、苯胺及其衍生物，芳香硝基化合物	贴好标签，单独储存，专人管理，备有防毒面具、乳胶手套，良好通风，备解毒药品。实验完毕，认真洗手
已知的致癌物	—	Cr（Ⅵ）化合物，石棉粉尘、联苯胺、吡啶、苯并[α]芘、α-萘胺等芳胺及其衍生物	贴好标签，专人管理，备有乳胶手套，良好通风。实验完毕，认真洗手
积累性有毒物	—	苯、铅化合物、汞、Hg^{2+}盐、液态、有机汞化合物	贴好标签，专人管理，备有乳胶手套，良好通风。实验完毕，认真洗手

2.3.2 化学试剂纯度的等级标准

化学试剂是指具有一定纯度标准的各种单质和化合物。在实验中可根据实验要求选用不同纯度的化学试剂。

我国化学试剂的等级标准基本上分为四级。除此之外，还有“工业级”及近年来大量使用的生化试剂。等级标准是根据不同的纯度来决定的。化学试剂的等级和应用范围见表2-10。

表2-10 化学试剂的试剂等级和应用范围

等级	一级试剂（保证试剂）	二级试剂（分析试剂）	三级试剂（化学纯试剂）	四级试剂（实验试剂）	生物试剂或生化试剂
英文名称	Guaranteed Reagent	Analytical Reagent	Chemical Pure Reagent	Laboratory Reagent	Bilogical or Biochemistry Reagent
符号	GR	AR	CP	LR	BR
标签颜色	绿色	红色	蓝色	棕色或其他颜色	黄色或其他颜色

续表

等级	一级试剂（保证试剂）	二级试剂（分析试剂）	三级试剂（化学纯试剂）	四级试剂（实验试剂）	生物试剂或生化试剂
应用范围	纯度最高，适用于精密分析工作与科学研究工作	纯度略差，适用于重要化学分析工作与科学研究工作	适用于一般分析工作及化学制备实验	适用于要求不高的实验，可作辅助试剂	用于生物化学实验

随着教学、科研、工业生产的发展需要，对化学试剂纯度的要求也愈加严格与专门化。因此，除了表 2-10 常用的试剂外，又出现了具有特殊用途的专用试剂，例如光谱纯试剂、色谱纯试剂、基准试剂（纯度相当或高于一级试剂）等。

选用不同纯度的试剂时，除了要考虑它的适用范围，还需要有相应的纯水和容器与之配合，才能发挥试剂纯度的作用，达到实验精度的要求。例如在精密分析实验中选用一级试剂，则需要用二次蒸馏水及硬质硼硅玻璃仪器。

选用哪种纯度的化学试剂，节约是一条基本原则，应该按照实验的具体要求来选取不同等级的试剂。

2.3.3　化学试剂的储存

化学试剂如果储存不当会变质失效，给实验造成误差、失败，甚至引发事故。因此，必须根据试剂的物理、化学性质采用不同的储存方法。化学试剂的储存方法有以下八种。

（1）见光易分解的试剂（如硝酸银、过氧化氢等），与空气接触易氧化的试剂（如氯化亚锡、碘化钾等），易挥发的试剂（如氨水、乙醇等），上述三类试剂都应储存于棕色瓶中，并放在阴凉处，最好配备暗室保存。极易挥发的试剂要低温冷藏。

（2）易水解的试剂。应放在干燥器中保存。

（3）易侵蚀玻璃的试剂。如氢氟酸、氢氧化钠等，应保存于塑料容器中。盛碱液的瓶子要用橡皮塞或塑料瓶塞，不能用磨口玻璃塞，以免瓶口被碱黏结。

（4）吸水性强的试剂。如无水碳酸钠、氢氧化钠等，要特别注意：试剂瓶口应严格密封。

（5）相互易起化学反应的试剂。如氧化剂与还原剂、酸与碱，应分开存放。

（6）剧毒试剂。如氰化钾、三氧化二砷（砒霜）等，应由专人保管，并严格执行领取登记制度，以免发生事故。

（7）易制毒试剂。如：乙酸酐、丙酮、盐酸等，应由双人双锁保管，做好台账管理，执行领取登记制度。

（8）特种试剂。如某些活泼金属或非金属，应将它们封存于对试剂相对稳定的液体或惰性气体中，使之与空气隔绝。如金属钠、钾、铈可浸入煤油中保存，白磷则可浸入水中保存，由专人保管。

2.3.4　化学试剂的取用

取用试剂时必须遵守以下两个原则。

（1）倒出试剂后，瓶塞要立即盖在原来的试剂瓶上，绝对不许张冠李戴。取完试剂，马上将瓶盖盖好，拧紧，并将试剂瓶放回原处。

（2）不要超过指定用量，多取的试剂不能倒回原瓶，可放在指定容器中供他人使用。未指明用量时，应尽量少取。

1. 液体试剂的取用

从试剂瓶中倾出液体试剂时，把瓶塞倒放在桌上（如果瓶塞倒放不稳，可用右手中指和无名指夹住瓶塞），右手拿起试剂瓶，并注意使试剂瓶上的标签对着手心（为什么?），用一根玻璃棒紧靠瓶口，使液体顺着玻璃棒流入容器中（见图2-4（a）），或把试剂瓶口紧靠容器边沿，慢慢注入液体，使其沿着容器内壁流下（见图2-4（b））。倒出所需液体后，应先将试剂瓶口在玻璃棒或容器上靠一下，再将试剂瓶竖直，这样可以避免遗留在瓶口的试剂从瓶口流到试剂瓶的外壁。最后把试剂瓶标签朝外放回原处。

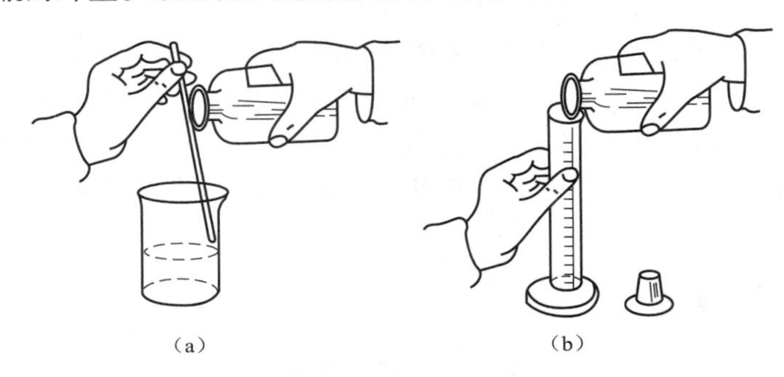

（a）（b）

图2-4 从试剂瓶中倾出液体

（a）顺玻璃棒流入容器中；（b）沿着容器内壁流下

从滴瓶中取用少量试剂时，用拇指和食指先提起滴管，使管口离开液面。此时如果滴管中有试剂，则取出滴管将试剂滴入预先准备的容器中。否则，先紧捏乳胶滴头，赶出滴管中的空气，然后把滴管伸入试剂中，放松手指，吸入试剂，最后提起滴管，取走试剂。用滴管往容器中滴加试剂时，绝对禁止滴管与容器接触。因此，往试管中滴加试剂时，不许将滴管伸入试管中，以免接触器壁而玷污药品（见图2-5）。任何时候装有试剂的滴管不得横置或滴管口向上斜放，以免液体流入滴管的乳胶滴头中。在大瓶的液体试剂瓶旁也常附置专用的滴管供取少量试剂用，用法同上。如果是自备的滴管，使用前必须洗净。

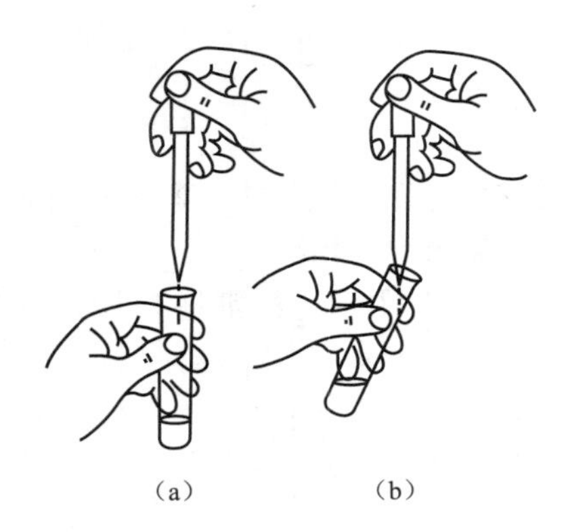

（a）（b）

图2-5 用滴管将试剂加入试管中

（a）正确；（b）错误

2. 固体试剂的取用

固体试剂要用干净的药匙取用。药匙的两端分别为大小两个匙。取较多试剂时用大匙，取少量试剂时用小匙（取用的试剂须加入小试管时，应用小匙）。用过的药匙必须立即洗净擦干，以备取用其他试剂。

往试管，特别是湿试管中加入固体试剂时，可用药匙伸入试管约2/3处，或先将取出药品放在一张对折成纸槽的纸条上，再伸入试管中。块状固体则应用镊子夹住再沿管壁慢慢滑下（见图2-6）。

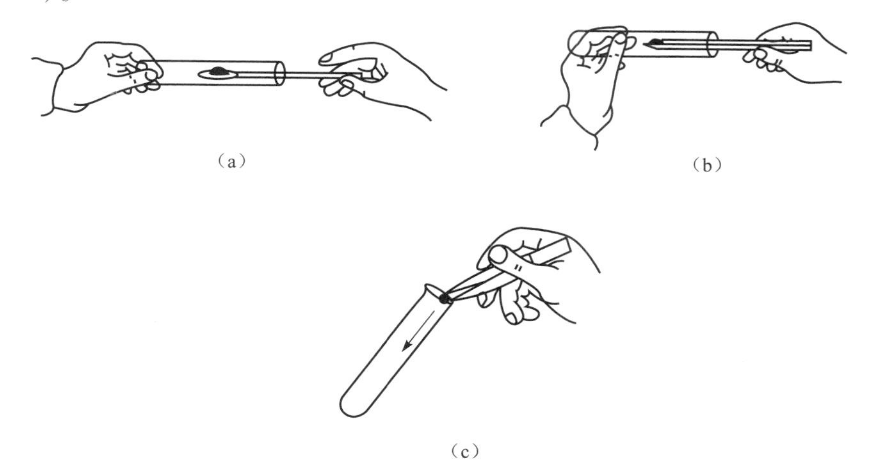

图 2-6　固体试剂的取用
（a）用药匙往试管里送入固体试剂；（b）用纸槽往试管里送入固体试剂；
（c）用镊子夹住块状固体沿管壁慢慢滑下

2.3.5　化学试剂的配制

在实验中常将化学试剂配成一定浓度的溶液，不同实验对浓度准确度的要求是不同的，一般性质反应实验（如定性检定和无机制备）对溶液浓度要求较粗，定量测定实验则需配制准确浓度的溶液。

1. 溶液浓度的表示方法

溶液的性质，除了与溶质和溶剂的本性有关外，还与溶质与溶剂的相对含量有关。因此，在任何涉及溶液的工作中都必须指明浓度。通常，将一定量溶剂或溶液中所含溶质 B（以 B 表示物质）的量称为溶液的浓度。经常使用的几种溶液浓度表示方法见表 2-11。

表 2-11　常见溶液浓度的表示方法

浓度的名称	定义	浓度符号	单位符号
质量分数	溶质 B 的质量占溶液质量的分数	W_B	量纲为 1
物质的量浓度	单位体积的溶液中所含溶质 B 的物质的量	c_B	mol/m^3（SI 单位） mol/dm^3（导出单位） mol/L（惯用单位）
质量摩尔浓度	单位质量的溶剂中所含溶质 B 的物质的量	b_B	mol/kg
物质的量分数	溶液中组分 B 的物质的量与各组分的物质的量之和的比值	x_B	量纲为 1

2. 溶液的配制

在实验室里常常因为化学反应的性质和要求不同而配制不同的溶液。在一般性质反应实验中，配制一定浓度的常见溶液就能满足需要。在定量测定实验中，要求比较严格，则需要配制准确浓度的溶液。在特殊鉴定反应中，则往往需要配制特殊试剂的溶液。

1）一般溶液。

一般溶液常用以下两种方法配制。

（1）由固体试剂配制溶液。对一些易溶于水而不发生水解或水解程度较小的固体试剂（如 NaOH、KCl、NaCl 等），配制溶液时，先算出配制一定浓度和体积的溶液所需固体试剂的量，然后用托盘天平或分析天平称出所需的固体量，放入烧杯中，再以少量去离子水搅拌使其溶解后，最后稀释至所需的体积。若试剂溶解时有放热现象，或以加热促使其溶解的，应待其冷却后，再移至试剂瓶或容量瓶，贴上标签备用。一些易水解的盐（如 $SnCl_2$），配制溶液时，需先加入适量酸，再用水或稀酸稀释。有些易被氧化或还原的试剂（如 Na_2SO_3、$FeCl_2$），则常在使用前临时配制，或采取措施，防止其氧化或还原。

（2）由浓溶液配制稀溶液。对于液态试剂，如果已知浓溶液的浓度（如盐酸、硫酸、氨水等），在配制其稀溶液时，可先通过计算得知配制一定浓度和体积的溶液所需浓溶液的体积，然后用量筒量取所需浓溶液的一定体积，最后稀释至所需的体积。如果不知道浓溶液的浓度，则先用密度计测量出浓溶液的相对密度，查出其相应的物质的量浓度，然后算出配制一定浓度所需的用量，用量筒量取所需浓溶液的体积，最后用水稀释至所需的体积，搅拌均匀。如果溶液放热，需先冷却至室温，再移入试剂瓶内，贴上标签备用。

配制硫酸溶液时，要特别注意：应在不断搅拌下将浓硫酸缓慢倒入盛有水的容器中，切记不可颠倒操作顺序！

见光易分解，而又需要短期储存的溶液（如 $AgNO_3$、$KMnO_4$、KI 等），要注意避光保存，应储存于干净的棕色容量瓶中。

容易发生化学腐蚀的溶液（如氢氟酸），应储存于塑料容器中。

2）标准溶液。

标准溶液是已确定其主体物质浓度或其他特性量值的溶液。化学实验中常用的标准溶液有滴定分析用标准溶液、仪器分析用标准溶液和 pH 测量用标准缓冲溶液，主要配制方法如下：

（1）由基准试剂（或标准物质）直接配制。在分析天平或电子天平上准确称取一定量的基准试剂（能够直接用于配制标准溶液的物质称为基准试剂或标准物质）放于烧杯中，加入适量的去离子水溶解后，转移至容量瓶中，去离子水洗涤烧杯数次，洗涤后的水均转入容量瓶中，直至基准试剂全部转入容量瓶中，用去离子水稀释至刻度，摇匀。根据称取基准试剂的质量和容量瓶的体积，计算出它的准确浓度（此法也称为直接法）。

（2）标定法。对于不符合基准试剂要求的物质，不能用直接法配制其标准溶液。但可以先配制成近似所需浓度的溶液，然后用基准试剂或已知浓度的标准溶液标定，最后计算出它的准确浓度（此法也称为间接法）。

（3）稀释法。用已知浓度的标准溶液，配制浓度较小的标准溶液时，可根据需要用移液管吸取一定体积的标准溶液于适当体积的容量瓶中，加去离子水或相应介质溶液稀释至刻度即可。

3. 标准物质

我国于 1986 年由国家计量局颁布了标准物质的定义，表述为：已确定其一种或几种特性，用于校准测量器具、评价测量方法或确定材料特性量值的物质。化学试剂中属于标准物质的品种并不多。目前，中国的化学试剂中只有滴定分析基准试剂和 pH 测量基准试剂属于标准物质。基准试剂可用于直接配制标准溶液或用于标定溶液浓度。滴定分析中常用的工作基准试剂见表 2-12，pH 测量基准试剂见表 2-13。有时，实验中还会使用一些非试剂类的标准物质（如纯金属、药物和合金等）。

表 2-12　滴定分析中常用的工作基准试剂

试剂名称	主要用途	用前干燥方法	国家标准编号
氯化钠	标定 $AgNO_3$ 溶液	500~550 ℃灼烧至恒重	GB 1253-1989
草酸钠	标定 $KMnO_4$ 溶液	(105±5)℃干燥至恒重	GB 1254-1990
无水碳酸钠	标定 HCl、H_2SO_4 溶液	270~300 ℃干燥至恒重	GB 1255-1990
三氧化二砷	标定 I_2 溶液	H_2SO_4 干燥器中干燥至恒重	GB 1256-1990
邻苯二甲酸氢钾	标定 NaOH 溶液	105~110 ℃干燥至恒重	GB 1257-1989
碘酸钾	标定 $Na_2S_2O_3$ 溶液	(180±2)℃干燥至恒重	GB 1258-1990
重铬酸钾	标定 $Na_2S_2O_3$、$FeSO_4$ 溶液	(120±2)℃干燥至恒重	GB 1259-1989
氧化锌	标定 EDTA 溶液	800 ℃灼烧至恒重	GB 1260-1990
乙二胺四乙酸二钠	标定金属离子溶液	硝酸镁饱和溶液恒湿器中放置 7 天	GB 12593-1990
溴酸钾	标定 $Na_2S_2O_3$ 溶液	(180±2)℃干燥至恒重	GB 12594-1990
硝酸银	标定卤化物溶液	H_2SO_4 干燥器中干燥至恒重	GB 12595-1990
碳酸钙	标定 EDTA 溶液	(110±2)℃干燥至恒重	GB 1256-1990

表 2-13　pH 测量基准试剂

试剂名称	规定浓度/($mol \cdot kg^{-1}$)	标准值/25 ℃	
		一级 pH 测量基准试剂	pH 测量基准试剂
		pH（S）$_{I}$	pH（S）$_{II}$
四草酸钾	0.05	1.680±0.005	1.68±0.01
酒石酸氢钾	饱和	3.559±0.005	3.56±0.01
邻苯二甲酸氢钾	0.05	4.003±0.005	4.00±0.01
磷酸氢二钠、磷酸二氢钾	0.025	6.864±0.005	6.86±0.01
四硼酸钠	0.01	9.182±0.005	9.18±0.01
氢氧化钙	饱和	12.460±0.005	12.46±0.01

基准试剂应具备下述条件。

（1）试剂的组成与其化学式完全相符。

（2）试剂的纯度应足够高（一般要求在99.9%以上），杂质的含量应少至不影响分析的准确度。

（3）试剂在通常条件下储存应该稳定。

（4）使用试剂时，应按反应式快速进行定量，没有副反应。

（5）分子质量大。

2.4 实验基本操作

2.4.1 加热与冷却

1. 加热装置

加热是化学实验中常用的实验手段。酒精灯、酒精喷灯、煤气灯、电炉、电加热套、管式炉、马弗炉等是化学实验中常用的加热装置。

1）酒精灯。

酒精灯由灯罩、灯芯和灯壶三部分组成（见图2-7）。向酒精灯中加酒精时必须将灯熄灭，牵出灯芯，借助漏斗将酒精注入，最多加入量为灯壶容积的2/3，且不能低于其容积的1/4。点燃酒精灯时，绝对不能用另一燃着的酒精灯去点燃，而应该用火柴（通常不宜用打火机），以免洒落酒精引起火灾（见图2-8）。熄灭酒精灯时，不要用嘴吹，用灯罩盖上即可。灯罩盖上片刻后，还应将灯罩再打开一次，以免冷却后罩内产生负压造成以后打开灯罩困难。

酒精灯的加热温度通常为400~500 ℃，适用于不需太高加热温度的实验。

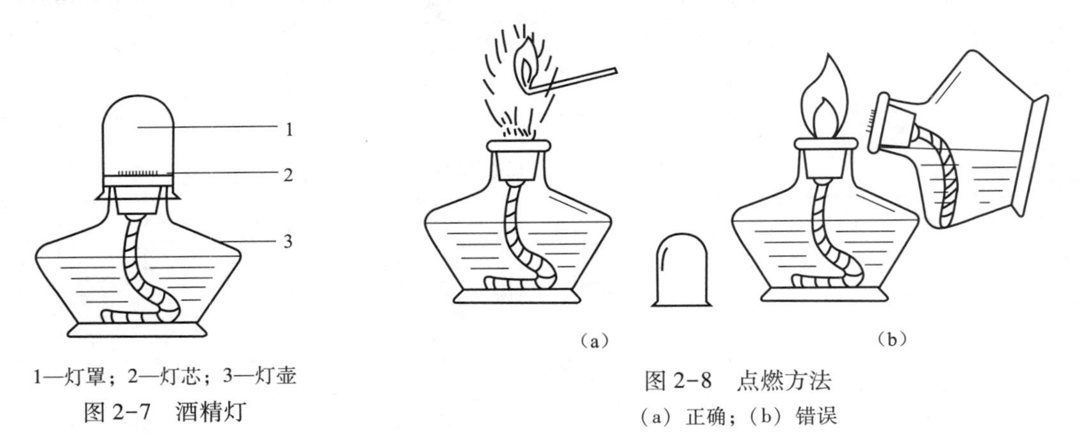

1—灯罩；2—灯芯；3—灯壶

图2-7　酒精灯

图2-8　点燃方法

（a）正确；（b）错误

2）酒精喷灯。

酒精喷灯分挂式和座式两种（见图2-9和图2-10），它们的使用方法相似。应在酒精壶或贮罐内加入酒精，注意：加入酒精的量不能超过酒精壶或贮罐体积的2/3。使用过程中不能续加酒精，以免着火。在预热盘中加满酒精并点燃（挂式酒精喷灯应在点燃预热盘前将贮罐下面的开关打开，灯管口冒出酒精后再关闭），让酒精火焰将灯管灼热，待预热盘中的酒精燃尽后，打开空气调节器并用火柴将灯点燃。靠气化酒精燃烧的酒精喷灯可产生700~1 000 ℃的高温。用完后关闭空气调节器，或用湿抹布盖住灯管口即可将火熄灭。挂式喷灯不用时，应将贮罐下面的开关关闭。

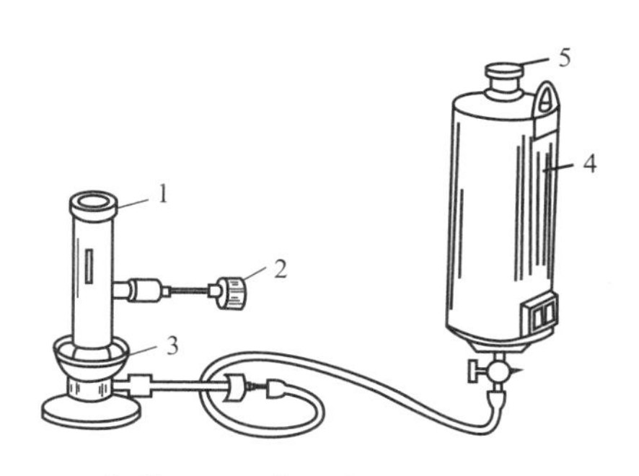

1—灯管；2—空气调节器；3—预热盘；
4—酒精贮罐；5—贮罐盖

图 2-9　挂式酒精喷灯

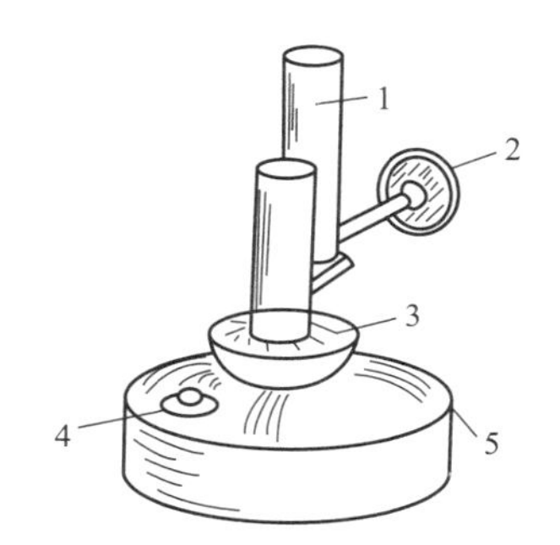

1—灯管；2—空气调节器；3—预热盘；
4—壶盖；5—酒精壶

图 2-10　座式酒精喷灯

座式酒精喷灯一次最多连续使用 30 min，挂式酒精喷灯也不可将罐里的酒精一次用完。若需连续使用座式酒精喷灯，应待喷灯熄灭、冷却，添加酒精后再次点燃。

3）煤气灯。

煤气灯是一种使用十分方便的加热装置，常用于化学实验中。它主要由灯管、空气入口、煤气入口、针阀和灯座组成（见图 2-11）。灯管下部有螺旋与灯座相连，并开有作为空气入口的圆孔。旋转灯管，可关闭或打开空气入口，以调节空气进入量。灯座侧面为煤气入口，用橡皮管与煤气管道相连。灯座侧面（或下面）有螺旋形针阀，可调节煤气的进入量。

使用煤气灯的步骤是：先关闭煤气灯的空气入口，将燃着的火柴移近灯管口时再打开煤气管道开关，将煤气灯点燃（切勿先开气后点火）。然后调节煤气和空气的进入量，使两者的比例合适，得到分层的正常火焰（见图 2-12）。火焰大小可用管道上的开关控制。最后关闭煤气管道上的开关，即可熄灭煤气灯（切勿吹灭）。

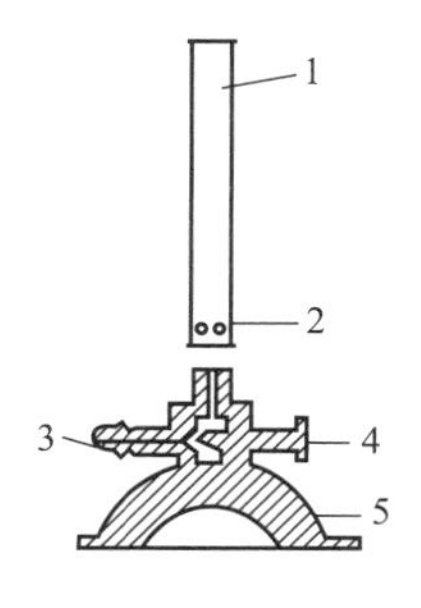

1—灯管；2—空气入口；3—煤气入口；
4—针阀；5—灯座

图 2-11　煤气灯

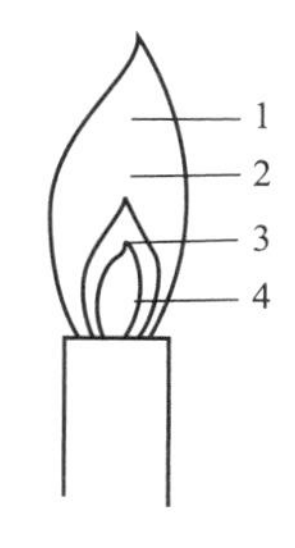

1—氧化焰；2—最高温处；
3—还原焰；4—焰心

图 2-12　正常火焰

煤气灯的正常火焰分三层（见图 2-12）：外层 1，煤气完全燃烧，称为氧化焰，呈淡紫色；中层 3，煤气不完全燃烧，分解为含碳的化合物，这部分火焰具有还原性，称为还原

焰，呈淡蓝色；内层4，煤气和空气进行混合并未燃烧，称为焰心。正常火焰的最高温度在还原焰顶部上端与氧化焰之间2处，温度可达800~900 ℃。

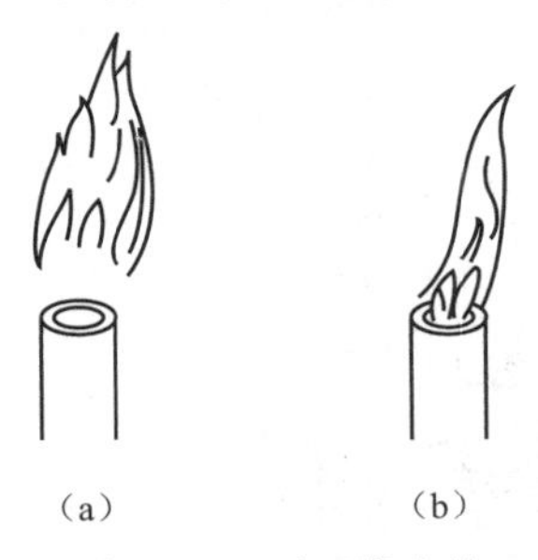

（a）　　（b）

图2-13　不正常火焰

（a）临空火焰；（b）侵入火焰

要获得正常火焰，空气和煤气的比例必须合适。如果火焰呈黄色或产生黑烟，说明煤气燃烧不完全，应调大空气进入量；如果煤气和空气的进入量过大，火焰会脱离灯管口上方形成临空火焰（见图2-13（a）），这种火焰容易自行熄灭；如果煤气进入量小（或煤气突然降压）而空气进入量很高，煤气会在灯管内燃烧，在灯管口上方能看到一束细长的火焰并能听到特殊的嘶嘶声，这种火焰称为侵入火焰（见图2-13（b）），片刻即能把灯管烧热，不小心易烫伤手指。遇到侵入火焰这种情况，应关闭煤气管道开关，重新调节后再点燃。

煤气是一种含有CO的有毒气体，使用时要注意安全。为了能及时觉察是否漏气，一般煤气中都加有带特殊臭味的报警杂质。一旦发现漏气，应关闭煤气管道开关，及时查明漏气的原因并加以处理。

4）电加热装置。

电炉、电加热套、各式各样的恒温水浴装置，以及管式炉和马弗炉等是实验室中常用的电加热装置，可根据实验的需要进行选用。

（1）电炉。出于安全的考虑，目前实验室中常用的电炉为台式封闭电炉（见图2-14），有800 W、1 000 W、1 500 W等规格，可根据需要选用合适的型号和规格。使用时将需加热物品放在加热盘上，根据加热温度的需要按所标方向顺时针旋转温控调节钮，加热盘开始加热工作。旋转范围越大，加热温度越高。当加热物品达到所需温度或需降低温度时，则按相反方向旋转温控调节钮。关闭温控调节钮，装置停止加热工作。使用时还应注意电线不要接触到加热盘，以免被烧坏，发生事故。

（2）电加热套。电加热套（见图2-15）是由玻璃纤维包裹着电炉丝织成的“碗状”电加热器，温度高低由控温装置调节，最高温度可达400 ℃。电加热套有各种型号，选用的原则是：它的容积大小一般与被加热的烧瓶容积相匹配。电加热套受热面积大，加热平稳。

图2-14　封闭电炉

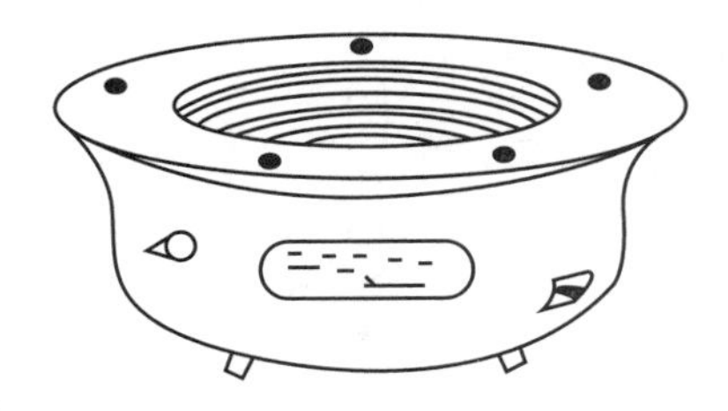

图2-15　电加热套

（3）管式炉和马弗炉。管式炉（见图2-16）和马弗炉（见图2-17）均属于高温电炉，主要用于高温灼烧或进行高温反应，尽管它们的外形不同，但均由炉体和电炉温度控制两部分组成。当加热元件是电热丝时，最高温度为950 ℃，如果用硅碳棒加热，最高温度可达1 400 ℃。

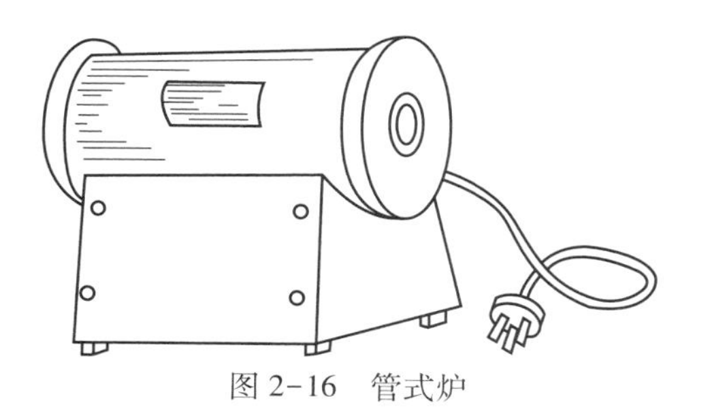
图 2-16　管式炉

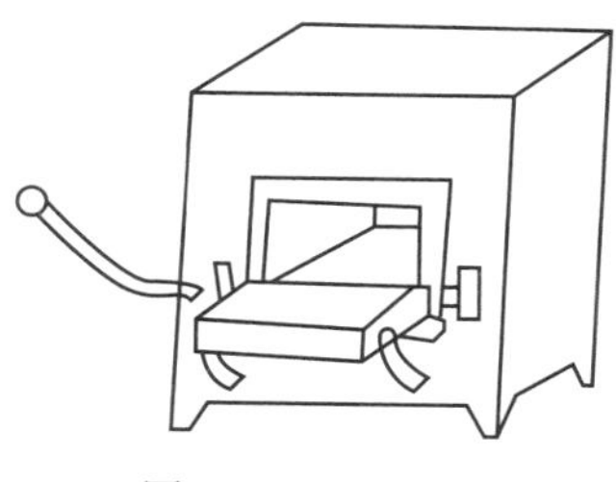
图 2-17　马弗炉

管式炉的炉膛为管式，是一根耐高温的瓷管或石英管。反应物先放入瓷管或石英管中，再放进管式炉的瓷管或石英管内加热。较高温度的恒温部分位于炉膛中部。固体灼烧可以在空气气体或其他气体中进行，也可以进行高温下的气、固反应。在通入别的气体或其他反应气时，瓷管或石英管的两端应该用带有导气管的塞子塞上，以便导入气体和引出尾气。

5）微波辐射加热装置。

微波辐射加热常用的装置是微波炉。微波炉主要由磁控管、波导、微波腔、循环器和转盘等部分组成。微波炉加热原理是利用磁控管将电能转换成高频电磁波，经波导进入微波腔，进入微波腔内的微波可均匀分散在各个方向。在微波辐射作用下，微波能量对反应物质的耗散通过偶极分子旋转和离子传导两种机理来实现。极性分子接受微波辐射能量后，通过分子偶极以每秒数十亿次的高速旋转产生热效应，此瞬间变态是在反应物质内部进行的，因此微波炉加热称为内加热（靠热传导和热对流过程的传统加热称为外加热），内加热具有加热速度快、反应灵敏、受热体系均匀，以及高效节能等特点。

不同类型的材料对微波炉辐射加热反应各不相同。

（1）金属导体。金属因反射微波能量而不能被加热。

（2）绝缘材料。许多绝缘材料（如玻璃、塑料等）能被微波透过，故不能被加热。

（3）介质体。吸收微波并被加热（如水、甲醇等）。

因此，反应物质常装在瓷坩埚、玻璃器皿或聚四氟乙烯制作的容器中放入微波炉内加热。微波炉加热物质的温度不能用一般的汞温度计或热电偶温度计来测量。

微波炉使用注意事项如下：

（1）当操作微波炉时，请勿于炉门门缝置入任何物品，特别是金属物体。

（2）不要在炉内烘干布、纸制品等，因其含有容易引起电弧和着火的杂质。

（3）微波炉工作时，切勿贴近炉门或从门缝观看，以防微波辐射损伤眼睛。

（4）微波炉内若使用密闭容器，必须是特制耐压容器，以防容器爆炸。

（5）如果炉内着火，请紧闭炉门，先按停止键，再调校掣或关掉计时，最后拔下电源。

（6）经常清洁炉内，使用温和洗涤液清理炉门及绝缘孔网，切勿使用腐蚀性清洁剂。

2. 加热方法

按加热的方式可分为直接加热和间接加热。

1）直接加热。

直接加热是将被加热物直接放在热源中进行加热，如在酒精灯上加热试管或在电炉上加热烧杯等。

2）间接加热。

间接加热是先用热源将某些介质加热，介质再将热量传递给被加热物。这种方法被称为热浴。它是根据所用的介质来命名的，用水作为加热介质称为水浴，类似的还有油浴、砂浴等。热浴的优点是加热均匀，升温平稳，并能使被加热物保持一定温度。

（1）水浴。水浴是用水作为加热介质的一种间接加热法，水浴加热常在水浴锅中进行。水浴锅（见图2-18）的盖子由一组大小不同的同心金属圆环组成，可根据被加热的器皿大小选用合适的圆环，原理是尽可能增大容器的受热面积而又不使器皿掉进水浴锅中。水浴锅内的水量不要超过其容积的2/3。下面用酒精灯等热源加热，利用热水或产生的蒸汽使上面的器皿升温（见图2-19（a））。在水浴加热操作中，水浴锅中水的表面略高于被加热容器内反应物的液面，可获得更好的加热效果。若要使水浴保持一定温度，可采用电恒温水浴箱，它是用电加热的并带有自动控温装置，可使加热温度恒定。

实验室也常用烧杯代替水浴锅。在烧杯中放一支架，可将试管放入进行水浴加热（见图2-19（b））；在烧杯上放上蒸发皿，也可作为简易的水浴加热装置，进行蒸发浓缩。

图2-18　水浴锅

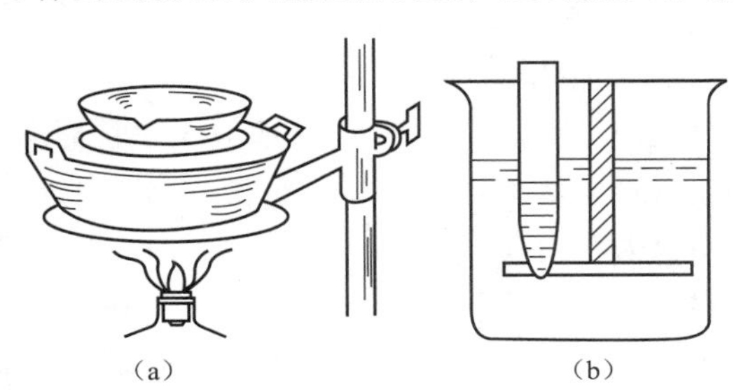

图2-19　水浴加热

（a）水浴锅加热；（b）烧杯代替水浴锅加热

如果要求加热的温度稍高于100 ℃，可选用无机盐类饱和水溶液作为热浴液。

（2）油浴。用油代替水浴中的水即油浴，油浴加热可获得比水浴更高的温度。油浴的最高温度可达250 ℃，它是由所用油的种类决定的。透明石蜡油可加热至200 ℃，温度再高也不分解，但易燃烧；甘油可加热至220 ℃，温度再高会分解；硅油和真空泵油加热至250 ℃仍较稳定。使用油浴时，应在油浴中放入温度计观察温度，以便调整火焰，防止油温过高。由于油浴中的油在高温下易燃，所以使用时要加倍小心，发现严重冒烟时要立即停止加热。此外，注意不要让水滴溅入油浴锅中。

用电热卷代替明火加热油浴锅中的油，可使操作变得更为安全，若接入继电器和接触式温度计，便可实现自动控制油浴温度。

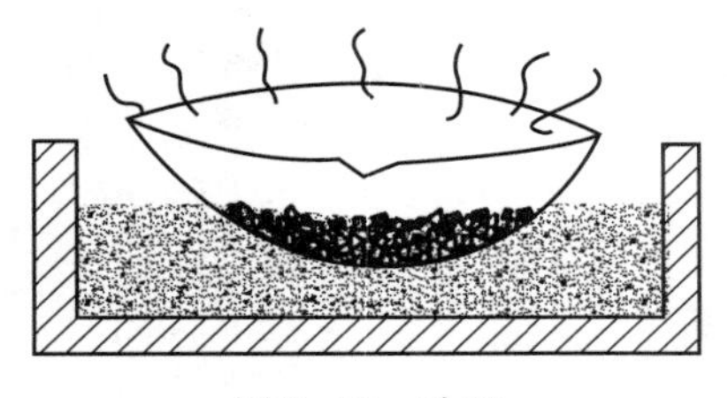

图2-20　砂浴

（3）砂浴。在铁盘或铁锅中放入均匀的细砂，将被加热的器皿部分埋入砂中，下面用煤气灯加热就成了砂浴（见图2-20）。砂浴的特点是加热温度不如水浴或油浴那样均匀、易控，升温比较缓慢，停止加热后，散热也较慢，加热温度可达数百摄氏度。若要测量砂浴的温度，可把温度计埋入器皿附近的砂中，注意：温度计的汞球不要触及铁盘底。

目前，实验室内通常选择加热套、恒温磁力搅拌器等配套水浴、油浴、砂浴使用。

3. 液体的加热

1）加热试管中的液体。

在试管中加热液体时，应控制液体的量不超过试管容积的 1/3，用试管夹夹持试管加热，并使管口稍向上倾斜（见图 2-21），注意：管口不要对着别人和自己，以免被暴沸溅出的液体烫伤。加热时，应先加热液体的中上部，再加热底部，并上下移动，使各部分液体均匀受热。

2）加热烧杯中的液体。

不要用明火直接加热烧杯，而应在烧杯下面垫上石棉网（见图 2-22），这样才能使烧杯受热均匀。烧杯中的液体量不应超过烧杯容积的 1/2，为了防止暴沸，加热时还要适当进行搅拌。

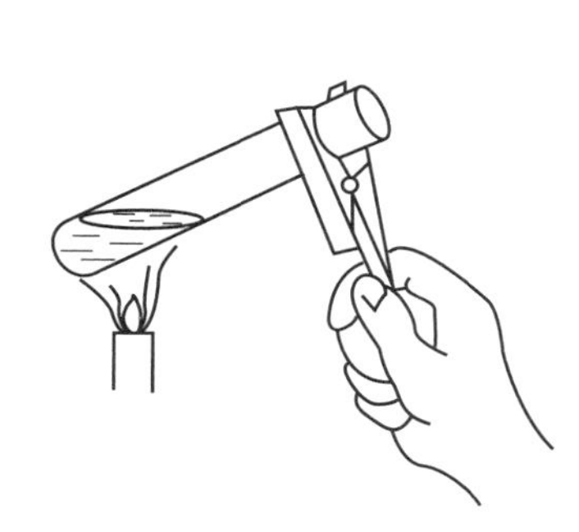
图 2-21　加热试管中的液体

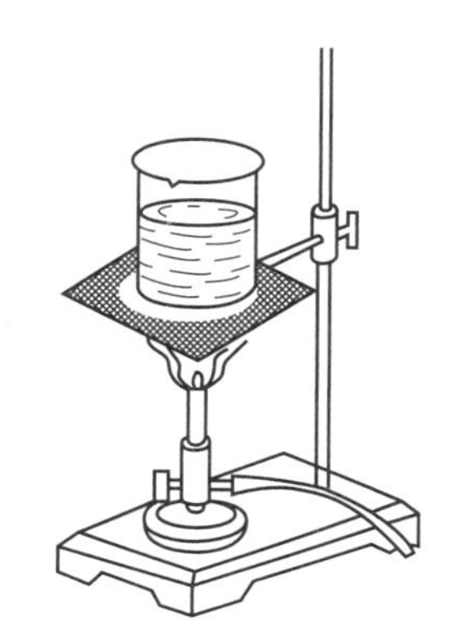
图 2-22　加热烧杯中的液体

3）蒸发、浓缩与结晶。

蒸发、浓缩与结晶是物质制备实验中常用的操作之一，通过此步操作可将产品从溶液中提取出来。

由于蒸发皿具有大的蒸发表面，有利于液体的蒸发，所以蒸发浓缩通常在蒸发皿中进行。蒸发皿中的液体量不应超过其容量的 2/3，加热方式可视被加热物质的性质而定。对热稳定的无机物，可以用酒精灯直接加热（应先均匀预热），一般情况下采用水浴加热，虽然水浴加热的蒸发速度慢些，但容易控制。注意：不要使瓷蒸发皿骤冷，以免炸裂。蒸发、浓缩与结晶的基本操作见第 2 章 2. 4. 5。

4. 固体的加热

1）在试管中加热固体。

用酒精喷灯等明火直接加热试管中的固体时，由于温度高，不能直接用手拿试管加热，应用试管夹夹持试管或将试管用铁夹固定在铁架台上，管口略向下倾斜（见图 2-23），以防止凝结在管口处的水珠倒流到灼热的管底使试管爆裂。

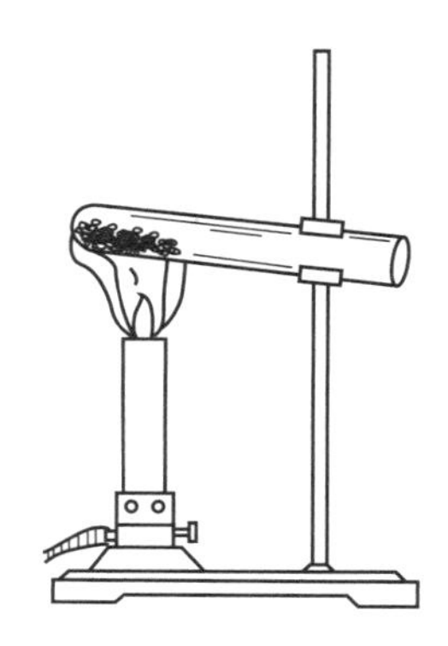
图 2-23　在试管中加热固体

2）固体的灼烧。

高温灼烧或熔融固体使用的装置是

坩埚。按坩埚的组成材料分类，实验室常用的坩埚有瓷坩埚、氧化铝坩埚、金属坩埚等。至于要选用何种材料的坩埚，则视需灼烧的物质的性质及需要加热的温度而定。加热时，将坩埚置于泥三角上，用氧化焰灼烧（见图2-24），这样既可使加热的温度达到最高，又可避免不完全燃烧的还原焰使坩埚外部结上炭黑。先用小火将坩埚均匀预热，再加大火焰灼烧坩埚底部。根据实验要求控制灼烧温度和时间，夹取高温下的坩埚时，必须使用干净的坩埚钳。坩埚钳使用前先在火焰上预热一下，再去夹取。灼热的瓷坩埚及氧化铝坩埚绝对不能与水接触，以免爆裂。坩埚钳使用后应使尖端朝上（见图2-25）放在桌子上，以保证坩埚钳尖端洁净。

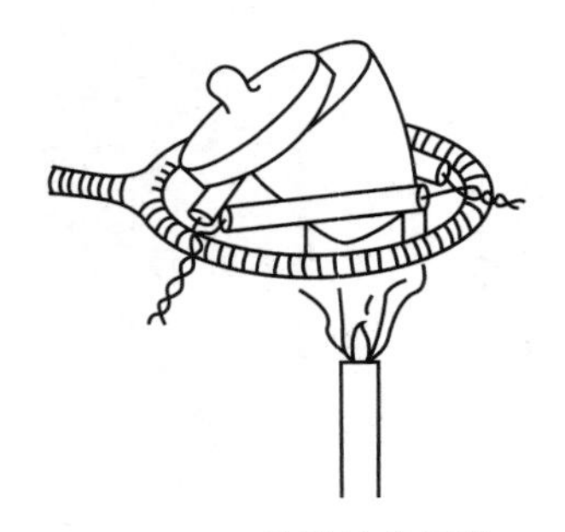

图 2-24　坩埚灼烧固体

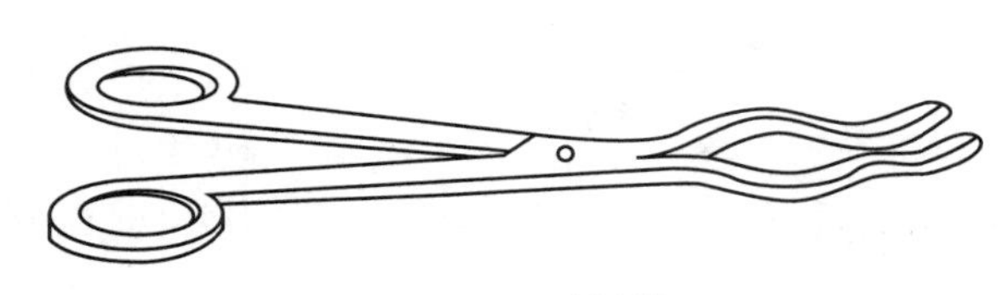

图 2-25　坩埚钳

用酒精喷灯灼烧可获得 700～800 ℃的温度，若需更高温度可使用马弗炉。

5. 冷却方法

在化学实验过程中，往往需要采取降温冷却的方法来完成化学反应，降温冷却方法通常是将装有待冷却物质的容器浸入制冷剂中，通过容器壁的传热作用来达到冷却的目的，有时在特殊情况下也可将制冷剂直接加入待冷却物质中。冷却方法操作比较简单，在冷却操作过程中，一般不易发生爆炸、着火等危险。实验室常用的冷却方法有以下四种。

1）自然冷却。

热的物质可在空气中放置一定的时间，使其自然冷却至室温。

2）流水冷却。

需冷却到室温的溶液，可用此法，将需冷却的物质直接用流动的自来水冷却。

3）冰水冷却。

将需冷却的物质直接放在冰水中。注意：高温容器骤冷存在产生裂纹的风险，建议先自然冷却至室温后再采取其他降温方式。

4）冰盐浴冷却。

冰盐浴由容器和制冷剂（冰盐或水盐混合物）组成，可冷至 273 K 以下。所能达到的温度由冰盐的比例和盐的种类决定，使用干冰和有机溶剂混合时，其温度更低。为了保持冰盐浴的效率，要选择绝热较好的容器（如杜瓦瓶等）。

表 2-14 是常用的制冷剂及其达到的温度。

表 2-14　常用制冷剂及其达到的温度（份：质量）

制冷剂	T/K	制冷剂	T/K
30 份 NH_4Cl+100 份水	270	125 份 $CaCl_2 \cdot 6H_2O$+100 份碎冰	233
4 份 $CaCl_2 \cdot 6H_2O$+100 份碎冰	264	150 份 $CaCl_2 \cdot 6H_2O$+100 份碎冰	224
29 g NH_4Cl+18 g KNO_3+冰水	263	5 份 $CaCl_2 \cdot 6H_2O$+4 份冰块	218
100 份 NH_4NO_3+100 份水	261	干冰+二氯乙烯	213
75 g NH_4SCN+15 g KNO_3+冰水	253	干冰+乙醇	201
1 份 NaCl（细）+3 份冰水	252	干冰+乙醚	196
100 份 NH_4NO_3+100 份 Na_2NO_3+冰水	238	干冰+丙酮	195

6. 温度测量

在化学反应中，通常用汞温度计来测量溶液的温度。分度为 1 ℃（或 2 ℃）的温度计一般可估读到 0.1 ℃（或 0.2 ℃）。分度为 1/10 ℃的温度计可估读到 0.01 ℃。每支温度计都有一定的测量范围，汞温度计的测量范围一般为-30～360 ℃（低于-30 ℃，甚至低至-200 ℃，可以用封在玻璃管中电阻型温度计。如果要测量高温，可使用热电偶和高温计）。

测量温度时，温度计应放在适中位置上，如测量液体温度，要使汞温度计的汞球完全浸在液体中，不能使汞球接触容器的底部或器壁。不能将温度计当搅拌棒使用，因为汞球玻璃壁很薄，容易碰碎。刚测量过高温的温度计切不可立即用冷水冲洗，以免汞球炸裂。若温度计不小心打碎，应先将洒出的汞收起，再放入装有水的容器中。若洒出的汞不能收回，要立即用硫黄粉覆盖。

2.4.2　简单玻璃加工技术

1. 玻璃管（或玻璃棒）的截断与熔光

1）锉痕。

将所要截断的玻璃管平放在实验台上，左手按住要截断部位的左侧，右手持三角锉刀放在欲截断处，在与玻璃管垂直方向上用力锉出一道凹痕。注意：只能向一个方向锉，不能来回锉，以免锉痕不平整（见图 2-26（a））。

2）截断。

双手持玻璃管锉痕两侧，拇指齐放在划痕的背后向前推压，同时两食指向外拉，以折断玻璃管（见图 2-26（b）、（c））。

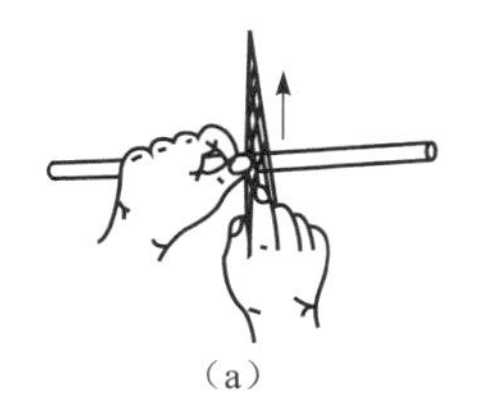

（a）

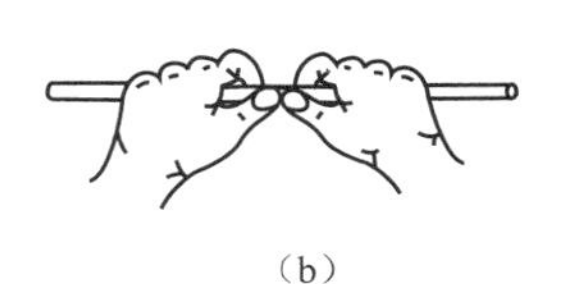

（b）

（c）

图 2-26　玻璃管（或玻璃棒）的锉痕与截断

（a）锉痕；（b）、（c）截断

3）熔光。

玻璃管的截断面很锋利，易把手划破，且难以插入塞子的圆孔内，所以必须将其在火焰上熔烧，使断面光滑。操作方法是将截面斜插入氧化焰中，同时缓慢地转动玻璃管使管受热均匀，直到光滑为止。熔烧的时间不可过长，以免管口收缩。灼热的玻璃管应放在石棉网上冷却，不要放在桌面上，以免烧焦桌面，也不要用手去摸，以免烫伤（见图2-27）。

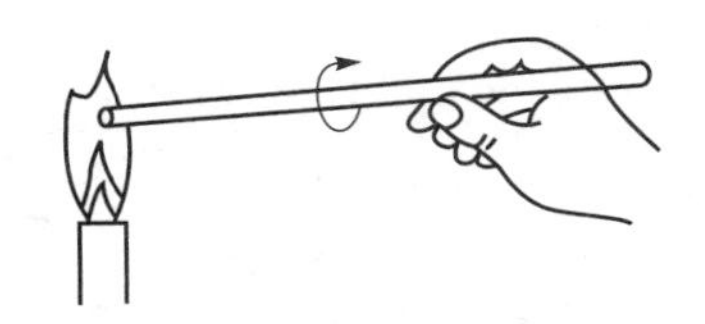

图2-27 玻璃管(或玻璃棒)的熔光

2. 玻璃管的弯曲

1）烧管。

先将玻璃管在小火上来回旋转预热（见图2-28（a）），再用双手托持玻璃管，把要弯曲的地方插入氧化焰中，并缓慢地转动和左右移动玻璃管，使之受热均匀。注意：两手用力均匀，转速一致，以免玻璃管在火焰中扭曲。加热到玻璃管发黄变软即可。

2）弯管。

自火焰中取出玻璃管后，稍等1~2 s，使各部温度均匀，然后用“V”字形手法将其准确地变成所需的角度。弯管的操作方法是两手在上方，玻璃管的弯曲部分在两手中间的正下方。弯好后，待其冷却变硬后才可放在石棉网上继续冷却。120°以上的角度可一次性弯成。较小的角度可分几次弯，先弯成一个较大的角度，再在第一次受热部位的偏左、偏右处进行加热和弯曲（见图2-28（b）中的左右两侧直线处），直到弯成所需的角度为止。

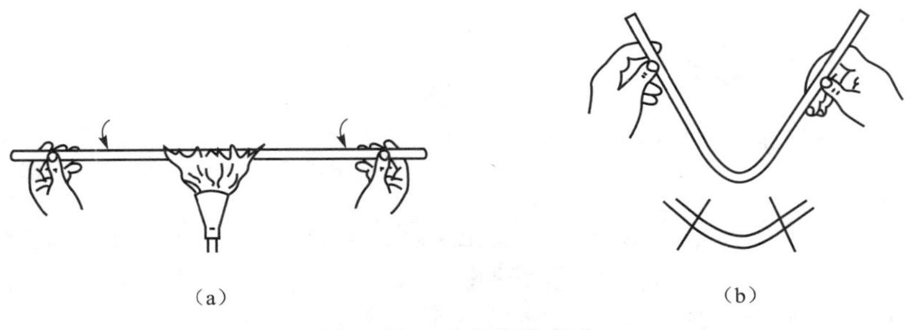

（a） （b）

图2-28 玻璃管的弯曲

（a）烧管；（b）弯管

合格的弯管必须弯角里外均匀平滑，角度准确，整个玻璃管处在同一个平面上（见图2-29）。

3. 玻璃管的抽拉与滴管的制作

制备毛细管和滴管时，都要用到玻璃管的抽拉操作。第一步烧管，第二步抽拉。烧管的方法同上，但烧管的时间要更长些。将玻璃管烧至橙色，更加发软时才可以从火焰中取出，同时旋转拉动（见图2-30），使拉伸部分变成所需粗细，一手持玻璃管，使之自然下垂，冷却后即可按需要截断，制成毛细管或滴料管。合格的拉管应粗细均匀一致（见图2-31）。拉管的细端在酒精喷灯焰中熔光即成滴管的尖嘴。

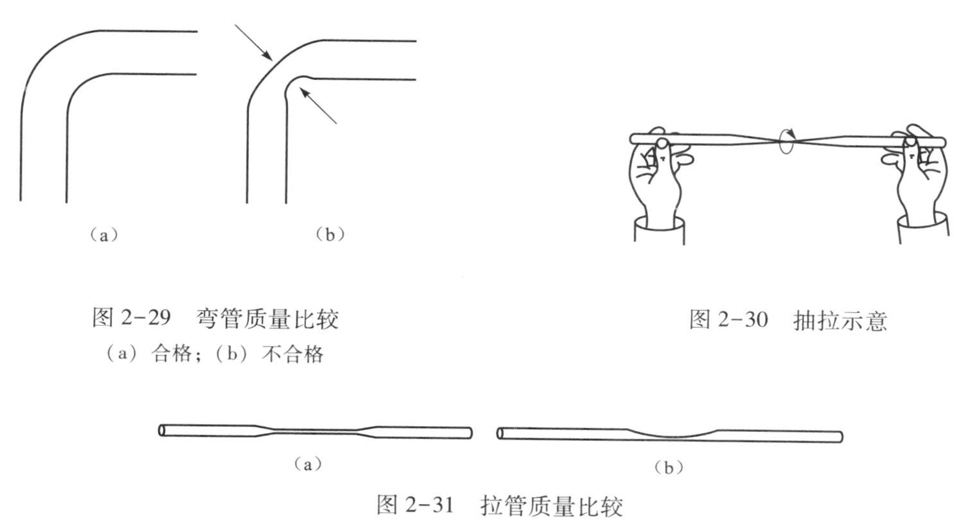

图 2-29　弯管质量比较
(a) 合格；(b) 不合格

图 2-30　抽拉示意

图 2-31　拉管质量比较
(a) 合格；(b) 不合格

制作滴管时需进行扩口操作。将拉管的粗端管口放入氧化焰中烧至红热后，用金属锉刀柄斜放在管内迅速而均匀地旋转，即得扩口（见图 2-32）。在石棉网上垂直稍压一下，使管口变厚略向外翻。也可使滴管粗口末端完全烧软，在石棉网上垂直下压（不能用力过大），使管口变厚略外翻，以便冷却后套上乳胶滴头，即成滴管。

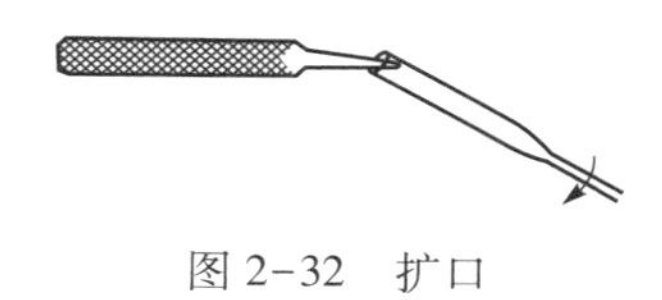

图 2-32　扩口

4. 塞子钻孔①

实验室给塞子钻孔要用到打孔器（见图 2-33）。它是由一端有柄，另一端管口锋利的不同直径金属管组成，并配有一个带柄的细铁棒作为通条，用来捅出钻孔时进入打孔器中的橡胶或软木。

钻孔前，先要选择好合适的塞子，再根据所要插入塞子的玻璃管的直径大小来选择打孔器的型号。由于橡胶具有弹性，钻孔橡胶塞应选择比待插玻璃管直径稍大的打孔器，这样既能保证玻璃管顺利插入塞孔，又能保证插入后有很好地密封性。软木塞因为没弹性，则应选择比待插玻璃管直径略小的打孔器。

钻孔时，先将塞子小头朝上，大头朝下平放在垫板上（见图 2-34）。再在打孔器锋利的一端涂上润滑剂（如水或凡士林等），左手按住塞子，右手握住打孔器的柄，在选定的位置上以顺时针方向旋转用力向下压，始终保持打孔器金属管与塞子垂直，以免将孔钻斜。直到塞子的大头看到打孔器恰好露出，此时以逆时针方向旋转上拉拔出打孔器，并捅出打孔器内的橡胶或软木。最后用圆锉从塞子的大头插进去进行修整至符合要求。

5. 玻璃管插入塞子

为了使玻璃管顺利插入塞孔，用水或甘油将玻璃管前端润湿，左手拿住塞子，右手握住玻璃管的前半部（为了更加安全，可以用布包住玻璃管），将玻璃管插入塞孔并慢慢旋转使其进

① 吴建中．无机化学实验［M］．北京：科学出版社，2018：5.

入合适的位置。在旋入时，用力适当，且右手握住玻璃管不能离塞子太远（见图2-35），否则可能折断玻璃管扎伤手。

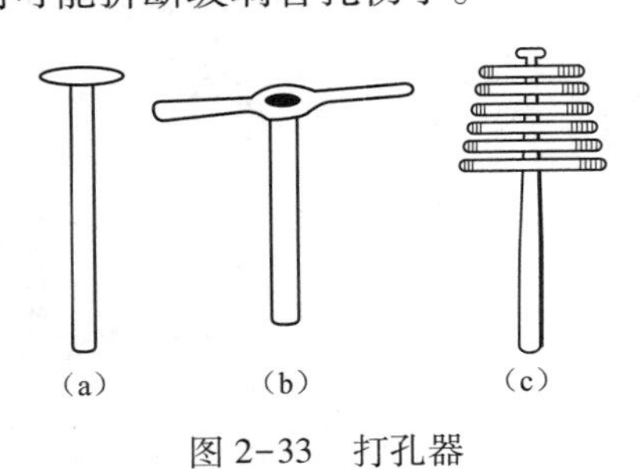

图2-33 打孔器

(a) 通条；(b) 单个打孔器；(c) 整套打孔器

图2-34 钻孔

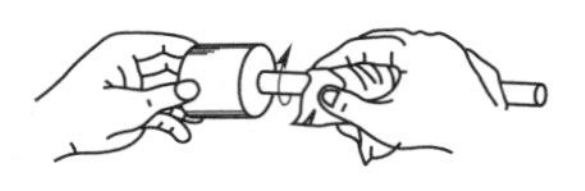

图2-35 玻璃管插入塞子

2.4.3 称量

1. 天平的称量原理

化学实验中常常要进行称量，重要的称量仪器就是天平。根据准确度的高低，可将天平分为两类：一类为托盘天平（又称台称），用于精确度不高的称量，一般能称量至0.1 g；另一类为分析天平，其称量的精确度较高，一般能精确称量至0.000 1 g。分析天平的种类很多，根据称量原理，主要可分为等臂天平、不等臂天平及电子天平等类型。常用的等臂天平有摆动式天平、空气阻尼式天平、半自动电光天平、全自动电光天平等；常用的不等臂天平有单盘电光天平、单盘减码式全自动电光天平、单盘精密天平等；常用的电子天平有无梁电子数字显示天平等。

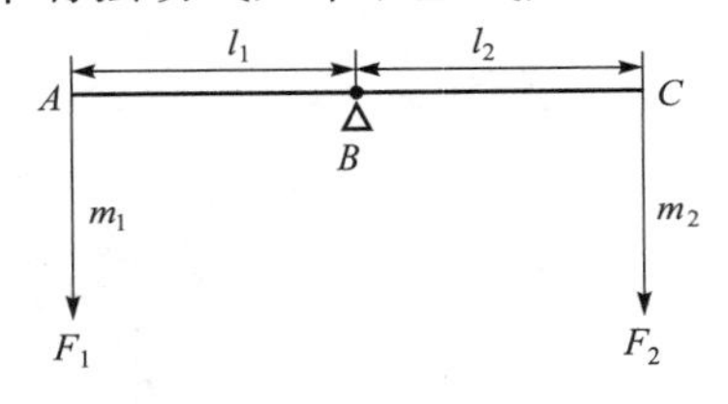

图2-36 天平原理示意

在称量时，根据实验对称量准确度的不同要求，应选用不同类型的天平。各种天平都是根据杠杆原理设计而成的（见图2-36）。在杠杆 ABC 中，B 为支点，A、B 两端所受的力分别为 F_1、F_2，当杠杆处于平衡状态时，根据杠杆原理，支点两边的力矩相等，即

$$F_1l_1=F_2l_2$$

因为，$F=mg$（g 为重力加速度），所以，$m_1gl_1=m_2gl_2$。

天平是等臂的，即 $l_1=l_2$。因此，$m_1=m_2$。

也就是说等臂天平称重达到平衡时，被称物的质量 m_1 等于砝码的质量 m_2。

上述不同的天平是由于制造时采用的材质（如刚性、均匀性）、等臂的准确程度（如支点两边刀口的距离、刀口的平行度）、刀口受阻的情况，以及砝码的准确度等一系列原因造成的，因此它们的精确度也是不同的。这也告诉了人们应该如何保护天平的精确度。

2. 称量仪器

1）托盘天平（台秤）的构造和使用方法。

托盘天平（见图2-37）用于精确度不高的称量，一般能称量至0.1 g。它主要由台秤座和横梁两部分组成。横梁以一个支点架在台秤座上，左右各有一个托盘，中部有指针与刻度盘相对，根据指针在刻度盘前的摆动情况，可看出托盘天平的平衡状态。

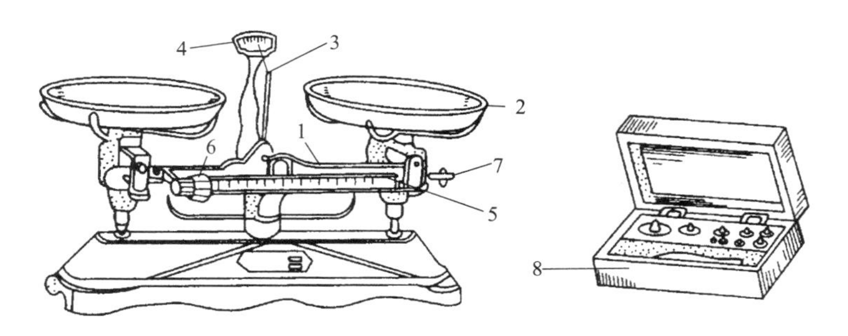

1—横梁；2—托盘；3—指针；4—刻度盘；5—游码标尺；6—游码；7—平衡调节螺钉；8—砝码及砝码盒

图 2-37　托盘天平的构造

在称量前，要先校准托盘天平。将游码拨到游码标尺的“0”位处，观察指针摆动情况。如果指针在标尺的左右摆动格数相等，即表示托盘天平处于平衡，可以使用；如果指针在标尺的左右摆动距离相差较大，则应调节平衡螺钉，使天平平衡。

称量时，应将物品放在左盘，砝码放在右盘。加砝码时应先加大砝码再加小砝码，最后（在 5 g 或 10 g 以内）用游码调节至两边平衡为止。此时砝码和游码读数之和就是被称物品的质量。记录时保留小数点后一位，如 12.8 g。称毕，用镊子将砝码夹回砝码盒，游码归零。

称量时应注意以下几点：

（1）根据具体情况，称量物质要放在已经称过质量的干净的纸片上，或表面皿、烧杯中，不能直接放在托盘上。

（2）不能称量热的物质。

（3）称量完毕后，应把砝码放回砝码盒中，游码拨至“0”位处，并将托盘放在一侧或用橡皮圈架起。

（4）保持托盘天平洁净，若不小心把药品洒在托盘上，必须立即清除。

2）电子天平。

（1）电子天平的结构。

最新一代的天平是电子天平，它利用电子装置完成电磁力补偿的调节，使物体在重力场中实现力的平衡，或通过电磁力矩的调节，使物体在重力场中实现力矩的平衡。常见电子天平的结构都是机电结合式的，由荷载接受与传递装置、测量与补偿装置等部件组成。电子天平可分成顶部承载式和底部承载式两类，目前常见的大多数是顶部承载式的上皿天平。从天平的校准方法来分，则有内校式和外校式两种。前者是标准砝码预装在天平内，启动校准键后，可自动加码进行校准。后者则需人工取标准砝码放到秤盘上进行校准。BP221S 电子天平（外形见图 2-38）属于内校式的上皿天平。

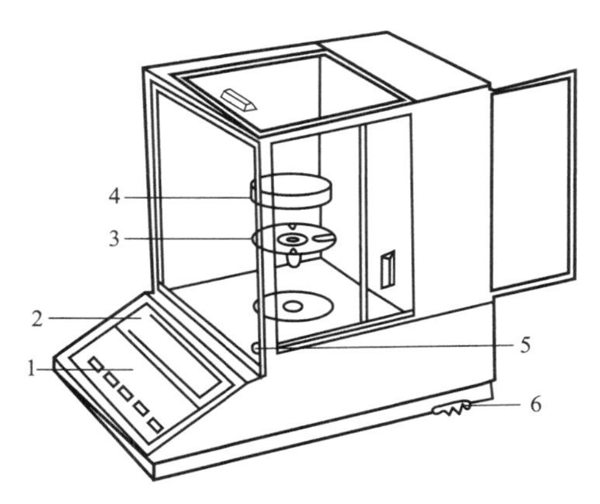

1—键盘（控制板）；2—显示器；3—盘托；4—秤盘；5—水平仪；6—水平调节脚

图 2-38　BP221S 电子天平外形图

（2）BP221S 电子天平的使用方法。

① 检查水平。查看水平仪，检查天平是否处于水平位置，否则通过水平调节脚调节，天平必须处于水平位置才能正确称量。

② 预热。为了达到理想的称量效果，精密电子天平在初次接通电源或者在长时间断电之后，应开机通电预热 30 min 后，再开始称量。

③ 开机。按开关键[1/⏻]，接通显示器，仪器自动运行自检程序，当显示器显示“0.000 0 g”时，自检过程结束。

在显示器右上部显示“°”时，表示仪器关闭。

在显示器左下部显示“°”时，表示仪器处于待机状态。通过开关键打开显示器可立即工作，不必预热。

显示器只显示“<>”时，表示仪器内部微处理器正在工作，此时不能执行其他操作。

④ 清零。按除皮键[TARE]清零，仪器只有经过清零之后，才能准确称量。

⑤ 自校。精密电子天平在首次使用，工作环境（特别是温度）变化，仪器被移动后都要进行校准。校准在预热过程执行完毕后进行，BP221S 电子天平使用内置校准砝码进行自校，该校准砝码由电动机驱动加载，并在结束校准过程之后被自动卸载。

当显示器显示“0.000 0 g”时，按校准键[CAL]激活校准功能，待自校程序执行完毕后再进行其他操作。注意：在仪器执行自校程序时，不允许在秤盘上加载。

⑥ 称量。在秤盘上小心放好待称物质，关好天平门，待显示器数字稳定后读数，称量过程中使用除皮键[TARE]去除皮重。称量操作完毕后关好天平门，按开关键[1/⏻]使天平处于待机状态。

⑦ 关机。全部称量操作完成后，关闭天平电源。

（3）使用 BP221S 电子天平的注意事项。

① 使用电子天平时，严格遵守操作规程。

② 操作要小心，在秤盘上加载物质时要轻拿轻放，特别注意不要将试剂（尤其是液体试剂）撒入天平内部。

③ BP221S 电子天平最大称量（包括皮重）为 220 g，不得超载，以免损坏天平。

④ 称量液体试剂的容器必须加盖。

⑤ 加减试剂（固、液），应在天平门外进行。

⑥ 每次称量结束后，认真检查天平是否处于待机状态，关好天平门，罩上布罩，切断电源。登记使用情况，请指导教师检查后，才能离开天平室。

⑦ 如果发现天平在称量过程中有不正常情况或发生了故障，应及时报告指导教师。

3. 称量方法

在称量工作中称取试样的要求是不一样的。一般常采用直接法或差减法。

1）直接法。

有些固体试样没有吸湿性，在空气中性质稳定，可用直接法来称量。称量时，将固体试样放在已称过质量的容器中（表面皿或其他容器），再放在天平左盘上。在天平右盘上根据所称试样的质量放好砝码，再用药匙增减试样，直到天平平衡为止。

2）差减法。有些试样易吸水或在空气中性质不稳定，可用差减法来称取。先在一个干燥的称量瓶中装一些试样（见图 2-39（a）），在天平上准确称量，设称得的质量为 m_1，将称量瓶中倾出一部分试样放于事先准备好的容器内（见图 2-39（b）），再准确称量称量瓶，设称得的质量为 m_2，前后两次称量的质量差 m_1-m_2，即为取出的试样质量。

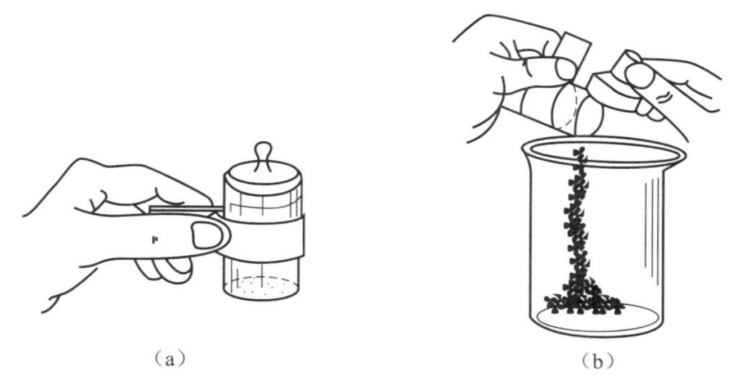

图 2-39　称量瓶拿法及倾倒样品

（a）称量瓶拿法；（b）倾倒样品

2.4.4　液体体积的度量

化学实验中度量液体试剂体积时，要用到各种容量仪器。通常分为两类：一类是量出式量器（如量筒、量杯、移液管、滴定管等），在外壁上标注有 Ex 字样，用于测量从量器中放出液体的体积；另一类是量入式量器（如容量瓶等），用于测量吸入量器中液体的体积，外壁上标注有 In 字样。

1. 量筒

量筒是化学实验中最常用的度量液体体积的器皿，与移液管、滴定管相比，其准确度较低。它具有各种不同的容量，可根据量取液体的体积选择合适的量筒。量筒常标有使用温度，不能加热，不能量取热的液体，更不能用作反应容器。

读取量筒上的刻度数值时，眼睛应当平视，与液体的凹液面最低点处于同一水平线上，否则会引起读数的误差。（见图 2-40）。

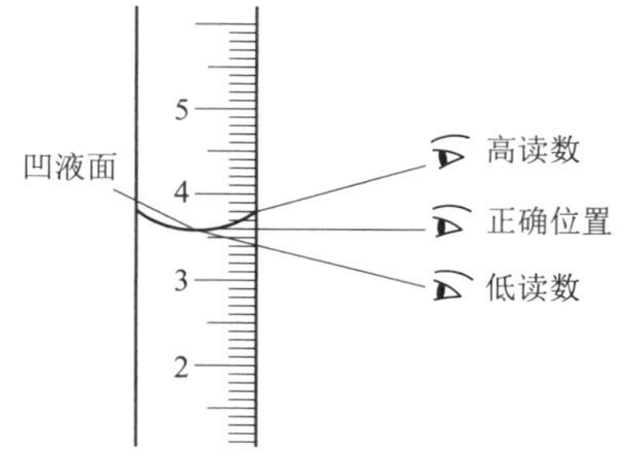

图 2-40　量筒正确读数

2. 移液管和吸量管

移液管（见图 2-41（a））中间有一玻璃管，管颈上部刻有一标线环。移液管的容量就是按吸入的液体的凹液面最低点与标线相切后，液体自然流出的总体积来确定的。常见的有 10 mL、25 mL 等规格。液体从移液管自然流出后，由于毛细管的作用，移液管的管口总会留有一滴液体，在没有特别指明的情况下都不应将此液滴考虑进去。

使用移液管前，应把它洗净，即依次用洗液、自来水、去离子水洗至内壁不挂水珠为止。洗净后需用欲移取的溶液洗三次。方法是用滤纸将移液管下端内外的水除去，吸入溶液（吸法见后）至刚进入中间玻璃管（尽量勿使溶液流回，以免稀释），立即用右手食指按住管口将移液管从溶液中取出，把管横过来，用左右两手的拇指及食指分别拿住移液管中间玻璃管左右两端，一边旋转一边降低上端，使溶液布满全管，当溶液流到距上口 2～3 cm 处

时，将管直立，放出溶液（弃去）。

吸取液体时，用右手拇指和中指拿住移液管上端管口下 2~3 cm 处，使管下端伸入液面下 1~2 cm（不应伸入太深，以免外壁沾有过多液体，但也不应太浅，以免液面下降时吸入空气），左手将洗耳球捏紧（赶走空气）后，将洗耳球的小口对准移液管口并慢慢放松，缓缓地向上吸入液体。注意观察液面上升情况，移液管则应随容器中液体的液面下降而往下伸（见图 2-42）。当液体上升到刻度标线以上 1~2 cm 时，迅速移开洗耳球，用右手食指堵住上端管口。提起移液管，将移液管下端靠在容器壁上，稍松食指，同时用拇指及中指轻轻转动管身，使液面缓慢、平稳地下降，直到液体的凹液面最低点与标线相切，立即停止转动并按紧右手食指，使液体不再流出。取出移液管，移入准备接受溶液的容器中，仍使其下端接触器壁，并让接受容器倾斜而使移液管直立。右手拇指及中指继续拿住移液管，抬起食指，使溶液自由地顺器壁流下（见图 2-43）。待全部液体流尽后，等约 15 s，取出移液管。

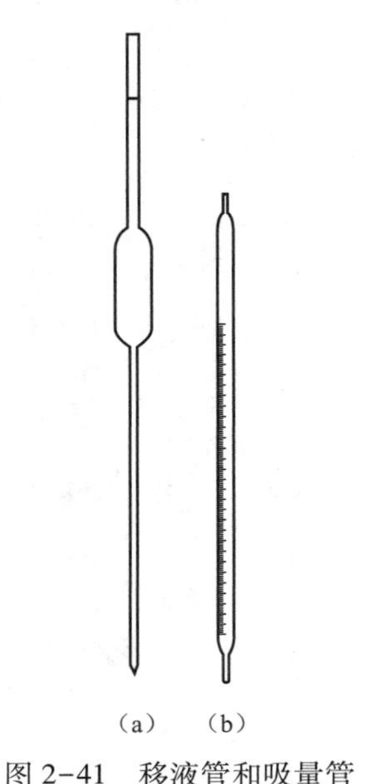

图 2-41 移液管和吸量管
(a) 移液管；(b) 吸量管

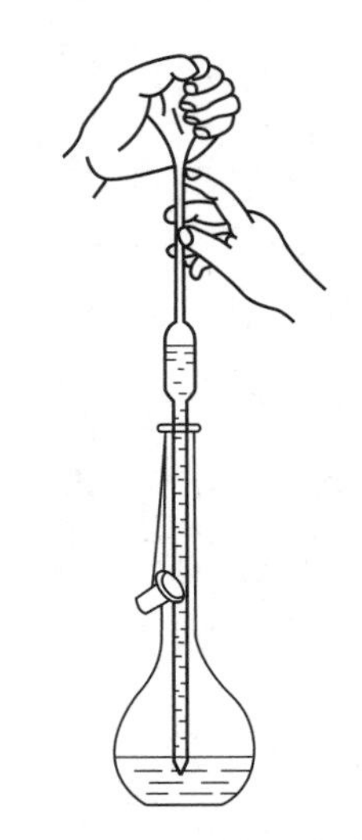

图 2-42 移液管吸取液体

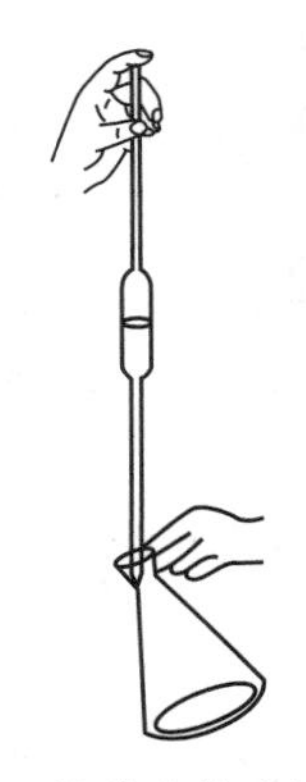

图 2-43 从移液管中放出溶液

移液管用完后，应立即放在专用架上，不可乱放在桌面上。短时间内不再用它吸取同一溶液时，应立即洗净后放回原处。

吸量管（见图 2-41（b））是一种刻有分度内径均匀的玻璃管，下端管口细尖。吸量管有 1 mL、2 mL、5 mL、10 mL 等规格。有一种吸量管的分度一直刻到吸量管的下端管口，也有一种吸量管的分度只刻到距下端管口 1~2 cm 处。使用时应当注意不同分度。吸量管只是为了量取小体积溶液用的，如果需用 10 mL、25 mL 等整数且较大体积的液体时，应使用相应大小的移液管，而不要用吸量管。使用吸量管时，总是使液面由某一分度下降至另一分度，使两分度间的体积正好等于所需体积，并尽可能在同一实验中使用同一吸量管的同一分度段，且尽可能都是从上端 0.00 刻度开始。

吸量管的操作基本上与移液管相同，唯一不同的是在移入液体时食指不能完全抬起，一直要轻轻按在管口，以免液体流得过快，导致流到要求的分度时来不及按住管口，停止液体流出。

3. 容量瓶

容量瓶是一种细颈梨形的平底玻璃瓶，带有磨口塞子。颈上有标线环，表示在所指温度（一般为 20 ℃）下，当液体充满容量瓶至标线时，液体体积恰好与瓶上所注明的体积相等。

容量瓶在使用前应先检查一下瓶塞是否漏水。即将自来水注至标线附近，塞好瓶塞，左手按住瓶塞，右手拿住瓶底（见图 2-44（a）），将容量瓶倒立片刻，观察瓶塞周围有无漏水现象，不漏水，方可使用。因此必须保护好容量瓶的瓶塞，为了防止将瓶塞打破和弄错，应当用线绳或橡皮圈将它系在瓶颈上。

用容量瓶配制溶液时，如果是固体试剂，应将在电子天平上准确称量好的试样，放在干净烧杯中加适量去离子水溶解。去离子水应通过玻璃棒或沿杯壁慢慢流入，以免杯内溶液溅出而损失。如果需要加热溶解的话，要盖上表面皿，防止溶液剧烈沸腾和迸溅，加热后要用去离子水冲洗表面皿和烧杯内壁，此时也应使去离子水沿玻璃棒或杯壁流下。待溶质完全溶解后，将所得溶液沿玻璃棒小心地转移到容量瓶中（见图 2-44（b））。如果溶解时进行过加热，则必须待溶液冷至室温后才能转移到容量瓶中。转移溶液后从洗瓶中挤出少量去离子水淋洗烧杯和玻璃棒 2~3 次，并把每次的淋洗液也转移入容量瓶中，以保证溶质全部转移。缓慢地向容量瓶中添加去离子水至标线附近，稍等，待附在瓶颈上的水流下后，用洗瓶或滴管滴加去离子水至标线（小心操作，切勿超过标线）。塞好瓶塞，将容量瓶倒转，待气泡上升后，轻轻摇动，再倒转过来。重复振荡多次，以保证瓶中溶液各部分浓度均匀（见图 2-44（c））。

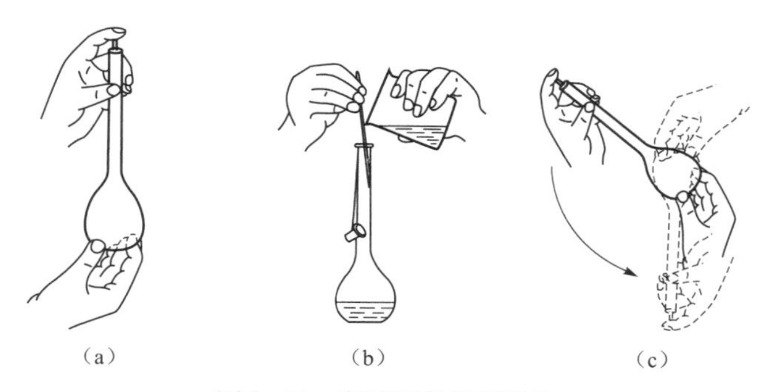

图 2-44　容量瓶的使用操作

（a）容量瓶的拿法；（b）溶液转移入容量瓶；（c）振荡容量瓶

常用一种较浓的准确浓度溶液配制较稀的准确浓度溶液。此时则应用移液管或吸量管取一定体积的浓溶液，放入适当的容量瓶中，再按上述方法稀释至标线。

2.4.5　溶解、沉淀、蒸发、结晶、重结晶

1. 固体的溶解

选定溶剂溶解固体时，还应考虑对大颗粒固体的粉碎、加热、搅拌等问题，以便加速溶解。

1）固体的粉碎。

通常是用研钵来粉碎固体。在研磨前，将研钵仔细洗净和擦干。研钵中放入固体的量不超过研钵总容量的1/3，不能用磨杵敲击固体物质，以免被研固体迸出。

2）固体的加热。

物质的溶解度都受温度的影响，但在固体溶解中加热的主要目的是加速溶解。应根据被加热物质的稳定性选用不同的加热方法，即是直接加热还是用水浴等间接加热。在容器上应盖表面皿，以防液体蒸发。

必须指出，绝不能千篇一律地采取加热溶解，应进行具体分析（如工业硫酸铵中往往含有硫酸铅，用冷溶就能更好地除去）。另外对于在溶解过程中放热的物质（如氢氧化钠等），就不能用加热的方法来溶解。

3）固体的搅拌。

搅拌也是加速溶解的方法之一。搅拌时，手持搅拌棒并转动手腕，使搅拌棒在液体中均匀地转圈。转动的速度不要太快，不要使搅拌棒碰到器壁上，发出响声，甚至造成容器损坏。

2. 沉淀

沉淀有正加、反加和对加三种操作。将沉淀剂加到含被沉淀物的溶液中称为正加，反之称为反加，两者一同加入同一容器中则称为对加。目的都是使沉淀物和溶液易于分离，使沉淀物的质量合格。应根据沉淀物的不同性质和实验要求选择不同的操作。

加入沉淀剂的速度应根据沉淀类型而定。如果是一次加入，则应沿烧杯内壁或沿玻璃棒加入溶液中，以免溶液溅出。加入沉淀剂时通常是左手用滴管逐滴加入，右手用玻璃棒轻轻搅拌溶液，使沉淀剂不至于局部过浓。

因此沉淀时，溶液的浓度、沉淀剂的用量、加入速度、搅拌情况、溶液的pH、温度以及放置保温（老化）时间等都将影响沉淀效果，应注意。

3. 蒸发（浓缩）

用加热方法从溶液中除去部分溶剂，从而提高溶液的浓度或使溶质析出的操作称为蒸发。溶液的面积大、温度高、溶剂的蒸气压力大，则易蒸发。因此，溶液的蒸发通常是在敞口的蒸发皿中进行。加热方式应根据溶质对热的稳定性和溶剂的性质来选择。对热稳定的水溶液可直接用酒精灯加热蒸发；易分解的溶质或溶剂是可燃的，则要在水浴上加热蒸发或让其在室温下自行蒸发。还应注意：蒸发皿内所盛溶液的量不要超过蒸发皿总容量的2/3，如果待蒸发的溶液较多，也只能随蒸发，随添补，以防液体溅出。随着蒸发进行，溶液浓度变大，溶液表面形成溶质晶膜，妨碍溶剂继续蒸发，应不时地用玻璃棒将其打碎。如果只需得到部分结晶，对于溶解度较大的物质，需加热到溶液表面出现晶膜时，才停止加热；对溶解度较小或高温时溶解度大、低温时溶解度小的物质，不必将溶液加热到晶膜出现。

4. 结晶

蒸发到一定程度的溶液，冷却后，溶质就结晶出来。析出晶体的大小与外界条件有关。如果溶液的浓度高，冷却快，进行搅拌或摩擦器壁有利于生成细小晶体。若将溶液慢慢冷却或静置有利于生成大晶体，特别是加入一小颗晶体（称为晶种）时更是这样。但是过快形成大晶体时往往晶体裹入母液或别的杂质，导致纯度并不高，而生成小晶体时，由于不易裹入母液或别的杂质，反而有利于纯度的提高。

在无机制备中，为了提高制备物的纯度常要求制得较小的晶体。相反，为了研究制备物

的形状，则希望得到足够大的晶体。

5. 重结晶

如果第一次结晶所得物质的纯度不符合要求，可进行重结晶。其方法是在加热的情况下使被结晶的物质溶于尽可能少的水中，形成饱和溶液，趁热过滤，除去不溶性杂质，再使滤液冷却，结晶析出，而可溶性杂质则留在母液中，过滤便得到较纯净的物质。若一次重结晶还达不到要求，可以再次重结晶。重结晶是提纯固体物质常用的重要方法之一，它适用于溶解度随温度有显著变化的化合物的提纯。

2.4.6 固体的干燥

1. 结晶的干燥

结晶的干燥是从晶体的表面除去水分。一般是将晶体放在表面皿内，在电热恒温箱中烘干。或者把晶体放在表面皿或蒸发皿内，分别水浴或在石棉网上直接加热，把晶体烤干。但是含有结晶水的晶体不能用烘烤的方法干燥，可把晶体铺在两层滤纸上，再盖一张滤纸，用手轻轻挤压，让晶体表面上的水被滤纸吸收，换新的滤纸，重复操作，直至晶体干燥为止。

对于受热易分解的晶体，或已干燥但又易吸水或需要长时间保持干燥的固体，可放在装有干燥剂的干燥器中或放在真空干燥器中干燥或储存。

2. 干燥器的使用

干燥器是存放干燥物品防止吸湿的玻璃仪器（见图 2-45）。干燥器的下部盛有干燥剂（常用变色硅胶或无水氯化钙），上搁一个带孔的圆形瓷板以盛放容器，瓷板下放一块铁丝网以防物品下落。干燥器盖接触处是磨口的，涂上一层很薄的凡士林以防水汽进入。操作干燥器时，用一只手扶住干燥器，另一只手握住盖子上的圆柄，沿水平方向移动盖子，以便把盖子盖上或打开（打开真空干燥器时，应先将盖上的活塞打开，充气）。搬动干燥器时两手要把干燥器的下部和盖子一并紧握，防止盖子滑落打碎。对于刚灼烧过、温度很高的物品应稍冷却后才能放进去，并在放入后的短时间内将盖子打开 1~2 次。

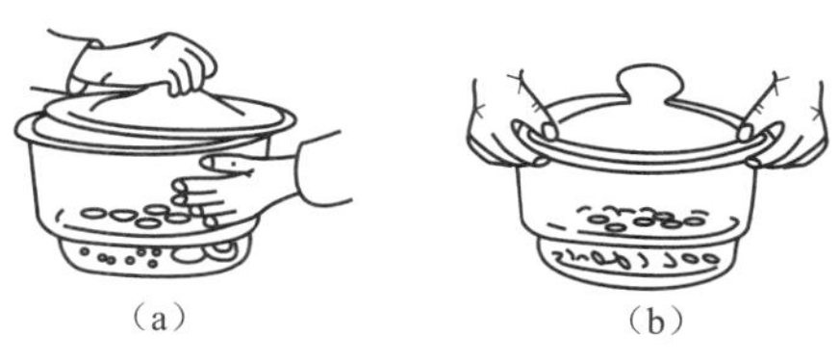

图 2-45 干燥器的开启和搬动

（a）开启方法；（b）搬动方法

使用干燥器时应注意以下事项。

（1）干燥器应注意保持清洁，不得存放潮湿的物品。

（2）干燥器只在存放或取出物品时打开，物品取出或放入后，应立即盖上盖子。

（3）放在底部的干燥剂，不能高于底部的 1/2 处，以防玷污存放的物品。干燥剂失效后要及时更换。

3. 常用干燥剂及其干燥效率

常用干燥剂及其干燥效率见表 2-15。

表 2-15 常用干燥剂及其干燥效率

干燥剂	残留水分/$(mg \cdot dm^{-3})$
P_2O_5	2×10^{-5}

续表

干燥剂	残留水分/($mg \cdot dm^{-3}$)
$Mg(ClO_4)_2$	5×10^{-4}
BaO	7×10^{-4}
CaO，96% H_2SO_4	1×10^{-2}
KOH	2×10^{-3}
$CaSO_4$	5×10^{-3}
SiO_2 凝胶，活性 Al_2O_3	1×10^{-3}
$CaCl_2$	0.2

2.4.7 试纸的使用

试纸通过其颜色变化来测试溶液的性质或定性检验某些物质的存在与否。试纸的特点是简单、方便、快捷并具有一定精确度。

试纸种类颇多，常用试纸分类、制备及用途见表2-16。

表2-16 常用试纸分类、制备及用途

名称	制备方法及使用方法	用途与颜色变化
pH试纸	实验前先将pH试纸剪成小块，放在洁净干燥的容器中。用时用玻璃棒蘸取要测溶液，滴在试纸上，观察试纸颜色变化。不可将试纸投入溶液中	检验溶液的pH，需将pH试纸显示的颜色与比色板比较，才可知道溶液的pH 广泛使用的pH试纸色阶变化为1个pH单位，而精密pH试纸色阶变化小于1个pH单位
淀粉-碘化钾试纸	在滤纸条上滴加1滴淀粉溶液和1滴碘化钾溶液即为淀粉-碘化钾试纸。将试纸悬放在试管口上方。注意：切勿使试纸接触溶液	定性检验氧化性气体，如 Cl_2、Br_2 等。氧化性气体遇到湿试纸后，可将试纸上 I^- 氧化为 I_2，I_2 与试纸上淀粉作用后试纸显示蓝色。如气体氧化性很强，且浓度大，也可将 I_2 进一步氧化为 IO_3^- 而使试纸上的蓝色褪去
醋酸铅试纸	在滤纸条上滴加1滴醋酸铅溶液即成醋酸铅试纸。使用方法同淀粉-碘化钾试纸	定性检验痕迹量的硫化氢。有硫化氢气体时，试纸由白色变为黑色
石蕊试纸	使用方法同pH试纸	检验溶液的酸碱性。红色试纸：在碱性溶液中变蓝色；蓝色试纸：在酸性溶液中变红色

2.4.8 无机化学实验中常用的分离技术

在无机化学反应中，无论是要获得目标产物，还是要纯化或鉴定某物质，都需要应用分离技术。目前，常用的分离方法有固液分离法、萃取分离法、离子交换分离法和色谱分离法。

1. 固液分离法

固液分离法是利用沉淀反应进行分离的方法。其分离方法包括倾析法、过滤法和离心法。

1）倾析法。

图 2-46　倾析法

当沉淀的密度或结晶颗粒较大，静置后能较快沉降至容器底部时，就可用倾析法进行沉淀的分离与洗涤。即把沉淀上部的清液沿玻璃棒小心倾入另一容器内（见图2-46），再往盛沉淀的容器内加入少量洗涤剂，进行充分搅拌后，让沉淀沉下，倾去洗涤剂。重复操作三遍以上，即可把沉淀洗净。

2）过滤法。

常用的过滤方法有三种：常压过滤、减压过滤和热过滤。

（1）常压过滤。

① 滤纸的折叠与安放。把四方滤纸或圆形滤纸对折再对折（见图 2-47，暂不折死），并剪成扇形（圆形滤纸则不必再剪），再将它展开成圆锥体，恰能与 60°角的漏斗相密合。若滤纸圆锥体与漏斗不密合（漏斗的角度大于或小于 60°），可改变滤纸折叠的角度，直到与漏斗密合为止（这时可把滤纸折死）。将三层滤纸的外面两层撕去一角，使三层滤纸的那一边能紧贴漏斗。用食指按住三层滤纸的一边，用少量去离子水润湿滤纸，使滤纸紧贴在漏斗壁上，用玻璃棒轻压滤纸，赶走滤纸与漏斗壁之间的气泡。加水至滤纸边缘，此时漏斗颈中应充满水，形成水柱（若不能形成完整的水柱，可一边用手指堵住漏斗下口，一边稍微掀起三层滤纸的那一边，在滤纸和漏斗之间加水，使漏斗颈和锥体的大部分被水充满后，一边轻轻按下掀起的滤纸，一边放开堵在漏斗下口的手指，即可形成水柱）。这样，过滤时滤液以本身的质量曳引漏斗内液体下漏，大大加速过滤。

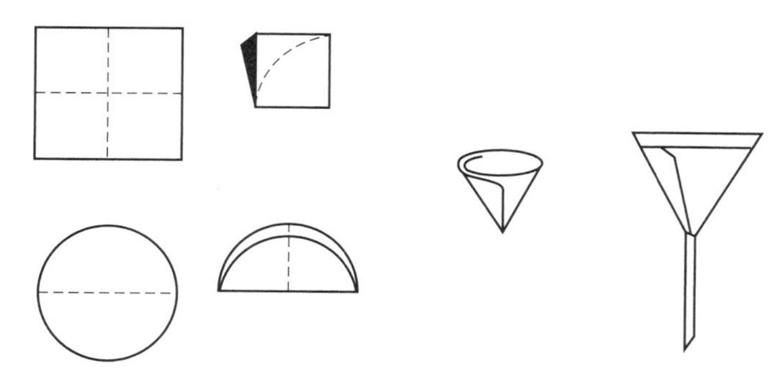
图 2-47　滤纸的折叠与安放

② 过滤操作。将准备好的漏斗放在漏斗架上，漏斗下口尖端处与接受容器内壁接触。过滤时，先将溶液转移到漏斗中，要用玻璃棒引流，玻璃棒下端对着三层滤纸处，尽可能靠近滤纸，但不要接触它。漏斗中的液面要低于滤纸边缘 1 cm。如果沉淀需要洗涤，待溶液转移完后，加入洗涤剂，搅拌，将清液转移到漏斗中（见图 2-48）。重复操作多次，再加少量洗涤剂，把沉淀搅起，将沉淀和溶液一同转入漏斗中，此时每次转移量不能超过滤纸圆锥体容量的 2/3，以便收集沉淀。不要把洗涤剂一次全部用上，为了提高洗涤效率，应采取少量多次原则。

（2）减压过滤（简称“抽滤”）。此法可加速过滤，以及把沉淀抽吸得比较干燥。但是由

于胶态沉淀在快速过滤时易透过滤纸，且颗粒太小的沉淀易在滤纸上形成一层密实的沉淀，使溶液不易透过，反而达不到加速的目的，因此，胶态沉淀和颗粒太小的沉淀都不宜采用此法。

① 减压过滤装置。它由吸滤瓶、布氏漏斗、安全瓶和减压装置（一般用循环水泵或真空泵）组成（见图2-49）。

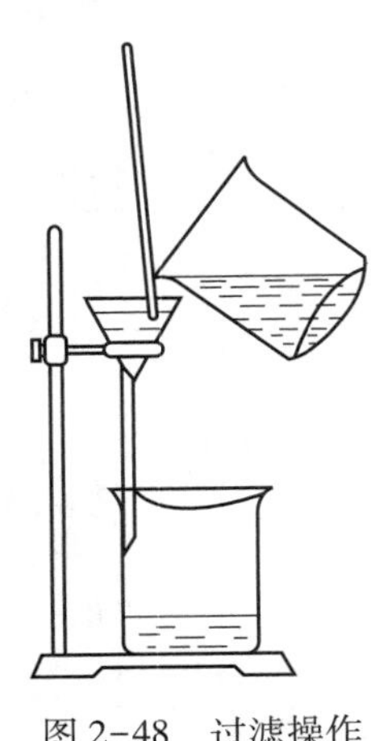

图2-48 过滤操作

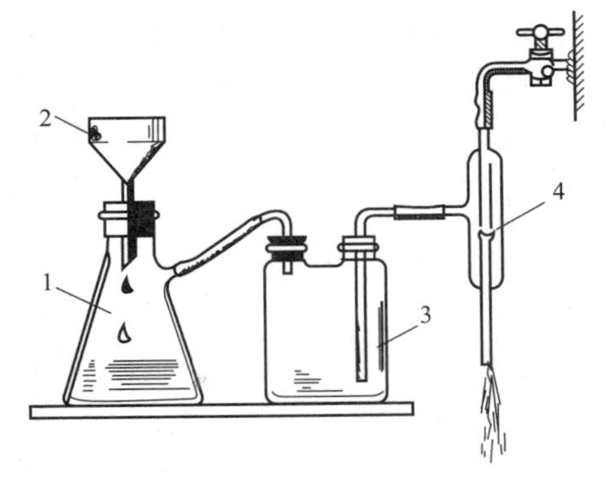

1—吸滤瓶；2—布氏滤斗；
3—安全瓶；4—减压装置

图2-49 减压过滤装置

减压装置带走了空气，因而使吸滤瓶内减压，在布氏漏斗液面上与吸滤瓶内形成一个压力差，从而加快了过滤速度。

布氏漏斗是带有许多小孔的瓷漏斗，通过橡皮塞与吸滤瓶相接。吸滤瓶接受过滤下来的溶液（也称母液），由支管与减压装置相连。安装时，布氏漏斗下口应朝吸滤瓶的支管方向。

在使用水泵时，水的流量突然加大后又变小，或者关闭水门都会造成吸滤瓶内压力低于外界压力而使自来水进入吸滤瓶中（称为反吸或倒吸），将滤液弄脏。因此，滤液有用的话，在吸滤瓶和水泵中应安装安全瓶。在使用真空泵时，为了保护真空泵也应安装用于吸收对泵有害气体的安全瓶。

② 吸滤操作。将滤纸剪成略小于布氏漏斗直径的圆形，但又必须能把漏斗的小孔全部覆盖，放入漏斗后，用去离子水润湿。

过滤时，打开减压装置，使滤纸紧贴于漏斗上，将溶液先转入漏斗中，或沉淀与溶液一同转入（溶液少、总的过滤物少或沉淀易洗涤时常用后者），但每次加入量不要超过漏斗总容量的2/3。同时用玻璃棒将沉淀铺平布满滤纸，继续抽吸至沉淀比较干燥为止。

洗涤沉淀时，应先放空（拔掉与吸滤瓶相连的支管），再停止水泵（或真空泵），加入洗涤剂（应将全部沉淀盖没或润湿），然后接上减压装置，稍开装置，让洗涤剂慢慢透过全部沉淀。最后大开，尽量抽干。重复多次操作，直到符合要求为止。

过滤完毕，需停止抽吸时，一定要先放空再关闭水泵（或真空泵）。用药匙尾部或玻璃棒轻轻揭起滤纸边，取下滤纸和沉淀。吸滤瓶内的滤液，从瓶子上口倾出。

（3）热过滤。在过滤过程中，如果溶液受到冷却，溶液中的溶质会在滤纸上析出结晶，而我们又不希望这些溶质留在滤纸上，就需要进行热过滤。热过滤时，把玻璃漏斗放在铜制的热漏斗内，并不断加热使热漏斗中的液体（一般是水）保持一定温度（见图2-50）。热过滤应选用颈短的玻璃漏斗。

过滤少量溶液，或没有热漏斗时，可将玻璃漏斗放在水浴上或烘箱中加热后，立即使用。这样也可避免溶液在滤纸上冷却而析出晶体。

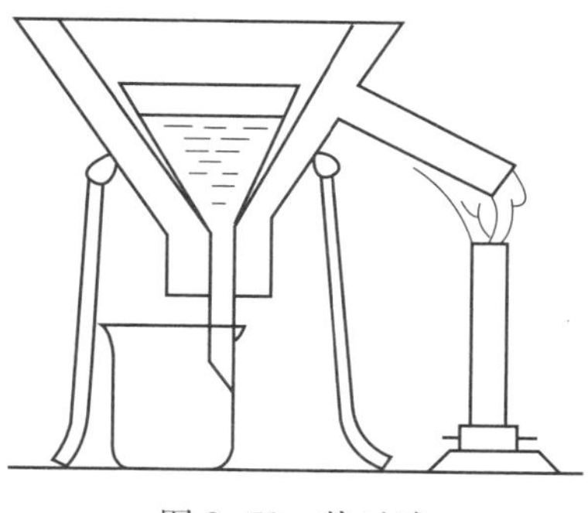

图 2-50　热过滤

3）离心法。

常用于少量的沉淀与溶液的分离，步骤如下。

（1）沉淀。把溶液置于离心管中，边搅拌边加沉淀剂，预计反应完全后，进行离心沉降（操作见后），通过离心作用，沉淀物紧密地聚集在离心管底部，溶液则澄清。在上层清液中加一滴沉淀剂，若清液不变浑表示沉淀完全，否则须再加沉淀剂，搅拌后，重新离心沉降，直到上层清液加入沉淀剂不再变浑为止。

（2）溶液的转移。上清液不再变浑证明沉淀完全后，用滴管把清液吸出，使清液与沉淀物分离。具体方法是先用拇指与中指捏紧滴管上的乳胶滴头，排除空气，稍微倾斜离心管，将滴管轻轻地插入清液中，慢慢放松乳胶滴头，让清液缓缓进入滴管中，同时随着离心管中液面下降，应将滴管逐渐下移，至全部溶液吸入滴管中为止。滴管下端接近沉淀时要特别小心，切勿使其触及沉淀（见图 2-51）。

（3）沉淀的洗涤。如果要继续检验沉淀，必须将沉淀洗涤干净，以便除去未吸干的溶液和沉淀吸附的杂质。为此，加少许洗涤剂（常用去离子水），用搅拌棒充分搅拌，再离心分离，按步骤（2）所述方法吸出清液（弃去）。必要时，重复多次操作。

常用的离心机是电动离心机（见图 2-52）。离心时，将盛有待分离物的离心试管放入电动离心机的试管套内，试管放置的位置要对称，若只有一支离心试管要沉淀分离，则取一支盛有相应质量水的试管按对称位置放入试管套内，以使离心机的两臂保持平衡。盖好离心机盖后，根据沉淀物的离心难易程度，设置离心转速与时间。离心结束后，待其自行停止，切不可强行停止。

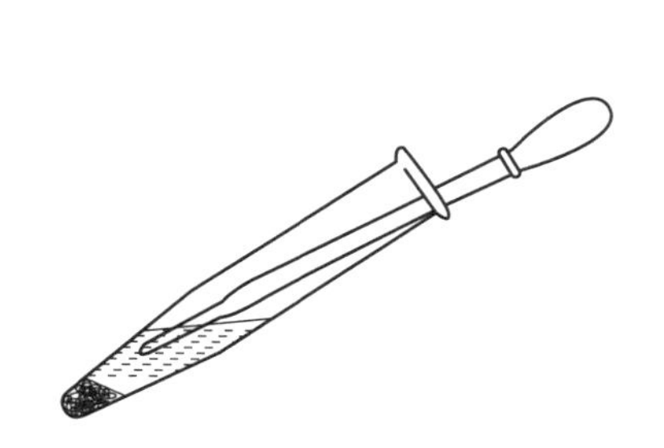

图 2-51　用滴管分离清液与沉淀物

图 2-52　电动离心机

2. 萃取分离法

萃取是无机合成中用来提取或纯化化合物常用的方法，萃取可以从固体或液体混合物中提取所需要的物质，也可用来洗去混合物中的少量杂质。

萃取分离法包括液相-液相、固相-液相、气相-液相等情况，应用最广泛的为液-液萃取分离法，也称溶剂萃取分离法。

液-液萃取是实验室中常用的一种有效的分离方法，也用于大规模工业分离。萃取是由水溶液和有机溶剂组成的两个液相的传质过程，利用与水不相溶的有机溶剂与试液一起振

荡，使试液中一些组分进入有机溶剂，从而与其他组分分离。

对于萃取溶剂的选择，实践表明，极性化合物易溶于极性溶剂中，而非极性化合物易溶于非极性溶剂中，也就是常说的“相似相溶原则”。

在水相和有机相中一般含有下列一些物质，但并不一定是在每一次萃取过程中都用到。

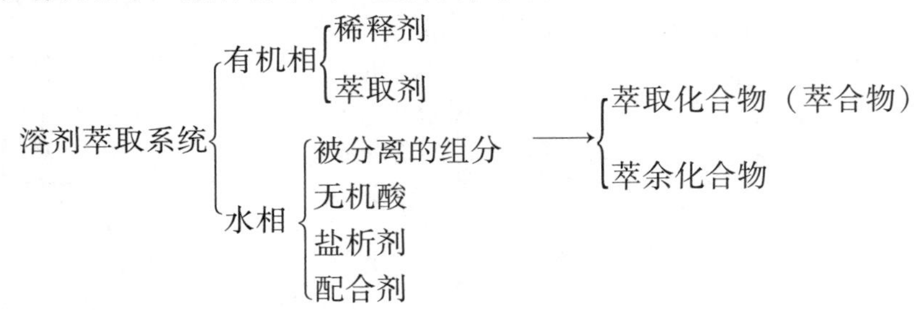

这些物质的作用如下：

（1）萃取剂：能和被萃取物质形成溶于有机相的萃合物的有机化合物。

（2）稀释剂：改变萃取剂的物理性能，使两相易于分层。

（3）无机酸：调节水相的 pH 或参与萃取反应使组分能得到较好分离。

（4）盐析剂：溶于水相使萃合物转入有机相。

（5）配合剂：与被分离的离子形成配合物，溶于水中，可提高分离效果。

在实际操作中，一次萃取常不能达到有效的分离，必须使含有被分离物质的水相与有机相多次接触，反复萃取，但也并非萃取次数越多分离越好，一般萃取三次，就能得到较纯产品。萃取结束后，将溶剂回收、再生，以免造成浪费和环境污染。

溶剂萃取分离法即可用于常量组分的分离，又适用于微量组分的分离与富集。该方法的缺点是萃取剂通常有一定毒性、易燃、易挥发、价格较贵、操作烦琐、比较费时。

3. 离子交换分离法

离子交换分离法是利用离子交换树脂与溶液中的离子发生交换反应而使离子分离的方法。该方法已广泛地应用于元素的分离、提取、纯化和脱色精制有机物，以及溶液和水的净化等方面。

离子交换树脂是一个通称，它包含天然的和人工合成的两类。通常所说的离子交换树脂，即指人工合成的、具有稳定网状结构的、复杂的有机高分子聚合物，不溶于酸碱和一般溶剂。在其网状结构的骨架上有许多可以解离的、能和周围溶液中的某种离子进行交换的活性基团。

离子交换树脂的种类繁多，可以从不同的角度进行分类，但人们通常还是按其交换离子的性质或官能团的特性进行分类。

（1）阳离子交换树脂。指含有酸性活性基团的树脂（如活性基团是磺酸基（$—SO_3H$）、羧基（—COOH）等），其阳离子可以被溶液中的阳离子交换，也就是说这种基团上的 H^+ 能与溶液中的阳离子发生交换反应。阳离子交换树脂又可分为强酸性和弱酸性两种，强酸性阳离子交换树脂的应用较广，在酸性、中性和碱性溶液中都可使用，但选择性较差。弱酸性阳离子交换树脂对 H^+ 亲和力大，在酸性溶液中不宜使用，羧基在 $pH > 4$ 时才具有离子交换能力，选择性高。

阳离子交换树脂的酸性强弱为

$$—SO_3H > —PO_3H_2 \approx —PO_2H_2 > —COOH > —OH$$

强酸性阳离子交换树脂与阳离子 M^{n+} 发生交换反应举例如下。

$$R—SO_3H + Na^+OH^- \underset{洗脱}{\overset{交换}{\rightleftharpoons}} R—SO_3^-Na^+ + H_2O \quad 中和反应$$

$$R—SO_3Na + K^+Cl^- \underset{洗脱}{\overset{交换}{\rightleftharpoons}} R—SO_3^-K^+ + Na^+Cl^- \quad 复分解反应$$

式中，R 代表树脂中网状结构的骨架部分。

（2）阴离子交换树脂。指含有碱性活性基团的树脂（如：在含有季胺基（$—NR_3OH$）、伯胺基（$—NH_2$）、仲胺基（—NHR）和叔胺基（$—NR_2$）等基团中），其阴离子可以被溶液中的阴离子所交换。强碱性阴离子交换树脂广泛应用于酸性、中性、碱性溶液中，弱碱性阴离子交换树脂由于对 OH^- 的亲和力大，所以在碱性溶液中不宜使用。

阴离子交换树脂的碱性强弱为

$$—NR_3OH > \begin{matrix} —NH_2 \\ —NHR \\ —NR_2 \end{matrix}$$

强碱性阴离子交换树脂与阴离子 M^{n-} 发生交换反应举例如下。

$$R—N^+(CH_3)_3OH^- + H^+Cl^- \underset{洗脱}{\overset{交换}{\rightleftharpoons}} R—N^+(CH_3)_3Cl^- + H_2O \quad 中和反应$$

$$R—N^+(CH_3)_3Cl^- + Na^+Br^- \underset{洗脱}{\overset{交换}{\rightleftharpoons}} R—N^+(CH_3)_3Br^- + Na^+Cl^- \quad 复分解反应$$

上述交换反应均为可逆反应，离子交换树脂被交换离子饱和后，会失去交换能力，此时，应用酸或碱对树脂进行浸泡，反应便逆向进行，这一过程称为洗脱或再生。再生后的树脂又可继续使用。树脂再生后的交换能力与处理时所需的时间、流速、温度，以及再生液的浓度、纯度等有关。

离子交换分离法不仅用于正、负离子间的分离，还可用于带相同电荷或性质相近的离子间的分离，同时广泛用于微量组分的富集和高纯物质的制备等。但该法的缺点是操作麻烦，周期长。

4. 色谱分离法

色谱分离法又称层析分离法。主要应用有分离提纯、浓缩和脱色、鉴定化合物、确定化合物纯度，以及观察化学反应是否完成。

色谱分离法的原理是使混合物中各组分在两相间进行分配，其中一相是不动的，称为固定相，另一相则是推动混合物流过固定相的液体，称为流动相（也称为淋洗液或溶剂）。一种流动相带着试样经过固定相，当流动相中所含有的混合物经过固定相时，即与固定相发生相互作用。由于各组分的性质与结构不同，这种相互作用有强弱之分，表现在物质在两相之间的分配系数不同，移动速度也不一样。因此，在同一推动力作用下，混合物中不同组分在固定相中的滞留时间不同，从而按先后不同的次序从固定相中流出，从而达到互相分离的目的。这种借助在两相间的不同分配而使混合物中各组分获得分离的技术称为色谱分离技术或色谱法。近年来，这一方法在化学、生物学、医学中得到普遍应用。

色谱分离法从操作方法上可分为柱色谱、薄层色谱和纸色谱等。从分离机理上来分，有液固色谱、离子交换色谱、凝胶色谱等。从流动相的性质考虑，用液体作为流动相时，称为

液相色谱。在无机化学中应用较多的是液相色谱，其中操作较为简便的薄层色谱和纸色谱。

1）薄层色谱。

薄层色谱是一种微量、快速、简便、分离效果好的层析分离法，常用TLC表示。该法的基本原理是将固定相吸附剂（如硅胶、中性氧化铝、聚酰胺、纤维素等）在玻璃板（层析板）上均匀地涂上一薄层（均厚0.25 mm），待薄层干后用毛细管将试液滴在距玻璃板下边缘一定距离处（称为点样，见图2-53）。将玻璃板置于密闭容器中，用合适的溶剂作展开剂将试样展开（展开剂为流动相）。展开剂借助薄层的毛细作用，由下向上移动。由于固定相（吸附剂）对不同组分的吸附与溶解能力不同，当展开剂流动时，不同组分在固定相上移动的速度不同，致使它们展开的距离不同。容易被吸附或溶解度大的溶质移动速度慢，较难吸附或溶解度小的溶质移动速度快。经过一段时间的展开，不同物质彼此分开，在薄层上形成相互分开的斑点。当展开剂的前沿接近薄层上端时，层析便停止。薄层的展开需在密闭的层析缸（见图2-54）中进行。

溶质在固定相上由原点移动至斑点中心的距离与展开剂由原点移动至前沿的距离之比，称为比移值，用 R_f 表示。样品各组分分离情况也用比移值 R_f 来衡量为

$$R_f=\frac{原点中心到斑点中心的距离}{原点中心到展开剂前沿的距离}$$

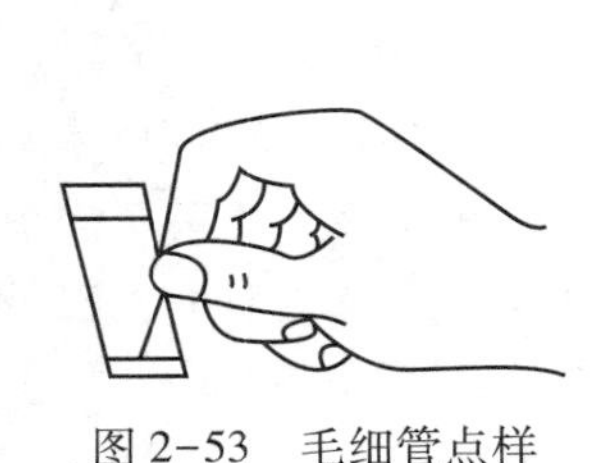

图2-53 毛细管点样

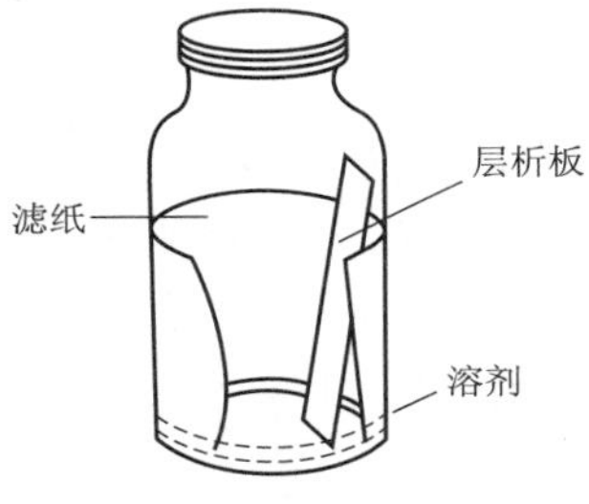

图2-54 层析缸

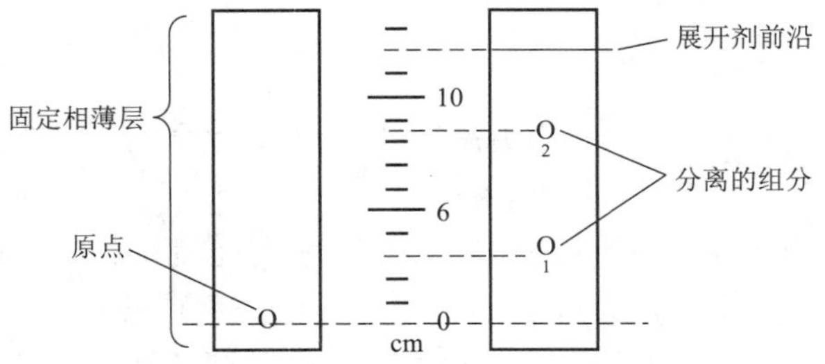

图2-55 R_f 值计算方法

（a）原板；（b）展开后薄层板

R_f 值在0~1之间。若 $R_f\approx 0$，表明该组分留在原点未移动，即没有被展开；若 $R_f\approx 1$，表明该组分随溶剂一起上升。

计算比移值 R_f（见图2-55）。

$$R_{f(1)}=\frac{3.0}{12}=0.25\ (cm)$$

$$R_{f(2)}=\frac{8.4}{12}=0.70\ (cm)$$

薄层色谱除了可用来分离微量物质外，还可推测分离的情况，摸索进行柱色谱的条件，以及用于微量分析、鉴定某些分离物的纯度等。该法适用于挥发性较小或在较高温度易发生变化而不能用气相色谱分析的物质。

2）纸色谱。

纸色谱以滤纸作为惰性载体，用以吸附在滤纸上的水或有机溶剂，水或有机溶剂作为固定

相。流动相是与水互不混溶的溶剂（如丁醇或者是含有一定比例水的丙酮），流动相通常也称为展开剂。由于毛细管作用，溶剂在纸条上不是向上运动就是向下运动。每个显色的色层斑点都可用薄层色谱法中同样的方法来鉴定。纸色谱的操作与薄层色谱类似。纸色谱装置见图 2-56，展开图见图 2-57。

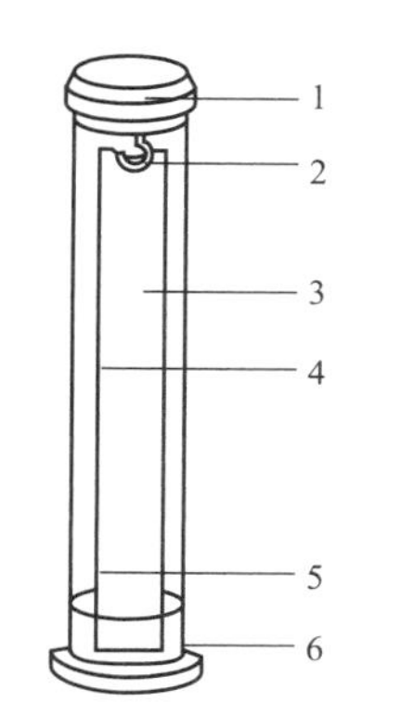

1—橡皮塞；2—玻璃勾；3—纸条；4—溶剂前沿；5—起点线；6—溶剂

图 2-56　纸色谱装置

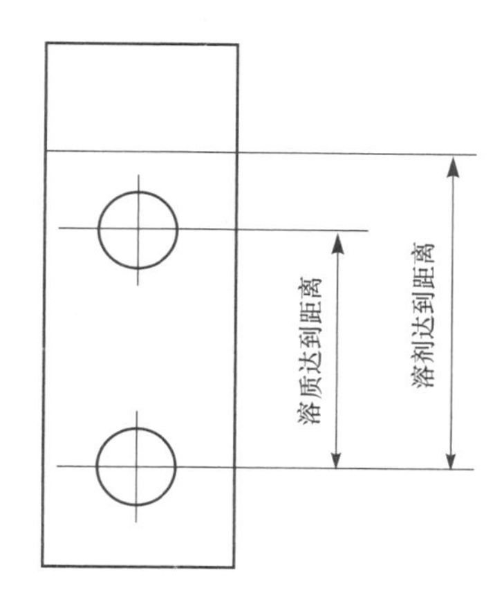

图 2-57　纸色谱展开图

纸色谱可在一个微量的范围内对各种各样的无机物进行定性分离，主要用于合成工作中对纯度的检验或鉴定，还可用来分离性质相似的配合物混合物，如分离链状和环状的多聚磷酸盐的混合物。

用作纸色谱的滤纸质量要好，应薄厚均匀、平整、清洁，有一定机械强度，能吸附一定量的水分。专供色谱用的滤纸有 whatman1 号、whatman4 号等。它们有快速、中速、慢速三种型号，可根据分离对象而选用。若样品中各组分的 R_f 值相差很小，用慢速滤纸；若 R_f 相差较大，则用中速或快速滤纸。

纸色谱的优点是操作简单，价格便宜，色谱图可长期保存。其缺点是展开速度较慢。

2.4.9　试管反应和离子检出

1. 试管反应的基本操作

试管是无机化学实验中用得最多的仪器。因为在试管中进行化学反应取样少，操作和观察实验现象也方便。试管反应的基本操作如下。

（1）往试管中加固、液试剂（参考第 2 章 2.3.4）。在试管中进行的许多实验，试剂的用量较少，同时不需要准确用量，因此学会估计取用液体的量是很方便的。如用滴管取液体，多少滴相当于 1 mL、2 mL 液体，1 mL、2 mL 液体在试管中占多大体积，等等。一般加入试管中液体的量，不能超过试管总容量的 1/2。

（2）振荡试管。用拇指、食指和中指握住试管的中上部，试管略向外倾斜，用手腕之力振动试管。这样既不会把试管中的液体振荡出来，也有利于观察试管中发生的现象。用五个指头握住试管，上下或左右振荡都是错误的。如果反应中有胶体形成或是多相反应，难以摇动时，可用玻璃棒搅拌。

（3）在试管中加热液体和固体。试管中的液体一般可放在火焰上加热，用试管夹夹住

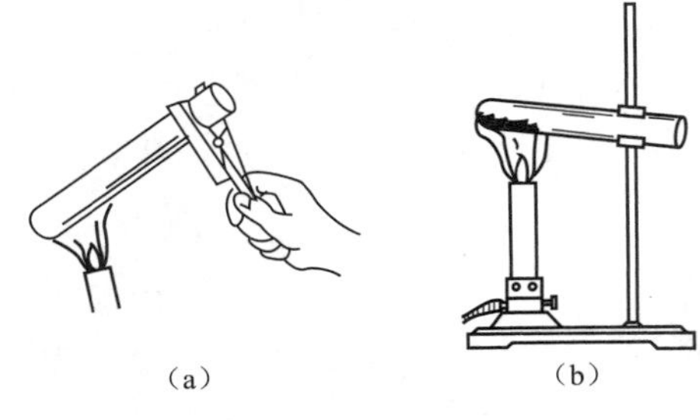

图 2-58 加热试管
(a) 液体；(b) 固体

试管（夹在距试管口 3~4 cm 处），试管内液量不超过 1/3 试管。加热试管应斜持着（见图 2-58(a)），管口不能朝着别人或自己，以免液体溅出时把人烫伤。应使液体各部分受热均匀，先加热液体的中上部，再慢慢往下移动，然后还应不时地上下移动试管，不要集中加热某一部分，否则易造成局部骤然沸腾，液体冲出管外。

在试管中加热固体时，必须防止释放后凝结在试管口上的水珠流回烧热的管底，使试管骤冷而破裂，因此试管口应稍微向下倾斜。试管可用试管夹夹住，也可固定在铁夹上（见图 2-58(b)）。加热时，先应均匀预热试管，再从试管底逐渐往上加热。

离心试管不能直接在火焰上加热，而是采用水浴加热的方法。热稳定性稍差的溶质（热分解温度低于 100 ℃的）要用水浴或水蒸气浴加热。水浴时容器浸泡于水中，水蒸气浴则将容器放在水面上方，借水蒸气来加热。通常在一个 250 mL 烧杯中放入 2/3 的自来水，加热至需要的温度，将离心试管或小烧杯放入热水中即可（见图 2-59）。

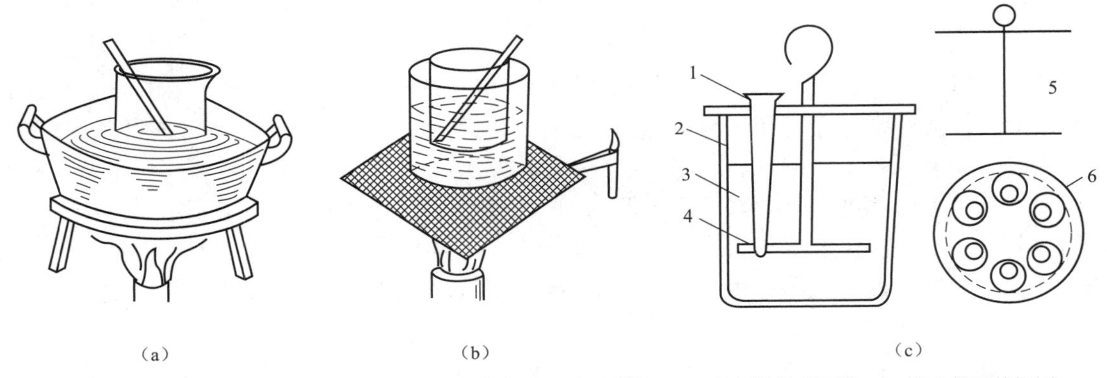

1—离心管；2—烧杯或电热恒温水浴锅；3—热水；4—离心管座；5—离心管座正视图；6—离心管座俯视图
图 2-59 各种水浴装置
(a) 水浴锅；(b) 简易装置；(c) 水浴加热及离心管座

2. 离子检出的基本操作

(1) 离心分离。离心分离操作适用于沉淀极细且难于沉降，以及沉淀量很少的固、液分离。当被分离的量很少时，使用一般方法过滤后，沉淀会黏附在滤纸上难以取下，这时就应采用离心分离操作（参见第 2 章 2.4.8）。

(2) 应用试纸。应用 pH 试纸和石蕊试纸可以检验溶液的酸碱性（参见第 2 章 2.4.7）。检验挥发性物质的酸碱性时，可将试纸用去离子水润湿，然后贴在玻璃棒上，将玻璃棒悬空放在试管口的上方，观察试纸颜色的变化。

为了检验少量挥发性物质的酸碱性，可用两个大小一样的表面皿上、下合起来组成一个气室，将被检验物放在下面的表面皿内，试纸用去离子水润湿后贴在上表皿内，放置（必要时还可以放在水浴上加热），观察试纸颜色（见图 2-60）。

其他试纸，如淀粉-碘化钾试纸、醋酸铅试纸，可用来检验某种组分是否存在。

（3）点滴反应。通常是在点滴板或反应纸上进行。若在反应纸上进行，选用质地较厚而又疏松的滤纸，大小约为 2 cm×2 cm。先将试剂（或试液）滴在点滴板上，然后用去掉乳胶滴头的毛细吸管吸取。将吸有试剂的毛细吸管直立于反应纸的中央，待管内试剂被纸吸收后，此时在纸上扩展形成一直径数毫米的湿斑，迅速移开毛细吸管。用相同方法将试剂滴于湿斑上，然后观察反应生成的颜色。最好使滤纸悬空操作，试剂绝对不得滴在纸上。毛细吸管用后应洗净，并用滤纸吸干下口。

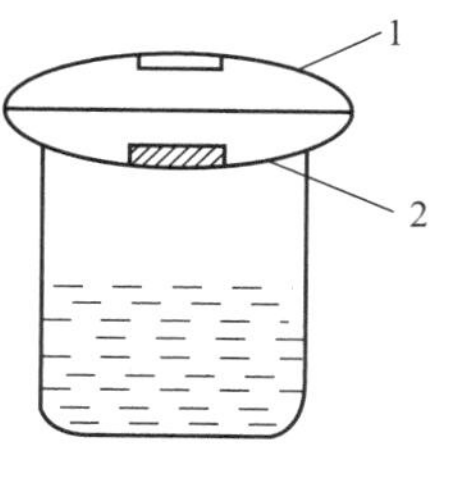

1、2—为上、下表面皿
图 2-60　气室法

（4）显微结晶反应。在洁净的载片上，先放 1 滴经过必要处理的试剂（如调节酸度，稀释至合适浓度等），在其旁边加入 1 滴试剂，然后用细玻璃棒尖在两滴试剂之间划一下，将它们连接起来，让反应缓慢进行，最后在显微镜下观察所形成的特殊晶体。

（5）焰色反应。有些金属或它们的化合物在灼烧时能使火焰呈特殊颜色，如碱金属、碱土金属及其他几种离子的易挥发盐类（如氯化物）。这些金属元素的原子在高温时，其外层电子将被激发到能量较高的激发态。而激发态的外层电子又要跃迁回到能量较低的基态。不同元素原子的外层电子具有不同能量的基态和激发态。在这个过程中会产生不同波长的电磁波，若相关电磁波的波长在可见光波长范围内，人们就会在火焰中观察到这种元素的特征焰色。利用元素的这一性质可以检验一些金属或金属化合物的存在（见表 2-17）。

表 2-17　几种元素的焰色

元素	Li	Ca	Na	Sr	Cu	K	Ba	B	Pb
颜色	红	橙红	黄	深红	绿	紫	黄绿	绿	淡蓝

进行焰色反应时应使用一支镶有铂丝或镍铬丝的玻璃棒（铂丝或镍铬丝的头上弯成一个小环）。把嵌在玻璃棒上的铂丝浸在盛有 6 mol/dm^3 盐酸的试管里蘸洗后，放在酒精灯的氧化焰（最好是煤气灯，因为其火焰颜色浅、温度高）里灼烧。再浸入酸中，再灼烧，如此反复几次，直至火焰无色，此时铂丝才算洗净。这时用铂丝蘸取被检验溶液（应加 6 mol/dm^{3}盐酸），同样灼烧，就可以看到被检验溶液里所含元素的特征焰色。

必须注意：用铂丝鉴定一种元素后，如欲再鉴定另一种元素时，必须用上述方法把铂丝处理干净。

鉴定 K^+时，只要有极微量的 Na^+存在，K^+所显示的浅紫火焰就将被 Na^+的亮黄色火焰所遮蔽，故需通过能吸收黄色光的蓝色钴玻璃片观察 K^+的火焰。

2.4.10　气体的制备、净化、干燥和收集

1. 气体的制备

在实验室制备气体，可以根据所使用原料的状态及反应条件，选择不同的反应装置进行制备。

1）分解固体物质制备气体。

制备装置见图 2-61。具体操作为先将大试管烘干，冷却后装入所需固体试剂，然后将试管固定在铁架台高度适宜的位置上。注意：使管口稍向下倾斜，以免加热反应时，在管口

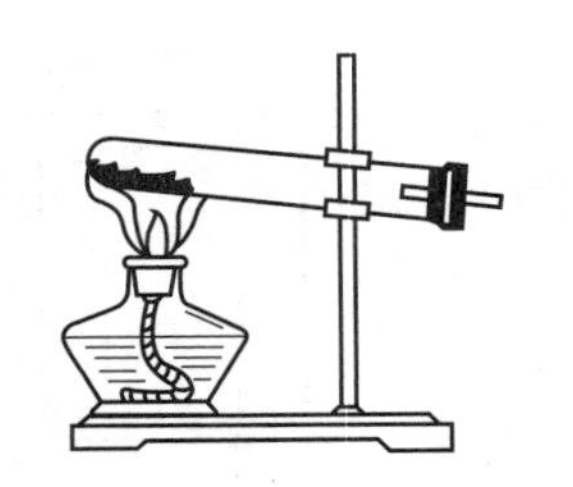

图 2-61 分解固体制备气体装置

冷凝的水滴倒流到灼热处，炸裂试管。在试管口塞紧带导气管的橡皮塞。点燃酒精灯（或煤气灯），先用小火均匀加热试管，再将酒精灯放到有试剂的部位固定加热，制备气体。

2）液体与块状或大颗粒固体作用制备气体。

启普发生器，见图 2-62，其主要是由葫芦状的厚壁玻璃容器（底部扁平）、球形漏斗和导气管活塞三部分组成。在不需要加热的条件下用启普发生器来制备气体（如 H_2、CO_2 等气体的制备）。在启普发生器的下部有一个侧口，用于排放反应后的废酸液，在反应过程中用磨口的玻璃塞塞紧。启普发生器的中部有一个气体出口，通过橡皮塞与带有玻璃活塞的导气管连接。使用前，先在球形漏斗的磨口部位涂上一层薄薄的凡士林，然后插入容器中，转动几次使之接触严密。启普发生器中间球体的底部与球形漏斗下部之间的间隙处，放些玻璃棉来承受固体，以免固体落入下半球内。固体从导气管口加入（加入量不要超过球体的 1/3），再装好气体出口的橡皮塞及活塞导气管，最后向球形漏斗中加入适量酸液。

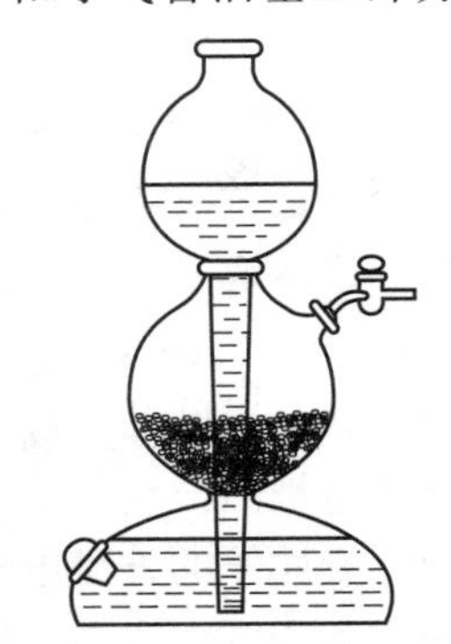

图 2-62 启普发生器

使用启普发生器时，打开气体出口的活塞，由于压力差，酸液会自动从漏斗下降进入中间球内与固体试剂反应而产生气体。要停止反应时，只要关闭活塞，继续产生的气体就会把酸液从中间球体的反应部位压回到下半球及球形漏斗内，使酸液脱离固体而停止反应。再需要制备气体时，只需打开活塞即可。产生气流的速度可通过调节气体出口的活塞来控制。

当启普发生器中的固体即将用完或酸液变得太稀时，应补充固体或更换酸液。废酸液从酸液出口放出，固体残渣从气体出口取出。若仅需更换固体，在酸液与固体脱离接触的情况下，先用橡皮塞将球形漏斗的上口塞紧，再取下气体出口的塞子，将原来的固体残渣取出，更换新的（或补加）固体。

3）液体与粉状或小颗粒固体作用制备气体。

当反应需要加热，或固体反应物是小颗粒或粉状时（如 HCl、Cl_2、SO_2 等气体的制备），就不能使用启普发生器，而要采用气体简易发生器（见图 2-63）。固体加在蒸馏烧瓶内，液体装在分液漏斗中。使用时，打开分液漏斗的活塞，使液体滴在固体上，以产生气体。液体不宜加得太多太快，应该逐滴地、分批地加入蒸馏烧瓶中，当反应缓慢或不产生气体时，可以加热。

2. 气体的净化与干燥

由上述各法制得的气体常常带有杂质、酸雾和水汽，要求高的实验就需要经过洗涤和干燥来净化气体。酸雾一般用水洗除去，水汽用浓硫酸或无水氯化钙、硅胶等吸收。液体（如水、浓硫酸等）装在洗气瓶内（见图 2-64（a）），固体（如无水氯化钙、硅胶等）可装在干燥塔（见图 2-64（b））U 形管或干燥管中。气体中的其他杂质，根据具体情况，分别用不同的试剂吸收。原则是气体不能与干燥剂反应。常用气体干燥剂见表 2-18。

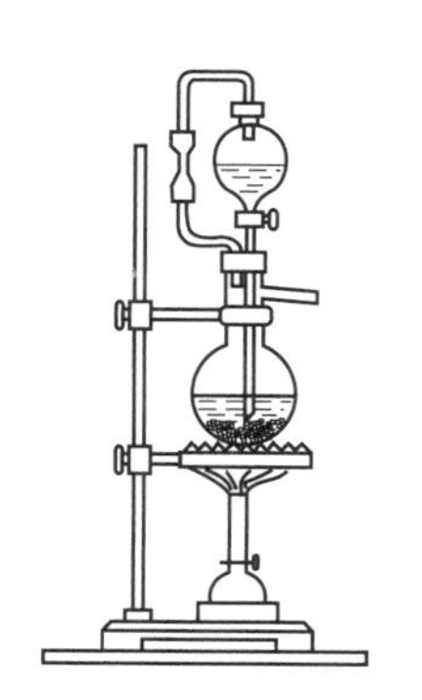

图 2-63　气体简易发生器

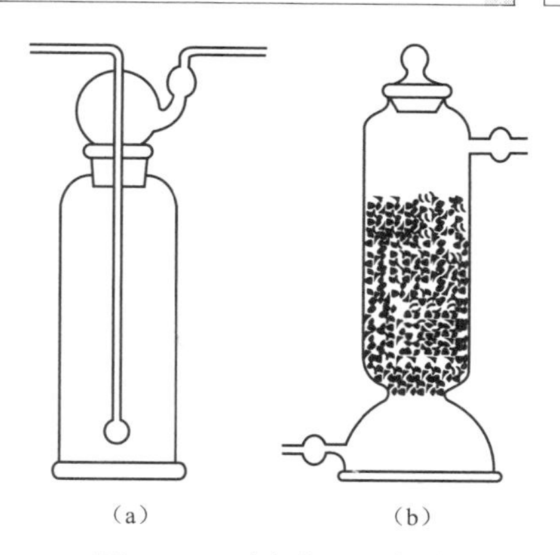

图 2-64　洗气瓶和干燥塔
(a) 洗气瓶；(b) 干燥塔

表 2-18　常用气体干燥剂

气体	干燥剂	气体	干燥剂
H_2	$CaCl_2$、P_2O_5、H_2SO_4（浓）	H_2S	$CaCl_2$
O_2	同上	NH_3	CaO 或 CaO-KOH
Cl_2	$CaCl_2$	NO	$Ca(NO_3)_2$
N_2	$CaCl_2$、P_2O_5、H_2SO_4（浓）	HCl	$CaCl_2$
O_3	$CaCl_2$	HBr	$CaBr_2$
CO	$CaCl_2$、P_2O_5、H_2SO_4（浓）	HI	CaI_2
CO_2	$CaCl_2$、P_2O_5、H_2SO_4（浓）	SO_2	$CaCl_2$、P_2O_5、H_2SO_4（浓）

3. 气体的收集

根据气体在水中溶解的情况，一般采用以下两种方法收集（见图 2-65）。

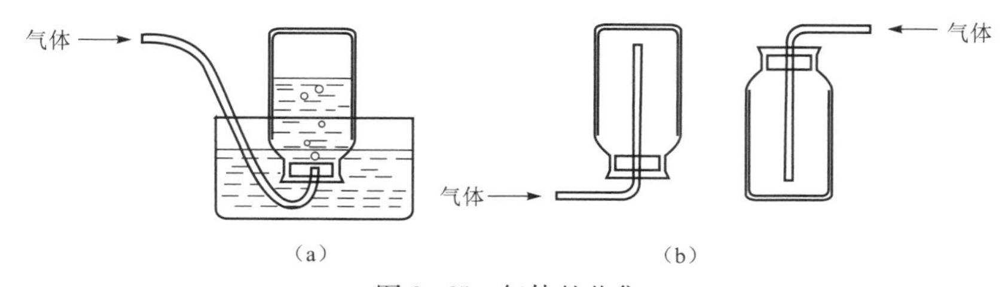

图 2-65　气体的收集
(a) 排水集气法；(b) 排气集气法

1）排水集气法。

适用于难溶于水且不与水发生化学反应的气体，如 H_2、O_2、N_2、NO、CO、CH_4 等。操作时应注意先将集气瓶装满水，用毛玻璃片沿集气瓶的磨口平推以便将瓶口盖严，不能留有气泡。手握集气瓶并以食指按住玻璃片把瓶子翻转倒立于盛水的水槽中。将收集气体的导气管伸入集气瓶口，气泡进入集气瓶的同时，水被排出，待瓶口有气泡冒出时，说明集气瓶已装满气体。在水下用毛玻璃片盖好瓶口，将瓶从水中取出。如果制备反应需要加热，当气体收集满以后，应先从水中移出导气管再停止加热（以免水被倒吸）。

2）排气集气法。

适用于不与空气发生反应的气体。密度比空气小的气体，可用向下排空气法，如 NH_3、CH_4 等；密度比空气大的气体，可用向上排空气法，如 Cl_2、HCl、SO_2 等。为了使瓶底的空气尽可能排尽，导气管应尽量接近集气瓶的底部。

2.5 无机化学实验常用仪器设备及操作

2.5.1 酸度计（pHS-3C 型）

酸度计（也称 pH 计）是用来测定溶液 pH 的仪器。实验室常用的酸度计有雷磁 25 型、pHS-2 型和 pHS-3 型等。各种型号结构虽有不同，但基本原理相同。

1. 基本原理

酸度计测 pH 的方法是电位测定法，除用于测量溶液的酸度外，还可以测量电池电动势。酸度计主要由参比电极（饱和甘汞电极）、测量电极（玻璃电极）和精密电位计三部分组成。

饱和甘汞电极（见图 2-66）由金属汞、氯化亚汞和饱和氯化钾溶液组成，它的电极反应是

$$Hg_2Cl_2+2e^- \rightleftharpoons 2Hg+2Cl^-$$

饱和甘汞电极的电极电势不随溶液的 pH 变化而变化，在一定温度和浓度下是固定值，在 25 ℃时为 0.24 V。

玻璃电极（见图 2-67）的下端是一极薄玻璃球泡，由特殊的敏感玻璃膜构成。薄玻璃对氢离子有敏感作用，当它浸入被测溶液内，被测溶液的氢离子与电极玻璃球泡表面水化层进行离子交换，玻璃球泡内层同样产生电极电势。由于内层氢离子浓度不变，而外层氢离子浓度在变化，因此，内外层的电势差也在变化，所以该电极的电势随待测溶液的 pH 不同而改变。

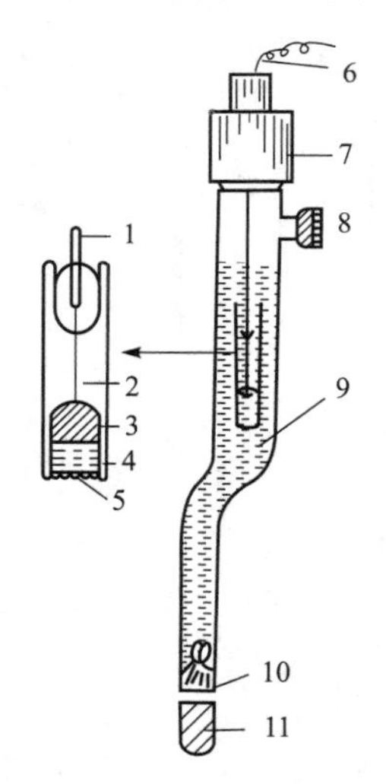

1—导线；2—铂丝；3—汞；4—甘汞；5—多孔物质；6—导线；7—绝缘体；8—橡皮帽；9—KCl 饱和溶液；10—多孔物质；11—胶帽

图 2-66 饱和甘汞电极

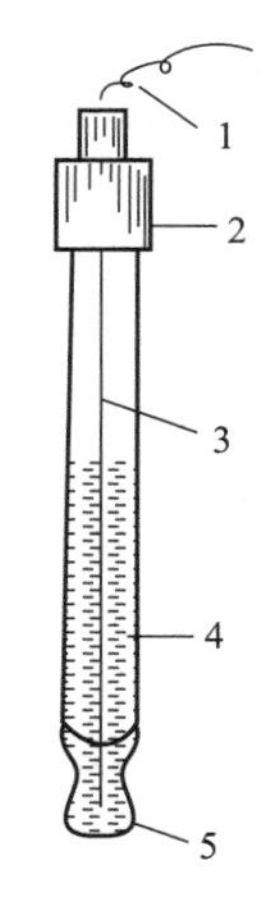

1—导线；2—绝缘体；3—Ag-AgCl 电极 4—缓冲溶液；5—玻璃膜电极

图 2-67 玻璃电极

特此说明：为了书写简便，本书在浓度公式书写中全部省略 $c^{\ominus}$！（将在第 3 章 3.1 作详细说明。）

在 25 ℃时，玻璃电极的电极电势与溶液 pH 的关系表示为

$$E_{玻}=E_{玻}+0.0591\lg c(\mathrm{H^+})=E_{玻}-0.0591\mathrm{pH}$$

将玻璃电极和饱和甘汞电极一起插入被测溶液组成原电池，连接精密电位计，即可测得电池的电动势。在 25 ℃时为

$$\begin{aligned}E&=E_{正}-E_{负}=E_{甘汞}-E_{玻}\\&=(0.24-E^{\ominus}_{玻})+0.0591\ \mathrm{pH}\end{aligned}$$

所以

$$\mathrm{pH}=(E+E^{\ominus}_{玻}-0.24)/0.0591$$

式中，$E^{\ominus}_{玻}$可以由测定一个已知 pH 的缓冲溶液的电动势求得。

为了省去计算手续，酸度计把测得的电池电动势直接用 pH 刻度值表示出来，因而从酸度计上可以直接读出溶液的 pH。

2. pHS-3C 型 pH 计示意图

pHS-3C 型 pH 计是一台精密数字显示 pH 的仪器。它有 3 位半十进制 LED 数字显示。该酸度计适用于测定水溶液的 pH 和电极电势（mV）。此外，还可配上适当的离子选择性电极，测出该电极的电极电势。测量范围：在 0～14.00 pH，电极电势为 0～±1 999 mV（自动显示极性）。最小显示单位：0.01 pH，1 mV。温度补偿范围：0～60 ℃。仪器正面板见图 2-68（a）。仪器后面板见图 2-68（b）。

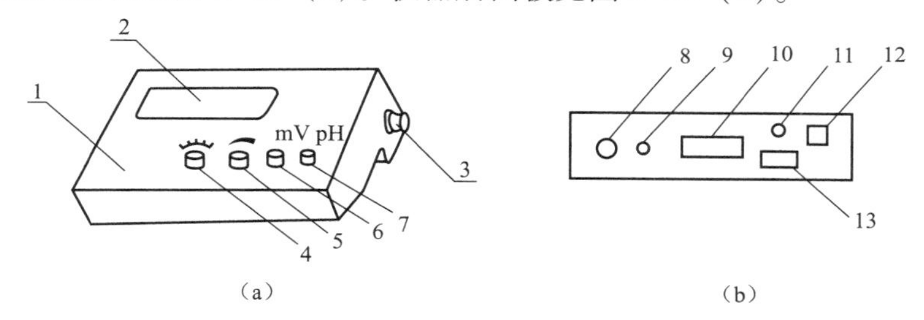

1—前面板；2—显示屏；3—电极梗插座；4—温度补偿调节旋钮；5—斜率补偿调节旋钮；6—定位调节旋钮；7—选择旋钮（pH 或 mV）；8—测量电极插座；9—参比电极插座；10—铭牌；11—熔丝；12—电源开关；13—电源插座

图 2-68　pHS-3C 型 pH 计示意图

（a）仪器正面板；（b）仪器后面板

3. 操作步骤

1）开机。

（1）将电源线插入电源插座 13。

（2）按下电源开关 12，电源接通后，预热 30 min。

（3）将电极梗插入电极梗插座 3，电极夹夹在电极梗上。拉下复合电极前端的电极套，将电极夹在电极夹上。

2）标定。

仪器使用前，先要标定。一般说来，在连续使用时，仪器每 24 h 要标定一次。

（1）在测量电极插座8处拔下短路插头。

（2）在测量电极插座8处插上复合电极。

（3）如不用复合电极，则在测量电极插座8处插上电极转换器的插头，玻璃电极插头插入电极转换器插座处，参比电极插头插入参比电极插座9处。

（4）把选择旋钮7调到pH挡。

（5）调节温度补偿调节旋钮4使旋钮白线对准溶液温度值。

（6）把斜率补偿调节旋钮5顺时针旋到底（即调到“100%”位置）。

（7）把清洗过的电极插入pH=6.86的缓冲溶液中。

（8）调节定位调节旋钮6，使仪器显示读数与该缓冲溶液的pH相一致（如pH=6.86）。

（9）用去离子水清洗电极，再用pH=4.00（或pH=9.18）的标准缓冲溶液调节斜率补偿调节旋钮5至pH=4.00 pH（或pH=9.18）。重复（6）~（8）动作。

直至不用再调节定位或斜率两调节旋钮为止。

注意：经标定的仪器定位调节旋钮及斜率补偿调节旋钮不应再有变动。

标定的缓冲溶液第一次应用pH=6.86的溶液。第二次应接近被测溶液的值。若被测溶液为酸性时，应选pH=4.00的缓冲溶液；若被测溶液为碱性时，则选pH=9.18的缓冲溶液。

3）测量pH。

经标定过的仪器，即可用来测量被测溶液，被测溶液与标定溶液温度相同与否，测量步骤也有所不同。

（1）被测溶液与定位溶液温度相同时，测量步骤如下：

① 定位调节旋钮不变。

② 用去离子水清洗电极头部，用滤纸吸干。

③ 把电极浸入被测溶液中，用玻璃棒搅拌溶液，使溶液均匀，在显示屏上读出溶液的pH。

（2）被测溶液和定位溶液温度不同时，测量步骤如下：

① 定位调节旋钮不变。

② 用去离子水清洗电极头部，用滤纸吸干。

③ 用温度计测出被测溶液的温度值。

④ 调节温度补偿调节旋钮4，使白线对准被测溶液的温度值。

⑤ 把电极插入被测溶液内，用玻璃棒搅拌溶液，使溶液均匀，在显示屏上读出溶液的pH。

4）测量电极电势（mV）。

（1）把适当的离子选择电极或金属电极和甘汞电极夹在电极架上。

（2）用去离子水清洗电极头部，用滤纸吸干。

（3）把电极转换器的插头插入仪器后部的测量电极插座内，把离子电极的插头插入转换器的插座内。

（4）把甘汞电极的插头插入仪器后部的参比电极插座内。

（5）把两种电极插在被测溶液内，用玻璃棒将溶液搅拌均匀，在显示屏上读出该离子选择电极的电极电势（mV），同时自动显示正负极性。

如果被测信号超出仪器的测量范围或测量端开路时，显示屏会发出闪光，作超载报警。

4. 仪器的使用与维护

仪器的品质一半在于制造，一半在于维护，特别像酸度计一类的仪器，由于在使用中经常接触化学药品，所以更需合理维护。

1）仪器的输入端（测量电极的插座）必须保持干燥清洁。仪器不用时，将短路插头插入插座，防止灰尘及水汽浸入。在环境湿度较高的场所使用时，应把电极插头用干净纱布擦干。

2）电极插座转换器为配套其他电极时使用，平时注意防潮防震。

3）测量时，电极的引入导线保持静止，否则会引起测量不稳。

4）仪器采用了 MOS 集成电路，因此，在检修时应保证电烙铁有良好的接地。

5）用缓冲溶液标定仪器时，要保证缓冲溶液的可靠性，不能配错缓冲溶液，否则将导致测量结果产生误差。缓冲溶液用完后可按以下方法自行配制。

（1）pH 4.00 溶液。用 GR 邻苯二甲酸氢钾 10.21 g，溶解于 1 000 mL 双蒸蒸馏水中。

（2）pH 6.86 溶液。用 GR 磷酸二氢钾 3.4 g、GR 磷酸氢二纳 3.55 g，溶解于 1 000 mL 双蒸蒸馏水中。

（3）pH 9.18 溶液。用 GR 硼砂 3.18 g，溶解于 1 000 mL 双蒸蒸馏水中。

5. 电极的使用及维护

1）电极在测量前必须用已知 pH 的标准缓冲溶液进行标定，标准缓冲溶液的 pH 需可靠，而且愈接近被测值愈好。

2）取下电极套后，应避免电极的敏感玻璃球泡与硬物接触，因为任何破损或擦毛都将使电极失效。

3）测量后，及时将电极保护套套上，套内应放少量补充液以保持电极球泡的湿润。

4）复合电极的外参比补充液为 3 mol/dm^3 氯化钾溶液，补充液可以从电极上端小孔加入。

5）电极的引出端必须保持清洁和干燥，绝对防止输出两端短路，否则将导致测量失误或失效。

6）电极应与输入阻抗较高的酸度计（$\geqslant 10^{12}\ \Omega$）配套，以使其保持良好的特性。

7）电极避免长期浸在去离子水、蛋白质溶液和酸性氟化物溶液中。

8）电极避免与有机硅油接触。

9）电极经长期使用后，若发现斜率略有降低，可把电极下端浸泡在 4% HF（氢氟酸）中 3~5 s，用去离子水洗净，然后在 0.1 mol/dm^3 盐酸溶液中浸泡，使之复新。

10）被测溶液中若含有易污染敏感玻璃球泡或堵塞液接界的物质将使电极钝化，出现斜率降低现象，显示读数不准。若发生该现象，则应根据污染物质的性质，用适当溶液清洗，使电极复新。

注意：选用清洗剂时，不能用四氯化碳、三氯乙烯、四氢呋喃等，以及不能选用能溶解聚碳酸树脂的清洗液，因为电极外壳是用聚碳酸树脂制成的，其溶解后极易污染敏感玻璃球泡，从而使电极失效。也不能用复合电极去测上述溶液 pH。

6. 常见故障及其处理（见表 2-19）

表 2-19 pH 计常见故障及其处理

故障	原因及处理
电源接通，显示屏数字乱跳	短路插头未插，应插上短路插头或电极插头
定位调节能调到 pH 为 6.86，但调不到 pH 为 4.00	电极失效，更换电极
斜率补偿调节不起作用	斜率电位器失效，更换斜率电位器

附：缓冲溶液的 pH 与温度关系对照见表 2-20。

表 2-20 缓冲溶液的 pH 与温度关系对照表

温度/℃ \ pH \ 溶液	0.05 mol/kg 邻苯二钾酸氢钾	0.025 mol/kg 混合物磷酸盐	0.01 mol/kg 四硼酸钠
5	4.00	6.95	9.89
10	4.00	6.92	9.33
15	4.00	6.90	9.28
20	4.00	6.88	9.23
25	4.00	6.86	9.18
30	4.01	6.85	9.14
35	4.02	6.84	9.11
40	4.03	6.84	9.07
45	4.04	6.84	9.04
50	4.06	6.83	9.03
55	4.07	6.88	8.99
60	4.09	6.84	8.97

2.5.2 电导率仪（DDSJ-308 型）

1. 测量原理

电解质溶液在电势场作用下能导电，其导电能力的大小常以电导或电阻表示。测量溶液电导的方法通常是用两个电极插入溶液中，测出两极的电阻。根据欧姆定律，在温度一定时，两电极间电阻与两电极间距离 l（cm）成正比，与电极截面积 A（cm^2）成反比。即

$$R=\rho\ (l/A)$$

对于一个电极而言，电极面积 A 与间距 l 都是固定不变的，称 l/A 为电极常数，以 Q 表示。电导是电阻的倒数，所以

$$G=\frac{1}{R}=\frac{1}{\rho Q}=\frac{k}{Q}$$

式中，$k=1/\rho=QG=Q/R$，称为电导率，是两个电极间距为 1 cm，截面积为 1 cm^2 时溶液的电导。k 的单位为 S/cm，由于 S/cm 的单位太大，常用 mS/cm 或 μS/cm 表示，它们之间的换算关系为 10^2 S/m = 1 S/cm = 10^3 mS/cm = 10^6 μS/cm。

2. DDSJ-308 型电导率仪的测量范围

电导率测量范围：0～2×10^5 μS/cm，共分成五挡量程，五挡量程间能自动切换，具体如下：

当选用常数为 0.01 的电极时，测量范围为：0～200 μS/cm；当选用常数为 0.10 的电极时，测量范围为：0～2 000 μS/cm；当选用常数为 1.00 的电极时，测量范围为：0～20 000 μS/cm；当选用常数为 10.00 的电极时，测量范围为：0～200 000 μS/cm。

注意：当电导率 ≥ 20 000 μS/cm 时，一定要用常数为 10 的电极。

温度测量范围：0～50.0 ℃。

3. 结构与安装

1）仪器外形、电极安装见图 2-69。

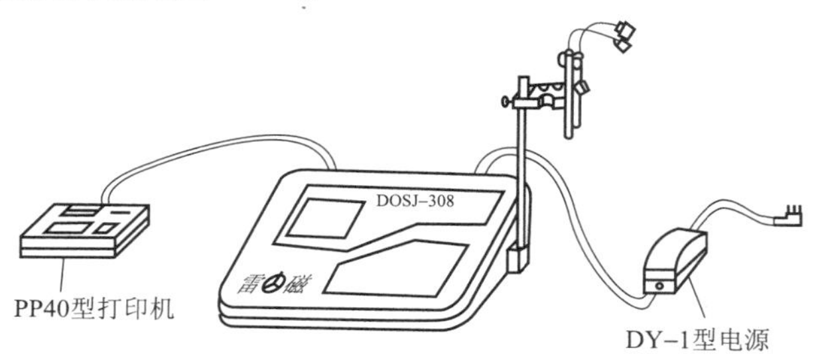

图 2-69　仪器外形及电极安装

2）仪器后面板（见图 2-70），从左至右安装有电源插座、测量电极插座、温度传感器插座、接地接线柱和 PP40 型打印机插头。

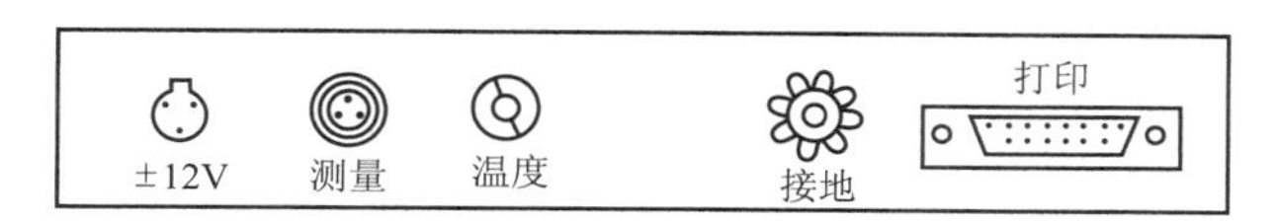

图 2-70　仪器后面板

注意：若将温度探头拔出，仪器则认为温度为 25.0 ℃，此时仪器所显示的电导率值是未经温度补偿的绝对电导率值。

3）仪器正面板右下方有 10 个功能键，分别为设置键、确认键、∧键、∨键、储存键、标定键、打印键、取消键、删除键和帮助键。

（1）设置键：可用于设置电导率 K，温度补偿系数 α；设置打印机打印所储存的测量数据。

（2）确认键：用于确认当前的操作状态，以及操作数据。

（3）∧键、∨键：称上行键、下行键，主要用于调节参数或功能之间的翻转。

（4）储存键：用于储存当前的测量数据及对应的测量数据。

（5）标定键：用于标定电极常数。

（6）打印键：用于打印当前的测量数据或所储存的测量数据。

（7）取消键：主要用于从设置状态返回到测量状态。

（8）删除键：用于删除所储存的测量数据。

（9）帮助键：利用此键，可借助打印机，得到有关当前操作的提示。

4. 仪器的使用方法

1）根据电导率的范围，须选用合适的电极。电导率范围及对应电极常数见表2-21。

表2-21　电导率范围及对应电极常数

电导率范围/($\mu S\cdot cm^{-1}$)	电极常数/cm^{-1}
0.05～20	0.01
1～200	0.10
10～10 000	1.00
100～200 000	10.00

2）将电导电极和温度电极分别插进各自插座上，并让它们浸入被测溶液里。

3）将所配的电源接到后面板±12 V 插座上。仪器显示本仪器型号，片刻后，直接进入测量状态。此时，用户如果不需改变参数，则无须进行任何操作，即可直接进行测量（仪器出厂时，初始值定为 $K=1.00$，$\alpha=0.020$）；如果需要设置新的参数，操作步骤为设置键→确认键→确认键→∧键或∨键→取消键→测量读值。

4）测量结束，将电极冲洗干净放回到电极夹上。

2.5.3　分光光度计

分光光度计是利用物质对单色光的选择性吸收来测定物质含量的仪器。实验室常用日本岛津的UV-2600、UV-2700等型号的紫外分光光度计。这些仪器的型号和结构虽然不同，但工作原理基本相同。以下主要介绍UV-2600型分光光度计（见图2-71）。

1. 测量原理

当一束波长一定的单色光通过有色溶液时，一部分光被溶液吸收，另一部分光则透过溶液，溶液对光的吸收程度越大，透过溶液的光就越少。如果入射光的强度为 I_0，透过光的强度为 I_t，则 I_t/I_0 称为透光率，以 T 表示，即

$$T=I_t/I_0$$

有色溶液对光的吸收程度还可用吸光度 A 表示

$$A=\lg(I_0/I_t)$$

吸光度 A 与透光率 T 的关系为

$$A=-\lg T$$

实验证明，当一束单色光通过一定浓度范围的有色溶液时，溶液对光的吸收程度与溶液浓度 c（mol/dm^3）和液层厚度 b（cm）的乘积成正比，即

$$A=\varepsilon bc$$

这就是朗伯-比耳（Lambert-Beer）定律的数学表达式。式中，比例常数 ε 称为摩尔吸光系数，其单位为 $dm^3/(mol \cdot cm)$。它与入射光的波长及溶液的性质、温度等因素有关。当入射光波长一定时，ε 即为溶液中有色物质的一个特征常数。

由朗伯-比耳定律可知，当液层的厚度 b 一定时，吸光度 A 只与溶液浓度 c 成正比，这就是分光光度法测定物质含量的理论基础。

2. UV-2600 型紫外分光光度计

仪器由 UV-2600 型紫外分光光度计和计算机组成（见图 2-71）。

主要技术参数，见表 2-22。

表 2-22　UV-2600 型紫外分光光度计主要技术参数

波长范围	185～900 nm	分辨率	0.1 nm
谱带范围	0.1 nm、0.2 nm、0.5 nm、1 nm、2 nm、5 nm	波长准确性	±0.3 nm
杂散光	0.005%以下	测光方式	双光束方式
测光范围	-5～5 Abs	检测器	光电倍增管 R-928
光源	50 W 卤素灯、氘灯	比色池	1 cm
主电压	AC100～240 V	单色器	切尼尔—特纳单色器
主频率	50～60 Hz		

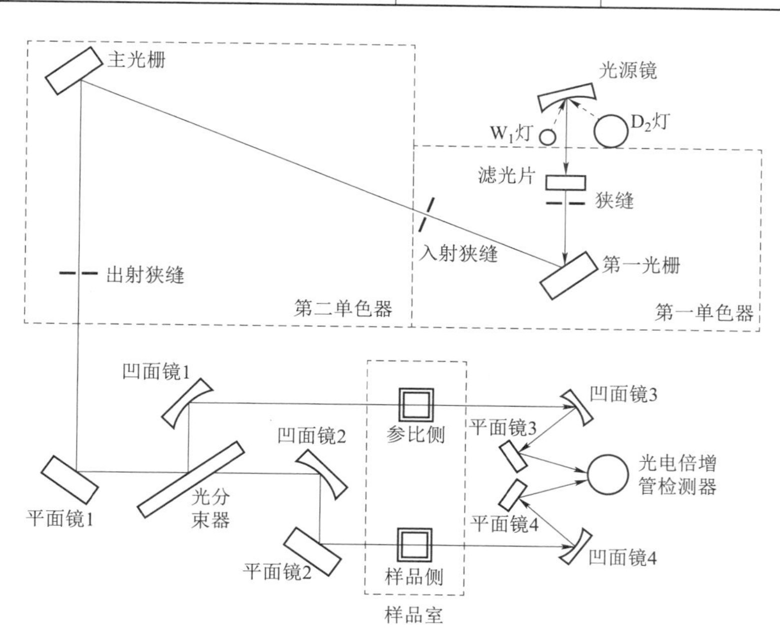

图 2-71　UV-2600 型紫外分光光度计结构示意图

1）仪器使用条件。操作温度：15～35 ℃；操作湿度：30%～80%。

2）仪器使用方法。

（1）在使用前先确认仪器和计算机的工作电源已连接好，检查仪器样品室无遮挡光路的

物品，关闭样品室盖。确认后打开仪器右下方的开关，绿色指示灯闪烁，预热20~30 min。

（2）双击桌面“UV probe”图标，输入用户名和密码，点击回车键即可打开软件。

（3）单击“连接”按钮，仪器开始自检，待所有项目均显示绿色正常后，点击“确定”按钮。如果检测出现异常，确认项目“失败”，关闭（off）电源，再次确认样品室无遮挡光路的物品，样品室盖关闭后，重新打开电源（on）。

（4）参数设置。

选中“光谱”测试项，单击“M”（方法），设置参数。在“测定”菜单中设置波长范围，液体测试波长为250~800 nm。设置波长范围，测试应从长波长到短波长，即开始800 nm，结束250 nm。扫描速度通常为高速。采样间隔，可直接采用自动采样间隔。其他参数无须特殊改动。

（5）在“仪器参数”菜单中，设置测试方法，液体一般设置为“吸收值”或“透射率”，狭缝宽度一般为2 nm。检测器单元为“直接”。点击“确定”按钮，再次点击“方法”二次确认。

（6）样品测试。在比色皿中加入2/3~3/4量的溶剂，放置于测试台，光路通过光亮面，内侧为参比池，外侧为样品池。

（7）单击“基线”按钮，输入基线测试范围（一般为样品测试范围，至少不小于该范围）。基线校正期间，不可操作。

（8）基线校正完成后，将样品池中的溶剂倒掉，换成样品溶液，单击“开始”按钮，更改文件保存路径和名称，点击“确定”按钮，开始测试。

（9）测试完成，点击“保存”按钮，直接保存光谱数据，单击“文件-另存为”，文件类型改为“数据打印表 txt”保存全部数据，即可用于作图。

（10）测试完成，单击“断开”，关闭软件，关闭仪器，及时取出样品室内样品，保持样品室清洁。

（11）填写实验记录，待20 min后，盖上防尘布。

3）仪器使用注意事项。

（1）仪器自检及测试过程中禁止打开样品室盖。

（2）比色皿内溶液以皿高的2/3~3/4为宜，不可过满以防液体溢出腐蚀仪器，若有溶液溢出或其他原因将样品室弄脏，要尽可能及时清理干净。测定时应保持比色皿清洁，并盖上盖子防止溶液挥发，外壁上液滴应用擦镜纸擦干，切勿用手捏透光面。

（3）测定紫外波长时，需选用石英比色皿。

（4）比色皿最好配套使用，特别是石英比色皿，否则将使测试结果失去意义。如果不配套，最好使用透射率之差在0.5%范围内的比色皿。

2.5.4 孔径与比表面积分析仪

孔径与比表面积分析仪是在液氮温度下，通过测定不同压力下材料对气体的吸附量，获得等温吸附线，运用适当的数学模型推算材料比表面积、多孔材料孔体积及孔径分布的仪器（见图2-72）。

1. 测量原理

采用氮气等温吸附法（77 K）测定多孔材料的比表面积和孔径分布曲线，一般先将样品进行加热和抽真空脱气，去掉表面吸附的杂质分子。将预处理后的样品置于样品分析口，液氮温度下，在预先设定的不同压力点测定样品的氮气吸附量，得到吸附等温线，从吸附等温线计算比表面积、孔体积和孔径分布（见图 2-72）。

BET 比表面积测定法是建立在 Brunauer、Emmett 和 Teller 三人从经典统计理论推导出的多分子层吸附公式基础上的，BET 理论计算方程为

$$\frac{P}{V(P_0 - P)} = \frac{1}{V_m \cdot C} + \frac{C - 1}{V_m \cdot C} \times \left(\frac{P}{P_0}\right)$$

式中，P 为吸附质分压，单位为 kPa；P_0为吸附剂饱和蒸气压，单位为 kPa；V 为样品实际吸附量，单位为 g/cm^3；V_m 为单层饱和吸附量；C 为与样品吸附能力相关的常数。

以 P/P_0 为 X 轴，$P/[V(P_0-P)]$为 Y 轴，由 BET 方程作图进行线性拟合，得到直线的斜率和截距，从而求得 V_m 值。最后由以下公式，根据分子截面积及阿伏伽德罗常数可以推算出样品的比表面积为

$$S_{BET} = 6.023 \times 10^{23}\ n_m A_m$$

式中，S_{BET}为比表面积；n_m 为每克吸附剂所吸附的吸附质的摩尔数；A_m 为完全单层吸附时，每个吸附质分子所占据的平均面积，等于分子截面积。采用 BET 吸附法测量比表面积时，吸附质分子截面的数值是一个有争议的问题，通常认为 77.4 K 时氮气分子的截面积为 $0.162\ nm^2$。

由此得到

$$S_{BET} = 4.36\ V_m / m$$

式中，V_m 为标准状态下氮气分子单层饱和吸附量（mL）；m 为吸附剂质量（g）。

P/P_0 取点在 0.05~0.35 时，常数 C 是吸附剂与吸附量相互作用程度的经验常数，保证为正值，最终计算出被测样品的比表面积（S_{BET}）。理论和实践表明，BET 方程与实际吸附过程相吻合，图形线性较好，测试结果准确性和可信度高。

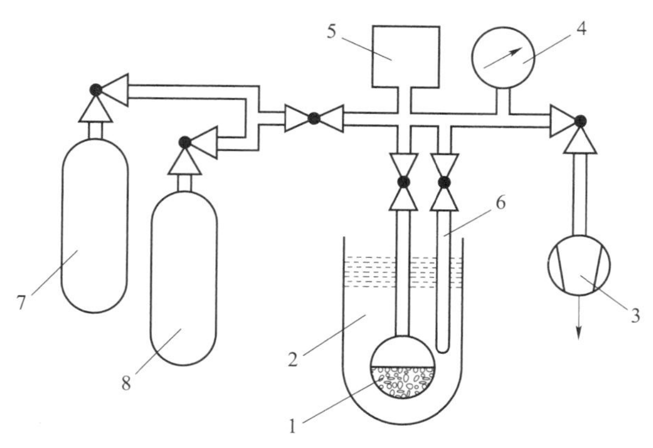

1—样品；2—低温杜瓦；3—真空泵系统；4—压力传感器；
5—校准体积（气体定量管）；6—饱和蒸汽压测定管；
7—吸附气体；8—死体积测定气体（He）

图 2-72　孔径与比表面积分析仪原理图

2. Kubo-X1000 型孔径与比表面积分析仪的操作方法

1）样品预处理。

（1）称量洁净干燥的空吸附管质量 m_1。

（2）将提前干燥处理的 20~80 mg 待测样品放入吸附管中。

（3）使用样品脱气站在高温真空条件下处理待测样品。

（4）预处理完成后，称量样品及管的总质量 m_2（样品质量 $m=m_2-m_1$）。

2）样品分析。

（1）测试前，检查气瓶及气路连接是否正确。

（2）检查电源，打开仪器电源开关和机械泵开关，预热 90 min。

（3）将吸附管安装到样品分析口（保证吸附管垂直安装，防止其与低温杜瓦瓶边缘碰触导致破碎）。

（4）向杜瓦瓶中加入液氮。

（5）在仪器操作界面输入样品基本信息：样品质量、文件名、分析模式等。

（6）再次检查输入样品信息，确认无误后，点击“开始测试”按钮，仪器将自动进入分析测试模式，等待仪器测试结束。

（7）测试结束后，使用专业软件处理数据。在 $P/P_0=0.05\sim0.35$ 选取 5 个点，软件自动代入公式作图，保证所得拟合曲线的常数 C 大于 0，以及拟合度大于 0.999 9，得到被测样品的比表面积（S_{BET}）。

3）仪器使用注意事项。

（1）确保真空泵处于开启状态。

（2）确保冷阱干净并及时补充杜瓦瓶中的液氮。

（3）测试过程中每隔一段时间，检查仪器是否正常工作。

2.5.5 X-射线粉末衍射仪

X-射线粉末衍射仪是利用衍射原理，精确测定物质的晶体结构、织构及应力，精确地进行物相分析、定性分析、定量分析的仪器。X 射线衍射仪的形式多种多样，但其工作原理基本相同。以下主要介绍 MiniFlex 600 型 X-射线粉末衍射仪（衍射仪原理见图 2-73）。

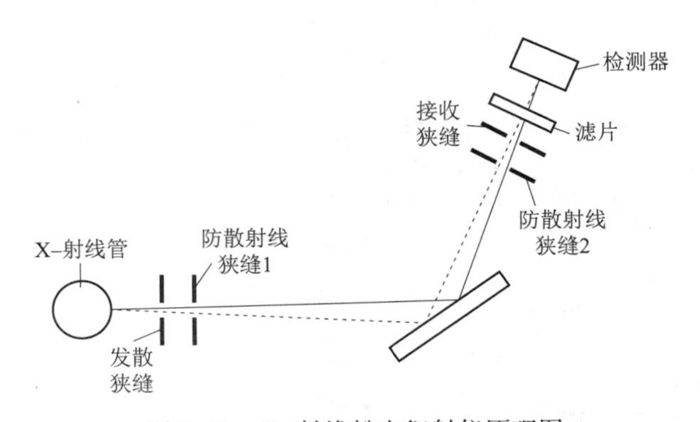

图 2-73　X-射线粉末衍射仪原理图

1. 测量原理

一束 X 射线照射到物质上时，受到物质中原子的散射，每个原子都产生散射波，这些波互相干涉，结果就产生衍射。衍射波的叠加使射线的强度在某些方向上加强，在其他方向上减弱。分析衍射结果，便可获得晶体结构。衍射线的强度是由原子的种类和原子在晶胞中的位置决定，其规律可用布拉格方程表示为

$$2d\sin\theta = n\lambda$$

式中，θ 为入射角；d 为晶面间距；n 为衍射级数；λ 为入射线波长。

2. MiniFlex 600 型 X-射线粉末衍射仪的操作方法

1）使用方法。

（1）开启循环水。防止仪器灯丝过热，温度设定为 21 ℃。

（2）打开仪器后板面开关，双击桌面上的软件"MiniFlex"，开启射线并进行老化程序。

（3）样品制备。将样品研磨成粉末，平铺在样品台上，再使用玻璃片将样品压平，使样品水平面与样品台齐平，以免造成系统误差。

（4）装样。将装有样品的样品台放入样品室。

（5）设置参数。选择文件夹、文件名，设置测试起始角度、扫描速度、步数、扫描范围。

（6）开始测试。参数设置完毕后点击"开始测试"按钮，等待测试结束。测试结束后更换样品，全部样品测试完毕后关闭仪器。

（7）关闭仪器步骤。

① 关闭射线。

② 关闭仪器电源。

③ 等待 15 min 使仪器完全冷却，最后关闭循环水。

2）注意事项。

（1）仪器进行工作过程中，软件会显示小对话框，小对话框未消失时禁止进行其他操作，避免损坏仪器。

（2）装样过程中务必小心谨慎，谨防样品落入仪器内部。

（3）测试过程中严禁打开样品室门，避免 X-射线对人体造成危害。

2.5.6　TG-DSC 同步热分析仪

1. 测量原理

1）热重分析。

热重分析（Thermogravimetric Analysis，TG）是在程序控制温度下，测量物质的质量与温度和时间的关系的分析技术。进行热重分析的仪器，称为热重分析仪，其原理见图 2-74。热重分析仪主要由温度控制系统、检测系统和记录系统三部分组成。

通过分析热重曲线，可以知道样品及其可能产生的中间产物的组成、热稳定性、热分解情况，以及生成的产物与质量相联系的信息等。

热重分析的主要特点是定量性强，能准确地测量物质的质量变化及变化的速率。根据这一特点，只要物质受热时发生质量的变化，都可以用热重分析来研究，如升华、汽化、吸附、解吸、吸收和气固反应等过程。但热重分析无法分析样品没有质量变化的热行为，如熔融、结晶和玻璃化转变等。

2）差示扫描量热分析。

差示扫描量热法（Differential Scanning Calorimetry，DSC）是在等速升温（降温）的条件下，测量输入到试样与参比物的功率差（如以热的形式）随温度的变化的设备。DSC 曲线以样品吸热或放热的速率，即热流率 H（单位：W），热流率随时间 t 变化，以 dH/dt 为 y 坐标，以温度 T 或时间 t 为 X 坐标。

DSC 直接反映试样在转变时的热量变化，便于定量测定。试样在升（降）温过程中，发生吸热或放热，在 DSC 曲线上就会出现吸热或放热峰。试样发生力学状态变化时（如玻璃化转变），虽无吸热或放热，但比热有突变，在 DSC 曲线上是曲线的突然变动。试样对热敏感的变化能反映在 DSC 曲线上。试样发生的热效大致可归纳为以下几点。

（1）发生吸热反应。结晶熔化、蒸发、升华、化学吸附、脱结晶水、二次相变（如高聚物的玻璃化转变）、气态还原等。

（2）发生放热反应。气体吸附、氧化降解、气态氧化（燃烧）、爆炸、再结晶等。

（3）发生放热或吸热反应。结晶形态转变、化学分解、氧化还原反应、固态反应等。

以下主要介绍 TG-DSC 同步热分析仪 STA 449 F5 的使用方法。

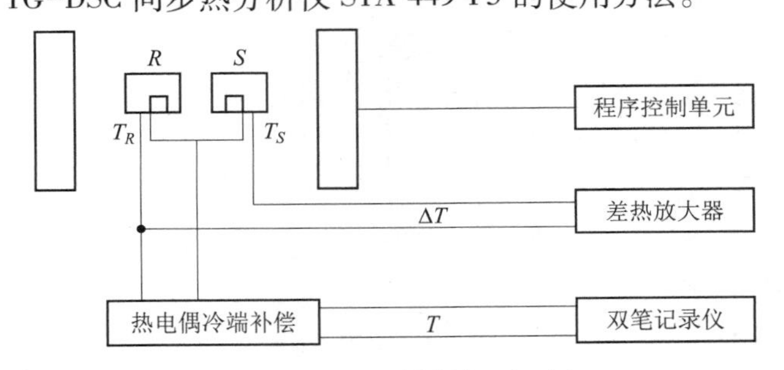

图 2-74　热重分析仪原理图

2. TG-DSC 同步热分析仪 STA 449 F5 仪器的操作方法

1）使用方法。

（1）样品准备。称量一个洁净坩埚质量，在坩埚中加入待测样品，称量总质量，将两次称量的质量相减得到样品质量。将装有样品的坩埚放到仪器样品室。

（2）程序设置。在电脑程序中新建任务，按实验要求设置样品质量、起始温度、升温速率、结束温度等测试参数。

（3）设置完参数后开始测试，等待仪器自动工作结束，关闭仪器。

（4）拷贝数据文件。

2）注意事项。

（1）测试完毕后，温度降低到 100 ℃以下才能打开样品室，以免烫伤。

（2）最后全部测试结束后，关闭吹扫气，确认保护气（N_2，20 mL/min）和气体出口打开。

（3）若保护气处于关闭状态，首次测试前需通保护气 24 h 以上，再进行样品测试。

2.5.7　数字式气压表（APM-2C/2D 型）

APM-2C 型数字式气压表（见图 2-75 和图 2-76）、APM-2D 型数字式气压表可取代汞 U 形管气压计，用于所有与大气压力有关的实验中对大气压力的测量，无汞污染，安全可靠。仪器电路采用全集成设计方案，全部为进口集成电路芯片，具有质量小、体积小、省电、稳定性好等特点。仪器的数字显示窗采用高亮度 LED 3、4 位半数字显示，数据直观，使用方便，选用精密差压传感器，将压力信号转换为电信号。此微弱电信号经过低漂移、高精度的集成运算放大器放大后，再由 14 B A/D 转换器转换成数字信号。仪器的核心为 ATMEL89C51 单片机芯片，同时可与 PC 接口。

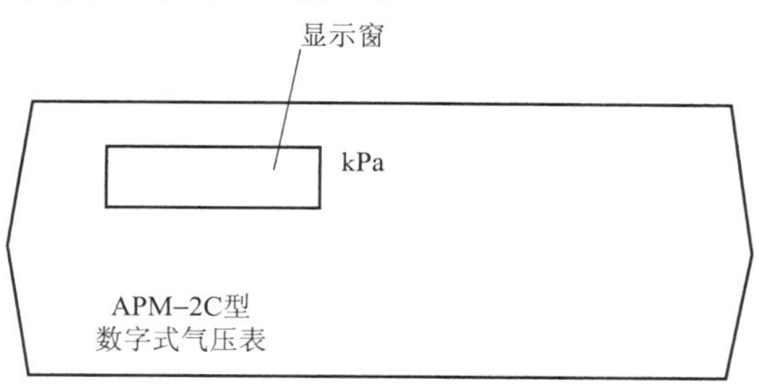

图 2-75　APM-2C 型数字式气压表正板

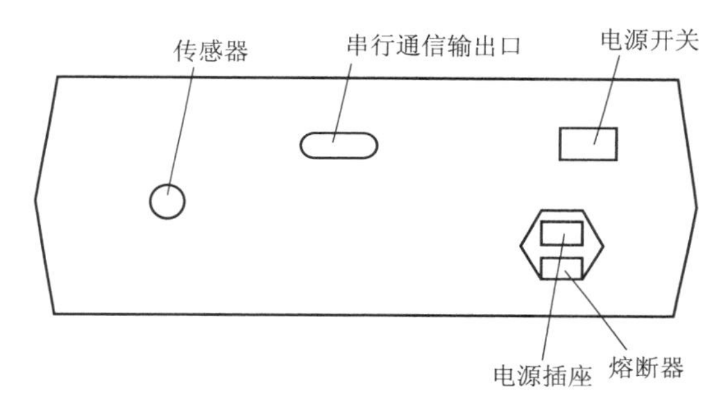

图 2-76　APM-2C 型数字式气压表后面板

1. APM-2C/2D 型数字气压表的主要技术指标

1）电源电压：200～240 V，50 Hz。

2）环境温度：-20～+40 ℃。

3）显示：3 位半（APM-2C），4 位半（APM-2D）。

4）量程：（101.3±20.0）kPa（APM-2C）；（101.30±20.00）kPa（APM-2D）。

5）分辨率：0.1 kPa（APM-2C），0.01 kPa（APM-2D）。

2. APM-2C/2D 型数字气压表的使用方法和注意事项

1）使用方法。

（1）将仪器放置在空气流动较小且不易受到干扰的地方。

（2）打开电源开关，预热 15 min。

（3）面板显示大气压值，单位为 kPa。

2）注意事项。

（1）不要将仪器放置在有强电磁场干扰的区域内。

（2）不要将仪器放置在通风的环境中，尽量保持仪器附近的气流稳定。

（3）压力传感器输入口不能进水或其他杂物。仪器上请勿堆放其他物品。

（4）避免系统中气压有急剧变化（否则会缩短传感器的使用寿命）。

（5）请勿带电打开仪器盖板。

（6）非专业人员请勿开机调试或维修。

2.5.8 电热鼓风干燥箱

电热鼓风干燥箱又名烘箱（见图2-77），是利用电热丝隔层加热而使物体干燥的设备。实验室常用的有电热鼓风干燥箱和真空干燥箱等，其工作温度可由室温+5 ℃起至最高使用温度止，在此范围内可任意选定工作温度，选定后可借箱内自动控制系统使温度不变。主要用来干燥玻璃仪器或烘干固体化学试剂。

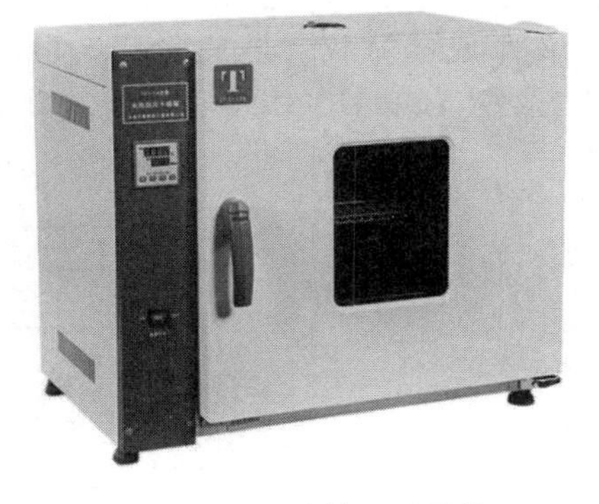

图2-77　电热鼓风干燥箱

1. 电热鼓风干燥箱的结构

电热鼓风干燥箱最高温度为300 ℃，内装电动鼓风机，促使室内热空气机械对流，使室内温度更为均匀。其结构精密，操作简单，采用数字显示仪表进行测温、控温，操作准确，清晰直观。

干燥箱由薄钢板构成，工作室与箱体外壳间以玻璃纤维作保温材料。箱门中间有一玻璃窗，以供观察工作室内的情况。开启箱顶排气阀可使工作室温与冷热空气得以对流交换，温度控制用数字显示仪表自动恒温调节。全部电器操作设备均装于箱侧控制层内。控制层内有侧门可以卸下，以备检查或修理线路时用。电热器装于箱体内工作室下，共分二组，即“加热1”“加热2”，并有指示灯指示加热工作，灯亮表示电热器工作，灯灭表示加热停止。

2. 电热鼓风干燥箱的使用方法

1）使用方法。

（1）放置样品。把需干燥处理的物品放入干燥箱内，上下四周应留存一定空间，保持箱内气流畅通，关闭箱门。

（2）风门调节。根据干燥物品的潮湿情况，把风门调节旋钮旋到合适位置，一般旋至“Z”处。若比较潮湿，将调节旋钮调节至“三”处（注意：风门的调节角度范围约60°）。

（3）开机。打开电源及风机开关。此时电源指示灯亮，电机运转，控温仪显示经过“自检”过程后，PV屏应显示箱内测量温度，SV屏应显示使用中需干燥的设定温度，此时干燥箱即进入工作状态。

（4）设定所需温度。按一下“SET”键，此时PV屏显示“SP”，用“↑”或“↓”键改变原“SV”屏显示的温度值，直至达到需要值为止。

设置完毕后，按一下“SET”键，PV显示“ST”（进入定时功能）。若不使用定时功能则按一下“SET”键，使PV屏显示测量温度，SV屏显示设定温度即可。（注意：不使用定时功能时，必须使PV屏显示的“ST”为0，即ST=0）

（5）定时的设定。若使用定时，则当PV屏显示“ST”时，SV屏显示“0”，用“↑”键设定所需的时间（分钟），设置完毕，按一下“SET”键，使干燥箱进入工作状态即可。（注意：定时功能是从设定完毕，进入工作状态开始计算，故设定的时间一定要考虑把干燥箱加热、恒温、干燥三阶段所需时间合并计算。）

（6）控温检查。第一次开机或使用一段时间或当季节（环境温度）变化时，必须复核工作室内测量温度和实际温度之间的误差，即控温精度。

（7）关机。干燥结束后，如需更换干燥物品，则在开箱门前先将风机开关关掉，以防干燥物被吹走。更换完干燥物品后，关好箱门，再次打开风机开关，使干燥箱进入干燥过程。如不立刻取出物品，应先将风门调节旋钮旋至“Z”处，再把电源开关关掉，以保持箱内干燥；如不再继续干燥物品，则将风门旋钮调节旋至“三”处，把电源开关关掉，待箱内温度冷却至室温后，取出箱内干燥物品，将干燥箱擦干净。

2）电热鼓风干燥箱使用注意事项。

（1）干燥箱外壳必须良好、有效接地，以保证安全。

（2）干燥箱内不得放入易燃、易爆、易腐蚀物品。

（3）当干燥箱内温度接近设定温度时，加热指示灯急亮忽暗，反复多次，属正常现象。一般情况下，在测定温度达到控制温度后 30 min 左右，箱内温度进入恒温状态。

（4）当新设定温度低于 100 ℃时，用二次升温方式，可杜绝温度“过冲”现象，假设新设定温度为 50 ℃，第一次设定 40 ℃，等温度过冲开始回落后再设定至 50 ℃。

（5）干燥箱在工作时，必须将风机开关打开，使其运转，否则箱内温度和测量温度误差很大，还会因此引起电机或传感器烧坏。

（6）箱内应保持清洁，长期不用应套好防尘罩，放置在干燥的室内环境。

（7）干燥玻璃仪器时，一般应洗净沥干水分后自上而下依次放入干燥箱中，以免上层仪器残留的水滴流下使下层已烘热的玻璃仪器炸裂。取出烘干后的仪器时，应用干布衬手，防止烫伤。取出后的仪器不能碰水，以防炸裂。可用电吹风机冷风模式助其冷却，以减少壁上凝聚的水汽。

2.5.9　电热恒温水浴箱

1. 电热恒温水浴箱的结构

电热恒温水浴箱是常用的电热设备，有 2、4、6 孔等不同的规格。它是由电热恒温水浴槽和电器箱两部分构成（见图 2-78）。水浴槽是带有保温夹层的水槽，槽底隔板下装有电热管及感温管，提供热量和传感水温。槽面为同心圈和温度计插孔的盖板。电器箱面板上装有工作指示灯（红灯表示加热，绿灯表示恒温）、调温旋钮和电源开关等。

电热恒温水浴常用于加热物质要求受热均匀而温度又不能超过 100 ℃的加热实验，或有挥发性的易燃有机溶剂的加热操作。

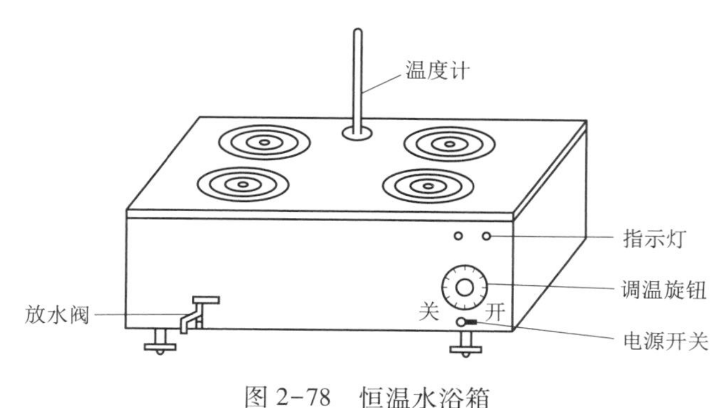

图 2-78　恒温水浴箱

2. 使用方法和注意事项

1）使用方法。

（1）将水浴箱内注入适量清水，或加入热水（可节约加热时间）。

（2）打开恒温水浴的盖子，放入盛有被加热物质的容器（烧杯或锥形瓶等）并固定好（注意：水浴箱里的水不要流入容器内）。

（3）接通电源，打开电源开关后红灯亮，表示电热管开始工作。调节调温旋钮到适当位置，待水温升至预设温度差约2 ℃时（水温通过温度计观察），反向转动调温旋钮至红灯刚好熄灭，此时绿灯变亮，表示恒温控制器发生作用，此后稍微转动调温旋钮就可以达到恒定的水温。调温过程中恒温指示绿灯和红灯交替亮灭。升级型号恒温水浴箱可通过数显温度控制器调控温度。

（4）使用完毕后应关闭电源开关，并及时放出水浴箱里的水，擦拭干净后放置。

2）注意事项。

（1）使用时必须先加水后通电，严禁干烧。

（2）使用时电源必须有可靠的接地，以确保使用安全。

（3）使用时水位不能低于电热管，因炉丝套管是密封焊接，缺水时易烧坏，若管内进水将发生触电。

（4）使用时水位也不可过高，以免水溢入电热器，损坏元件。

2.5.10 循环水多用真空泵

真空泵有多种类型，化学实验中的抽滤通常采用循环水多用真空泵（见图2-79）。

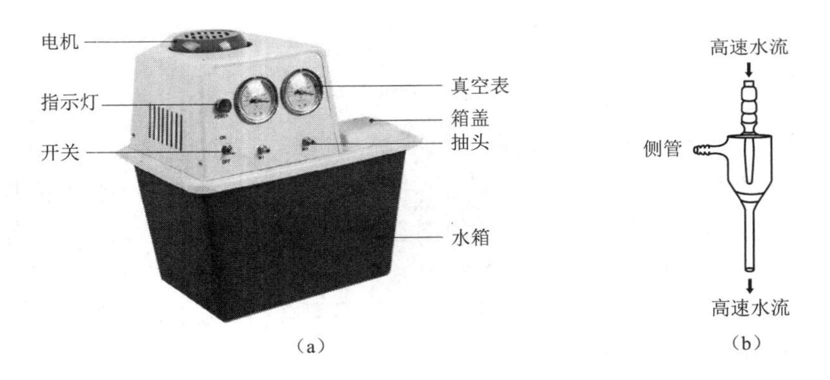

图2-79 循环水多用真空泵

（a）外部结构；（b）核心部件“水老鼠”

1. 循环水多用真空泵结构

循环水多用真空泵是以循环水作为流体，利用射流产生负压的原理而设计的一种新型多用真空泵。它的核心部件类似于过去安装在自来水龙头上，同样起抽真空作用、玻璃制成的“水老鼠”（如图2-79（b）），又叫水抽子。循环水多用真空泵主要是利用伯努利原理，当高速水流冲出下部细口时，在细口附近会产生负压，从而将空气由侧管快速吸入，产生真空。由于采用水循环作业，使工作用水在水箱中不断循环，避免直接排水，节水效果明显。

2. 循环水多用真空泵操作步骤

（1）将循环水多用真空泵平放于实验台上，打开水箱盖注入清水，当水面上升至水箱后部的溢水嘴下高度时停止加水。重复开机使用可不再向水箱加水，但每星期至少更换一次水。若水质污染严重，使用率高，则需缩短换水时间，保持水箱中水质的清洁。

（2）在真空泵与实验体系之间接一个缓冲瓶，以免在停泵时，水被倒吸入体系中，污染体系。

（3）开泵前，应检查泵是否与体系接好（一定要用耐压橡皮管连接），检查确认后打开缓冲瓶上的活塞。开泵后，用缓冲瓶上的活塞调节所需要的真空度。关泵时，先打开缓冲瓶上的活塞，等真空表的指针回到零位置时，再关泵。

（4）保持水泵的清洁和真空度，如果水温较高，可以采用加冰的方法，降低水温以提高真空度。

3. 减压过滤的一般操作方法

（1）准备。将滤纸剪成比布氏漏斗略小但又能盖住瓷板上所有小孔的圆形，并铺在瓷板上，用少量溶剂润湿滤纸，打开循环水多用真空泵，使滤纸紧贴在瓷板上。

（2）抽滤。将布氏漏斗及胶垫安放在吸滤瓶上，（注意：漏斗下端的斜口应对着吸滤瓶侧面的支管（见图 2-80））。打开循环水多用真空泵的电源开关，使吸滤瓶内形成负压，滤纸紧贴漏斗底部，检查无漏气现象后，再将溶液和沉淀一起转移至漏斗进行抽滤（注意：每次转入的量不要超过漏斗高度的 2/3）。持续减压，直至将溶液抽干（即 1 min 内没有液滴从漏斗下口滴下）。

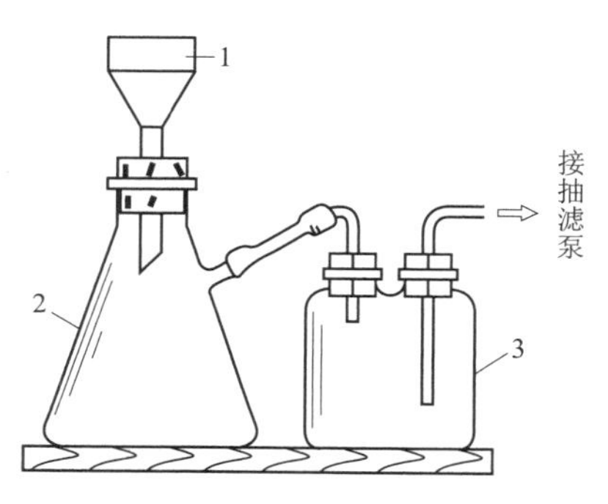

1—布氏漏斗或玻璃砂芯漏斗；
2—吸滤瓶；3—安全瓶

图 2-80　减压抽滤装置

（3）洗涤。洗涤沉淀时，先将缓冲瓶上的双通打开，水泵表指针回到零位置，然后关停水泵，加入洗涤剂（应将全部沉淀盖没或润湿）。再关闭双通，打开水泵开关，让洗涤剂慢慢透过全部沉淀，尽量抽干。重复操作，直到符合要求为止。

（4）过滤完毕，停止抽滤时，一定要先将缓冲瓶处接通大气后，使水泵表指针回到零处时，再关闭水泵。用玻璃棒轻轻揭起滤纸边，取下滤纸和沉淀。吸滤瓶内的滤液从瓶子上口倾出，不能从侧口（侧口只用作连接真空泵）倒出，以免使滤液污染。

第3章 无机化学实验中的基本原理

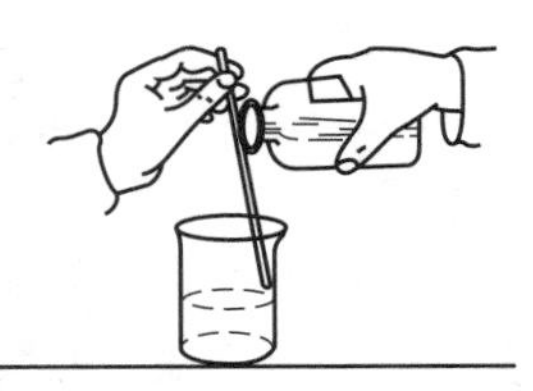

3.1 物理量和参数的测定

1. 物理量与化学基本参数

像其他自然学科一样，化学也涉及许多物理量的计算。如原子量、分子量、离子的电荷、键长、键角等。在一个经过精心设计的实验中，除了供研究的自变量和因变量之外，可以使其他因素保持不变，这种不变因素称为“参数”。因此，物理量又分为两种：一种为信号变量，另一种为参数。如研究某一反应中浓度对反应速率的影响，通过实验建立反应速率方程 $\nu=kc(\mathrm{A})c(\mathrm{B})$ 这一数学模型。在这个方程中，ν、$c(\mathrm{A})$、$c(\mathrm{B})$ 均为信号变量，而 k 是参数，k 既反映了信号变量之间的关系，又是一个要证明此数学模型的正确性而必须测定的物理量。显然，参数及信号变量不是绝对一成不变的，而是由人们研究问题的角度来决定的。上述模型中若 $c(\mathrm{A})$ 保持不变，可与 k 合并成参数。当研究温度对反应速率的影响时，$c(\mathrm{A})$、$c(\mathrm{B})$ 需固定，它们就是参数，而 ν、k 则是信号变量。

2. 本门课程中要测定的物理量及参数

本门课程基本上安排了在无机化学中最常见的物理量及常用的化学参数测定的实验。

（1）质量测定。学习用电子天平称量物质的质量。

（2）体积测定。熟悉用量气管测量气体的体积，掌握用量筒、移液管测量液体体积，以及了解用称量的方法测定液体的量及容器的容积。

（3）温度测定。熟悉温度计的正确使用。

（4）压力测定。学习气压表的使用。

（5）浓度测定。学习溶液的配制，了解使用 pH 法、比色和分光光度法、电导率法、离子交换法等方法测定溶液或某种离子的浓度。

（6）原子量的测定。用金属镁与酸置换反应测定 Mg 的相对原子质量。

（7）熔、沸点的测定。在无机合成实验中安排了此项内容。

（8）平衡常数的测定。分别用 pH 法、电导率法、分光光度法、离子交换法及电极电势的测定等方法测定解离常数、溶度积常数、配合物稳定常数，以及通过电动势求平衡常数等。

（9）反应热的测定。学会用简易量热计测量反应热。

（10）反应速率常数的测定。

3. 参数方程及其应用

在自然科学各领域中，做定量的研究工作都离不开参数方程，一切参数方程都是用来表示变量之间的关系，这种关系可以认为是一个表示变化的数学模型。从大量的实验数据中推出参数方程，这是科学研究工作中的重要一步（但还需进一步解释这个方程，特别是各参数的物理意义）。如波义耳定律、查理定律是从大量实验中推出的定律，它们都有相应的参数方程，由它们合并又得到理想气体状态方程，这是一个确定气体状态的四参数方程。其后，对非理想气体提出的范德华方程，它不仅是表示气体状态的比较精密的方程，而更有意义的是这个方程考虑了分子间的作用。

值得注意的是不同物质的同一类型的参数方程可以相同（与物质特性无关，如溶液的依数性，$\Delta T_f = K_f m$、$\Delta T_b = K_b m$ 等）也可以不同（如速度方程），参数方程反映了不同物质的共性与个性。

利用参数方程可以测定很多参数。

下面对一个实例进行研究，从中得出在设计参数测定的实验时应考虑的问题，以及初步了解设计的步骤。

例如：欲测 HAc 的解离常数 $K_a^{\ominus}$。

解：1）确定参数方程。

HAc 为一元弱酸，存在着下列平衡，为简便书写，下文公式省略 $c^{\ominus}$。

$$HAc(aq)+H_2O(l) \rightleftharpoons H_3O^+(aq)+Ac^-(aq)$$

$$K_a^{\ominus}=\frac{[c(H_3O^+)][c(Ac^-)]}{[c(HAc)]} \tag{1}$$

从参数方程（1）可知：欲测 $K_a^{\ominus}$，需知 $c(H_3O^+)$、$c(Ac^-)$、$c(HAc)$ 等平衡浓度，这是测 $K_a^{\ominus}$ 的基本理论根据。

2）尽量减少测量项目，以使实验简单。

一般方法是分析参数方程中各变量之间的内在联系或维持次要变量恒定。本例中即可从 $c(H_3O^+)$、$c(Ac^-)$、$c(HAc)$ 等平衡浓度之间的内在联系进行分析。

根据质量守恒定律，若 HAc 的起始浓度为 $c_{起}$，则式（2）成立为

$$c_{起}=c(HAc)+c(H_3O^+) \tag{2}$$

HAc 为一元弱酸，故又成立为

$$c(H_3O^+)=c(Ac^-) \tag{3}$$

由式（2）、式（3）可得

$$K_a^{\ominus}=\frac{c(H_3O^+)c(Ac^-)}{c(HAc)}=\frac{c(H_3O^+)^2}{c_{起}-c(H_3O^+)} \tag{4}$$

由式（4）得知，测定一个浓度为 $c_{起}$ 的 HAc 溶液的 $c(H_3O^+)$ 平衡浓度，就可算出 $K_a^{\ominus}$，这种只用一个，而且只是一个数据组 $c_{起}$、$c(H_3O^+)$ 算出实验结果的方法称之为单点测定。

3）分析简化成立的条件，以确定实验最佳条件。

具体讲，即分析式（2）、式（3）成立的条件，从而找出实验中减小测定误差的方法。由式（2）、式（3）得出了式（4），这是在忽略了水的解离才成立的结果，否则 c

(H_3O^+)不等于$c(Ac^-)$。显然，酸愈弱，溶液愈稀，这种忽略所造成的误差就愈大。因此实验时就要求溶液的浓度大一些，特别是待测酸很弱的情况下。究竟浓度多大合适？需要做初步试验，通常为0.001~0.1 mol/dm³。

进一步分析，若某种酸较强时，$c_{起}-c(H_3O^+)$ 项的数值可以变得很小，此时带来的误差也会大些，因此在测定较强酸的 $K_a^{\ominus}$ 值时，浓度问题更应考虑。

从式（4）中得知欲使 $K_a^{\ominus}$ 测量精度提高，必须使 $c(H_3O^+)$ 的测定精度提高，而$c(H_3O^+)$的测定方法很多，既可以用滴定法求得，也可以用 pH 法测得，一般 pH 法可读到 pH 小数点后第二位，这样得到的是三位有效数字。

从上面的分析可知误差的来源，从中得出影响结果的关键操作步骤。

$K_a^{\ominus}$ 与解离度 α 的关系可用参数方程（5）表示为

$$K_a^{\ominus}=\frac{c\alpha^2}{1-\alpha} \tag{5}$$

因此测得 HAc 的 α 值也可求得 $K_a^{\ominus}$。而 α 又可测定 HAc 的电导率，再利用参数方程（6）求得

$$\alpha=\frac{\Lambda_m(\text{摩尔电导率})}{\Lambda_m^{\infty}(\text{极限摩尔电导率})} \tag{6}$$

从上述例子中看出，对于某一个参数的测定，根据实验室各方面的条件（如提供不同的测试仪器），可选用不同的参数方程并用不同的方法进行测定，但不论选用何种方法，关键是要选好包含欲测参数的参数方程。现简要地总结参数测定的实验设计基本步骤如下：

（1）确定研究目的，即确定欲测参数。

（2）选择合适的参数方程，即找出参数测定的基本理论依据。

（3）分析参数方程中各变量间的内在联系，以尽量减少测量项目。

（4）分析参数方程成立的条件，以找出测量方法中影响实验结果的关键因素，从而确定实验最佳条件。

（5）设计出具体的实验方法（包括所需仪器、试剂、实验步骤及实验注意事项等）。

4. 单因素实验

从上面介绍的参数方程中看出，往往一个参数方程中含有多个变量。如 $\nu=kc(A)c(B)$，即 ν 是 $c(A)$、$c(B)$ 的函数，也是温度的隐函数，因为 k 与温度有关，换句话说，反应速率具有多个影响因素。研究影响一个反应的多个因素，并从中找出规律，有助于选择最佳的反应条件，使反应向有利于所要求的方向进行。

绝大多数的反应是多因素体系，而要同时研究多因素的影响是困难的。因此，常常先把多个因素恒定下来（如恒温、恒压、固定某一反应物的初始浓度等），而只改变某一因素，这样就可以把多因素实验变为单因素实验，而使问题简化。

例如：研究影响反应A+B→C的反应速率因素，可以采用下列方法。

1）维持 T 及 $c(B)$ 一定，改变 $c(A)$，测 ν。

2）维持 T 及 $c(A)$ 一定，改变 $c(B)$，测 ν。

3）维持 $c(A)$、$c(B)$ 一定，改变 T，测 ν。

根据以上单因素的实验，可以得知 $c(A)$、$c(B)$ 及 T 是如何影响反应速率的，从而确定满足要求的反应条件。

4）在进行单因素实验设计时，又应考虑哪些问题呢？

（1）保证其他因素的固定。如在测定碘化钾与过二硫酸铵反应的反应速率时，由于改变碘化钾或过二硫酸铵的浓度，离子强度发生了改变，为维持离子强度不变，须加入电解质 KNO_3 和 $(NH_4)_2SO_4$ 来代替 KI 和 $(NH_4)_2S_2O_8$ 改变的量。有的反应在溶液 pH 固定下进行比较，则要求选择合适的缓冲溶液，让反应能在 pH 基本稳定的情况下进行。又如要保持恒温，则常使反应在恒温水浴中进行。总之，要设计出较好的方法以固定其他因素。

（2）确定待测因素的变动范围及方法。如研究温度对反应速率的影响时，要选择不同的温度。那么温度间隔多大？测几个温度测量点？这些问题都对做出正确的结论有影响。一般来说，温度变化范围大，影响结果明显，但是变化太大，也常常会使问题复杂化。至于温度测量点个数，一般要求多于五个点，才具有统计意义。

（3）应答的测定。如做影响反应速率因素的实验时，可以测定反应进行一定时间后各物质的浓度（在不同时间取样）以判断反应进行的快慢。那么如何测定反应进行一定时间后的浓度呢？常采用的方法是冻结反应（即低温快速冷却），然后进行快速分析，此法可以测得较为准确的浓度，可求得瞬时反应速率，而且是多点测定，准确度高。也可以测定反应进行到一定程度时所需的时间以判断反应进行的快慢。如用一定量、一定浓度的 $Na_2S_2O_3$ 去消耗 KI 与 $(NH_4)_2S_2O_8$ 反应生成的 I_3^- 所需的时间，来判断反应进行的快慢的程度。这是一种单点测定方法，因为受到人们对颜色敏感性的限制从而影响反应时间的确定，所以测定精度不理想，但此法较为简单。

（4）数据处理和方程的建立。如 KI 与 $(NH_4)_2S_2O_8$ 反应速率方程的建立，就是在一定温度下，改变 KI 和 $(NH_4)_2S_2O_8$ 的浓度，测定相应的反应速率，从中求出反应级数 m、n，最后建立 $\nu=kc(I^-)^m c(S_2O_3^{2-})^n$ 的速率方程。

（5）几个单因素方程的合并。由单因素实验得出的反应条件，对多因素体系来说，并非是最佳的实验条件，应经过多次实验确定，再合并单因素影响而最终得到多因素影响的结果。如理想气体状态方程的建立就是由波义耳定律、查理定律等单因素影响得到的多因素影响的结果合并而成。除此之外，在无机合成实验中也常采用正交设计的方法来进行多因素、多水平的实验，然后经过数学处理找出最佳的反应条件，由于学生数学知识尚不够，此处从略，但应知道这是一种多、快、好、省的研究方法。

附：标准浓度（$c^{\ominus}$）

无机化学中，$c^{\ominus}$ 的意思是标准浓度，即 1 L 溶液中所含溶质的摩尔数表示的浓度。以单位体积所含溶质的物质的量摩尔数表示溶液组成的物理量，叫作该溶质的标准摩尔浓度，又称该溶质的物质的量浓度。$c^{\ominus}$ 是指溶液中溶质的标准态，即指定在温度 T 和标准压力 p 下，质量摩尔浓度 1 mol/kg 的状态。因压力对液体和固体的体积影响很小，故可将溶质的标准态浓度用 $c^{\ominus}=1$ mol/L 代替。

当化学反应达到平衡时，体系中各物质的浓度不再随时间而改变，这时的浓度称为平衡浓度。若把平衡浓度除以标准状态浓度，即除以 $c^{\ominus}$，则得到一个比值，即平衡浓度与标准浓度的倍数关系，这个倍数为平衡时的相对浓度。当化学反应达到平衡时，各物质的相对浓度也不再改变。这就是本书为书写方便，省略 $c^{\ominus}$ 的原因。

3.2 实验数据的处理

3.2.1 误差

在化学实验中经常使用仪器对某些物理量进行测量，再由测得的数据经过计算得到分析结果。但实践证明，任何精密仪器测量的结果都只能是相对准确，甚至同一个人，用同一种方法，同一台仪器，对同一试样进行多次测量，都可能得到不同的结果。也就是说，没有绝对准确，而只能是相对准确。因此，误差是必然的，是客观存在的。

产生误差的原因有多种，如测量仪器、实验方法、实验条件等。实验者必须根据实际情况正确测量，真实记录实验数据，以便查出并分析产生误差的原因、性质及规律，进而研究减少产生误差的办法，不断提高分析结果的准确度。

1. 误差分类及产生误差的原因

产生误差的原因很多，按其来源和性质可分为系统误差、偶然误差和过失误差。

1）系统误差。

系统误差又被称为可测误差。这种误差一般是由于某种固定原因造成的。它对测量结果的影响比较恒定，使测量结果总是偏大或偏小，系统误差的绝对值和符号恒定不变。当多次进行测定时，它会重复出现，系统误差按其来源可分为以下四种。

（1）方法误差。由于测定方法本身不够完善而造成的误差。其中有化学和物理化学方面的原因，如滴定分析中指示剂的选择不当、干扰离子的影响、称量形式引起的吸湿性等，都会使系统测定的结果偏高或偏低，这是一种影响最严重的系统误差。

（2）仪器误差。所有的测量仪器都可能产生系统误差。如使用的滴定管、容量瓶等玻璃器皿，如果未经校正，易使刻度数或容积与真实值不相等。

（3）试剂误差。由于使用的试剂或去离子水中含有被测物质或干扰物质而引起的误差。如果分析用的基准物不纯，其影响程度更为严重。

以上是化学实验中系统误差的主要来源。当实验中存在系统误差时，它不影响多次平行实验的精密度，精密度可能还很高，但会影响测定的准确度。所以，在评价实验结果时，精密度高不等于准确度也高，必须先校正系统误差，再判断准确度高低。

2）偶然误差。

偶然误差又被称为随机误差。指同一实验者在相同条件下对同一测量的相同物质多次测定，测得的一系列数据不尽相同，所得数据的误差值大小、正负无一定规律性，产生这类误差的原因往往难于发现和控制。如测量过程中压力、温度等偶然波动。从多次测量整体来看，偶然误差的规律如下：

（1）绝对值相等的正、负误差出现的概率大致相等。

（2）绝对值小的误差出现概率大，绝对值大的误差出现概率小。

（3）很大误差出现的概率近于零。

3）过失误差。

由于实验者工作疏忽，没有完全按照操作规程进行实验等原因造成的误差称为过失误差。这种误差无规律可循，如试剂加错、刻度读错、砝码看错等，这些均属于不应有的过失。只要加强责任心，严格遵守操作规程，这类误差是完全可以避免的。如果发生此类误差，应剔除这次数据，不能参加平均值的计算。

2. 消除或减免误差的方法

为了提高实验结果的准确度，必须设法减小或消除实验中的系统误差、偶然误差和过失误差。下面根据误差产生的原因，分别讨论减小或消除误差的方法。

1）系统误差的减免。

系统误差可以采取一些校正的办法和制定标准规程的办法找出其大小和正负，然后对测定的数据进行校正，使系统误差接近消除。通过以下两种实验方法可以有效减免系统误差。

（1）进行对照实验。用已知溶液代替试液在同样条件下用同样方法进行平行实验，找出校正数据，减免系统误差。对照实验是检查测定过程中有无系统误差的最有效方法（见第 3 章 3.4）。

（2）进行空白实验。用去离子水代替被测物质，用同样的测定方法、实验条件进行平行实验。由此可减免试剂、去离子水或所用器皿引入的杂质所造成的系统误差（见第 3 章 3.4）。

（3）仪器校正。在实验前对所用的仪器、砝码等进行校正，求出校正值，以减免仪器所带入的误差，提高测量准确度。

2）偶然误差的减免。

从偶然误差的规律可以知道，在减免系统误差的前提下，相同实验条件下，对同一过程多次平行测量时，随着测量次数的增加，偶然误差的代数和等于零。因此可适当增加测量次数，减免偶然误差。实践中一般只要仔细测定三次以上，即可使偶然误差减小到很小。

3. 测定结果的准确度和精密度

1）准确度与误差。

分析结果的准确度是指测定值与被测组分的真实值的接近程度，常用误差来表示。两者愈接近，则误差愈小，测定的准确度愈高。误差分为绝对误差和相对误差两种。绝对误差（E）是测量值 x_i 与真实值 μ 之差，即

$$E=x_i-\mu$$

相对误差是反映绝对误差在真实值或测量值中所占的比例，即

$$RE=\frac{E}{\mu}\times100\%$$

误差小，表示结果与真实值接近，测定准确度高，反之则准确度低。绝对误差和相对误差都有正负值，正值表示分析结果偏高，负值表示分析结果偏低。相对误差的应用更具有实际意义，因而更常用。

2）精密度与偏差。

精密度是指同一试样几次平行测定结果相互接近的程度。精密度表明测定数据的再现性。精密度的高低用偏差来衡量。各次测量值与平均值之差称为偏差。它表示一组平行测定数据相互接近的程度。偏差越小，测定值的精密度越高。偏差有以下几种表示方法。

（1）绝对偏差是 n 次测定中单次测量值（x_i）与平均值（$\bar{x}$）之差，即

$$\text{绝对偏差}\ (d_i)=\text{测定值}\ (x_i)-\text{平均值}\ (\bar{x})$$

$$\text{平均值}\ (\bar{x})=\frac{x_1+x_2+\cdots+x_n}{n}$$

（2）相对偏差是绝对偏差与平均值的比值，即

$$相对偏差（d_r）=\frac{d_i}{\bar{x}}\times100\%$$

（3）平均偏差。分为绝对平均偏差和相对平均偏差。绝对平均偏差是各次测定的绝对偏差绝对值之和除以测定次数；相对平均偏差为绝对平均偏差与平均值的比值，即

$$绝对平均偏差（\bar{d}）=\frac{|d_1|+|d_2|+\cdots+|d_n|}{n}=\frac{\sum_{i=1}^{n}|d_i|}{n}$$

$$相对平均偏差（\bar{d}_r）=\frac{\bar{d}}{\bar{x}}\times100\%$$

（4）样本标准偏差是一种用统计概念表示精密度的方法。对于 n 次平行测定，其样本标准偏差 s 为

$$样本标准偏差(s)=\frac{d_1^2+d_2^2+\cdots+d_n^2}{n-1}=\sqrt{\frac{\sum_1^n d_i^2}{n-1}}$$

用样本标准偏差表示精密度更为科学，它能更好地反映多次测量结果的离散程度，特别是更能体现出偏差大的数据的影响。

3. 准确度与精密度

准确度和精密度既有区别，又有联系。准确度是指测定值与真实值之间的偏离程度，表示测量的正确性。精密度是 n 次测定结果相互接近的程度，表示测量的重现性。精密度高，不一定准确度高。但如果要求准确度高，精密度必须高。

3. 2. 2 有效数字及运算规则

1. 有效数字的概念及位数的确定

在化学实验中，经常要对某些物理量进行测量并根据测得的数据进行计算。那么在测量这些物理量时要采用几位数字？计算时又应保留几位数字？为了合理的取值并进行正确的运算，需要对有效数字的概念有所了解。

什么是有效数字？有效数字就是实际能够测量到的数字，它应该反应测量的准确度，到底采用几位有效数字，这与测量仪器和实际观察的精确度有关。如在台秤上称量某物质重 6. 8 g，台秤的精确度只能到 0. 1 g，所以该物质的质量为（6. 8±0. 1）g，它的有效数字的位数是两位。如将此物放到电子分析天平上称量，测重为 6. 812 5 g，由于电子天平的准确度能到 0. 000 1 g，故该物质的质量为（6. 812 5±0. 000 1 g），此时其有效数字的位数是五位，由此可以看出有效数字的位数与测量仪器的精确度有关。

又如若用最小刻度为 1 mL 的量筒量取某液体的体积时，测得的体积为 17. 5 mL，其中 17 mL 是直接由量筒的刻度上读出来的，而 0. 5 mL 是由肉眼估计的，所以该液体在量筒中准确读数可表示为（17. 5±0. 1）mL，此时其有效数字的位数为三位，如果用刻度为 0. 1 mL 的滴定管测量液体的体积时，测出的体积为 17. 56 mL，其中 17. 5 mL 为从滴定管的刻度上准确地读出来的，而 0. 06 mL 则是由肉眼估计的，因此液体在滴定管中的准确读数可表示为

(17. 56±0. 01) mL，此时其有效数字的位数为四位。由上述得出，有效数字与测量仪器和实际观察的精确度有关，有效数字只允许保留一位可疑数。因此，在记录测量数据时，任何超过或低于仪器有效数字位数的数字都是不恰当的。如果在台秤上称得某物重 6. 8 g，切不可定为 6. 800 0 g，在电子天平上称得某物重 6. 800 0 g，切不可定为 6. 8 g，前者夸大了仪器的精确度，后者缩小了仪器的精确度。

有些人可能认为小数点后的位数越多精密度越高，其实两者之间并无联系。小数点的位数只与单位有关。如某物重 6. 8 g，也可写为 0. 006 8 kg，两者精密度完全相同，都是两位有效数字。

关于“0”的作用，因其位置不同而异。在 0. 506、0. 050 6 或 0. 005 06 中，“0”只起到表示小数点位置的作用，不算作有效数字，这三个数值都有三位有效数字。在 56. 10、55. 10、5. 000、5. 010 等数据中，“0”则是有效数字，所以它们都是四位有效数字。即“0”在数字间或数字后①，均表示一定的数量，本身作为有效数字。而在数字前面时，只起定位的作用。

2. 有效数字的运算规则

1）加减法。

在进行加减运算时，应以小数点后位数最少的数为准，用 4 舍 5 入法弃去多余的数字，再进行计算。如将 28. 3、0. 17、6. 39 三数相加，它们的和为

$$
\begin{array}{r} 28.3 \\ 0.17 \\ +)\ 6.39 \\ \hline 34.86 \end{array}
\quad \text{应改写为} \quad
\begin{array}{r} 28.3 \\ 0.2 \\ +)\ 6.4 \\ \hline 34.9 \end{array}
$$

因为这三个数中，28. 3 是小数点后位数最少的数，则以 28. 3 为准，用 4 舍 5 入法将 0. 17 与 6. 39 改为 0. 2 与 6. 4，再与 28. 3 相加得 34. 9。

2）乘除法。

在进行乘除运算时，所得的有效数字的位数，应与各数中最少的有效数字位数相同，而与小数点位置无关。如

有效数字	三位	四位	六位
	0. 012 1	25. 64	1. 057 82

此三数相乘，若直接相乘得 0. 328 182 308 08，有效数字取 11 位数吗？此时就应分析 0. 012 1、25. 64、1. 057 82 中的有效数字位数，只能以三位有效数字 0. 012 1 为准，后面两个数据测得再准也无济于事，故三数之积只能取 0. 328。为简化计算，也可取 0. 012 1×25. 6×1. 06= 0. 328 345 6，然后取三位有效数字为 0. 328。

在进行复杂的运算时，中间各步可暂时多保留一位数字，以免多次 4 舍 5 入法造成误差的积累。但是最后结果仍只保留其有效数字位数。

必须说明，若第一位数字是 8 或大于 8，则可多计一位。如 86、0. 92……都可看成是三位有效数字。故 0. 92÷0. 92 其商值取 1. 00 而不是 1。还应指出，只有在涉及由直接或间接

① 110，1100 中的“0”很难说是不是有效数字。但分别写成 1.10×10^2，1.100×10^3 就清楚了。

测定所得到的物理量时，才存在有效数字的问题，而实验中的次数，某量的等分数等，不需经过测量的数值，在运算过程中应该认为它们是无限多位有效数字。如两次的 2 即 2.000……决不能把它们看成一位有效数字。

3）乘方或开方。

将其乘方或开方时，幂或根的有效数字的位数与原数相同。若乘方或开方后还要继续进行数学运算，则幂或根的有效数字的位数可多保留一位。

4）对数运算。

对数值的有效数字位数仅由尾数的位数决定，首数只起定位作用，不是有效数字。对数尾数的位数应与相应真数的有效数字的位数相同，反之，尾数的有效数字有几位，则真数就取几位。如 $c(H^+)=1.8\times10^{-5}$ mol/L，它有两位有效数字，所以，$pH=-\lg c(H^+)=4.74$，其中首数“4”不是有效数字，尾数 74 是两位有效数字，与 $c(H^+)$ 的有效数字位数相同。又如当 pH = 2.72 时，则 $c(H^+)=1.9\times10^{-3}$ mol/L，不能写成 $c(H^+)=1.91\times10^{-3}$ mol/L。

5）常数或某些因子。

一些常数 π、e 的值及某些因子 $\sqrt{2}$、$\frac{1}{2}$ 的有效数值的位数，在计算中需要几位就可以写几位。一些国际定义值，如摄氏温标的零度值为热力学温标 273.15 K，气体摩尔常数 $R=8.314$ J/（K · mol），以及各元素的相对原子质量等，视具体情况取适当的位数。

6）误差的位数。

误差一般只取一位有效数字，最多取两位有效数字。

7）有效数字的修约。

有效数字运算时，也可按“四舍六入五看，奇进偶不进”的原则。当尾数≤4 时舍去；尾数≥6 时进位；当尾数 = 5 时，则要看尾数前一位数是奇数还是偶数，若为奇数则进位，若为偶数则舍去。按此原则，若将 1.163 和 3.635 处理成三位数时，则分别为 1.16 和 3.64。

目前，一般还是采取“四舍五入”的原则。但是，当进行复杂运算时，则按上述修约原则，以提高运算结果的正确性。

3.2.3 实验数据的整理与表达

在化学实验中，取得实验数据后，需进行必要的整理、归纳，并以简明的方式直观地表达出来。为达到上述目的，通常有三种表示方法：列表法、图解法和数学方程式法。这三种方法各有特色。可根据不同情况选择使用。

1. 列表法

所有测量至少包括两个变量，一个是自变量，另一个是因变量。列表法就是将一组实验数据中的自变量与因变量的各个数值按一定的形式和顺序一一对应地列出来。制表时应注意以下几点。

1）表格名称。

每一个表格都应有序号和完整而又简明的名称。

2）行名与量纲。

表格中第一横行应标明名称和单位。在不加说明即可明了其意义的情况下，物理量的名称和单位尽量用符号表示。如 V/mL、T/K 等，斜线后表示单位。

3）有效数字。

表中所列数值的有效数字的位数取舍应适当。同一纵行中的小数点应上、下对齐，以便相互比较。数值空缺时应记一横线，即“—”。

表格法的优点是简单，不需要特殊图纸和仪器，数据便于参考比较，在同一表格内可以同时表示几个变量间的变化情况。数据表达直观，不引起处理误差。

表格法不能表示出数值间连续变化的规律和实验数值范围内任意自变量与因变量的对应关系，所以一般常与图解法混合应用。

实验原始数据的记录一般采用列表法。

2. 图解法

图解法是将实验数据按自变量和因变量的对应关系绘制成图形，最常用的是曲线图。图解法获得优良结果的关键之一是作图技术，以下简述作图要点。

1）坐标标度的选择。

（1）图纸的选择。通常选用直角毫米坐标纸，有时也用半对数和对数坐标纸，在表达三组分系统相图时，则选用三角坐标纸。

（2）坐标轴及分度。习惯上以横坐标 x 轴表示自变量，纵坐标 y 轴表示因变量。每个坐标轴应注明名称和单位，如 λ /nm、c /(mol · dm^{-3}) 等。

坐标分度应便于从图上读出任一点的坐标值，即每单位坐标格子最好是 1、2 或 5 的倍数，而不要采用 3、7 的倍数。

（3）精密度。坐标分度的精密度应与测量精密度一致。即从图中读出的物理量的有效数字应与测量的有效数字一致。

在不违反上述三个要点的前提下，坐标纸的大小必须能包括所有必需的数据且略有宽裕。若无特殊需要就不一定把变量的零点作为原点，可以从稍低于最小测量值的整数开始。这样可以充分利用图纸，而且有利于保证图的准确度。选择合适的比例对于正确表达实验数据及其变化规律也很重要（见图 3-1 和图 3-2）。

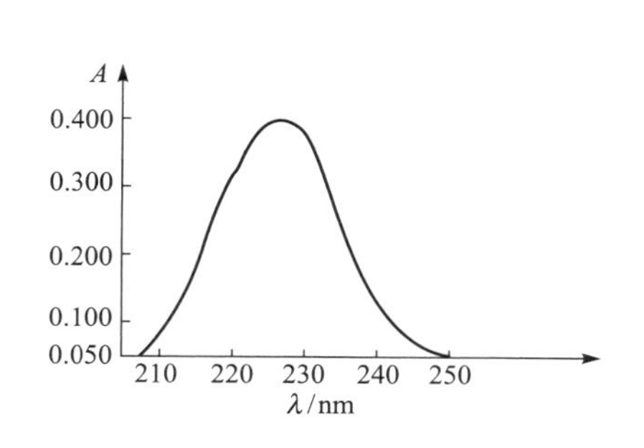

图 3-1　苯甲酸的紫外吸收光谱

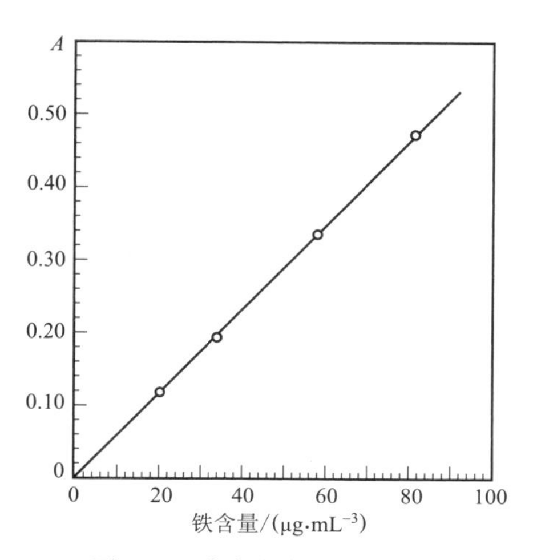

图 3-2　分光光度法标准曲线
（波长 510 nm）

2）点和线的描绘。

（1）作代表点。将相当于测得数据的各点绘于图上，用·、×、△、○、⊕、◬等不同的符号表示。但应注意符号的重心应在所表示的点上，面积大小应代表测量的精密度，测量的精密度高，符号就作小些，反之则大些。

（2）连线。描出的连线必须与实验相符。因此首先应尽可能接近（或通过）大多数点，但不必通过所有各点，只要曲线（或直线）两边的点的数字，以及曲线两侧各代表点与曲线间距之和近于相等，这样描出的曲线（或直线）就能近似地表示出被测量值的平均变化情况。其次连线应平滑、均匀、清晰。

（3）几种特殊情况。为了保证曲线所表示的规律的可靠性，一般在曲线的极大、极小或转折处应多取一些点。

对于个别远离曲线的点，如果不能肯定是偶然的过失误差，就不能随意抛弃。通常需要在这一点的附近多取些代表点。

作图时先用硬铅笔（2H）沿各点的变化趋势轻轻描绘，再以曲线板逐段拟合手绘线的曲率，绘出光滑曲线。为使各段连接处光滑连续，不要将曲线板上的曲线与手绘线所有重合部分一次描完，每次只描1/2~2/3段为宜。

若在同一图上绘制多条曲线时，每条曲线的代表点和对应曲线要用不同的符号来表示，并在图上说明。

随着计算机的普及，用计算机绘图有准确、自动、快速、规范等优点。用计算机绘图仍应遵循上述基本原则。图的大小可随实验者的表达目的而进行选择，但此时所作的图线及实验数据代表点不一定能准确表达实验的精密度。

图解法的优点是将实验资料按自变量和因变量的对应关系绘制成图。该法能将变量间的变化趋向，如极大值、极小值、转折点、变化速率，以及周期性等重要特征直观地显示出来，便于进行分析研究。有时进一步分析图像还能得到变量间的函数关系。另外，根据多次测试的结果所描绘出来的图像，一般具有“平均”的意义，从而也可以发现和消免一些偶然误差。因此，图解法在数据处理上是一种重要的方法，适用于实验数据的整理。

可使用计算机上的软件（如Excel、origin等软件）按照以上规则进行数据图像的绘制，绘图时仍遵循上述基本原则。

3. 数学方程式法

当一组数据用列表法或图解法表示后，常需要进一步用一个理论方程式或经验公式将数据表示出来。因为方程式不仅在形式上较前两种方法更为紧凑，能够更精确地表达因变量与自变量之间的数量关系，而且进行微分、积分、内插、外延等运算，取值时也方便得多。为此可直接用理论关系式对实验数据进行回归，得到式中的特性参数。也可先将实验数据作图，根据曲线形式，借助已有的知识和经验，选择某一函数关系式，用该式拟合实验数据以确定关系式中的各参数。再用作图或计算的方法对所得函数关系式进行验证，以确定最佳的数学方程式。

数学方程式法的具体应用在此不详述，需要时可查阅相关教材。

如果在计算机软件中进行绘图，则可使用对应软件中的数据分析功能，由计算机直接计算得到数据的拟合方程，具体操作方法见相应软件的使用方法。

3.3　国际单位制与我国的法定计量单位

1. 国际单位制（SI）

任何一个物理量都是用数值和单位的组合来表示，即

物理量 = 数值 × 单位

数值 = 物理量 / 该物理量的标准量

其中“数值”是将某一物理量与该物理量的标准量进行比较所得到的比值，所以测得的物理量必须注明单位，否则就没有意义。

国际单位制是在米制基础上发展起来的国际通用单位制，被称为米制的现代化形式。国际单位制经过几届国际计量大会的修改，并经过了国际计量大会通过，得到国际公认，已发展成为由 7 个基本单位、2 个辅助单位和 19 个具有专门名称的单位制。所有的单位都有一个主单位，利用十进制倍数和分数的 20 个词头，可组成十进制倍数和分数单位。国际单位制概括了各个科学技术领域的单位，形成了科学性强、命名方法简单、使用方便的完整单位体系。由于它比较先进、实用、简单、科学，适用于文化教育、经济建设和科学技术的各个领域。SI 的基本单位及其定义见表 3-1。关于 SI 的完整叙述和讨论，可参阅有关书刊以及我国的国家标准 GB 3100—1993、GB 3101—1993、GB 3102. 1—1993、GB 3102. 13—1993 等文件。

在使用 SI 时，应注意以下几点关于单位与数值的规定。

1）组合单位时应用斜线，不用乘号。如密度单位可写成 kg/m^3，不可写成 $kg \times m^{-3}$。

表 3-1　国际单位制的基本单位

量的名称	单位名称	单位符号	定　义
长度	米	m	光在真空中（1/299 792 458）s 时间间隔内所经路径的长度
质量	千克	kg	普朗克常数为 $6.626\ 070\ 15 \times 10^{-34}$ J · s 时的质量单位
时间	秒	s	铯-133 原子基态的两个超精细能级之间跃迁所对应的辐射的 9 192 631 770 个周期的持续时间
电流	安［培］	A	1 s 内（1/1. 602 176 634）$\times 10^{-19}$ 个电子移动所产生的电流强度
热力学温度	开［尔文］	K	玻尔兹曼常数为 $1.380\ 649 \times 10^{-23}$ J/K 的热力学温度
物质的量	摩［尔］	mol	精确包含 $6.022\ 140\ 76 \times 10^{23}$ 个原子或分子等基本单元的系统的物质的量。在使用摩尔时，基本单元应予指明，可以是原子、分子、离子、电子及其他粒子，或是这些粒子的特定组合

续表

量的名称	单位名称	单位符号	定　义
发光强度	坎［德拉］	cd	一光源在给定方向上的发光强度，该光源发出频率为 540×10^{12} Hz 的单色辐射，且在此方向上的辐［射］强度为（1/683）W/sr
注：1. 圆括号中的名称，是它前面的名称的同义词。 2. 无方括号的量的名称与单位名称均为全称，方括号中的字，在不致引起混淆、误解的情况下，可以省略。去掉方括号中的字即为其名称的简称。			

2）组合单位中不能用一条以上的斜线。如 J/(K · mol)，不可写成 J/K/mol。

3）对于分子为量纲 1，分母有量纲的组合单位，一般用负幂形式表示。如 K^{-1}、s^{-1}，不可写成 1/K，1/s。

4）任何物理量的单位符号应放在整个数值的后面。如 1.52 m，不可写作 1 m 52。

5）不得使用重叠的冠词。如 nm（纳米）、Mg（兆克），不可写作 mμm（毫微米）、kkg（千千克）。

6）数值相乘时，为避免与小数点相混，应采用乘号不用圆点，如 2.58 × 6.17 不可写作 2.58 · 6.17。

7）组合单位中，中文名称的写法与读法应与单位一致。如比热容单位是J/(kg · K)，即“焦耳每千克开尔文”，不应写或读为“每千克开尔文焦耳”。

8）书写物理量的单位符号，要正确区别字母的大写或小写。如压力单位是 Pa 或 MPa，不可写作 Mpa、mpa。千帕符号 kPa 不要书写为 KPa、K_{pa}或 kpa。

2. 我国的法定计量单位

我国的法定计量单位，是以国际单位制的单位为基础，一切属于国际单位制的单位都是我国的法定计量单位。我国的法定计量单位等效采用国际标准。

《中华人民共和国法定计量单位》包括以下几种。

1）国际单位制的基本单位（见附录一）。

2）国际单位制的辅助单位。

3）国际单位制中具有专门名称的导出单位（见附录一）。

4）由以上单位构成的组合形式的单位。

5）由词头和以上单位所构成的十进倍数和分数单位（见附录一）。

6）国家选定的非国际单位制单位（见附录一）。

我国对于“单位”的明确法定计量单位的规定，是在国民经济、科学技术、文化教育等一切领域必须执行的强制性国家标准。

3.4　化学反应的观察

观察是科学研究的基本手段，作为一个化学工作者，必须会正确地观察化学实验中出现的各种各样的现象。但要做到这点，必须拥有一个良好的观察方法和有效的手段，以便可能或更好地观察到现象；必须有一个精确的概念体系，以便认识、区别和描述所观察到的现象。

1. 化学反应的特征

化学反应的特征是有新物质生成，这是与物理变化的本质区别，即反应后总会有一种或多种新物质生成。它们在组成、结构和性质上都与反应前的物质不同（通常表现为沉淀的生成或溶解、气体产生或吸收、颜色改变、特殊气味……），同时在化学反应中总是伴随有能量的放出或吸收（如热量的放出或吸收、光的发射或吸收、电能产生或消耗）。因此，每一个化学反应都有它自己的特征变化。人们通过对这些变化的观察，对它们进行研究。

在本书中，更应注重从下列几个方面去观察化学反应。

1）颜色的改变。

许多离子和化合物都具有颜色，根据颜色变化可判断反应是否发生。如

$$\underset{\text{黄色}}{Fe(H_2O)_6^{3+}} + \underset{\text{无色}}{6SCN^-} \longrightarrow \underset{\text{血红色}}{Fe(NCS)_6^{3-}} + 6H_2O$$

2）沉淀的生成或溶解。如

$$\underset{\text{无色}}{AgNO_3} + \underset{\text{无色}}{KCl} \longrightarrow \underset{\text{白色}}{AgCl(s)} + KNO_3$$

$$AgCl + 2NH_3 \cdot H_2O \longrightarrow [Ag(NH_3)_2]^+ + Cl^- + 2H_2O$$

前者产生了沉淀，后者沉淀溶解了。这里要求对物质的溶解度应有所了解。沉淀溶解的方法，后面将继续介绍。

3）气体的产生和吸收。如

$$CaCO_3 \xrightarrow{\triangle} CaO + CO_2(g)$$

$$2NaOH + CO_2 \longrightarrow Na_2CO_3 + H_2O$$

4）有特殊气味放出。如

$$(NH_4)_2SO_4 + 2NaOH \xrightarrow{\triangle} 2NH_3(g) + Na_2SO_4 + 2H_2O$$

2. 现象观察的基本要求

1）目的性和预见性。

对每一个实验要有明确的观察目的及观察的中心和范围，对实验中每一个步骤，应该观察些什么要心中有数。只有是有意识、有目的地观察，才能达到实验的预期效果，不能按自己的喜好，看热闹和神奇而忽略了主要方面。因此，每个实验者在实验前必须进行充分的准备，明确实验目的、原理和重要步骤，并根据所学知识预计每一个步骤按常规操作可能出现什么现象，在什么部位出现，它的外观（色、味、形态）如何？这样观察现象就能打主动仗。当然实验中也应注意对没有预料到的现象的观察，但这也只有在有充分准备时才可能，否则即使很重要的化学现象出现，也可能视而不见。例如试验 Ag_2CrO_4 与 AgCl 的转化时，需了解 Ag_2CrO_4、AgCl 及 $CrO_4{}^{2-}$ 性质，预计在 $AgNO_3$ 溶液中加入 K_2CrO_4 溶液应出现砖红色

Ag_2CrO_4 沉淀，溶液变为无色。如果加入 NaCl 溶液，上述砖红色沉淀逐渐变为白色沉淀（AgCl），溶液变为黄色（$CrO_4{}^{2-}$），说明 Ag_2CrO_4 转化为 AgCl。

2）仔细性与连续性。

化学反应的发生与终止，有时是长时间的，有时是瞬间的。化学反应的现象有的是剧烈的（如燃烧、爆炸），有的则是细微的（如结晶过程），因此，要进行仔细的、连续性的观察。不能走马观花，或只看开始与结果，而忽视变化的全过程。如试验 H_2O_2 的稳定性，H_2O_2 在常温下的分解反应进行得很缓慢、细微，当加入催化剂 MnO_2 时发生剧烈分解反应，迅速冒出大量气泡，如果不仔细连续地观察就会得出 H_2O_2 在常温下不分解，在催化剂作用下发生剧烈分解的不确切结论。又如试验 $Fe(OH)_2$ 的性质时，$FeCl_2$ 与 NaOH 反应，可以得到白色 $Fe(OH)_2$ 沉淀，实际现象是反应瞬间生成的白色沉淀与空气中 O_2 作用很快就变绿色、深绿色至红棕色 $Fe(OH)_3$ 沉淀，如果不仔细连续地观察就看不到白色 $Fe(OH)_2$ 沉淀，而误认为 $FeCl_2$ 与 NaOH 直接生成了棕红色 $Fe(OH)_3$ 沉淀。

3. 现象观察方法

一个化学反应伴随产生的现象有时是明显的，易于观察，有时也可能不够明显，不容易被观察到，因此，每一个实验者应掌握更多的观察方法，培养自己善于观察的能力。

1）控制反应条件使反应更明显。

任何化学反应都只能在一定条件下才发生，不创造一定条件，反应是不会进行，或者进行得很慢，以致难以察觉出其变化。因此，必须重视反应条件（如湿度、浓度、介质的酸碱性、试剂用量、时间……）的控制，创造合适的条件使化学反应明显地表现出来，更好地取得实验结果。如浓度的影响，$Pb^{2+}+2Cl^- \longrightarrow PbCl_2$（s），沉淀不明显可适当加大 Cl^- 浓度，或者可能是 Cl^- 加入过多形成 $PbCl_4^{2-}$ 而使沉淀溶解了。（因此，沉淀剂的用量应考虑“溶度积规则”、“盐效应”和配合物形成等多方面的因素。）如

$$2Mn^{2+} + 5NaBiO_3 + 14H^+ \xrightarrow{\triangle} 2MnO_4^- + 5Bi^{3+} + 5Na^+ + 7H_2O$$

$$3Mn^{2+} + 2MnO_4^- + 2H_2O \longrightarrow 5MnO_2\ (s) + 4H^+$$

利用反应检验 Mn^{2+} 时，如果 Mn^{2+} 浓度太大，用量过多时，尚未被氧化的 Mn^{2+} 将继续发生反应而观察不到 MnO_4^- 紫色。

如 H_2SO_3 与 H_2S 是极易反应的，有乳白色沉淀出现。但实验室常常只提供 Na_2SO_3 溶液，要求实验者自己加酸制 H_2SO_3。如果加酸不够，不足以使 Na_2SO_3 变成 H_2SO_3，上述反应现象就不明显。而用 CrO_4^{2-} 沉淀 Ba^{2+} 时，增加溶液中 H^+ 浓度，有利于 CrO_4^{2-} 转化为 $Cr_2O_7^{2-}$，则削弱了形成 $BaCrO_4$ 沉淀的条件。又如温度的影响，用酚酞检验 NaAc 水解程度，加热就使现象明显（因为水解反应是吸热的）。用 CO_3^{2-} 沉淀 Li^+ 时也是加热才使现象明显，但用 Cl^- 沉淀 Pb^{2+} 时，加热反而现象不明显（因为随着温度升高 Li_2CO_3 的溶解度降低，而 $PbCl_2$ 的溶解度加大）。

当然应记住，温度升高，一般能促进反应速率加快，易使现象明显呈现出来。

其他条件影响。如用 Fe^{2+} 加 OH^- 制备 $Fe(OH)_2$，为了明显地观察到 $Fe(OH)_2$ 是白色沉淀，用来溶解 $FeSO_4$ 的去离子水应煮沸赶走空气，同时加 H_2SO_4 酸化（Fe^{2+} 在酸性介质中较难氧化），NaOH 溶液也应煮沸，然后迅速加到一块，而不要摇动。

2）进行间接观察。

有的反应没有明显的现象变化，这种情况下就需要间接进行观察，另加试剂或者用物理化学方法。如 $NaOH + HCl \longrightarrow NaCl + H_2O$ 可加指示剂通过变色来观察。$Fe^{3+}+2I^- \longrightarrow Fe^{2+}+I_2$ 反应，当 I^- 极稀时也难确认，但可以加入少许淀粉变蓝或加 CCl_4 萃取而呈紫色来检出。

利用物质的物理性质或化学性质进行的间接观察是变化多端的，这也是实验设计中的重要内容之一。能否灵活运用，关键还是对物质的性质和反应的了解。

3）从比较中去观察。

有比较才有鉴别，应注意在比较中去观察现象，通过比较反应前后的情况来判断反应是否发生。先观察反应发生前的情况，如颜色、气味、状态等，再把反应后观察到的情况与反应发生前比较。而反应愈不明显就愈需要比较。如 $FeCl_3$（黄色）溶液加入 KSCN（无色）后，溶液变成血红色，反应前后溶液颜色不同说明有化学反应发生。如在 $AgNO_3$（无色）溶液中加入浓 $NH_3 \cdot H_2O$，没有什么异常现象改变。那么是否形成了 $[Ag(NH_3)_2]^+$？如果先加 NaCl（无色）溶液生成白色（AgCl）沉淀后，再加 $NH_3 \cdot H_2O$，沉淀又溶解，反应前后颜色和状态都发生了变化就能做出比较肯定的结论。

有两种常用的比较方法——空白实验与对照实验。

（1）空白实验。用去离子水代替被测物质，其他条件均与进行被测物质的实验相同称为空白实验。这样有利于区分现象的来源。如用 Ag^+ 离子鉴定某试样中是否有 Cl^- 存在时，如果白色沉淀物很少，不易作出判断，这时可以用 H_2O 代替被测溶液进行空白实验对比，若得到的溶液透明度好，由试样得到的溶液呈混浊，则可说明试样中含有 Cl^- 离子。又如用 SCN^- 鉴定试样中是否含有 Fe^{3+} 离子时，若得到红色溶液，说明有 Fe^{3+} 离子存在。但它是试样中的，还是配制试样溶液的水带入的？为此可做一空白实验，取少量配制试样溶液的去离子水代替试液，重复上述实验，若得到同样深浅的红色，说明试样中无 Fe^{3+} 离子；若得到几乎无红色的溶液，则说明试样中确有 Fe^{3+} 离子。

（2）对照实验。用已知溶液代替试液在同样条件下重复实验称为对照实验。对照实验能够检查试剂是否有效或反应条件控制得是否合适。例如用 $SnCl_2$ 溶液鉴定 Hg^{2+} 离子时，若未出现灰黑色沉淀，一般认为无 Hg^{2+} 离子，但考虑到 Sn^{2+} 易为空气氧化失效，可取少量含 Hg^{2+} 离子的溶液代替试液，重复上述鉴定操作，若也不出现灰黑色沉淀，则说明试剂 $SnCl_2$ 失效，应重新配制，再进行鉴定试验。又如用焰色反应鉴定未知物中可能含有 Li^+ 或 Sr^{2+} 等离子，若辨认不清难以判断时，可分别用已知含有 Li^+ 或 Sr^{2+} 离子的溶液作焰色反应进行对照实验。

4）要看动态过程。

观察实验现象不能只看开始与结果，而是要看全过程。许多化学反应会发生一系列的中间反应，所以要在动态中观察现象，要观察现象的动态过程，才能更好地把握反应。例如在 $Na_2S_2O_3$ 溶液中加入适当 $AgNO_3$ 溶液时，可以看到白色 $Ag_2S_2O_3$ 沉淀，随后发生沉淀由白色→黄色→棕色→黑色的变化。$Ag_2S_2O_3 + H_2O \longrightarrow Ag_2S$（s）（黑）$+ SO_4^{2-} + 2H^+$，并用此反应作为 $S_2O_3^{2-}$ 的检出反应。如果只观察到最后有黑色的沉淀，是不能做出溶液含有 $S_2O_3^{2-}$ 离子结论的。

5）选择适当观察背景。

观察化学反应的发生与观察的背景有关，当现象不够明显时，选择合适的观察背景则会大大有利于观察。例如黑色沉淀或浅红、绿、蓝等颜色在白色背景中会显得更清楚，而微量

的白色混浊在黑色背景中会较清楚地显示出来。

3.5 常见离子的分离和鉴定

在分析鉴定工作中，很少有一种物质是纯净的，多数情况是复杂物质或是多种离子共存的混合物。共存的其他离子对需要鉴定的离子来说是干扰离子，需要进行分离或将干扰离子进行掩蔽。通过学习离子的鉴定与分离，更好地掌握利用平衡理论来选定化学反应条件，控制反应进行的完全程度。巩固和深化一部分元素及化合物的知识。

1. 离子鉴定反应的特点

离子鉴定反应大都是在水溶液中进行的，所谓离子鉴定就是根据发生化学反应的现象来确定某种元素或其离子的存在与否。作为鉴定反应，应简便、可靠、便于观察。并不是一个离子能发生的所有反应都适合对它进行鉴定，而应选择具有以下特征的反应。

1）有明显的外观特征。

如根据溶液颜色的改变，沉淀的生成或溶解，逸出气体的颜色、臭味或产生的气体与一定试剂的反应等来判断某些离子的存在。如可将 Mn^{2+} 氧化成 MnO_4^- 而显示紫色来检出 Mn^{2+}。

利用沉淀生成检出的反应很多，如生成不溶于酸的 $BaSO_4(s)$ 可检出 SO_4^{2-} 或 Ba^{2+}。利用在酸中生成 $AgCl(s)$，加 NH_3 水又溶解，可检出 Ag^+ 和 Cl^-。

$2Cu^{2+} + [Fe(CN)_6]^{4-} \longrightarrow Cu_2[Fe(CN)_6](s)$（红棕色）既生成沉淀又有鲜明颜色，是一个较好的检出反应。鉴于这一原因，人们设计了一些方法，使反应更鲜明。例如用生成 $BaSO_4$ 来检出 Ba^{2+} 时，采用 H_2SO_4-$KMnO_4$ 与 Ba^{2+} 作用。因为 K^+、Ba^{2+} 离子半径很相近（分别为 133 pm 和 135 pm），$BaSO_4$ 晶格中的 Ba^{2+} 部分可被 K^+ 取代，进而 K^+ 又诱导 MnO_4^- 进入 $BaSO_4$ 晶格中，使沉淀呈红色。

有时某些离子也可利用它的催化作用进行检出，如 Cu^{2+} 离子的检出就可利用它对 $Na_2S_2O_3$ 与 Fe^{3+} 反应的催化作用。

$$Fe^{3+} + 2S_2O_3^{2-} \longrightarrow Fe(S_2O_3)_2^- \quad \text{（紫色）} \quad \text{（快）} \quad (1)$$

$$Fe(S_2O_3)_2^- + Fe^{3+} \longrightarrow 2Fe^{2+} + S_4O_6^{2-} \quad \text{（慢）} \quad (2)$$

$$2Fe^{3+} + 2S_2O_3^{2-} \longrightarrow 2Fe^{2+} + S_4O_6^{2-} \quad \text{（慢）} \quad (3)$$

由于反应（2）需 1.5~2 min 才能完成，所以总反应（3）是慢的。如有 Cu^{2+} 存在，可催化反应（2）进行

$$Fe(S_2O_3)_2^- + Cu^{2+} \longrightarrow Cu^+ + Fe^{2+} + S_4O_6^{2-} \quad \text{（快）} \quad (4)$$

$$Cu^+ + Fe^{3+} \longrightarrow Cu^{2+} + Fe^{2+} \quad \text{（快）} \quad (5)$$

$$2Fe^{3+} + 2S_2O_3^{2-} \longrightarrow 2Fe^{2+} + S_4O_6^{2-} \quad \text{（快）} \quad (6)$$

紫色（$Fe(S_2O_3)_2^-$）立即褪掉，总反应（3）很快完成。

2）灵敏度高。

鉴定反应的灵敏度是指用某一试剂检验某离子时，可检出被测离子的最小量或最低浓度。常用以下两种方式表达。

（1）检出限量。一般地说，在一定条件下，某鉴定反应所能检出的离子的最小质量，

称为检出限量，通常以微克（μg）为单位。显然，检出限量越小，反应越灵敏。这种灵敏度称为质量灵敏度。

（2）最低浓度。一般地说，在一定条件下，使某鉴定反应能得出肯定结果的该离子的最低浓度，以 $1:G$ 表示，G 是含有 1 g 被鉴定离子的溶剂的质量。显然，G 的值越大，表明溶液越稀，该鉴定反应也越灵敏，这种灵敏度称为浓度灵敏度。

3）选择性好。

选择性是指与同一种试剂作用的离子种类而言，能与加入的试剂起反应的离子愈少，则这一反应的选择性愈好。一种试剂只能选择 3~5 个离子发生特征反应，通常才称为选择性反应。若某试剂只与一种离子起反应，则该反应称为该离子的特效反应，该试剂就成为鉴定此离子的特效试剂。

在鉴定反应中常常需要提高反应的选择性，以便更好地进行检出。重要手段是通过控制反应条件，进行掩蔽或分离处理，以降低干扰离子的浓度。

4）反应迅速。

在水溶液中进行的反应一般瞬时即可完成，如果有些鉴定反应的速率较慢，可采取加热或加入催化剂等措施以加快反应速率。

2. 离子的系统分离

在多种离子的混合溶液中，若共存的离子对被鉴定离子不发生干扰，或虽有干扰，可加入掩蔽剂排除干扰，此时就不必进行分离。可以取一定量试液，直接鉴定，这种方法称为分别分析法。

在实际分析工作中，可以直接鉴定的离子不多。一般采用系统分析法。系统分析法是指按一定步骤和顺序将试液中的离子进行分离，然后进行鉴定。在按顺序进行分离时，先以几种试剂依次将试液中性质相似的离子分成若干组，然后根据具体情况，或将组内离子进一步分离，或不再分离，最后进行鉴定。

将离子分组的试剂称为组试剂。在进行分离时，通常是采用沉淀分离的方法。因此组试剂都是沉淀剂。在离子分离过程中，常用的组试剂有 HCl、H_2SO_4、NaOH、$NH_3 \cdot H_2O$、$(NH_4)_2CO_3$、H_2S、$(NH_4)_2S$、$AgNO_3$、$BaCl_2$ 等。当然一种离子不一定只同一种试剂产生沉淀，它可以属于几个组，不过由于试剂依先后顺序加入，多数情况下与前一试剂反应后，就没有机会与后一试剂作用了。

为了掌握这一方法，必须对离子的性质、离子间的异同，以及在不同反应中所得产物的性质等有较好的了解。在阳离子分析中主要采用系统分析法。在阴离子分析中，则主要采用分别分析法。

常见阳离子有 Na^+、NH_4^+、Mg^{2+}、K^+、Ag^+、Hg_2^{2+}、Pb^{2+}、Ca^{2+}、Ba^{2+}、Cu^{2+}、Zn^{2+}、Cd^{2+}、Co^{2+}、Ni^{2+}、Al^{3+}、Cr^{3+}、Sb（Ⅲ、Ⅴ）、Sn（Ⅱ、Ⅳ）、Fe^{2+}、Fe^{3+}、Bi^{3+}、Mn^{2+}、Hg^{2+}、As（Ⅲ、Ⅴ）、Sr^{2+}等 20 多种。

在阳离子系统分析中，利用不同的组试剂有不同的分组方案。有以硫化物溶解度不同为基础，用 HCl、H_2S、$(NH_4)_2S$ 和 $(NH_4)_2CO_3$ 为组试剂的硫化氢系统分组方案；有以两酸（HCl、H_2SO_4）、两碱（$NH_3 \cdot H_2O$、NaOH）为组试剂的两酸两碱系统分组方案。现将这两种分组方案分别介绍如下。

1）硫化氢系统分组方案。

阳离子的硫化氢系统分组方案见表 3-2 和图 3-3。

表 3-2　阳离子的硫化氢系统分组方案

组别	组试剂	组内离子	组的其他名称
Ⅰ	稀 HCl	Ag^+、Hg_2^{2+}、Pb^{2+}	盐酸组、银组
Ⅱ	H_2S (0.3 mol/dm^3 HCl)	ⅡA(硫化物不溶于 Na_2S)：Pb^{2+}、Bi^{3+}、Cu^{2+}、Cd^{2+} ⅡB(硫化物溶于 Na_2S)：Hg^{2+}、As^{3+}、As^{5+}、Sb^{3+}、Sb^{5+}、Sn^{2+}、Sn^{4+}	硫化氢组、铜锡组
Ⅲ	$(NH_4)_2S$ (NH_3+NH_4Cl)	Al^{3+}、Cr^{3+}、Fe^{3+}、Fe^{2+}、Mn^{2+}、Zn^{2+}、Co^{2+}、Ni^{2+}	硫化铵组、铁组
Ⅳ	$(NH_4)_2CO_3$ (NH_3+NH_4Cl)	Ba^{2+}、Sr^{2+}、Ca^{2+}	碳酸铵组、钙组
Ⅴ	—	Mg^{2+}、K^+、Na^+、NH_4^+	可溶组、钠组

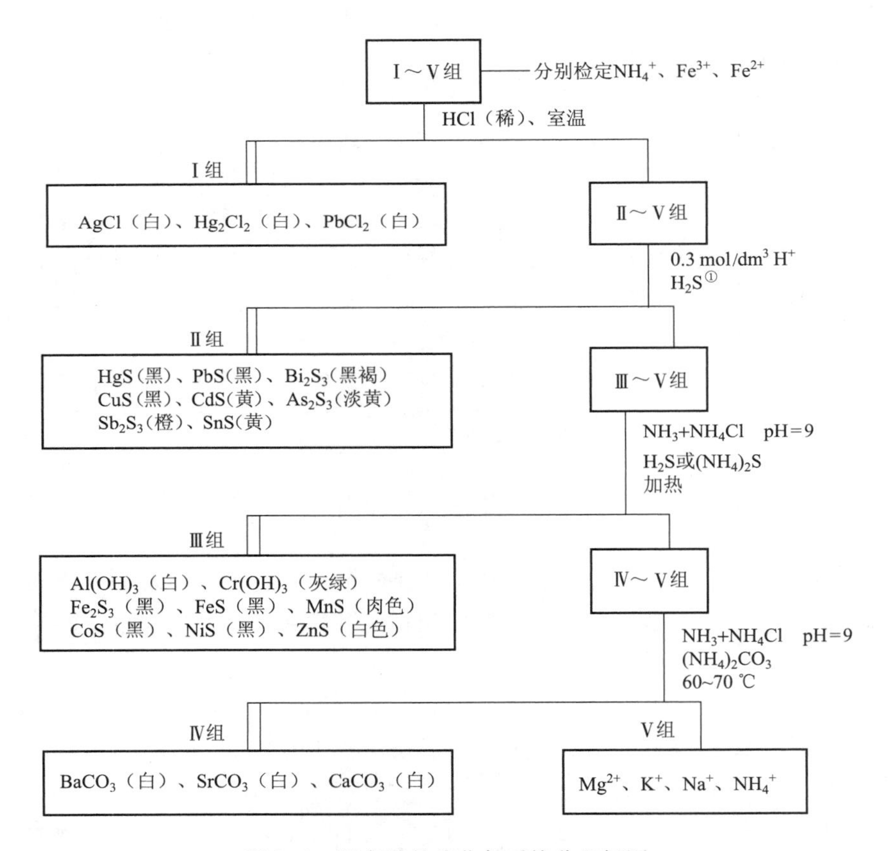

图 3-3　阳离子的硫化氢系统分组框图

注：① 使用 H_2S 既有恶臭又有危险，可用硫代乙酰胺（CH_3CSNH_2）溶液来代替。因它发生下列水解反应：

在酸性溶液中　$CH_3CSNH_2+H_2O \xrightleftharpoons{H^+} CH_3CONH_2+H_2S(g)$

在碱性溶液中　$CH_3CSNH_2+3OH^- \rightleftharpoons CH_3COO^-+NH_3+S^{2-}+H_2O$

（2）两酸两碱系统分组方案。

两酸两碱系统的框图见图 3-4。

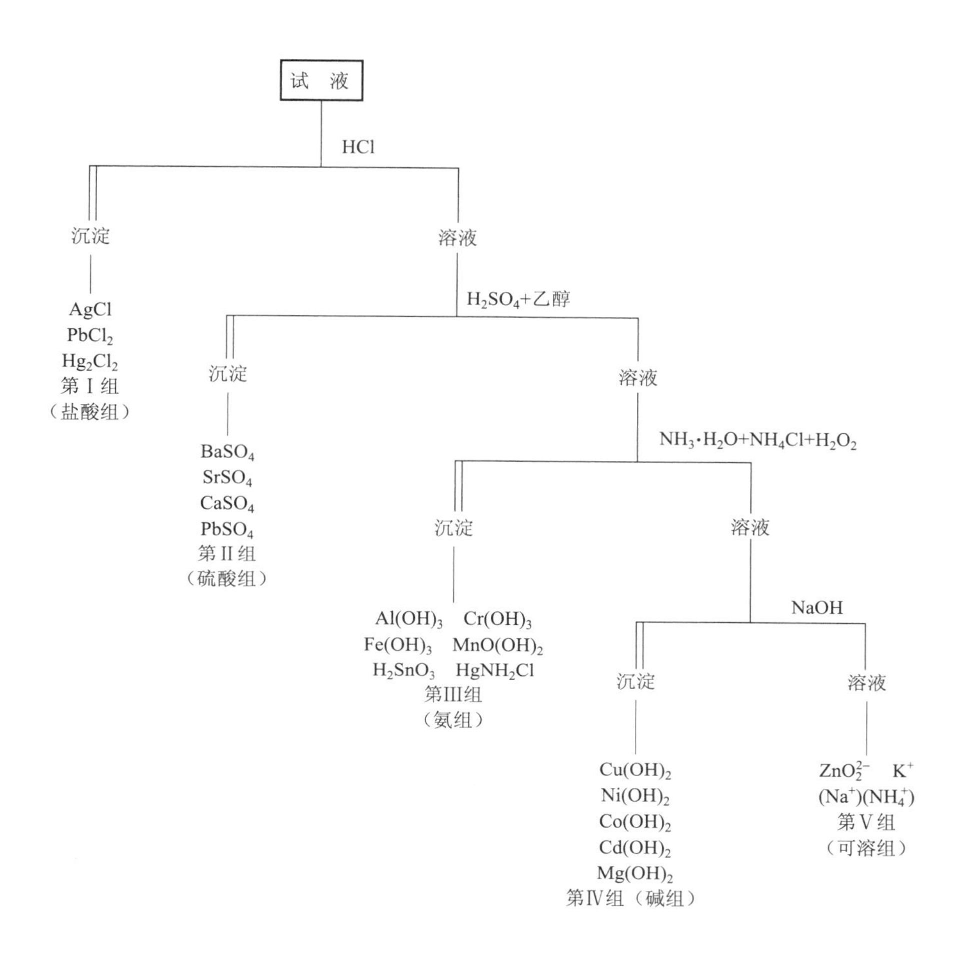

图 3-4　两酸两碱系统分组方案的框图

当然不是对任何一个试样都需按上述系统来分析。一个试样在进行系统分析前，可以通过对它的外表观察和初步实验（如焰色反应，对水、酸、碱的溶解度试验等），以及在分组过程中对某一特定组试剂不反应等结果，将系统分析简化。

3. 阴离子的分析

阴离子主要是由主族非金属的阴离子、两性金属在强碱条件下形成的羟配离子和某些金属在高价态形成的酸根组成。与阳离子比较，阴离子有以下几点不同。

1）同一元素形成多种阴离子，如 S^{2-}、SO_3^{2-}、$S_2O_3^{2-}$、SO_4^{2-}，检出时，不但要知道是什么元素，还要知道元素存在的形式。

2）它们往往互不相溶（见表 3-3 和表 3-4），共存的情况较少。

表 3-3 酸性溶液中不能共存的阴离子

氧化剂	还原剂
MnO_4^-	SO_3^{2-}、$S_2O_3^{2-}$、S^{2-}、NO_2^-、I^-、Br^-、Cl^-（浓）、SCN^-、$C_2O_4^{2-}$（热）、AsO_3^{3-}
$Cr_2O_7^{2-}$	SO_3^{2-}、$S_2O_3^{2-}$、NO_2^-、S^{2-}、I^-、Br^-、Cl^-（浓）、AsO_3^{3-}
$Fe(CN)_6^{3-}$	$S_2O_3^{3-}$、NO_2^-
AsO_4^{3-}	SO_3^{2-}、I^-
NO_3^-	S^{2-}、SO_3^{2-}
NO_2^-	S^{2-}、I^-
SO_3^{2-}	S^{2-}

表 3-4 酸性和碱性溶液中都不能共存的阴离子

氧化剂	还原剂
MnO_4^-	SO_3^{2-}、S^{2-}、AsO_3^{3-}
CrO_4^{2-}	S^{2-}、AsO_3^{3-}
$Fe(CN)_6^{3-}$	S^{2-}、SO_3^{2-}、I^-

3）易起变化。

因此，阴离子常采用个别检出。但是对于一个未知试样，一般应进行预先推测和初步试验。

（1）根据阳离子分析结果推测。例如有 Ag^+，又无沉淀，显然不存在 Cl^-、Br^-、I^-、S^{2-}。

（2）根据物化性质推测。如果试样无色，不可能有 MnO_4^-、CrO_4^{2-} 等；如果试样不溶于水，多数不可能有 NO_3^-、NO_2^-、Ac^-等离子；酸性试液不可能有 CO_3^{2-}、NO_2^-、$S_2O_3^{2-}$ 等易分解的离子；而试液呈碱性可能是 CO_3^{2-}、SiO_3^{2-}、$B_4O_7^{2-}$，盐水解之故。

在试液（或固体试样）中加入稀硫酸。若有气泡发生（或微热后发生气泡），则可能有 CO_3^{2-}、S^{2-}、SO_3^{2-}、$S_2O_3^{2-}$、NO_2^- 等离子。

加入 $KMnO_4$ 于酸化试液中。如果褪色，则可能有还原性阴离子 SO_3^{2-}、$S_2O_3^{2-}$、S^{2-}、$As_2O_3^{3-}$、NO_2^-、Cl^-、Br^-和 I^-等。

加 H_2SO_4 酸化后滴加还原剂 KI。若能使加入的苯呈紫色，可能有氧化性阴离子 NO_3^-、MnO_4^-、CrO_4^{2-}、AsO_4^{3-} 等。

此外，在阴离子分析中，即使有干扰离子存在时，也只宜采取简短的系统分析。例如对可能含有 CO_3^{2-}、SO_4^{2-}、NO_3^-、F^-、Cl^-、Br^-、I^- 的溶液，可分成几份，分别检出 SO_4^{2-}、CO_3^{2-}、NO_3^-，余下的再进行系统分析。

3.6 无机化合物合成方法

1. 无机合成化学的地位与意义

合成是化学科学的一个重要部分。当今社会，材料、能源、信息并列为现代科学技术的三大支柱。而材料是人类赖以生存和发展的物质基础。天然的资源总是有限的，人类必须为日益减少的资源和稀缺材料提供代用品。因此，人类一方面从大自然中选择天然物质进行加工、改造获得适用材料；另一方面是不断研制、合成各种新材料来满足生产和生活的需要。

无机合成化学是无机化学学科的一个重要分支。无机合成化学最重要的目的是合成不同用途的无机材料，而无机材料的使用则是人类文明的进步和时代划分的标志。目前，无机合成化学已成为推动无机化学及有关学科发展的重要基础，成为发展新型无机材料及现代高新技术的重要基础之一。同时，一种新的化合物的合成，新合成方法的应用及新化合物特性的发现往往会导致一个新的科技领域的产生，或一个崭新工业的兴起，而它们反过来又促进化学理论及科学技术的发展。

2. 化学原理在无机合成中的应用

无机合成的基础是无机化学反应。一个化学反应的实现，要运用“四大平衡”原理，从 $K_a^\ominus$、$K_b^\ominus$、$K_{sp}^\ominus$、$K_{稳}^\ominus$、$E^\ominus$值分析入手，既要从热力学方面考虑它的可能性，又要从动力学的角度分析它的现实性。也就是说，对于任一未知的合成化学反应，首先必须考虑的问题是通过热力学计算其推动力，只有那些净推动力大于零的化学反应在理论上才能够自发进行，对于不能自发进行的反应，可以考虑采取措施，如加有用功或改变反应途径等方式，促进反应发生，其次还必须考虑该反应的速率甚至反应的机理等问题。

例 1 利用 N_2H_4 还原 I_2 制取 HI 可行吗？

已知

$$E^\ominus(N_2/N_2H_5^+) = -0.23(V)$$

$$E^\ominus(I_2/HI) = 0.54(V)$$

$$N_2H_5^+ + 2I_2 \longrightarrow 4HI + N_2 + H^+$$

此反应是可以进行的。因为，在 25 ℃时

$$\lg K^\ominus = \frac{zFE_{MF}^\ominus}{2.303\ RT} = \frac{zE_{MF}^\ominus}{0.0592\ V} = \frac{4(0.54+0.23)\ V}{0.0592\ V} = 52.2$$

$K^\ominus = 1.59\times10^{52}$，$K^\ominus$值很大，说明反应向右进行得很完全。

上述一些常数与反应的吉布斯函数改变的关系是

$$\Delta_r G_m^\ominus = -zFE^\ominus = \Delta_r H_m^\ominus - T\Delta_r S_m^\ominus$$

化学工作者一般更习惯用 $\Delta_r G_m^\ominus$ 或 $\Delta_r G_m$ 来判断反应进行的方向。

例 2 TiO_2 与 Cl_2 反应，可否得到 $TiCl_4$？

$$TiO_2(s) + 2Cl_2(g) \longrightarrow TiCl_4(l) + O_2(g)$$

由计算可知，反应的 $\Delta_r G_m^{\ominus}=152.3$（kJ/mol），不能正向自发进行。

但是，反应有

$$C(s)+O_2(g)\longrightarrow CO_2(g)$$

$\Delta_r G_m^{\ominus}=-394.6$（kJ/mol），反应正向进行的趋势很大。

将两式相加得

$$TiO_2(s)+2Cl_2(g)+C(s)\longrightarrow TiCl_4(l)+CO_2(g)$$

计算得出，加合后反应的 $\Delta_r G_m^{\ominus}=-242.1$（kJ/mol）

因此，这个反应能进行，由这个反应就可得到 $TiCl_4$。此例说明，一个不能自发进行的反应，通过与一个吉布斯函数改变为较大负值的反应耦合，就能达到使反应可以进行的目的。这种无机合成反应的耦合现象，对解决实际问题是很有用的。化学工作者应该学会灵活运用有关的理论知识。

3. 选择合成路线的基本原则

1）先进性。

采用的工艺简单，原料易得，转化率高，质量好，同时对环境污染少、生产安全性好的反应。如果这种转化达到了经济上合理的程度，这一系列的反应就成为一种化学流程。

2）按实际情况办事。

有时不得不放弃较简化的方案，而采取符合实验要求而实际又能提供物质与条件的方案。以合成 CuO 为例，由单质 Cu 合成 CuO，一般有两种方法。

（1）直接将铜与氧反应。如

$$2Cu+O_2\longrightarrow 2CuO$$

（2）将 Cu 先氧化为二价铜的化合物，然后转化为 CuO。如

$$Cu\longrightarrow\begin{cases}Cu(NO_3)_2\xrightarrow{\triangle}CuO\\Cu(OH)_2\xrightarrow{\triangle}CuO\\Cu_2(OH)_2CO_3\xrightarrow{\triangle}CuO\end{cases}$$

由于工业 Cu 含杂质较多，将它直接氧化所得的产品纯度不高。但在对产品纯度要求较低时可采用这种方法（铜粉氧化法）。在生产试剂 CuO 时，一般采用第二种方法。第二种方法中也还有多种途径。因为

$$Cu(NO_3)_2\xrightarrow{\triangle}CuO(s)+2NO_2(g)+\frac{1}{2}O_2(g)$$

考虑到 $NO_2(g)$ 的污染问题，很少采取这种途径。而 $Cu(OH)_2$ 又微显两性，可溶于过量碱中

$$Cu(OH)_2+2NaOH\longrightarrow Na_2[Cu(OH)_4]$$

且 $Cu(OH)_2$ 呈胶状，难过滤，其包裹的杂质也难洗净，产品得率和纯度都受影响。因此，试剂 CuO 的合成一般采取碱式碳酸铜热分解的途径

$$Cu_2(OH)_2CO_3 \xrightarrow{700\sim800\ ℃} 2CuO(s) + H_2O + CO_2(g)$$

但即使采取这一途径，也还有几个问题应予考虑。第一个问题是合成碱式碳酸铜原料的选择。Na_2CO_3、$NaHCO_3$、$(NH_4)_2CO_3$、$(NH_4)HCO_3$ 与可溶性铜盐进行复分解均能得到碱式碳酸铜。如果产品对碱金属杂质要求不严，可用 $NaHCO_3$，反之用 NH_4HCO_3 更合适。

如果生产Ⅱ级试剂 CuO，原料最好用 $Cu(Ac)_2$ 与 NH_4HCO_3，这样不但可以避免碱金属，也可避免 NO_3^- 及氮化物等杂质。但多一步 $Cu(Ac)_2$ 的制备，成本要高一些。第二个重要问题就是反应条件的选择。对于这种沉淀反应，中心问题是如何得到大颗粒产品和使其包裹的杂质能尽量减少。一个优化的合成反应必须同时考虑产品纯化的合理方案。

4. 无机合成研究的一般程序与步骤

1）实验设计主要内容。

即由国家或企业提出任务或课题，确定要研究的问题，实验的目的。

2）课题可行性论证。

（1）查阅资料。通过各种渠道，包括国际联机检索，查阅该课题已有的化学文献，了解前人的研究情况。知识是有继承性的，通过查阅资料可以了解该课题国内外研究的现状，达到的水平及存在的问题。

（2）进行理论论证或计算，或与已有资料类比，或从某一理论或事实进行嫁接，确定方案的理论基础。

（3）根据上述论证，提出解决问题的思路、具体方案、仪器设备及经费概算。

（4）在此基础上由项目负责人作可行性论证报告，提请领导、机关或同行专家审查。

3）开展研究，组织攻关。

这一过程是科研工作中最艰苦的一段。

4）整理数据，书写论文或研究报告。

一篇论文，从总体上看至少要揭示或解决一个矛盾。论文内容上要有新观点、新工艺或新水平。这也是将来论文能否发表和评价论文是否具有科学价值的主要依据。

在书写论文时，数据一定要翔实可靠，要经得起他人的复核。所有的计量单位要采用国际单位制。定量数据要进行误差分析，要报告实验所用仪器的名称、产地和精度。引用文章、标点符号及制作图表要合乎规范。一篇论文一定要有所创新。

5. 典型无机化合物的合成

无机物可分为单质和化合物。化合物的主要类型有：氧化物、卤化物、氢化物，以及氢氧化物、含氧酸及盐和配合物。虽然各类物质的合成方法各异，但同一类化合物还有一些共同点。

1）氧化物。

氧是极活泼的元素，它能与周期表中除稀有气体外的绝大多数元素形成氧化物，通式 R_xO_y。氧化物的制备大概有以下几种方法。

（1）直接合成法。大多数氧化物的标准摩尔生成焓 $\Delta_f H_m^{\ominus}$ 都是负值（N、F、Cl、Br 及某些低价金属氧化物为正值）。因此，除卤素氧化物、Au_2O_3 等少数氧化物外，大多数氧化物都能由单质和氧直接合成。

非金属 C、S、B、P 等元素的氧化物可以直接合成，挥发性金属 Zn、Cd、In、Tl，细粉

状的 Fe、Co，以及贵金属 Os、Ru、Rh 等元素的氧化物都能用直接法合成。

但是，由于许多原料不易提纯或提纯成本太高，反应常常难彻底完成，在纯度要求较高的化学试剂生产中直接合成法的使用受到限制。

（2）热分解法。氧在自然界以含氧酸盐的形式存在较多，如碳酸盐、硝酸盐、草酸盐等，而且许多金属，特别是重金属盐类很不稳定，受热分解往往生成金属氧化物。由于盐类提纯比较容易，而且盐类的分解通常进行得很彻底，所以，常用热分解法制备金属氧化物。最适用此方法的是硝酸盐和碳酸盐。

氢氧化物热分解也可制备氧化物，但氢氧化物热分解的脱水反应并非经常能完全进行，同时也由于氢氧化物本身难以提纯而使此法受到限制。

（3）碱沉淀法。某些不活泼的氢氧化物很不稳定，极易分解为氧化物。在试剂生产中，将这些金属的可溶盐（如硝酸盐）制成溶液，与碱反应，可直接得到氧化物沉淀，这种方法称碱沉淀法。如

$$2AgNO_3 + 2NaOH \longrightarrow Ag_2O(s) + 2NaNO_3 + H_2O$$

（4）水解法。利用金属或非金属卤化物水解反应制备氧化物。如

$$2SbCl_3 + 3H_2O \longrightarrow Sb_2O_3 + 6HCl$$

为防止 SbOCl 沉淀生成，必须事先加大水量，并于反应后期加入少量 $NH_3 \cdot H_2O$，中和生成 HCl，以促使反应完成。

2）无水金属卤化物。

在实际工作中，无水金属卤化物应用广泛，合成难度大，故无水金属卤化物的合成更引人注意。

（1）直接卤化法。碱金属、碱土金属、铝、镓、铟、铊、锡、锑及过渡金属等，都能直接与卤素化合。特别是过渡金属卤化物，具有强烈的吸水性，一遇到水（包括空气中的水蒸气）就迅速反应而生成水合物。因此它们不宜在水溶液中合成，须采用直接卤化法合成。

（2）氧化物转化法。金属氧化物一般容易制得，且易于制得纯品，所以人们广泛地研究氧化物转化为卤化物的方法。但这个方法仅限于制备氯化物和溴化物。主要的卤化剂有四氯化碳、氢卤酸等。

（3）水合盐脱水法。金属卤化物的水合盐经加热脱水，可制备无水金属卤化物，但必须根据实际情况备有防止水解的措施。

除上述三种方法，制备无水金属卤化物的方法还有置换反应和氧化还原反应。

3）氢氧化物和含氧酸。

氢氧化物的制备方法主要有以下几种。

（1）活泼金属与水反应。如

$$2Na + 2H_2O \longrightarrow 2NaOH + H_2(g)$$

（2）金属氧化物与 H_2O 反应。如

$$CaO + H_2O \longrightarrow Ca(OH)_2$$

（3）两性金属与强碱反应。如

$$Zn + 2NaOH + 2H_2O \longrightarrow Na_2[Zn(OH)_4] + H_2(g)$$

（4）盐与碱的复分解反应。如

$$CuSO_4 + 2NaOH \longrightarrow Na_2SO_4 + Cu(OH)_2(s)$$

含氧酸的制备方法主要有以下几种。

（1）非金属氧化物与水作用。如

$$3NO_2 + H_2O \longrightarrow 2HNO_3 + NO(g)$$

（2）非挥发性酸与挥发性酸的盐反应。如

$$KNO_3 + H_2SO_4(\text{浓}) \longrightarrow KHSO_4 + HNO_3$$

（3）酸与盐进行复分解反应，生成难溶盐。如

$$Ba(BrO_3)_2 + H_2SO_4 \longrightarrow BaSO_4(s) + 2HBrO_3$$

还有强酸与难溶性酸的盐反应等其他方法。

4）含氧酸盐。

（1）酸与金属作用。除碱金属外的许多硝酸盐都用此法。对硝酸有钝化作用的金属可先溶于盐酸或王水中，然后多次地加硝酸进行蒸发除去盐酸。用此法也可制备一些硫酸盐。

（2）酸与金属氧化物或氢氧化物作用。用此法制备含氧酸盐，方法简单、反应完全，适用于制备硝酸盐、硫酸盐、磷酸盐、碳酸盐、醋酸盐、氯酸盐、高氯酸盐等。如

$$MgO + 2HClO_4 + 5H_2O \longrightarrow Mg(ClO_4)_2 \cdot 6H_2O$$

（3）酸与盐作用。主要采用碳酸盐（或碱式碳酸盐）。因为碳酸盐本身较易提纯，又易被酸分解，可制得很纯的化合物。如

$$CoCO_3 \cdot 3Co(OH)_2 + 8HNO_3 \longrightarrow 4Co(NO_3)_2 + 7H_2O + CO_2(g)$$

（4）盐与盐作用。此法常用于可溶性盐制难溶性盐。如

$$ZnSO_4 + KHCO_3 \longrightarrow ZnCO_3(s) + KHSO_4$$

（5）碱性氧化物与酸性氧化物的高温反应。此法对制备水溶液中易水解的弱酸与弱酸盐特别有用。如

$$TiO_2 + CaCO_3 \xrightarrow{\text{高温}} CaTiO_3 + CO_2(g)$$

5）配位化合物。

配位化合物的种类数目庞大，占无机化合物的 75% 以上，其制备方法也是种类繁多、千差万别。此处将着重介绍经典配合物（即韦尔纳配合物）的合成原理及通用方法。

（1）化合反应。化合反应就是路易斯酸与路易斯碱之间传递电子对的酸碱反应，即

$$A + :B \longrightarrow A:B$$

从理论上讲，这是制备配合物的最简单的反应。由于水也是一种碱，与所加的碱 B 在反应中会发生竞争，故大多数这样的反应是在完全无水的条件下进行的。如

$$BF_3 + NH_3 \longrightarrow [BF_3 \cdot NH_3](s)(\text{白色})$$

$$2KCl + TiCl_4 \longrightarrow K_2[TiCl_6]$$

（2）置换反应。置换反应合成金属配合物，迄今为止仍是最常用的方法之一。如

$$[Cu(H_2O)_4]^{2+}(\text{浅蓝}) + 4NH_3 \rightleftharpoons [Cu(NH_3)_4]^{2+}(\text{深蓝}) + 4H_2O$$

置换反应的方向可根据软硬酸碱规则来判断。

（3）氧化还原反应。许多金属配合物的制备常利用氧化还原反应。当有不同氧化态的金属化合物，在配体存在下使用适当的氧化还原剂可制得金属配合物。如

$$2[Co(H_2O)_6]Cl_2 + 2NH_4Cl + 8NH_3 + H_2O_2 \longrightarrow 2[Co(NH_3)_5H_2O]Cl_3(\text{粉红色}) + 12H_2O$$

$$[Co(NH_3)_5(H_2O)]Cl_3 \xrightarrow{\text{浓盐酸}} [Co(NH_3)_5Cl]Cl_2(\text{红色}) + H_2O$$

最好的氧化剂是 O_2、H_2O_2，因为它们不引入杂质。

（4）热分解反应。热分解反应相当于在固态下的取代反应。当加热到某一温度时，易挥发的内配位体逸失了，它们的位置被配合物外界的阴离子占据。

如淡红色$[Co(H_2O)_6]Cl_2$ 加热烘干后变为蓝色 $[CoCl_4]^{2-}$，就是一个固态热分解反应的例子。

$$2[Co(H_2O)_6]Cl_2(\text{淡红}) \xrightarrow{\triangle} Co[CoCl_4] + 12H_2O(\text{蓝色})$$

如

$$[Cr(en)_3]Cl_3 \xrightarrow{210\ ℃} \text{顺—}[Cr(en)_2Cl_2]Cl + en$$

式中，en 为乙二胺。

6. 几种新型的现代无机合成技术与方法

随着合成化学的深入研究及特种实验技术的引入，化学合成的方法已由常规的合成发展到应用特种技术的合成。下面简介几种前沿领域的无机合成方法。

1）固相合成法。

固相反应是一个普遍的反应，是化学中的一个重要领域。广义地讲，凡是有固体参加的反应都可称为固相反应。研究固相反应的目的是希望认识反应机理，掌握影响反应速率的因素，控制反应过程，以满足实际需要。这里以广义固相反应概念讨论其与无机合成相关的领域。

固相化学反应首先必然是两个反应物体的接触，接着旧键断裂新键生成，即发生化学反应。其反应是“表面”反应，因为反应物质只有在它们的接触界面上才能发生反应。

固相化学反应能否进行，取决于固体反应物的结构和热力学函数。所有固相化学反应都必须遵守热力学的限制，即整个反应的吉布斯函变小于零。

根据固相化学反应发生的温度通常将固相化学反应分为三类，即反应温度低于 100 ℃的低热固相反应；反应温度介于 100~600 ℃之间的中热固相反应；反应温度高于 600 ℃的高热固相反应。

室温或近室温（< 40 ℃）条件下的固-固相化学反应是近几年刚刚发展起来的新的研究

领域，已引起化学工作者的高度关注。

低热固相化学反应有它的特有规律，如潜伏期、无化学平衡、拓扑化学控制原理等。固相化学反应与液相反应相比，尽管绝大多数时候得到相同的产物，但也有很多例外。即虽然使用同样摩尔分数的反应物，但产物却不同，其原因当然是两种情况下反应的微环境的差异造成的。

从能量学和环境学的角度考虑，低热固相反应可大大节约能耗，减少三废排放，是绿色化工发展的一个主要趋势。由于其独有的特点，在合成原子簇合物、新的多酸化合物和新的配合物反应中已经得到许多成功的应用。

2）水热与溶剂热合成法。

水热与溶剂热合成是指在一定的温度（100~1 000 ℃）和压强（1~100 MPa）条件下，利用溶液中的物质化学反应所进行的合成。水热合成反应是在水溶液中进行，溶剂热合成反应是在非水有机溶剂热条件下合成。水热合成化学侧重于研究水热合成条件下物质的反应性、合成规律，以及合成产物的结构与性质。

水热与溶剂热合成法的特点如下。

（1）水热与溶剂热条件下物质反应性能改变，活性提高，这一特点使其有可能代替固相反应及难进行的合成反应，并产生一系列新的合成方法。

（2）能合成与开发一系列介稳态的特种和凝聚态的新产物。

（3）能使低熔点化合物、高蒸气压且不能在融体中生成的物质和高温分解相，在水热与溶剂热的低温条件下晶化。

（4）有利于生长极少缺陷、取向好、完美的晶体，且合成产物结晶度高，以及易于控制产物晶体的粒度。

（5）有利于低价态、中间价态与特殊价态化合物的生成，并能均匀地进行掺杂。

水热与溶剂热合成法在合成磁性记忆材料、介孔材料等方面已取得很好的结果。

3）化学气相沉积法。

化学气相沉积法简称 CVD 法，是近二三十年发展起来的制备无机材料的新技术，已被广泛用于提纯物质，研制新晶体，沉积各种单晶、多晶或玻璃态无机薄膜材料。这些材料可以是氧化物、硫化物、氮化物、碳化物，也可以是某些二元（如 GaAs）或多元（如 $GaAs_{1-x}P_x$）化合物，而且它们的物理特性可以通过气相掺杂的沉积过程精确控制。因此，化学气相沉积已成为无机合成化学的一个新领域。

应用化学气相沉积法的化学反应有热分解反应、化学合成反应及化学转移反应。

4）微波化学合成法。

微波是频率 300 MHz~300 GHz，即波长是 100 cm~1 mm 电磁波，它位于电磁波谱红外辐射（光波）和无线电波之间。

微波加热作用的特点是可在不同深度同时产生热，这种“体加热作用”，不仅使加热更快速，而且更均匀，它可以使无机物在短时间内急剧升温到上千度，从而大大缩短了处理材料所需的时间，节省了宝贵的能源，还可大大改善加热的效果。表 3-5 给出微波化学合成法与传统合成法合成时间的比较。

表3-5 微波化学合成法与传统合成法合成时间比较

合成产物	原始材料	微波辐射法/min	传统合成法/h
KVO_3	K_2CO_3，V_2O_5	7	12
$CuFe_2O_4$	CuO，Fe_2O_3	30	23
$BaWO_4$	BaO，WO_3	30	2
$La_{1.85}Sr_{0.15}CuO_4$	La_2O_3、$SrCO_3$、CuO	35	12
$YBa_2Cu_3O_{7-x}$	Y_2O_3、$Ba(NO_3)_2$、CuO	70	24

目前，关于微波对化学反应的特殊作用或非热作用仍存在较多的争论，这方面的研究尚有待进一步深入。

由于现代科学技术的发展，以及与相邻学科（如生命、材料、能源、计算机等）的交叉、渗透，新的无机合成与制备技术和方法在近十几年中又有了长足的进步。除上述介绍的几种新型现代无机合成技术与方法外，目前发展较快、应用较广的还有溶胶-凝胶合成法、无机材料仿生合成技术、无机光化学合成法等。限于篇幅，不能逐一叙述，如有实际应用的需求，可查阅相关书籍和文献。

7. 无机合成化学的发展趋势

无机合成化学的发展趋势主要体现在以下三个方面。

1）设计和合成系列化合物，研究它们特定的物性，筛选出具有最佳性能的物质。

2）制备具有非正常价态离子和非正常键合方式的新化合物，探索其结构和性质。

3）制备已知化合物的指定形态或指定结构的产物，以备作为材料或制成功能器件。

3.7 无机化学实验文献查阅与网络信息查询简介

本书涉及的内容如前所述可分为四类：无机化学实验的基本知识和基本操作、无机化学实验中的基本原理、基础实验操作和无机合成方法。由于内容不同，文献查阅的重点也有不同。即使是同一类问题由于研究范围和深度不同，对文献查阅的完全程度也不同。全面介绍超出本书范围，但掌握一点查阅文献的简单方法，是本书的一个要求，也是一个重要的基本功训练。下面仅就本书的内容提出一些重要手册、参考书，作为对初学者的导引。

对于一个不熟悉的物质，首先应该阅读有关该物质的教科书或参考书。它们能给初学者提供必要的基础，以便进一步查阅文献。

1. 教材

1）宋天佑，程鹏，徐家宁，张丽荣. 无机化学（第4版）（上、下册）[M]. 北京：高等教育出版社，2019.

2）张祖德. 无机化学（第2版）[M]. 合肥：中国科学技术大学出版社，2014.

3）孟长功. 无机化学（第六版）[M]. 北京：高等教育出版社，2018.

4）华彤文，王颖霞，卞江，陈景祖. 普通化学原理（第4版）[M]. 北京：北京大学出版社，2013.

5）朱文祥. 中级无机化学［M］. 北京：高等教育出版社，2004.

6）唐宗薰. 中级无机化学（第二版）［M］. 北京：高等教育出版社，2011.

7）徐如人，庞文琴，霍启升. 无机合成与制备化学（第二版）（上、下册）［M］. 北京：高等教育出版社，2009.

8）洪茂榕，陈荣，梁文平. 21 世纪的无机化学［M］. 北京：科学出版社，2005.

2. 辞典、手册

1）《化学化工大辞典》编委会 . 化学化工大辞典（上、下）［M］. 北京：化学工业出版社，2003.

2）朱文祥. 无机化合物制备手册［M］. 北京：科学出版社，2006.

3）陈寿椿. 重要无机化学反应（第三版）［M］. 上海：上海科学技术出版社，1994.

4）张向宇 . 实用化学手册［M］. 北京：国防工业出版社，2011.

5）陶文田，黎心懿 . 现代化学试剂手册［M］. 北京：化学工业出版社，1992.

6）中国医药集团上海化学试剂公司 . 试剂手册（第三版）［M］. 上海：上海科学技术出版社，2002.

7）《英汉汉英化学化工大词典》编委会 . 英汉汉英化学化工大词典［M］. 北京：学苑出版社，1998.

3. 网上信息查询

互联网拥有世界上最大的信息资源库，获取互联网信息资源的工具大体上可分为两类：一类是互联网资源搜索引擎（Search Engine），它是一种搜索工具站点，专门提供自动化的搜索工具。只要给出主题词，搜索引擎就可迅速地在数以千万计的网页中筛选出你想要的信息；另一类是针对某个专门领域或主题、进行系统收集、组织而形成的资源导航系统。下面分别简介这两类工具。

1）利用搜索引擎检索。

互联网搜索引擎主要有分类检索和关键词检索两种检索途径。通过类目（Catalogue）或检索框（Searches）达到逐渐缩小检索范围，搜索所需信息的目的。在搜索过程中，可选用类目检索检出化学相关类目，再用关键词检索检出所需信息。关键词检索是通过在主页搜索区域中输入关键词或关键词的布尔逻辑式，然后单击检索键，即可检出所需信息资源。

互联网上的搜索引擎主要有谷歌（https://www.google.com/）、百度（https://www.baidu.com/）、微软（http://www.bing.com/）、维基百科（https://www.wikipedia.org/）等。

2）利用化学专门网站检索。

直接进入某些专业网站是查询相关信息的最快捷的方式。下面简要介绍一些重要化学网站，通常高校、科研院所会购买常用的数据库的使用权限，可通过相关账户认证免费使用。

（1）美国化学会下属的化学文摘社（http://scifinder.cas.org）。提供美国化学文摘（CA）数据库、美国化学文摘社（CAS）登记号数据库、化学反应数据库、化学品目录数据库、专利数据库等，其收录量每日都在不断增加且不断更新。在互联网上，它是相当完整和最权威的化学资源。

（2）美国化学会（ACS）主页（http://www.acs.org）。提供各类研究资料、研究热点及动态、学术活动、化学教育、化学软件等服务。从 ACS 出版部主页（http://pubs.acs.org）可获得 ACS 所出版书刊的有关信息和内容简介。特别是能查阅到 ACS 出版的专业杂志

最新一期的目录以及作者索引（http://pubs.acs.org.journal/estlcu），包括分析化学、无机化学、化学评论（美国化学学会杂志）、有机化学杂志等。

（3）英国谢菲尔德大学的元素周期表数据库（https://www.webelements.com）。在其主页显示的周期表上对某元素单击，便可查阅与该元素相关的各类资料，目前数据仍在不断增加。

互联网的出现及其迅猛的发展，使当今世界跨入了真正的信息时代，人们能够以空前未有的速度在网上检索自己需要的信息和知识。

第 4 章

基本操作训练与化学常数测定实验

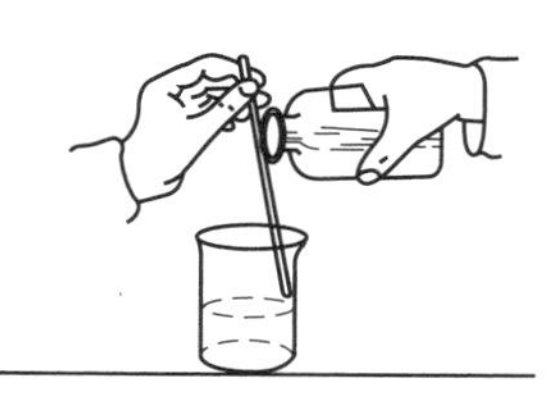

实验 1　常用仪器认领、洗涤和干燥

【实验目的】

1. 认识无机化学实验常用仪器，了解其使用方法。

2. 学习并掌握常用仪器的洗涤和干燥。

【实验原理】

无机化学实验要用到许多仪器，每种仪器都有其特定的规格和使用方法。玻璃仪器和瓷器的干净与否，直接影响到实验结果的准确性，所以在其使用前后应及时洗净、干燥、存放。不同的玻璃和陶瓷仪器根据污染物的性质选用不同的洗涤和干燥方法，详见第 2 章相关内容。

【仪器、试剂与材料】

仪器：离心试管（10 mL）；试管（15 mm × 150 mm）；移液管（10 mL）；烧杯（50 mL、100 mL、250 mL、500 mL）；三角漏斗；表面皿；蒸发器（60 mL）；量筒（10 mL）；锥形瓶（250 mL）；布氏漏斗及胶垫；石棉网；试管夹；洗耳球；去离子水；去污粉；洗衣粉；洗涤灵；铬酸洗液；灯用酒精。

【实验内容】

1. 清点实验柜中的仪器。

2. 玻璃仪器及瓷器的洗涤要求。

（1）明确洗涤方法的选择。针对仪器上附着的尘土、其他不溶水物、油垢、有机物、氧化物等污物的性质，能正确选择合适的试剂和洗涤方式进行处理。

（2）掌握正确的洗涤方法。如洗涤过程先外后里，毛刷的选择，每次洗涤的用水量，毛刷洗涤的正确操作步骤等。

（3）铬酸洗液一般仅用于无法使用毛刷等清洁用具的玻璃仪器（如滴定管、移液管等），或者附着较顽固有机污物的玻璃仪器，它具有很强的氧化物和腐蚀性，切勿溅到皮肤、衣物和桌面上，不能与毛刷配合使用。洗液不得直接倒入下水道中。

（4）明确洗净标准。上交一支洗净的普通试管，一支离心试管，一只烧杯，一个锥形瓶，请教师检查。

3. 用合适的方法干燥玻璃和陶瓷仪器。

注意：精度较高的带刻度度量仪器（如移液管、容量瓶等），一般不能使用加热的方法干燥。

4. 将洗净后的仪器合理有序地存放在实验柜内。

【思考题】

1. 对于给定的玻璃仪器，如何选择洗涤用品和方法？
2. 玻璃仪器洗净的标准是什么？
3. 带有刻度的度量仪器如何洗涤，如何干燥？
4. 烘烤试管时，为什么管口要略向下倾斜？

实验2　玻璃管（棒）加工和橡胶塞钻孔

【实验目的】

1. 了解酒精灯、酒精喷灯（或煤气灯）的构造及使用方法。
2. 练习玻璃管（棒）的切割、拉细、弯曲、熔光等操作。
3. 练习橡胶塞的钻孔操作。

【实验原理】

在实验室的加热操作中，通常使用的灯具有酒精灯、煤气灯和酒精喷灯，这三种灯的构造及使用方法见第2章2.4.1。在加工玻璃管（棒）时，需要用到煤气灯或酒精喷灯。其中以煤气灯最方便，煤气灯的温度可达800~900 ℃，若有氧气助燃，温度可达2 000 ℃。因为新建的实验室为了安全，大多都没有修建煤气管道。所以在软化玻璃管（棒）时通常用酒精喷灯。

酒精喷灯使酒精在灼热的灯管内喷出气化，并与来自气孔的空气混合，从而完全燃烧，形成1 000 ℃左右的高温火焰，调节空气调节器阀门可以控制火焰的大小。

【仪器、试剂与材料】

仪器：酒精灯；酒精喷灯；三棱锉刀；圆锉刀；打孔器。

材料：玻璃管（棒）；橡胶塞；石棉网；灯用酒精；火柴；乳胶滴头。

【实验内容】

1. 掌握酒精灯的正确使用。

了解酒精灯的结构、加热温度范围，掌握修整灯芯、添加酒精、点燃、灭火等正确的操作方法。

2. 掌握酒精喷灯的正确使用。

了解酒精喷灯的构造、加热温度范围。学习添加酒精、预热、使用空气调节器调节火焰的大小、灭火等正确操作方法。

3. 制作搅拌棒。

截取一根20 cm长的玻璃棒，并将玻璃棒两头熔光。

4. 制作小头搅拌棒。

截面一根16 cm长的玻璃棒，将中间部位拉细至长约8 cm，截面直径约1.5 mm，冷却后在拉细部分的中间截断，将两根棒的两头均熔光。这种小头搅拌棒通常用于离心试管中沉淀离心分离后的搅拌洗涤。

5. 制作滴管。

截取一根 16 cm 长的玻璃管，将中间部位拉细至长约 12 cm，截面直径约 1.5 mm，冷却后在拉细部分的中间截断，共得两支滴管粗品。细口的一端稍微受热熔光，避免受热温度高、时间长使管口收缩。粗口的一端在火焰中烧软，然后在石棉网上垂直下压使管口外翻，冷却后套上乳胶滴头即成滴管。

6. 制作玻璃弯管。

截取三根玻璃管，分别弯曲成 120°、60°和 90°。

7. 橡胶塞钻孔。

选择与 500 mL 抽滤瓶匹配的橡胶塞（塞子进入瓶口的高度以塞子高度的 1/2～1/3 为宜）。在上面钻两个孔，一个孔插入玻璃双通管，另一个孔插入上面制作的 90°玻璃弯管。

【注意事项】

1. 防止烫伤。

刚加热过的玻璃管（棒）不能放在实验台上，应放在石棉网上冷却。刚使用过的酒精喷灯的灯管和手柄温度很高，切勿直接用手去触碰。一旦烫伤，应立即涂上烫伤膏，勿用水冲洗。

2. 防止割伤。

截断玻璃管（棒）时，锉刀应向同一个方向锉，不可来回拉锯式地锉。截断时划痕朝外，两手拇指抵在锉痕后面两侧，适度用力向前向外推拉。如果不慎玻璃划破皮肤，先将伤口内的玻璃碎片清理干净，然后贴上创可贴。

3. 玻璃管（棒）必须在加热到变软后从火焰中取出再拉制，切勿在火焰中进行拉细动作，否则容易断掉。

【思考题】

1. 往酒精灯中加酒精的量要合适，为什么？
2. 使用酒精喷灯应该注意什么。若酒精喷灯内孔道堵塞，如何进行简单的维修？
3. 什么是“侵入火焰”，什么是“临空火焰”？它们是怎样发生的，如何避免？
4. 切割玻璃管（棒）时应注意什么？为什么切割后的玻璃管（棒）需要熔光？
5. 怎样拉制滴管，操作时应注意什么？

实验 3　溶液的配制

【实验目的】

1. 掌握托盘天平和电子天平的使用方法。
2. 学习实验室常用溶液的配制及有关基本操作。
3. 学习容量瓶、滴定管、移液管、量筒的使用。

【实验原理】

在工农业生产和科学实验中，有许多反应是在溶液中进行的，如何正确地配制、使用及合理地保存这些试剂及其溶液，是实验成功的关键之一，也是一项必须掌握的基本实验技能。

配制溶液时，要建立“量”的概念。在无机化学实验中，通常配制的溶液有一般溶液、

标准溶液和具有一定 pH 的缓冲溶液。

配制近似浓度的溶液时，由于只需准确到 1~2 位有效数字，故固体称量和液体量取的相对误差可允许大一些，称量固体试剂不必用分析天平，采用托盘天平即可，量取溶液或去离子水采用量筒或量杯。但是，在标定溶液的整个过程中，一切操作要求严格、准确。称量基准物质要求使用万分之一电子天平，称准至小数点后 4 位有效数字。所要标定的溶液的体积，若要参加计算，均要用容量瓶、移液管、滴定管准确操作。

用固体试剂配制溶液和用液体试剂（或浓溶液）配制稀溶液的基本知识见第 2 章 2.3.5。

配制饱和溶液时，所用固体试剂的量应稍多于计算量，加入一定体积的去离子水后，加热溶解，冷却至室温，待结晶析出后再用，这样才可保证溶液处于饱和状态。

配制易水解的盐溶液时，必须将试剂先溶解在相应的酸溶液中，以抑制水解，然后稀释至所需的浓度。

配制易水解、易被氧化的金属盐溶液时，不仅需要加入相应的酸溶液，还应在溶液中加入相应的纯金属单质以防低价金属离子被氧化。

【仪器、试剂与材料】

仪器：托盘天平；电子天平；烘箱；容量瓶（250 mL、100 mL）；烧杯（400 mL、100 mL）；移液管（10 mL）；量筒（100 mL、50 mL、10 mL）；称量纸。

试剂：NaOH(s)；浓 H_2SO_4；$SnCl_2 \cdot 2H_2O$(s)；浓 HCl；Sn 粒；邻苯二甲酸氢钾(AR)；HCl（1.000 mol/dm^3，已经标定到 4 位有效数字）。

【实验内容】

1. 一般溶液的配制。

（1）配制 250 mL 0.1 mol/dm^3 NaOH 溶液。

① 计算出配制 250 mL 0.1 mol/dm^3 NaOH 溶液所需固体 NaOH 的量。

② 在托盘天平上用小烧杯称取所需 NaOH 固体的量，放入干净的 400 mL 烧杯中（称取 1.1~1.2 g）。

③ 用量筒量取 250 mL 加热煮沸 30 min 并冷却至室温的去离子水，缓慢倒入盛有 NaOH 的烧杯中，搅拌使其完全溶解。

④ 待溶液冷却后，即得近似 0.1 mol/dm^3 NaOH 溶液。将溶液倒入已贴好标签具有橡皮塞或塑料塞的试剂瓶内，备用。

（2）配制 50 mL 2.0 mol/dm^3 H_2SO_4 溶液。

① 用浓 H_2SO_4（约为 18 mol/dm^3）配制 2.0 mol/dm^3 H_2SO_4 溶液。计算出所需浓 H_2SO_4 的体积。

② 用量筒量取所需浓 H_2SO_4 的量。

③ 搅拌下，将浓 H_2SO_4 沿烧杯壁慢慢倒入 20~30 mL 去离子水中，然后稀释至 50 mL。

④ 待溶液冷却至室温后转移至已贴好标签的试剂瓶内，备用（实验 4 用）。

（3）配制 50 mL 0.1 mol/dm^3 $SnCl_2$ 溶液。

① 计算出配制 50 mL 0.1 mol/dm^3 $SnCl_2$ 溶液所需固体 $SnCl_2 \cdot 2H_2O$ 的量。

② 在托盘天平上用称量纸称取所需 $SnCl_2 \cdot 2H_2O$ 固体的量，置于 100 mL 烧杯中。

③ 将称量好的 $SnCl_2 \cdot 2H_2O$ 溶于 2.0 mL 浓 HCl 中，搅拌溶解后，加去离子水稀释至 50 mL，临用时配制。

④ 为防止 Sn^{2+} 被氧化，需加入 Sn 粒，将溶液转移至贴好标签的试剂瓶中，备用。

2. 标准溶液的配制。

（1）分别配制 100 mL 0.200 0 mol/dm^3 和 0.800 0 mol/dm^3 $CuSO_4$ 溶液。

① 分别计算出配制 100 mL 0.200 0 mol/dm^3 和 0.800 0 mol/dm^3 $CuSO_4$ 溶液所需固体 $CuSO_4 \cdot 5H_2O$ 的量。

② 在电子天平上准确称取所需 $CuSO_4 \cdot 5H_2O$（s）的量，置于小烧杯中。

③ 加入少量去离子水，搅拌，使其全部溶解后，转移至 100 mL 的容量瓶中。

④ 用少量去离子水冲洗小烧杯及玻璃棒数次，并将每次的冲洗液全部转移至容量瓶中。

⑤ 最后用去离子水稀释至刻度，摇匀，备用（实验 9 用）。

（2）配制 100 mL 0.100 0 mol/dm^3 HCl 溶液。

① 计算出配制 100 mL 0.100 0 mol/dm^3 HCl 溶液所需 1.000 mol/dm^3 HCl 溶液的量。

② 用移液管移取所需 1.000 mol/dm^3 HCl 溶液的量，放入预先准备好洁净的100 mL容量瓶中。

③ 用去离子水将容量瓶中溶液稀释至刻度线。塞紧瓶塞，摇匀待用。

【配制溶液时应注意的问题】

（1）配制溶液时，应根据溶液浓度的准确度要求，合理地选择称量的器皿，如应在哪一级天平上称量，记录时应保留几位有效数字，配制好的溶液选择什么样的容器，等等，这些都是很重要的基础知识。该准确的地方就应该很准确，允许误差大些的地方可以不那么严格。这些“量”的概念要很明确，否则就会导致错误。如配制 50 mL 2.0 mol/dm^3 H_2SO_4 溶液，则无需使用移液管和容量瓶。

（2）配制溶液时，根据实验要求合理选择试剂的级别，绝不允许超规格使用试剂，以免造成浪费。

（3）实验室中消耗量较大，并经常使用的溶液，可先由原装试剂配制成储备液，然后稀释。一般可先配制为预定浓度约 10 倍的储备液，用时取储备液稀释 10 倍即可。NaOH 储备液最好保存在聚乙烯塑料瓶中。

（4）易挥发、易分解的试剂、溶液及有机溶剂等应存储于棕色瓶中，最好放在暗处阴凉地方避免光照。

（5）配好的溶液盛放在试剂瓶中，应马上贴好标签，注明溶液的浓度、名称。必要时，还可注明溶液配制的日期。

【思考题】

1. 配制一般溶液常用的方法有哪几种？

2. 配制标准溶液常用的方法有哪几种？

3. 怎样取固体、液体试剂，各应注意什么？

4. 易腐蚀玻璃的试剂应如何存储？
5. 易水解的盐溶液应怎样配制？
6. 用容量瓶配溶液时，是否需要先把容量瓶干燥，为什么？

实验4　摩尔气体常数的测定

【实验目的】

1. 了解电子天平的基本构造（见第2章2.4.3）。
2. 掌握使用天平的规则（见第2章2.4.3）。
3. 了解一种测定气体常数的方法。
4. 练习测量气体体积的操作（量气管液面位置的正确观测，仪器装置漏气与否的检查等）。
5. 掌握理想气体状态方程和分压定律的应用。
6. 学习利用本实验装置测量另一物理量的设计。

【实验原理】

理想气体状态方程可表示为

$$pV=nRT$$

它表示一定量理想气体的体积和压强的乘积与气体的物质的量和它的绝对温度的乘积的比 R 是一个常数。即

$$R=\frac{pV}{nT}$$

因此对一定量的气体，若能在一定温度、压强下测出其所占体积，则可求出 R 值。本实验是测定镁与稀 H_2SO_4 反应产生氢气的体积。

$$Mg+H_2SO_4 \xlongequal{} MgSO_4+H_2(g)$$

即准确称取一定质量的镁条，与过量的稀 H_2SO_4 作用，在一定温度 T（由温度计读出）和压强 p（由气压计读出）下测得被置换出来气体的体积变化（$V_{总}=V_2-V_1$，主要为氢气，水蒸气的分体积相对置换前会有所增加），而氢气的物质的量可通过镁条的质量算出。但由于氢气是在水面上收集的，故混有水汽，若查得实验温度下水的饱和蒸气压，则根据分压定律，氢气的分压可由下式求得

$$p=p(H_2)+p(H_2O)$$

则

$$p(H_2)=p-p(H_2O)$$

由于 $p(H_2)$、$V_{总}$、$n(H_2)$、T 均可得到，根据 $R=\frac{p(H_2)V_{总}}{n(H_2)T}=\frac{[p-p(H_2O)](V_2-V_1)}{n(H_2)T}$，可求得 R。

【仪器、试剂与材料】

仪器：电子天平；产生及测定氢气的装置。

试剂：H_2SO_4 溶液（2.0 mol/dm^3）。

材料：镁条；砂纸；吸水纸。

【实验内容】

1. 称量。

在电子分析天平上准确称量两根已擦去表面氧化膜的镁条，每根镁条质量在 0.060 0~0.070 0 g 范围内。

2. 按图 4-1 所示把仪器装配好。

打开试管的胶塞，由漏斗往量气管内注水至略低于刻度“0”的位置。上下移动漏斗以赶尽附着在胶管和量气管内壁的气泡，然后把试管的塞子塞紧。

3. 检查装置是否漏气。

将漏斗向上或向下移动一段距离，使漏斗中的水面略低（或略高）于量气管中的水面。固定漏斗的位置，量气管中水面如果不断下降（或上升），表示装置漏气。应检查各连接处是否接好（主要是橡皮塞是否塞紧），重复操作至不漏气为止。

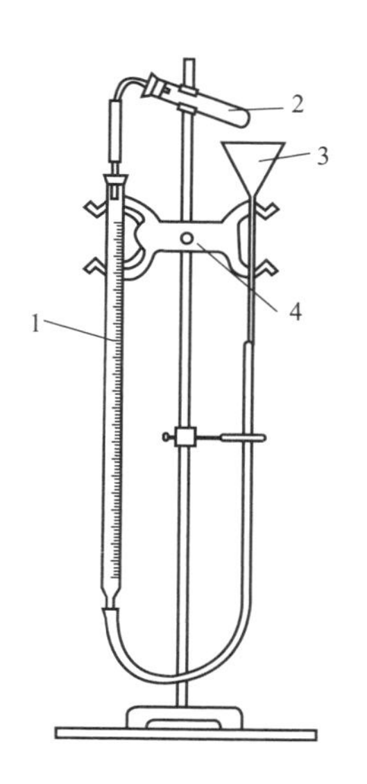

1—量气管；2—试管；3—漏斗；4—蝴蝶夹

图 4-1　测定气体常数装置

4. 注液。

取下试管，用长颈漏斗将 5 mL 2.0 mol/dm^3 H_2SO_4 溶液小心地注入试管中（切勿使酸沾在试管壁上）。稍稍倾斜试管，将用水润湿过的镁条贴在试管内壁上而不与 H_2SO_4 溶液接触（亦可将镁条弯成 U 形卡在试管内部）。然后塞紧橡皮塞。

5. 再一次检查装置是否漏气，方法同步骤 3。

若不漏气，调整漏斗的位置，使量气管内水面与漏斗内水面在同一水平面，然后准确读出量气管内水面凹面最低点读数 V_1。

6. 镁条与稀 H_2SO_4 反应。

轻轻摇动试管，使镁条落入稀 H_2SO_4 溶液中，镁条和稀 H_2SO_4 溶液反应而放出氢气，此时量气管内水面开始下降。为不使量气管内压力过大而造成漏气，在量气管内水面下降的同时，慢慢下移漏斗，使两者的水面基本保持相同水平。反应停止后（怎样检查?），待试管冷却至室温，移动漏斗，使其水面与量气管内水面在同一水平面，读出反应后量气管内水面凹面最低点精确读数 V_2。

7. 记录实验时的温度 T 和大气压 p。

从附录三中查出温度 T 时水的饱和蒸气压 p（H_2O）。

8. 扩展实验。

利用这套仪器还能测定哪些物理量？试自行设计测量一物理量的实验方案。

【数据记录和处理】

记录数据填入表 4-1 中。

表4-1 数据记录

项目 \ 实验编号	1	2
$m(Mg)/g$		
V_1/mL		
V_2/mL		
$V(H_2)/m^3$		
$t/℃$		
p/Pa		
室温 t 时水的饱和蒸气压/Pa		
$p(H_2)/Pa$		
$n(H_2)/mol$		
$R/J\cdot(mol\cdot K)^{-1}$		
$\overline{R}/J\cdot(mol\cdot K)^{-1}$		
百分误差		

$$相对误差=\frac{|R(通用值)-R(实验值)|}{R(通用值)}\times 100\%$$

根据所测得的实验值与一般通用值 $R=8.314\ J/(mol\cdot K)$ 进行比较，讨论造成误差的主要原因。

【思考题】

1. 测定气体常数 R 的原理是什么，需要哪些数据，如何得到？
2. $V(H_2)=V_2-V_1$ 成立的条件是什么？
3. 为什么必须检查仪器装置是否漏气？如果漏气，将造成怎样的误差？
4. 读取量气管中水面读数时，为什么要使量气管和漏斗中的水面保持同一水平？
5. 本实验造成误差的原因有哪些，哪几步是关键操作？
6. 若利用易溶于水的气体测定 R 值时，将需何种装置收集气体？

实验5 化学反应速率与活化能的测定

【实验目的】

1. 掌握浓度、温度、催化剂对化学反应速率的影响。
2. 学习测定反应速率、反应速率常数、反应级数及活化能的原理和方法。
3. 熟悉作图法归纳和处理实验数据。
4. 练习温度、时间和体积的测量及恒温等操作。

【实验原理】

本实验通过测定 $(NH_4)_2S_2O_8$（过二硫酸铵）与 KI 的反应速率，加深对反应速率和活化能概念的理解。

1. 反应速率、反应级数和反应速率常数的测定。

化学反应速率的传统定义为在一定条件下某一时间间隔内某化学反应的反应物转变为生成物的速率。此为化学反应的平均速率。

对于一般的化学反应　$aA+bB \rightarrow yY+zZ$。　(1)

反应的速率方程应表示为

$$\nu = kc^m(A)c^n(B) \tag{2}$$

式中，$c(A)$和$c(B)$分别为反应物 A 和 B 的浓度；m、n 分别为$c(A)$和$c(B)$的指数，即反应级数；k 为反应速率常数；ν 为瞬时速率。

通常，反应级数不等于化学反应方程式中该物质的化学计量数，即 $m \neq a$，$n \neq b$。因此，对于非基元反应一定要根据实验测定结果，才可写出正确的化学反应速率方程式，进而计算出该反应的速率。

$(NH_4)_2S_2O_8$ 与 KI 在酸性水溶液中发生以下反应。

$$S_2O_8^{2-}+3I^- \xrightarrow{H^+} 2SO_4^{2-}+I_3^- \tag{3}$$

平均速率

$$\bar{\nu} = -\frac{\Delta c(S_2O_8^{2-})}{\Delta t} \tag{4}$$

瞬时速率

$$\nu = kc^m(S_2O_8^{2-})c^n(I^-) \tag{5}$$

式中，$\Delta c(S_2O_8^{2-})$为 Δt 时间内 $S_2O_8^{2-}$ 浓度的改变值；$c(S_2O_8^{2-})$和$c(I^-)$分别为两种离子的瞬时浓度，当反应进行程度很小时，当近似等于起始浓度；k 为反应速率常数；m、n 为反应级数。

在本实验中，由于无法测得瞬时溶液浓度微观量的改变值，所以只能以客观的时间“Δt”代替了瞬时时间，以相应的宏观浓度改变量 $\Delta c(S_2O_8^{2-})$ 代替 $S_2O_8^{2-}$ 的微观浓度改变量，也就是以平均反应速率 $\bar{\nu}$ 代替瞬时反应速率 ν，这一点也是本实验产生误差的主要原因。根据以上原则，为了测定 Δt 时间内 $S_2O_8^{2-}$ 浓度的变化量，在将$(NH_4)_2S_2O_8$ 溶液和 KI 溶液混合的同时，加入一定体积已知浓度的 $Na_2S_2O_3$ 溶液和一定体积作为指示剂的淀粉溶液。这样在反应式（3）开始的同时也迅速进行下述反应。

$$2S_2O_3^{2-}+I_3^- \rightarrow S_4O_6^{2-}+3I^- \tag{6}$$

反应式（6）比反应式（3）速率快得多，$S_2O_3^{2-}$ 与 I_3^- 的作用几乎在瞬间完成，生成无色 $S_4O_6^{2-}$ 和 I^-，所以在一段时间内，看不见 I_3^- 与淀粉产生的特征蓝色。但是，当 $S_2O_3^{2-}$ 耗尽，反应式（3）继续产生的微量 I_3^- 会立即与淀粉作用，使溶液呈蓝色。

从反应式（3）与反应式（6）可以看出，$S_2O_8^{2-}$ 减少的量为 $S_2O_3^{2-}$ 减少的量的一半，即

$$\Delta c(S_2O_8^{2-}) = \frac{\Delta c(S_2O_3^{2-})}{2} \tag{7}$$

故

$$\nu = \frac{-\Delta c(S_2O_8^{2-})}{\Delta t} = \frac{-\Delta c(S_2O_3^{2-})}{2\Delta t} = \frac{c(S_2O_3^{2-})_{始}}{2\Delta t} \tag{8}$$

式中，Δt 为从开始反应到溶液呈现蓝色所需要的时间。式（8）中最后一个等号的成立是忽

略了 $S_2O_3^{2-}$ 与 I^- 反应的速率在 Δt 内的变化，即匀速近似。

由于在 Δt 时间内 $S_2O_3^{2-}$ 已基本用尽，剩余浓度近似等于零，所以 $\Delta c(S_2O_3^{2-})$ 实际上就是 $S_2O_3^{2-}$ 的起始浓度。因此，只要记下从反应开始到溶液呈蓝色所需的时间 Δt，根据式（8）可求得在一定温度下反应速率 v。

当满足 $c(S_2O_8^{2-}) \gg c(S_2O_3^{2-})$ 时，式（5）可以等于式（8），根据不同浓度下测得的反应速率，从而进一步计算出反应级数 m、n，再由 m 值和 n 值求得反应总级数。当 m、n 值固定后，可求得 k 值。

由式（4）和式（5）可得，

$$\frac{-\Delta c(S_2O_8^{2-})}{\Delta t}=kc^m(S_2O_8^{2-})c^n(I^-) \tag{9}$$

$$k=\frac{-\Delta c(S_2O_8^{2-})}{\Delta tc^m(S_2O_8^{2-})c^n(I^-)} \tag{10}$$

2. 反应活化能的测定。

根据阿伦尼乌斯（Arrhenius）方程，反应速率与反应温度之间有下述关系。

$$\lg k=\lg A-\frac{E_a}{2.303RT} \tag{11}$$

式中，E_a 为反应的活化能；R 为气体摩尔常数（8.314 J/(K·mol)）；A 为给定反应的特征常数，称为指前参量或频率因子。

从式（11）可知，$\lg k$ 与 $\frac{1}{T}$ 为线性关系，$\lg A$ 是截距，可以测定几个不同温度的 k 值，以 $\lg k$ 为纵坐标，以 $\frac{1}{T}$ 为横坐标作图，可得到一条直线，其斜率为

$$斜率=-\frac{E_a}{2.303R} \tag{12}$$

在图上选取两个非实验点 (x_1, y_1) 和 (x_2, y_2)，由斜率与截距求出活化能 E_a 及频率因子 A。

$$\tan\theta=\frac{y_2-y_1}{x_2-x_1}=\frac{E_a}{R} \tag{13}$$

测定反应速率的方法很多，可以直接分析反应物或产物的浓度变化；也可以利用反应前后颜色变化所导致光学性质的差异；或反应前后离子个数和离子电荷数的变化，导致溶液导电性的变化等进行测定。本实验测定 $(NH_4)_2S_2O_8$ 和 KI 的反应速率，是利用一个计时反应测定反应物 $S_2O_8^{2-}$ 浓度变化来确定。概括地说，任何性质只要它与反应物或产物的浓度有函数关系，便可用来测定反应速率。但是对于反应速率很高的反应，如在 10^{-1} s 以下的反应或半衰期 $T_{1/2}$ 在 10^{-3} s 以下的反应，其速率需用特殊方法测定。

【仪器、试剂与材料】

仪器：烧杯（50 mL）；试管；吸量管（5 mL、10 mL）；玻璃棒；温度计；恒温水浴箱；

秒表；滴管。

试剂：$(NH_4)_2S_2O_8$（0.1 mol/dm^3）；KI（0.1 mol/dm^3）；$Na_2S_2O_3$（0.001 mol/dm^3）；KNO_3（0.1 mol/dm^3）；$(NH_4)_2SO_4$（0.1 mol/dm^3）；淀粉溶液（8%）；$Cu(NO_3)_2$（0.02 mol/dm^3）或 $CuCl_2$。

【实验内容】

1. 浓度对反应速率的影响。

将五只烧杯分别编号，再将六支吸量管依次贴上标签，专用。

室温下，用贴好标签的吸量管分别量取 5 mL 0.1 mol/dm^3 KI，5 mL 0.001 mol/dm^3 $Na_2S_2O_3$，2.0 mL 8%淀粉溶液，均加到 1 号 50 mL 烧杯中，用玻璃棒搅匀。为了使每次实验中溶液的总体积和离子强度保持不变，分别加入不同体积的 0.1 mol/dm^3 KNO_3 溶液和 0.1 mol/dm^3 $(NH_4)_2SO_4$ 溶液调整到一致。

用另一支专用吸量管量取 5 mL 0.1 mol/dm^3 $(NH_4)_2S_2O_8$ 溶液，迅速加到 1 号烧杯中，立即按下秒表计时，并不断用玻璃棒搅拌。当溶液刚出现蓝色时，立即按停秒表，记下反应时间 Δt 和室温。

以同种方法按照表 4-2 中的用量进行 2~5 号实验。

计算出各次实验中的反应速率 ν，反应速率常数 k，并将结果填入表 4-2 中。总结浓度对反应速率影响的结论。

表 4-2 浓度对反应速率的影响 反应温度（室温）________℃

实验序号		1	2	3	4	5
试剂用量/mL	0.1 mol/dm^3 $(NH_4)_2S_2O_8$	5.0	5.0	10.0	10.0	15.0
	0.1 mol/dm^3 KI	5.0	10.0	10.0	5.0	5.0
	0.001 mol/dm^3 $Na_2S_2O_3$	5.0	5.0	5.0	5.0	5.0
	8%淀粉溶液	2.0	2.0	2.0	2.0	2.0
	0.1 mol/dm^3 KNO_3	5.0	0	0	5.0	5.0
	0.1 mol/dm^3 $(NH_4)_2SO_4$	10.0	10.0	5.0	5.0	0
混合溶液中反应物起始浓度/(mol·dm^{-3})	$(NH_4)_2S_2O_8$					
	KI 溶液					
	$Na_2S_2O_3$ 溶液					
Δt/s						
ν/mol·(L·s)$^{-1}$						
k						
$\bar{k}$						

2. 温度对反应速率的影响。

按表 4-2 中实验序号 5 的用量，分别量取 KI、$Na_2S_2O_3$、KNO_3 和淀粉溶液，均加入 50 mL 烧杯中，搅匀混合液。再量取规定量的 $(NH_4)_2S_2O_8$ 溶液于另一烧杯中。将两只烧

杯都放入冰水浴中冷却至低于室温 10 ℃时，快速将（$(NH_4)_2S_2O_8$）溶液加入到 KI 等混合液中，立即按下秒表计时，不断搅拌，当溶液刚出现蓝色时，停止计时，记下反应时间。

利用热水浴在高于室温 10 ℃和 20 ℃的条件下，分别重复实验序号 5 的实验，记下反应时间（注意：尽量在一次实验中保持温度不变）。

将上述三个温度下的反应时间 Δt 和实验序号 5 测得的室温下反应时间 Δt 一并填入表 4-3中，并计算反应速率和反应速率常数。

表 4-3　温度对反应速率的影响

实验序号	1	2	3	4
t/℃				
Δt/s				
ν/mol·（L·s）$^{-1}$				
k				
$\lg k$				
$\frac{1}{T}$/K^{-1}				

由计算结果总结温度对反应速率影响的结论。并验证反应温度每升高 10 ℃，反应速率加快 2~3 倍或反应速率常数值增大 2~10 倍的规律性。

3. 催化剂对反应速率的影响。

催化剂可以改变反应机理，降低反应活化能，增大活化分子分数，加快反应速率。催化剂有选择性，不同反应常采用不同的催化剂。Cu^{2+}可作为本实验的催化剂。

根据表 4-2 中实验序号 1 的用量，在混合溶液中加入 2 滴 0.02 mol/dm^3 $Cu(NO_3)_2$ 溶液，搅拌均匀后，迅速加入 5 mL 0.1 mol/dm^3 $(NH_4)_2S_2O_8$ 溶液，不断搅拌，记录反应时间 Δt，与实验序号 1 的结果比较，说明催化剂对反应速率的影响。

【数据处理】

1. 反应级数的计算。

由式（8）确定实验序号 1~5 各个反应速率值 ν。

将表 4-2 中实验序号 1 和序号 2 的结果代入下式。

$$\frac{\Delta c(S_2O_8^{2-})}{\Delta t}=kc^m(S_2O_8^{2-})c^n(I^-) \tag{14}$$

可得到

$$\frac{\nu_1}{\nu_2}=\frac{\Delta t_2}{\Delta t_1}=\frac{kc_1^m(S_2O_8^{2-})c_1^n(I^-)}{kc_2^m(S_2O_8^{2-})c_2^n(I^-)} \tag{15}$$

由于

$$c_1^m(S_2O_8^{2-})=c_2^m(S_2O_8^{2-}) \tag{16}$$

所以

$$\frac{\nu_1}{\nu_2}=\frac{c_1^n(I^-)}{c_2^n(I^-)} \tag{17}$$

ν_1、ν_2、$c_1^n(I^-)$和 $c_2^n(I^-)$都是已知数，由此可求出 n。

用同样方法把实验序号 2 和序号 3 的结果代入，可得到

$$\frac{\nu_2}{\nu_3}=\frac{kc_2^m(S_2O_8^{2-})c_2^n(I^-)}{kc_3^m(S_2O_8^{2-})c_3^n(I^-)} \tag{18}$$

$$c_2^n(I^-)=c_3^n(I^-) \tag{19}$$

$$\frac{\nu_2}{\nu_3}=\frac{k_2^m(S_2O_8^{2-})}{k_3^m(S_2O_8^{2-})} \tag{20}$$

由式（20）可求出 m。再由 m 和 n 求得总反应级数。

$$总反应级数 = m + n \tag{21}$$

写出此反应的速率方程式。

2. 计算反应速率常数 k。

$$\nu=\frac{-\Delta c(S_2O_8^{2-})}{\Delta t}=kc^m(S_2O_8^{2-})c^n(I^-) \tag{22}$$

已知 ν、m、n 和溶液浓度，就可以求出 k 值。将计算所得 k 值填入表 4-2 中。

3. 活化能的计算。

依据表 4-2 的结果，以 $\frac{1}{T}$ 为横坐标，$\lg k$ 为纵坐标作图，得一直线，此直线的斜率为 $-\frac{E_a}{2.303R}$，用式（13），求出该反应的活化能 E_a。

4. 相对误差和误差分析。

由文献查得

$$S_2O_8^{2-}+3I^-\xrightarrow{H^+}2SO_4^{2-}+I_3^- \tag{23}$$

$$E_a(文献)=56.7(kJ/mol) \tag{24}$$

根据实验测得的活化能 E_a（实验）计算相对误差，分析产生误差的原因。

【思考题】

1. 根据实验结果，总结浓度、温度、催化剂对反应速率的影响?
2. 实验中反应溶液出现蓝色是否反应就终止了?
3. 实验中 $Na_2S_2O_3$ 溶液用量（过多或过少）对实验结果有何影响?
4. 向 $(NH_4)_2S_2O_8$ 溶液加入混合液时，为什么要迅速?
5. 根据反应方程式能否直接确定反应级数，为什么? 试用本实验结果说明。
6. 本实验测出的 ν 是瞬时速率，还是平均速率，两种速率近似相等的条件是什么?
7. 本实验误差产生的主要原因是什么?
8. $(NH_4)_2S_2O_8$ 氧化 I^- 而没有氧化 $S_2O_3^{2-}$ 的实验事实与电极电势值有无矛盾，为什么?

实验 6　化学反应摩尔焓变的测定

【实验目的】

1. 了解测定化学反应摩尔焓变的原理和方法。
2. 巩固电子天平容量瓶和移液管的正确使用，巩固标准浓度溶液的配制。
3. 学习用作图外推法处理实验数据。

【实验原理】

化学反应总是伴随能量变化。在恒压不作非体积功的条件下，化学反应的热效应始态、终态具有相同温度时，系统吸收或放出的热量称为等压反应热。在化学热力学中用摩尔焓变 $\Delta_r H_m$ 来表示。放热反应 $\Delta_r H_m$ 为负值，吸热反应 $\Delta_r H_m$ 为正值。

测定反应摩尔焓变的实验方法很多。本实验是在绝热条件下使反应物在量热计中反应。量热计中溶液温度升高，使量热计的温度相应提高。

本实验中通过锌粉和 $CuSO_4$ 溶液的反应，说明反应热的测定过程。

$$Zn+CuSO_4 \longrightarrow ZnSO_4+Cu \tag{1}$$

该反应是放热反应。测定时，在量热计中放入稍过量的锌粉及已知浓度和体积的 $CuSO_4$ 溶液。随着反应进行，不时地记录溶液温度变化。当温度不再升高，并且开始下降时，说明反应结束。本实验采用普通保温杯和精密温度计作为简易量热计来测量。

使用量热计测定反应摩尔焓变，首先要知道量热计热容，即量热计温度升高 1 K 所需要的热量。因为在量热计中进行的化学反应所产生的热量，可以使量热计温度升高，所以在测定反应摩尔焓变之前必须先确定所用量热计热容，否则 $\Delta_r H_m$ 测定值偏低。因此在恒压下反应产生的反应热或焓变，应为

$$\Delta_r H_m = \frac{Q_{总}}{n} = \frac{Q+Q'}{n} = \frac{1}{n}(CV\rho\Delta T+C'\Delta T) = \frac{\Delta T}{n}(CV\rho+C') \tag{2}$$

式中，$\Delta_r H_m$ 为化学反应摩尔焓变，单位为 kJ/mol；ΔT 为反应前后溶液温度变化，单位为 K；C 为溶液比热容，单位为 J/(g · K)；V 为溶液体积，单位为 cm^3；ρ 为溶液密度，单位为 g/cm；n 为 V（cm^3）溶液中溶质物质的量，即参与反应的 $CuSO_4$ 的摩尔数，单位为 mol；C'为量热计热容，单位为 J/K。如果反应吸热，$\Delta T>0$，$\Delta_r H_m>0$；反应放热，$\Delta_r H_m<0$。“±”号，表示反应是放热，还是吸热。

量热计热容的测定方法根据提供能量方式不同，一般可分为化学方法和物理方法两种。化学方法是将已知摩尔焓变的标准样品放在量热计中反应（使用溶液或先加一定溶剂），使其放出一定热量，测定系统的温度，然后根据已知摩尔焓变和测得的温度，计算出量热计热容。本实验采用物理方法测定量热计热容，具体测定方法大致如下：首先在量热计中加一定质量 m（如 50 g）的冷水，待温度平衡后，测定系统温度为 T_1，然后加入相同量的热水（比 T_1 温度高 20~30 ℃），温度为 T_2，测得混合后的系统温度为 T_3。则

$$热水失热=(T_2-T_3)mC \tag{3}$$

$$冷水得热=(T_3-T_1)mC \tag{4}$$

$$量热计得热=(T_3-T_1)C' \tag{5}$$

因为热水失热与冷水得热之差即为量热计得热，故量热计热容 C'为

$$C' = \frac{[(T_2-T_3)-(T_3-T_1)]m}{T_3-T_1} = \frac{[(T_2-T_3)-(T_3-T_1)] \times 50 \times 4.18}{T_3-T_1} \tag{6}$$

本实验成败的关键在于能否测得准确的温度值。为获得较准确的温度变化 ΔT，除了仔细观察反应始末的温度外，还要对影响 ΔT 的因素进行校定。

对于一般溶液反应的焓变测定，使用的简易量热计并非严格绝热系统，在实验时间内，量热计不可避免地会与环境发生少量热交换，实验测定的最高温度不能客观地反映由反应热引起的真正温差，影响对 ΔT 的准确测定。因此，在反应过程中，每间隔一段时间记录一次温度，然后采用外推法用温度对时间作图，可在一定程度上消除这一影响。

【仪器、试剂与材料】

仪器：电子天平；托盘天平；量热计；磁力搅拌器；温度计（-5~+50 ℃，1/10 刻度）；容量瓶（250 mL）；称液管（50 mL）；秒表；电炉；烧杯（100 mL）；吸耳球；滤纸条。

试剂：$CuSO_4 \cdot 5H_2O$（s，AR）；锌粉（CP）。

【实验内容】

1. 配制准确浓度的 $CuSO_4$ 溶液。

实验前计算好配制 250.00 mL 0.2 mol/dm^3 $CuSO_4$ 溶液所需 $CuSO_4 \cdot 5H_2O$ 的质量（要求3位有效数字）。

在电子天平上称取所需的 $CuSO_4 \cdot 5H_2O$，倒入烧杯，加入约 30 mL 去离子水，用玻璃棒搅拌至 $CuSO_4$ 完全溶解，将此溶液沿玻璃棒移入 250 mL 容量瓶中，再用少量去离子水淋洗烧杯及玻璃棒数次，将此淋洗液也移入容量瓶中。最后加水至刻度线，盖好瓶盖，将瓶内溶液混合均匀备用，正确计算出 $CuSO_4$ 溶液的浓度。

2. 测定量热计热容 C'。

（1）按图 4-2 所示装配简易量计热，用量筒取 50 mL 自来水放入干燥的量热计，盖好盖子，缓缓搅拌，几分钟后观察温度，若连续 3 min 温度无变化，说明系统温度已达到平衡，记下此时温度 T_1（精确到 0.1 ℃）。

（2）准备 50 mL 比 T_1 高 20~30 ℃的热水，准确读出此热水温度 $T_2$①，迅速将此热水倒入量热计中，盖好盖子，并不断搅拌。在倒热水的同时，按下秒表。开始时，每 15 s 记录一次温度，当温度升到最高点后，每 30 s 记录一次，连续观察 3 min。如图 4-3 所示，作出温度-时间曲线图，求出 ΔT（$\Delta T = T_3 - T_1$）。

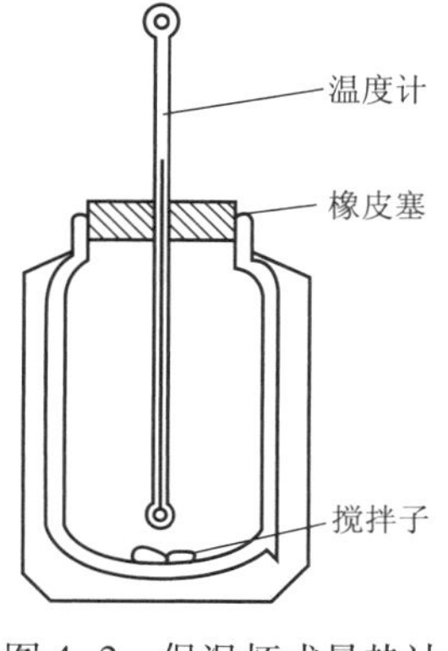

图 4-2 保温杯式量热计

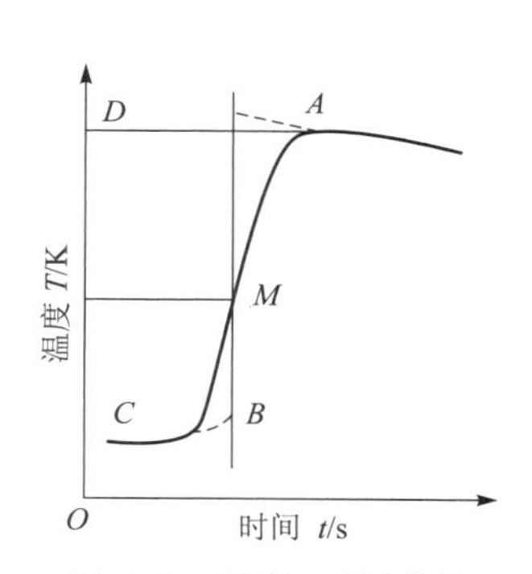

图 4-3 温度-时间曲线

① 测量此温度的温度计应与量热计中使用的温度计进行校对，为此将两支温度计放入盛水的烧杯中，待平衡后观察两者的差值，并记下来，在计算时加以考虑。

3. 化学反应焓变的测定。

（1）用托盘天平称取 2 g 锌粉。

（2）用已配好的 $CuSO_4$ 溶液洗涤移液管 2~3 次，再用 50 mL 移液管准确量取 100 mL $CuSO_4$ 溶液，移入已经用水洗净且干燥的量热计中，将插有温度计的盖子盖紧，最后将量热计放在电磁搅拌器上。

（3）打开电磁搅拌器，每隔 15 s 记录一次温度。直至溶液与量热计间温度达到平衡且温度保持恒定（一般需 2~3 min）。

（4）迅速向 $CuSO_4$ 溶液中加入 2 g 锌粉，立即盖好盖子，仍不断搅拌并继续每隔 15 s 记录一次温度。记录到最高温度后，再继续测定 3 min。

（5）实验结束后，小心打开量热计的盖子。注意：动作不能过猛，切勿折断温度计。倒出量热计中反应后的溶液，注意：不要丢失磁力搅拌子。将实验中用过的仪器洗净，放回原处。

【数据记录和处理】

1. 数据记录。

将实验数据记录到表 4-4。

2. 根据表 4-4 数据和图 4-3，以温度 T 对时间 t 作图。

图 4-3 曲线上 C 点为反应前温度，D 点为反应后温度，M 点为反应前后之间的平均温度。由 M 点引垂线，此垂线相交于曲线由外推法得到的反应后最高温度 A 点与反应前最低温度 B 点，A、B 两点的温度差即为所求较准确的溶液温升 ΔT。用坐标纸作图，横坐标表示时间 t，每隔 15 s 用 1 cm，纵坐标表示温度 T，每升高 1K 用 1 cm。用作图外推法求出 ΔT。

表 4-4　化学反应焓变测定数据

时间/s							
温度/K							

3. 计算 $\Delta_r H_m$。

根据式（2）计算反应摩尔焓变 $\Delta_r H_m$，其中溶液比热容 C 可近似用水的比热容代替，其值为 4.18 J/(g·K)。反应后溶液密度 ρ 可取 1.00 g/cm³（或 1 kg/dm³）。

4. 计算实验误差。

$$\text{相对误差}=\frac{[\Delta_r H_m(\text{实验值})-\Delta_r H_m(\text{理论值})]}{\Delta_r H_m(\text{理论值})}\times 100\% \tag{7}$$

式中，$\Delta_r H_m$（理论值）可用 $\Delta_r H_m$（298 K）近似代替。

【思考题】

1. 为什么实验中所用的锌粉只需用托盘天平称取，而对所用 $CuSO_4$ 溶液的浓度与体积则要求精确？

2. 如何配制 250 mL 0.200 0 mol/dm³ $CuSO_4$ 溶液，操作中应注意什么？

3. 实验所用的量热计为什么需要干燥？

4. 若称量或移液操作不准确，对反应摩尔焓变测定有何影响？

5. 为什么不取反应物混合后溶液的最高温度与刚混合时的温度之差，作为实验中测定

ΔT 数值，而需要采用作图外推法求得？

6. 试分析本实验结果产生误差的原因。

实验 7　弱电解质解离常数的测定

Ⅰ：电导率法测定醋酸的解离常数和解离度

【实验目的】

1. 学会电导率法测定弱电解质解离常数和解离度的原理和方法。
2. 了解电导率仪的使用方法。
3. 掌握各种浓度溶液的配制方法和正确使用滴定管、移液管的方法。

【实验原理】

醋酸是一元弱酸，在水溶液中浓度 c、解离平衡常数 K 和解离度 α 存在如下关系。

$$\mathrm{HAc(aq)} + \mathrm{H_2O(l)} \rightleftharpoons \mathrm{H_3O^+(aq)} + \mathrm{Ac^-(aq)}$$

起始浓度/$(\mathrm{mol \cdot dm^{-3}})$　c　　0　　0

平衡浓度/$(\mathrm{mol \cdot dm^{-3}})$　$c-c\alpha$　　$c\alpha$　　$c\alpha$

$$K^{\ominus}(\mathrm{HAc}) = \frac{[c(\mathrm{H_3O^+})/c^{\ominus}]\,[c(\mathrm{Ac^-})/c^{\ominus}]}{[c(\mathrm{HAc})/c^{\ominus}]}$$

为书写方便,可省略 $c^{\ominus}$ 写为

$$K^{\ominus}(\mathrm{HAc}) = \frac{c(\mathrm{H_3O^+})c(\mathrm{Ac^-})}{c(\mathrm{HAc})} = \frac{c\alpha \cdot c\alpha}{c-c\alpha} = \frac{c\alpha^2}{1-\alpha} \tag{1}$$

故通过实验求得一定浓度下 HAc 溶液的解离度 α（解离度可由测定溶液的电导率来求得），从而可计算出解离常数 K。

物质导电能力的大小，一般以电阻 R 或电导 G 表示，二者互为倒数，即

$$G = \frac{1}{R} \tag{2}$$

式中，R 的单位为欧［姆］（Ω），G 的单位为西［门子］（S），$1\ \mathrm{S} = 1\ \Omega^{-1}$。

导体的电阻与其长度 l 成正比，与其横截面积 A 成反比。同理，在温度一定时，两电极间溶液的电阻与两电极间距离 l 成正比，与电极横截面积 A 成反比，即

$$R \propto \left(\frac{l}{A}\right) \quad \text{或} \quad R = \rho\left(\frac{l}{A}\right) \tag{3}$$

式中，ρ 为比例常数，称为电阻率，单位为 $\Omega \cdot \mathrm{m}$。

电阻率 ρ 与电导率 κ 互为倒数，即

$$\kappa = \frac{1}{\rho} \tag{4}$$

式中，κ 的单位为西［门子］每米，符号为 S/m。

将式（3）、式（4）代入式（2），得

$$G=\kappa\frac{A}{l}\quad 或 \quad \kappa=G\frac{l}{A} \tag{5}$$

由式（5）可知，对于导体，电导率 κ 是长 1 m，横截面积为 1 m^2 导体的电导，单位是 S/m。对于电解质溶液，当 $l/A=1$（m^{-1}）时，$\kappa=G$，所以 κ 在数值上实际等于距离为 1 m 和横截面积为 1 m^2 两电极间溶液的电导。因为在电导池中，对某一特定电极来说，两电极间距离 l 和电极横截面积 A 是一定的，所以，l/A 是常数，称为电导池常数（此常数的数值在每支电极上已具体标示出）。

电解质溶液是靠正、负离子迁移传递电流，因此电解质溶液的导电能力与溶液中离子数目的多少，离子电荷大小和离子运动速率有关。对于同一电解质，结构相同，故在一定温度时，对不同浓度溶液的导电能力，只与电解质的总量和溶液的解离度有关。在研究溶液电导时，把电解质 B 电导率 κ 除以物质的量浓度 c 称为摩尔电导率 Λ_m，即

$$\Lambda_m=\frac{\kappa}{c} \tag{6}$$

也就是说，溶液的摩尔电导率为单位（物质的量）浓度时的电导率。同一物质不同浓度的摩尔电导率只与电解质的解离度有关。

对于弱电解质来说，在无限稀释时，可看作完全解离，此时溶液的摩尔电导率称为极限摩尔电导率 Λ_m^∞。在一定温度下，弱电解质的 Λ_m^∞ 是一定的。根据离子独立运动定律，可由离子电导计算出 Λ_m^∞ 值。表 4-5 列出了无限稀释时醋酸溶液的极限摩尔电导率 Λ_m^∞。

表 4-5 醋酸溶液的极限摩尔电导率

T/℃	0	18	25	30
Λ_m^∞/（$S\cdot m^2\cdot mol^{-1}$）	0.024 5	0.034 9	0.039 07	0.042 18

根据电解质溶液理论，一定温度时，一定浓度的某弱电解质，其解离度 α 近似等于该浓度 c 时的摩尔电导率 Λ_m 与无限稀释时的极限摩尔电导率 Λ_m^∞ 之比，即

$$\alpha=\frac{\Lambda_m}{\Lambda_m^\infty} \tag{7}$$

将式（7）代入式（1），得

$$K^{\ominus}(\mathrm{HAc})=\frac{c\alpha^2}{1-\alpha}=\frac{c(\Lambda_m)^2}{\Lambda_m^\infty(\Lambda_m^\infty-\Lambda_m)} \tag{8}$$

这样，可由实验测定浓度为 c 醋酸溶液的电导率 κ，将 κ 值代入（6）式中计算出摩尔电导率 Λ_m，Λ_m^∞ 可由查表得到。故将 Λ_m 与 Λ_m^∞ 代入式（8），即可求得近似 K(HAc）值。

【仪器、试剂与材料】

仪器：DDSJ-308 型电导率仪（或 DDS-11A 型电导率仪）；酸式滴定管（50 mL，2 支）；碱式滴定管（50 mL，1 支）；烧杯（100 mL，5 只，洁净、干燥）；锥形瓶(250 mL，3 只)；量筒（50 mL，1 个）；玻璃搅拌棒（4 支）；洗瓶（1 个）；移液管（25 mL，1 支）。

试剂：NaOH（0.1 mol/dm^3）；HAc（0.1 mol/dm^3 已标定）；邻苯二甲酸氢钾

（$KHC_8H_4O_4$ 固体，在 100~125 ℃干燥后备用）；酚酞（0.2%的 90%乙醇溶液）。

材料：滤纸片。

【实验内容】

1. 0.1 mol/dm^3 NaOH 溶液的标定（也可由实验室教师事先标定）。

准确称取三份 0.4~0.5 g 基准试剂 $KHC_8H_4O_4$，分别置于 250 mL 锥形瓶中，加 20~30 mL去离子水溶解后，各加入 2~3 滴酚酞指示剂，用约 0.1 mol/dm^3 NaOH 溶液滴定至呈微红色，30 s 不褪色即为终点。3 次滴定消耗碱量之差应小于 0.04 mL。计算 NaOH 溶液的浓度。

2. 0.1 mol/dm^3 HAc 溶液的标定（也可由实验室教师事先标定）。

用移液管准确取三份 25 mL 0.1 mol/dm^3 HAc 溶液，分别置于 250 mL 锥形瓶中，各加入 2~3 滴酚酞指示剂，用上述已标定过的标准 NaOH 溶液滴定至呈微红色，30 s 不褪色即为终点，3 次滴定消耗碱量之差应小于 0.04 mL，计算此 HAc 溶液的浓度。（注意：每次滴定时滴定管都从 0.001 mL 开始）。

3. 配制不同浓度的醋酸溶液。

将 5 只洁净、干燥的 100 mL 烧杯按 1~5 号顺序编号，然后按表 4-6 中用量，用两支酸式滴定管分别准确移入已标定的 0.1 mol/dm^3 HAc 溶液和去离子水于烧杯中，配制不同浓度的 HAc 溶液。

表 4-6 醋酸溶液的配制与电导率测定

烧杯编号	HAc 的体积/mL（浓度已标定）	H_2O 的体积/mL	c（HAc）/（mol·dm^{-3}）	κ/（S·m^{-1}）
1	3.00	45.00		
2	6.00	42.00		
3	12.00	36.00		
4	24.00	24.00		
5	48.00	0.00		

4. 测定不同浓度 HAc 溶液的电导率。

用少量去离子水冲洗电极三次，再用待测溶液冲洗三次。用电导率仪（电导率仪使用方法参见第 2 章 2.5.2）由稀到浓分别测定 1~5 号 HAc 溶液的电导率，数据记录在表 4-7 中。

表 4-7 HAc 溶液解离度和解离常数的测定

烧杯编号	c（HAc）/（mol·dm^{-3}）	κ/（S·m^{-1}）	Λ_m/（S·m^2）·mol^{-1}	α	$c\alpha^2$	K(HAc)	$\overline{K}$(HAc)
1							
2							
3							
4							
5							

【数据记录和结果处理】

电极常数：________；室温：________℃。

在实验温度下，查表得 HAc 极限摩尔电导率 Λ_m^∞：________ $(S \cdot m^2)$ /mol。

$T=298$ K 时，HAc 解离常数的文献值为 1.76×10^{-5}，求本实验测得值的相对误差，并分析产生误差的原因。

注：若实验时温度不同于表 4-5，极限摩尔电导率可用内插法计算得到。若室温为 28 ℃ (301 K) 介于表 4-5 中 25 ℃和 30 ℃之间，HAc 极限摩尔电导率为

$$\Lambda_m^\infty = 0.039\ 07 + \frac{0.042\ 18 - 0.039\ 07}{30-25} \times (28-25) = 0.040\ 936\ (S \cdot m^2 \cdot mol^{-1})$$

【思考题】

1. 什么是溶液的电导、电导率、摩尔电导率和极限摩尔电导率？
2. 本实验所用的 HAc 溶液为什么要标定？
3. 弱电解质溶液的摩尔电导率与浓度的关系如何？
4. 弱电解质的解离度 α 与哪些因素有关？
5. 影响本实验精确度的因素有哪些？
6. 金属导电与电解质溶液导电有何不同？
7. 测定 HAc 溶液的电导率时，测定顺序为什么由稀到浓进行？
8. 强、弱电解质溶液的摩尔电导率与浓度的关系有何不同？
9. 若两电极不平行或面积不等，对测量结果有无影响？
10. 下列说法是否正确，为什么？

(1) HAc 稀释一倍，其解离度也增加 1 倍。

(2) HAc 溶液越稀，其解离度越大，H^+浓度也越大。

Ⅱ：pH 计法测定醋酸的解离常数和解离度

【实验目的】

1. 学会 pH 计法测定 HAc 解离度和解离常数的原理和方法。
2. 了解 pH 计的使用方法。
3. 进一步熟悉滴定管、移液管的正确使用方法。
4. 掌握各种浓度溶液的配制方法。
5. 加深对解离平衡基本概念的理解。

【实验原理】

测定醋酸解离常数的方法很多，有电导率法、pH 法、半中和法、目视比色法，光度法和电动势法。本实验介绍 pH 法。

醋酸 HAc 是弱电解质，在溶液中存在下列解离平衡。

	HAc(aq)	→	H^+(aq)	+	Ac^-(aq)
起始浓度/$(mol \cdot dm^{-3})$	c		0		0
平衡浓度/$(mol \cdot dm^{-3})$	$c(HAc)$		$c(H^+)$		$c(Ac^-)$

其解离常数表达式为

$$K^{\ominus}(\mathrm{HAc})=\frac{\{c(\mathrm{H^+})/c^{\ominus}\}\{c(\mathrm{Ac^-})/c^{\ominus}\}}{c(\mathrm{HAc})/c^{\ominus}} \tag{1}$$

设 HAc 起始浓度为 c，若忽略由水解离所提供的 H^+量，则达平衡时有

$$c(\mathrm{H^+})=c(\mathrm{Ac^-})=x$$

$$c(\mathrm{HAc})=c-c(\mathrm{H^+})$$ （式中，为简便省略 $c^{\ominus}$）

代入式（1）中得

$$K^{\ominus}(\mathrm{HAc})=\frac{c^2(\mathrm{H^+})}{c-c(\mathrm{H^+})}=\frac{x^2}{c-x}$$

当 $\alpha<5\%$时，

$$K^{\ominus}(\mathrm{HAc})\approx\frac{c^2(\mathrm{H^+})}{c} \tag{2}$$

严格地说，平衡常数表达式中应代入离子活度，但在 HAc 稀溶液中，如果不存在其他强电解质，由于溶液中离子强度很小，离子浓度与离子活度就近似相等。

配制一系列已知浓度的醋酸溶液，在一定温度下，用酸度计测定其 pH，然后根据 $\mathrm{pH}=-\lg c(\mathrm{H^+})$，求出 $c(\mathrm{H^+})$。将 $c(\mathrm{H^+})$代入式（2）中，可求得一系列对应的 $K^{\ominus}(\mathrm{HAc})$值，取其平均值即为该温度下 HAc 的解离常数。（实际上酸度计所测得的 pH 反映了溶液中 H^+的有效浓度，即 H^+的活度值。计算得到的 $K^{\ominus}(\mathrm{HAc})$是活度解离常数，但本实验忽略这个差别。）

【仪器、试剂与材料】

仪器：pHS-3C 型精密 pH 计；酸式滴定管（50 mL，2 支）；碱式滴定管（50 mL，1 支）；烧杯（100 mL，5 只，洁净、干燥）；锥形瓶（250 mL，3 只）；量筒（50 mL，1 个）；玻璃搅拌棒（4 支）；洗瓶（1 个）。

试剂：NaOH($0.1\ \mathrm{mol/dm^3}$)；HAc($0.1\ \mathrm{mol/dm^3}$)；酚酞（0.2%的 90%乙醇溶液）；邻苯二甲酸氢钾（$KHC_8H_4O_4$ 固体，在 100~125 ℃干燥后备用）。

材料：滤纸片。

【实验内容】

1. $0.1\ \mathrm{ml/dm^3}$ NaOH 溶液的标定（也可由实验室教师事先标定）。

参见实验 7 中 I 的实验内容。

2. $0.1\ \mathrm{ml/dm^3}$ HAc 溶液的标定（也可由实验室教师事先标定）。

参见实验 7 中 I 的实验内容。

3. 配制不同浓度的醋酸溶液。

将 5 只洁净、干燥的烧杯按 1~5 号顺序编号。按表 4-8 中的用量用酸式滴定管量取标准 $0.1\ \mathrm{mol/dm^3}$ HAc 溶液，配制不同浓度的醋酸溶液。

表 4-8 HAc 解离常数测定的数据纪录与处理

测定时溶液的温度：________℃，标准 HAc 溶液的浓度：__________ mol/dm^3

烧杯编号	HAc 的体积/cm^3	H_2O 的体积/cm^3	c(HAc)/(mol · dm^{-3})	测得的 pH	$c(H^+)$/(mol · dm^{-3})	K		α
						K(HAc)	$\bar{K}$(HAc)	
1	3.00	45.00						
2	6.00	42.00						
3	12.00	36.00						
4	24.00	24.00						
5	48.00	0.00						

4. 测定 HAc 溶液的 pH。

用酸度计按由稀到浓的次序测定 1～5 号 HAc 溶液的 pH，将所测得的 pH 记录于表 4-8 中，计算解离度和解离常数（酸度计使用参见第 2 章 2.5.1）。

5. 数据处理。

（1）根据 $pH = -\lg c(H^+)/c^{\ominus}$，计算出 $c(H^+)$。

（2）根据 $K^{\ominus}(HAc) = \dfrac{c^2(H^+)}{c - c(H^+)}$，计算 $K^{\ominus}$(HAc)值，并计算 $K^{\ominus}$(HAc)平均值。

（3）计算 HAc 解离度，说明 HAc 浓度对 HAc 解离度的影响。

（4）HAc 解离常数的文献值 $K^{\ominus}(HAc) = 1.76 \times 10^{-5}$，计算实验值的相对误差，并分析产生误差的原因。

【思考题】

1. 配制不同浓度 HAc 溶液时，玻璃烧杯为什么要保持干燥？
2. 不同浓度 HAc 溶液解离度和解离常数是否相同？
3. 实验时为什么要记录温度？
4. HAc 浓度与 HAc 溶液酸度有无区别？
5. 若 HAc 溶液浓度很稀，是否还可用近似公式 $K_a^{\ominus} \approx \dfrac{c^2(H^+)}{c(HAc)}$ 求解离常数，为什么？

实验 8 溶度积的测定

Ⅰ：电导率法测定 AgCl 溶度积

【实验目的】

1. 学会用电导率仪测定 AgCl 溶度积的方法和原理。
2. 巩固电导率仪的使用方法。
3. 了解极稀溶液浓度的一种测量方法。
4. 巩固多相离子平衡的概念及规律。
5. 巩固活度、活度系数、浓度等概念，并进一步了解其相互关系。

【实验原理】

在一定温度下，一种难溶电解质饱和溶液中形成多相离子平衡，一般表达式为

$$A_nB_m(s) \rightleftharpoons nA^{m+}(aq) + mB^{n-}(aq)$$
$$K_{sp}^{\ominus} = \{c(A^{m+})/c^{\ominus}\}^n \{c(B^{n-})/c^{\ominus}\}^m$$

$K_{sp}^{\ominus}$称为溶度积常数，简称溶度积。$K_{sp}^{\ominus}$应为相应各离子活度的乘积，因为溶液中离子间有牵制作用。但考虑到难溶电解质饱和溶液中离子强度很小，可近似地用浓度代替活度。

在难溶电解质 AgCl 饱和溶液中，存在下列平衡。

$$AgCl(s) \rightleftharpoons Ag^+(aq) + Cl^-(aq)$$
$$K_{sp}^{\ominus}(AgCl) = \{c(Ag^+)/c^{\ominus}\}\{c(Cl^-)/c^{\ominus}\}$$

为简便，也可写为

$$K_{sp}^{\ominus}(AgCl) = c(Ag^+)c(Cl^-) = c^2(Ag^+) \tag{1}$$

式（1）可以看出，若能测出难溶电解质饱和溶液中相应离子浓度，就可计算出溶度积，即最终是一个测量物质浓度的问题。由于难溶电解质的溶解度很小，很难直接测定，本实验利用浓度与电导率的关系，通过测定溶液的电导率，从而计算出 AgCl 的 $K_{sp}^{\ominus}$。

电解质溶液中摩尔电导率 Λ_m、电导率 κ 与浓度 c 之间存在下列关系。

$$\Lambda_m = \frac{\kappa}{c} \tag{2}$$

对于难溶电解质来说，溶液极稀，它的饱和溶液可近似看成无限稀释溶液，离子间的影响可以忽略不计，这时溶液的摩尔电导率 Λ_m 可用极限摩尔电导率 Λ_m^{∞} 来代替，极限摩尔电导率 Λ_m^{∞} 可由化学手册查得。因此，只要测得 AgCl 饱和溶液的电导率 κ，根据式（2）就可以计算出 AgCl 的浓度 c，进而求出 $K_{sp}^{\ominus}(AgCl)$。此时，式（2）可改写为

$$\Lambda_m^{\infty} = \frac{\kappa}{c} \quad 或 \quad c = \frac{\kappa}{\Lambda_m^{\infty}} \tag{3}$$

溶液的极限摩尔电导率可视为阳离子和阴离子的极限摩尔电导率之和，对于 AgCl 则有

$$\Lambda_m^{\infty}(AgCl) = \Lambda_m^{\infty}(Ag^+) + \Lambda_m^{\infty}(Cl^-) \tag{4}$$

当温度一定时，$\Lambda_m^{\infty}(Ag^+)$和 $\Lambda_m^{\infty}(Cl^-)$一定，查表即可，代入式（3）。

需要注意的是，实验所测 AgCl 饱和溶液的电导率以 κ'表示。其中，包括了 H_2O 解离 H^+和 OH^-的电导率，在这种稀溶液中，它们是不可忽略的，所以有

$$\kappa = \kappa' - \kappa(H_2O) \tag{5}$$

合并式（3）和式（5）得

$$c = \frac{\kappa' - \kappa(H_2O)}{\Lambda_m^{\infty}} \tag{6}$$

则

$$K_{sp}^{\ominus}(AgCl) = \left(\frac{\kappa' - \kappa(H_2O)}{\Lambda_m^{\infty}(AgCl)}\right)^2 \tag{7}$$

【仪器、试剂与材料】

仪器：DDSJ-308 型电导率仪；恒温水浴箱；温度计(0～100 ℃，2 支)；烧杯(100 mL,

2只，以塑料质为宜）；量筒（50 mL，2个）；点滴板（白色）；玻璃搅拌棒。

试剂：$AgNO_3$ 溶液（0.05 mol/dm^3）；HCl 溶液（0.05 mol/dm^3）；去离子水；二苯胺的浓 H_2SO_4 溶液。

【实验内容】

1. AgCl 饱和溶液的制备。

量取 20 mL 0.05 mol/dm^3 HCl 溶液和 20 mL 0.05 mol/dm^3 $AgNO_3$ 溶液分别置于 100 mL 烧杯中，在搅拌下将 $AgNO_3$ 溶液慢慢滴加到 HCl 溶液中（2~3滴/s），然后将盛有沉淀的烧杯放置于沸水浴中加热（在通风橱中加热），并搅拌 10 min。静置冷却约 20 min，用倾析法去掉清液，再用近沸的去离子水洗涤 AgCl 沉淀，重复洗涤沉淀 3~4 次，直到用二苯胺的硫酸溶液检验清液中无 NO_3^- 为止。最后在洗净的 AgCl 沉淀中加入 40 mL 去离子水，煮沸 3~5 min，并不断搅拌，冷却至室温。

2. 调准电导率仪。

电导率仪的使用见第2章。

3. 测定 $\kappa(H_2O)$（恒温）。

4. 测定 $\kappa'(AgCl)$。

为了保证 AgCl 饱和溶液的饱和度，在测定 $\kappa'(AgCl)$ 时一定要使盛 AgCl 饱和溶液的小烧杯底部有 AgCl 晶体，上层是澄清液。

【实验数据记录及处理】

见表 4-9。

表 4-9　实验数据及处理

项目 \ 实验编号	1	2
t/℃		
$\kappa(H_2O)/(S \cdot m^{-1})$		
$\kappa'(AgCl)/(S \cdot m^{-1})$		
$\kappa(AgCl)/(S \cdot m^{-1})$		
$\Lambda_m^{\infty}(AgCl)/(S \cdot m^2 \cdot mol)$		
$c(AgCl)/(mol \cdot dm^{-3})$		
$K_{sp}^{\ominus}(AgCl)$		
$\overline{K}_{sp}^{\ominus}(AgCl)$		

【思考题】

1. 什么是活度、活度系数、浓度？

2. 在什么条件下，溶液中离子浓度可以代替活度进行有关计算？

3. 为什么在制得的 AgCl 沉淀中要反复洗涤至溶液中无 NO_3^- 存在？若不这样洗涤对实验结果有何影响？

4. 在测定 AgCl 饱和溶液电导率时，水的电导率为什么不能忽略？在测定 KCl 溶液时水

的电导率又该如何处理？

KCl 溶液的电导率 κ，见表 4-10。

表 4-10　KCl 溶液的电导率 κ

电导率/($S \cdot m^{-1}$)　浓度/($mol \cdot dm^{-3}$) 温度/℃	1	0.1	0.02
10	0.083 19	0.009 33	0.001 994
11	0.085 04	0.009 56	0.002 043
12	0.086 87	0.009 79	0.002 093
13	0.088 76	0.010 02	0.002 142
14	0.090 63	0.010 25	0.002 193
15	0.092 52	0.010 48	0.002 243
16	0.094 41	0.010 72	0.002 294
17	0.096 31	0.010 95	0.002 345
18	0.098 22	0.011 19	0.002 397
19	0.100 14	0.011 43	0.002 449
20	0.102 07	0.011 67	0.002 501
21	0.104 00	0.011 91	0.002 553
22	0.105 54	0.012 15	0.002 606
23	0.107 89	0.012 39	0.002 659
24	0.109 84	0.012 64	0.002 712
25	0.111 80	0.012 88	0.002 765
26	0.113 77	0.013 13	0.002 819
27	0.115 74	0.013 37	0.002 875

Ⅱ：离子交换法测定 PbI_2 溶度积

【实验目的】

1. 了解离子交换法的一般原理和使用离子交换树脂的基本方法。
2. 了解用离子交换法测定碘化铅溶度积的原理。
3. 进一步掌握酸度计的使用方法。

【实验原理】

在一定温度下，一种难溶电解质饱和溶液中形成一种多相离子平衡，可表示为

$$A_nB_m(s) \rightleftharpoons nA^{m+}(aq) + mB^{n-}(aq)$$

为书写方便，下文省略 $c^{\ominus}$。

$$K_{sp}^{\ominus} = c^n(A^{m+}) \cdot c^m(B^{n-})$$

$K_{sp}^{\ominus}$称为溶度积常数，简称溶度积（参见实验8中Ⅰ实验原理）。

在微溶电解质PbI_2饱和溶液中，存在下列平衡。

$$PbI_2(s) \rightleftharpoons Pb^{2+}(aq) + 2I^-(aq) \tag{1}$$

其溶度积为

$$K_{sp}^{\ominus}(PbI_2) = c(Pb^{2+}) \cdot c^2(I^-) \tag{2}$$

本实验利用离子交换树脂与饱和PbI_2溶液进行离子交换，测定室温下PbI_2溶解度，从而确定其溶度积。

离子交换树脂是一种含有能与其他物质进行离子交换活性基团的功能高分子化合物。含有酸性基团（如磺酸基 —SO_3H、羧基 —COOH 等）能与其他物质交换阳离子的称为阳离子交换树脂。含有碱性基团（如季胺基—NR_3OH、伯胺基 —NH_2、仲胺基—NHR，其中R为碳氢基团等）能与其他物质交换阴离子的称为阴离子交换树脂。根据交换树脂这一特性，广泛被用来进行水的净化、金属的回收，以及离子分离等。本实验采用强酸型阳离子交换树脂与PbI_2饱和溶液中Pb^{2+}进行交换。其交换反应如下。

$$2R—SO_3H + Pb^{2+} \rightleftharpoons (R—SO_3)_2Pb + 2H^+ \tag{3}$$

当一定体积PbI_2饱和溶液流经阳离子交换树脂时，树脂上的H^+即与Pb^{2+}进行交换。交换后，H^+随流出液流出。式（1）平衡向右移动，PbI_2解离，全部Pb^{2+}被交换为H^+，根据流出液$c(H^+)$，可计算出通过离子交换树脂PbI_2饱和溶液中$c(Pb^{2+})$，从而得到PbI_2饱和溶液浓度，然后求出PbI_2溶度积。

$$c(Pb^{2+}) = \frac{c(H^+)}{2} \tag{4}$$

流出液$c(H^+)$可用标准NaOH溶液滴定，也可用pH计测定。本实验采用pH计测定$c(H^+)$。计算方法如下。

取25 mL PbI_2饱和溶液，经过阳离子交换树脂，将其流出液移入100 mL容量瓶，用去离子水淋洗柱内阳离子交换树脂，洗涤水移入容量瓶，至100 mL刻度为止，待容量瓶内溶液混合均匀后测定其pH。

$$c(H^+)_{25} \times 25 = c(H^+)_{100} \times 100 \tag{5}$$

式中，$c(H^+)_{25}$为25 mL PbI_2饱和溶液完全交换后$c(H^+)$；$c(H^+)_{100}$为25 mL PbI_2饱和溶液稀释至100 mL后$c(H^+)$。

根据式（4），因此

$$c(Pb^{2+}) = \frac{c(H^+)_{25}}{2} = \frac{c(H^+)_{100}}{2} \times \frac{100}{25} \tag{6}$$

设饱和PbI_2溶液中 $$c(Pb^{2+}) = c \tag{7}$$

则 $$c(I^-) = 2c \tag{8}$$

则式（2） $$K_{sp}^{\ominus}(PbI_2) = c(Pb^{2+})c^2(I^-) = c(2c)^2 = 4c^3 \tag{9}$$

$$K_{sp}^{\ominus}(PbI_2)=4\left[\frac{c(H^+)_{100}}{2}\times\frac{100}{25}\right]^3=32\times c^3(H^+)_{100} \tag{10}$$

【仪器、试剂与材料】

仪器：离子交换柱（可用一支直径约为 2 cm，下口较细的玻璃管代替。下端细口处填入少许玻璃纤维，并连接一段橡皮管，夹上螺旋夹）；移液管（25 mL，1 支）；吸耳球；容量瓶（100 mL）；烧杯（50 mL）；pH 计；锥形瓶（干净、干燥）；玻璃漏斗（干净、干燥）；玻璃搅拌棒。

试剂：PbI_2 固体（AR）；强酸型阳离子交换树脂（型号 732，柱内氢型湿树脂约 65 mL）；HCl（2 mol/dm^3）。

材料：玻璃棉；pH 试纸；滤纸；玻璃（干净、干燥）。

【实验内容】

1. PbI_2 饱和溶液的制备（由实验教师制备）。

将过量的 PbI_2 固体溶于经煮沸除去 CO_2 的去离子水中，充分搅动并放置过夜，使其溶解，达到沉淀溶解平衡。

若无 PbI_2 试剂，可用 $Pb(NO_3)_2$ 溶液与过量的 KI 溶液反应制得。制成的 PbI_2 沉淀需用去离子水反复洗涤，以防过量的 Pb^{2+} 存在。滤过，得到 PbI_2 固体，再配制饱和溶液。

PbI_2 的溶解度见表 4-11。

表 4-11　PbI_2 的溶解度

t/℃	0	20	25	30	40	50
S/g·(100 g H_2O)	0.044 2	0.068	0.076	0.090	0.125	0.164

2. 装柱（由实验教师装好）。

预先将阳离子交换树脂用去离子水浸泡 24~48 h。

在交换柱底部先填入少量玻璃纤维，以防止离子交换树脂随流出液流出。然后将浸泡过的阳离子交换树脂同约 40 g 去离子水一起注入交换柱中（见图 4-4）。为防止离子交换树脂中有气泡，可用长玻璃棒插入交换柱树脂内搅动，以赶尽树脂中气泡。在装柱和之后树脂转型和交换的整个过程中，保持液面始终高于树脂，避免空气进入树脂层，影响交换结果。

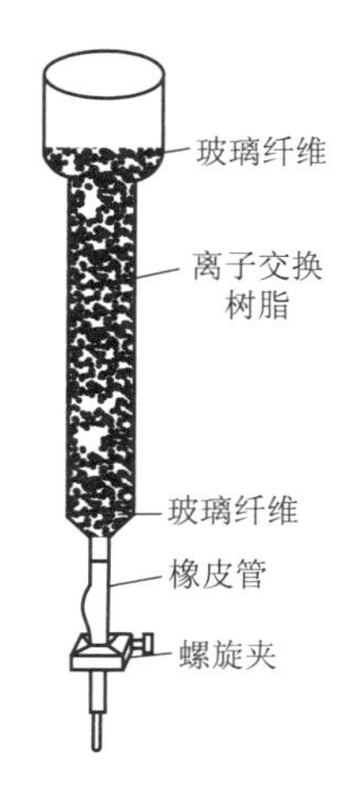

图 4-4　离子交换柱

3. 转型（由实验教师准备）。

为保证 Pb^{2+} 完全转换成 H^+，在进行离子交换前，必须将钠型树脂完全转变成氢型，否则实验结果将偏低（为什么?）。可用 130 mL 2 mol/dm^3 HCl 以 30~40 滴/min 流速流过离子交换树脂。然后用去离子水淋洗树脂，至淋洗液呈中性（用 pH 试纸检验）。

4. 交换和洗涤。

离子交换前，将 PbI_2 饱和溶液过滤到一只干净且干燥的锥形瓶中（过滤所用漏斗、锥形瓶、玻璃棒必须是干净、干燥的。滤纸可用 PbI_2 饱和溶液润湿）。测量并记录饱和溶液的

温度。用移液管准确量取 25 mL PbI_2 饱和溶液，放入一小烧杯中，分几次将其转移至离子交换柱内。流出液用 100 mL 容量瓶承接，流出速度控制在 20~25 滴/min，不宜太快。当液面下降至略高于树脂时，加 25 mL 去离子水洗涤，控制流速同前。再次用 25 mL 去离子水继续洗涤时，流出速度可适当加快，控制在 40~50 滴/min，继续洗涤，在流出液接近 100 mL 时，用 pH 试纸测试，测出流出液 pH 应接近于 7。旋紧螺旋夹，移走容量瓶。每次加液体前，液面都应略高于树脂层 2~3 mm，这样不会带进气泡，又可减少溶液的混合，以提高交换和洗涤效果。在交换和洗涤过程中，注意不要损失流出液。

5. $c(H^+)$的测定。

用滴管将去离子水加至盛有流出液的 100 mL 容量瓶中至刻度，充分摇匀。用酸度计测定溶液的 pH，计算出流出液稀释至 100 mL 后的 $c(H^+)$，用 $c(H^+)_{100}$表示。

6. 离子交换树脂的后处理。

用过的离子交换树脂，先用去离子水洗涤，再用约 100 mL 2 mol/dm^3 HCl 淋洗 。最后用去离子水洗涤至流出液为中性后，即可再使用。

【数据记录和处理】

PbI_2 饱和溶液的温度 __________；

通过交换柱的饱和溶液的体积 __________；

流出液的 pH __________；

流出液的 $c(H^+)_{100}$__________；

PbI_2 饱和溶液的 S __________；

PbI_2 饱和溶液的 $K_{sp}^{\ominus}$__________。

数据的计算过程要求写入实验报告。对照 $K_{sp}^{\ominus}(PbI_2)$文献值，计算实验误差，并讨论误差原因。

【思考题】

1. 在离子交换树脂的转型中，如果加入 HCl 的量不够，树脂没完全转变成氢型，会对实验结果造成什么影响?

2. 在交换和洗涤过程中，如果流出液有一少部分损失掉，会对实验结果造成什么影响?

3. 在进行离子交换操作过程中，为什么要控制流出液的流速 ？如果流速太快，将会产生什么后果?

4. 为什么交换前与交换洗涤后的流出液都要呈中性? 为什么要将洗涤液合并到容量瓶中?

Ⅲ：分光光度法测定 $Cu(IO_3)_2$ 溶度积

【实验目的】

1. 了解分光光度法测定难溶电解质溶度积的原理和方法。

2. 学习分光光度计的使用方法。

3. 熟悉配制溶液、移液、洗涤沉淀及抽滤的操作。

4. 了解工作曲线的作用及学习工作曲线的绘制。

【实验原理】

常用的难溶电解质溶度积测定方法有电导率法、离子交换法、分光光度法、离子计法、沉淀滴定法等。其实质都是在一定温度下，测定溶液中相关离子的浓度，从而求得 $K_{sp}^{\ominus}$。本实验采用分光光度法测定难溶强电解质 $Cu(IO_3)_2$ 溶度积。

$Cu(IO_3)_2$ 在其水溶液中存在下述动态平衡。

$$Cu(IO_3)_2(s) \rightleftharpoons Cu^{2+}(aq)+2IO_3^-(aq) \tag{1}$$

式 (1) 的平衡常数为 $Cu(IO_3)_2$ 溶度积常数。

$$K_{sp}^{\ominus}[Cu(IO_3)_2]=\frac{c(Cu^{2+})}{c^{\ominus}}\times\left(\frac{c(IO_3^-)}{c^{\ominus}}\right)^2=4\left(\frac{c(Cu^{2+})}{c^{\ominus}}\right)^3 \tag{2}$$

溶液中，$c(Cu^{2+})$与 c (IO_3^-) 关系为

$$c(Cu^{2+})=\frac{1}{2}c(IO_3^-) \tag{3}$$

平衡时的溶液为饱和溶液，测定 $Cu(IO_3)_2$ 饱和溶液中 $c(Cu^{2+})$，便可计算出 $Cu(IO_3)_2$ 溶度积常数 $K_{sp}^{\ominus}$。

$c(Cu^{2+})$的测定通过分光光度法进行，采用一系列已知浓度的 Cu^{2+}溶液，加入氨水，使 Cu^{2+}生成蓝色$[Cu(NH_3)_4]^{2+}$配离子，用分光光度计在 610 nm 处，测定有色液的一系列相应吸光度 A （有效溶液浓度范围为 1～0.01 mol/dm^3），以吸光度 A 为纵坐标，以$c(Cu^{2+})$为横坐标，描绘 $A-c(Cu^{2+})$的关系曲线（称为标准曲线）。然后在同样条件下，吸取一定量 $Cu(IO_3)_2$ 饱和溶液与等量氨水作用，测定所得蓝色溶液的吸光度 A'，在标准曲线上找出与 A'相对应的 $c(Cu^{2+})$，即为 $Cu(IO_3)_2$ 饱和溶液中 $c(Cu^{2+})$。最后由$c(Cu^{2+})$便可算出 $Cu(IO_3)_2$ 的 $K_{sp}^{\ominus}(Cu(IO_3)_2)$。

【仪器、试剂与材料】

仪器：托盘天平；烧杯（50 mL 6 只，100 mL）；抽滤装置；滤纸；吸量管；容量瓶（50 mL，5 个）；锥形瓶（250 mL）；量筒（50 mL，100 mL）；UV-2600 型分光光度计。

试剂：$CuSO_4\cdot5H_2O$ （固体，AR）；KIO_3 （固体，AR）；氨水（1 mol/dm^3）；磁加热搅拌器；$CuSO_4$ 标准溶液（0.100 0 mol/dm^3）。

【实验内容】

1. $Cu(IO_3)_2$ 固体的制备。

托盘天平称取 2.7 g KIO_3 晶体，放入 100 mL 烧杯中，加入 50 mL 去离子水溶解。再称取1.5 g $CuSO_4\cdot5H_2O$ 晶体置于 50 mL 烧杯中，加入 20 mL 去离子水，待晶体完全溶解后，把 $CuSO_4$溶液倒入 KIO_3 溶液，搅拌加热至沸腾，静置冷却，待沉淀完全沉降后，倒去清液，所得 $Cu(IO_3)_2$ 沉淀用去离子水洗涤至无 SO_4^{2-}，再抽滤沉淀，得到洁净的 $Cu(IO_3)_2$ 固体，烘干待用（需制备 1～2 g 干燥 $Cu(IO_3)_2$ 固体，查 $Cu(IO_3)_2$ 的分解温度）。

2. 配制 $Cu(IO_3)_2$ 饱和溶液。

称取上述制备的 $Cu(IO_3)_2$ 固体 1.5 g，放入 250 mL 锥形瓶中，加入 150 mL 去离子水，在磁力加热搅拌器上，边搅拌边加热至 343～353 K，保持此温度，搅拌 15 min，冷却，室温

下静置2~3 h。

3. 标准曲线制作。

（1）用$CuSO_4$标准溶液绘制工作曲线。取5个50 mL容量瓶，用吸量管分别加入0.5 mL、1.0 mL、2.5 mL、5.0 mL、7.5 mL标准$CuSO_4$溶液（0.100 0 mol/dm^3），用去离子水稀释至刻度，摇匀。

取上述五种浓度的溶液各10.00 mL分别放入5只50 mL干燥小烧杯中，再各加入10.00 mL 1 mol/dm^3 $NH_3 \cdot H_2O$，将小烧杯中溶液摇匀。

另取一只干燥小烧杯，加入10.00 mL去离子水和10.00 mL 1 mol/dm^3 $NH_3 \cdot H_2O$，也将烧杯中溶液摇匀，做空白溶液实验。

（2）标准曲线数据测定。在610 nm波长下，用2 cm（1 cm）比色皿，通过分光光度计（分光光度计的使用参见第2章2.5.3）测出上述配制系列溶液的吸光度，填入表4-12。以$c(Cu^{2+})$为横坐标对吸光度A作出$A-c(Cu^{2+})$标准曲线图。

表4-12 数据测定

测量编号	1	2	3	4	5	待测	
						1	2
$V(CuSO_4)$/mL	0.5	1.0	2.5	5.0	7.5		
$c(Cu^{2+})/(mol \cdot dm^{-3})$							
A							

4. $Cu(IO_3)_2$饱和溶液中$c(Cu^{2+})$的测定。

从准备好的$Cu(IO_3)_2$饱和溶液中，分别吸取10.00 mL上层清液两份（不能吸入沉淀）于50 mL干燥小烧杯中，各加入10 mL 1 mol/dm^3 $NH_3 \cdot H_2O$，混合均匀后，在与测定标准曲线相同的条件下，测定吸光度A'，填入表4-12中。

5. 求算$K_{sp}^{\ominus}[Cu(IO_3)_2]$。

（1）根据测得的A'值，在工作曲线上查出相应的$c(Cu^{2+})$。

（2）由$c(Cu^{2+})$，计算$K_{sp}^{\ominus}[Cu(IO_3)_2]$的数值。

（3）以7.4×10^{-8}为标准值计算相对误差，并进行误差分析。

【思考题】

1. 加入1 mol/dm^3 $NH_3 \cdot H_2O$量是否要准确，能否用量筒量取？

2. 吸取$Cu(IO_3)_2$饱和溶液时，若吸取少量固体，对测定结果有无影响？

3. 为什么在配制绘制标准曲线的系列溶液及测定$Cu(IO_3)_2$饱和溶液的吸光度时，都要求烧杯干燥？否则对实验结果有何影响？

实验9 电极电势的测定

【实验目的】

1. 了解测定电极电势的原理和方法。

2. 掌握用pH计测定原电池电动势的方法。

3. 了解影响电极电势的因素。

4. 学会（或巩固）正确使用移液管、容量瓶配制溶液。

5. 学会（或巩固）作图法处理数据。

【实验原理】

电极电势是在讨论氧化还原反应时经常要用到的数据。氧化还原电对的电极电势绝对值无法测得，通常用其相对值代替。通常所用的某电极标准电极电势是由某电对与标准氢电极（或其他参比电极）构成原电池时，所测出的电动势而求得的。

原电池是由电解质、电极和盐桥组成，如果用两种不同的金属电对组成原电池，一般来说，相对活泼的金属为负极，相对不活泼的金属为正极。放电时负极上发生氧化反应，不断输出电子，电子通过外电路流入正极，正极不断得到电子，发生还原反应。当外电路连接上酸度计时，可以粗略地测出原电池的电动势 E 为

$$E=E(+)-E(-) \tag{1}$$

当某电对与标准氢电极组成原电池时，标准氢电极是作为参比电极，但这种气体电极使用时条件控制很严，使用不方便。因此，测定电极电势时，常用一些制备工艺简单、易于复制、电极电势稳定、使用方便的电极作参比电极。如甘汞电极，$Pt|Hg|Hg_2Cl_2|Cl^-(c)$ 作为参比电极，用来替代标准氢电极，与待测电极组成原电池，用酸度计（或检流计）测定该原电池的电动势 E，然后计算出待测电极的电极电势，再根据能斯特方程求出待测电极的标准电极电势，有

$$E(\text{氧/还})=E^{\ominus}(\text{氧/还})+\frac{RT}{zF}\ln\frac{c(\text{氧化型})/c^{\ominus}}{c(\text{还原型})/c^{\ominus}} \tag{2}$$

式中，对数项应该用各物质活度（即溶液的有效浓度）。

活度 a 与真实浓度 c 之间的关系为

$$a=fc \tag{3}$$

式中，f 为活度系数。

$ZnSO_4$、$CuSO_4$ 溶液的活度系数见表4-13。

例如，当测定锌电极的电极电势时，将锌电极与饱和甘汞电极组成原电池，测定其电动势 E，其原电池符号为

$$(-)Zn|ZnSO_4(c)||Cl^-(c)|Hg_2Cl_2|Hg|Pt(+) \tag{4}$$

当甘汞电极中 KCl 饱和溶液温度在 25 ℃时，其电极电势 $E(Hg_2Cl_2/Hg)=0.241\,5$（V），该电池的电动势 E 可以确定锌电极的电极电势 $E(Zn^{2+}/Zn)$。因此根据式（1），可得

$$E=E(Hg_2Cl_2/Hg)-E(Zn^{2+}/Zn) \tag{5}$$

则

$$E(Zn^{2+}/Zn)=E(Hg_2Cl_2/Hg)-E=0.241\,5-E \tag{6}$$

若锌电极为标准锌电极，且在标准态下进行，则测定的电势为标准电极电势 $E^{\ominus}(Zn^{2+}/Zn)$。若锌电极与其测定条件为非标准态，则需将式（6）的结果代入能斯特方程求得 $E^{\ominus}(Zn^{2+}/Zn)$，为书写方便，下文省略 $c^{\ominus}$。即

$$E(Zn^{2+}/Zn)=E^{\ominus}(Zn^{2+}/Zn)+2.303\frac{RT}{zF}\lg a(Zn^{2+}) \quad (7)$$

因此，测定一系列不同 $a(Zn^{2+})$ 的 $E(Zn^{2+}/Zn)$，再以 $E(Zn^{2+}/Zn)$ 值为纵坐标，以 $\lg a(Zn^{2+})/c^{\ominus}$ 为横坐标，作 $E(Zn^{2+}/Zn)-\lg\frac{a(Zn^{2+}/Zn)}{1\ \text{mol/kg}}$ 图，应得一直线，据此可检查出实验水平。同时也可利用 $E(Zn^{2+}/Zn)-\lg\frac{a(Zn^{2+})}{1\ \text{mol/kg}}$ 图，直接查出未知 $a(Zn^{2+})$ 溶液的 $E(Zn^{2+}/Zn)$，以及从 $E(Zn^{2+}/Zn)-\lg\frac{a(Zn^{2+})}{1\ \text{mol/kg}}$ 图的直线斜率，求得气体常数 R 或法拉第常数 F 等。

本实验采用饱和甘汞电极作为参比电极，常用的参比电极除甘汞电极外，还有氯化银电极等。甘汞电极反应式为

$$Hg_2Cl_2(s)+2e^- \rightleftharpoons 2Hg(l)+2Cl^- \quad (8)$$

$$E(Hg_2Cl_2/Hg)=E^{\ominus}(Hg_2Cl_2/Hg)-\frac{RT}{zF}\ln\left[\frac{a(Cl^-)}{1\ \text{mol/kg}}\right]^2 \quad (9)$$

式中，甘汞电极的电势大小与 Cl^- 活度有关，也就是与 KCl 溶液的浓度有关。

常用的甘汞电极有三种，而饱和甘汞电极是最常用的。甘汞电极的电极电势见表 4-14。

表 4-13 $CuSO_4$、$ZnSO_4$ 溶液的活度系数（25 ℃）

溶液 \ f \ $c/(\text{mol}\cdot\text{kg}^{-1})$	0.100 0	0.200 0	0.400 0	0.500 0	0.800 0	1.000
$CuSO_4$	0.150	0.104	0.071	0.062	0.048	0.043
$ZnSO_4$	0.150	0.104	0.071	0.063	0.048	0.043

表 4-14 甘汞电极的电极电势

KCl 溶液	名称	$E(Hg_2Cl_2/Hg)/V$(25 ℃)	温度影响
0.1 mol/dm³	0.1 mol 甘汞电极	0.333 8	$E(Hg_2Cl_2/Hg)=0.333\,8-7\times10^{-5}(T-298)$
1.0 mol/dm³	1.0 mol 甘汞电极	0.280 2	$E(Hg_2Cl_2/Hg)=0.280\,2-2.4\times10^{-4}(T-298)$
饱和	饱和甘汞电极	0.241 5	$E(Hg_2Cl_2/Hg)=0.241\,5-7.6\times10^{-4}(T-298)$

从能斯特方程可看出，温度对电极电势有一定影响，除了温度外，原电池正、负极氧化型物质或还原型物质浓度的改变对电极电势的影响更大。例如生成配合物或生成沉淀都会使正、负极物质浓度变化，导致原电池的电动势发生改变。

【仪器、试剂与材料】

仪器：PHS-3C 型精密酸度计；复合电极（1 支）；Cu 电极；Zn 电极；电极管（半电极管）；容量瓶（50 mL，4 个）；移液管（25 mL，4 支）；烧杯（100 mL，2 只；5~10 mL，1 只）；吸耳球（2 个）；洗瓶（1 个）。

试剂：$CuSO_4$（0.800 0 mol/dm³，0.200 0 mol/dm³）；$ZnSO_4$（0.800 0 mol/dm³，0.200 0 mol/dm³）；KCl 饱和溶液；HCl（2 mol/dm³）；H_2SO_4（0.1 mol/dm³）；$NH_3\cdot H_2O$

(6 mol/dm^3)；$ZnSO_4$(1 mol/dm^3)；Na_2S(0.1 mol/dm^3)。

材料：导线；细砂纸；滤纸条；盐桥。

【实验内容】

1. 测定电对 Cu^{2+}/Cu、Zn^{2+}/Zn 的标准电极电势。

1）装置原电池。

（1）电极的活化。将待测电极用细砂纸打磨光亮（必要时可在 2 mol/dm^3 HCl 或 0.1 mol/dm^3 H_2SO_4 溶液内浸洗 5 s）后，用去离子水洗净，并用滤纸吸干备用。

（2）配制已知浓度的电解质溶液。用 25 mL 移液管吸取实验室配制的 0.800 0 mol/dm^3 及 0.200 0 mol/dm^3 $CuSO_4$ 溶液，配制 0.400 0 mol/dm^3 及 0.100 0 mol/dm^3 $CuSO_4$ 溶液置于 50 mL 容量瓶中。

用 25 mL 移液管吸取实验室配制的 0.800 0 mol/dm^3 及 0.200 0 mol/dm^3 $ZnSO_4$ 溶液，配制 0.400 0 mol/dm^3 及 0.100 0 mol/dm^3 $ZnSO_4$ 溶液置于 50 mL 容量瓶中。

（3）电池的组合。用少量配好的电解质溶液将电极及电极管冲洗两次后，再将电解质溶液倒入电极管内（液面高度为容器 2/3 处，应超过弯管顶部），把被测电极插入电极管内并塞紧橡皮塞，使其不得漏气。装好的电极，其虹吸管（包括管口）不能有气泡，也不能有漏液现象。按图 4-5 所示在 5~10 mL 烧杯中加入约容量 2/3 的 KCl 饱和溶液，将被测电极与饱和甘汞电极一同插入其中，组成原电池。

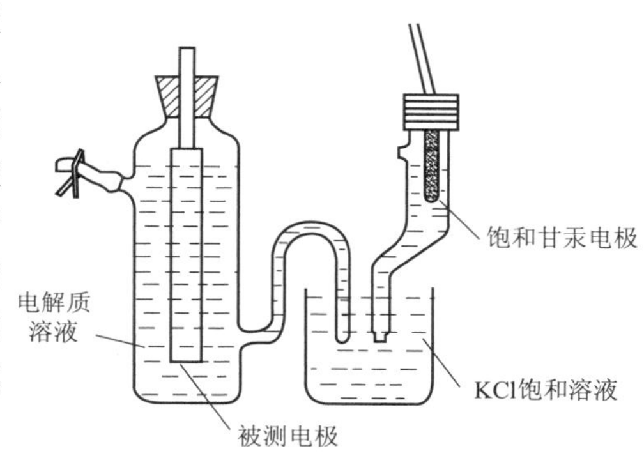

图 4-5　电极电势测定装置图

2）测量电动势。

将饱和甘汞电极接到酸度计的正极，锌电极接到酸度计的负极。测量锌电极分别在 0.100 0 mol/dm^3、0.200 0 mol/dm^3、0.400 0 mol/dm^3、0.800 0 mol/dm^3 $ZnSO_4$ 溶液中，与饱和甘汞电极组成原电池的电动势。再测定铜电极分别在与上述同样条件的四种不同浓度 $CuSO_4$ 溶液，与饱和甘汞电极组成原电池的电动势。

3）数据记录。

将数据填入表 4-15 中。

表 4-15　数据记录

浓度/(mol·dm^{-3}) E/mV 待测电池	0.100 0	0.200 0	0.400 0	0.800 0
Zn-甘汞（饱和） Cu-甘汞（饱和）				

4）结果处理。

（1）根据测量结果按式（1）和式（2）计算出被测电对的电极电势 E（氧/还）和标准电极电势 $E^{\ominus}$(氧/还)。

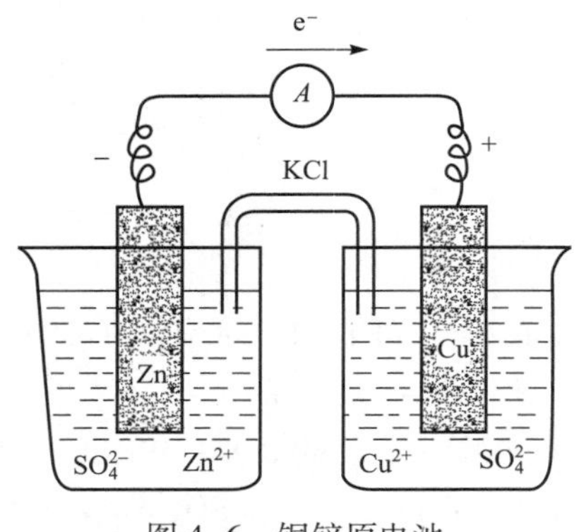

图 4-6　铜锌原电池

（2）分别以 $\lg \frac{a(Cu^{2+})}{1\ mol/kg}$、$\lg \frac{a(Zn^{2+})}{1\ mol/kg}$ 为横坐标，以电对的电极电势 E（氧/还）为纵坐标作图。

（3）在上述图中找出被测电对的标准电极电势，再与由公式计算出的标准电极电势进行比较得出结论。

（4）分析误差原因。

2. 形成配合物对电极电势的影响。

（1）在两只 50 mL 烧杯中，按图 4-6 所示分别倒入 20 mL 0.1 mol/dm^3 $CuSO_4$ 和 20 mL 0.1 mol/dm^3 $ZnSO_4$ 溶液，并将铜电极和锌电极分别插入 $CuSO_4$ 和 $ZnSO_4$ 溶液中，放入盐桥组成原电池，用导线将原电池与酸度计相连，测定 $ZnSO_4$/Zn、$CuSO_4$/Cu 原电池的电动势。

（2）取出盐桥，在 $CuSO_4$ 溶液中慢慢滴入 6 mol/dm^3 $NH_3 \cdot H_2O$，不断搅拌，直到生成的沉淀又溶解为止。然后放入盐桥，测定此时 Cu-Zn 原电池的电动势。试说明形成配合物对 $E(Cu^{2+}/Cu)$ 有何影响。

3. 浓度对电极电势的影响。

将本实验内容 2 中 Cu-Zn 原电池的 $ZnSO_4$ 溶液换为 1.0 mol/dm^{3}浓度，测定 $ZnSO_4$/Zn、$CuSO_4$/Cu 原电池的电动势，并与本实验内容 2 的电动势比较，试说明 $c(Zn^{2+})$ 增大对 $E(Zn^{2+}/Zn)$ 有何影响。

4. 形成沉淀对电极电势的影响。

在 $CuSO_4$/Cu(0.1 mol/dm^3)半电池的 $CuSO_4$ 溶液中（取出盐桥），逐滴加入 0.1 mol/dm^3 Na_2S 溶液，搅拌，静置，待沉淀完全后（插入盐桥），与 $ZnSO_4$(0.1 mol/dm^3)、Zn 组成原电池，测定电动势。试说明生成沉淀对 $E(Cu^{2+}/Cu)$ 有何影响。

【思考题】

1. 盐桥的作用是什么，能否不用？
2. 哪些因素影响电极电势？
3. 应选用何种仪器测定电极电势？
4. 电极不进行活化对实验结果有何影响？
5. 能斯特方程中 $\lg c$(氧化型)、$\lg c$(还原型) 为什么不能直接用所测溶液的浓度？
6. 测定生成配合物对电极电势的影响时，在加 $NH_3 \cdot H_2O$ 之前为什么要先取出盐桥？

附： 严格地说，电化学中所用的浓度应是质量摩尔浓度，即 1 000 g 溶剂中所溶解的溶质的物质的量，单位为 mol/kg。但稀溶液中 1 mol/kg 与 1 mol/dm^3 相差不太大，本实验也可近似用 mol/dm^{3}代替 mol/kg。

实验 10　分光光度法测定磺基水杨酸铜配合物的组成和稳定常数

【实验目的】

1. 了解用分光光度法测定有色物质浓度的方法。

2. 了解用分光光度法测定配合物的组成和稳定常数的原理和方法。

3. 熟悉分光光度计和 pH 计的使用。

4. 巩固溶液配制操作，以及利用参数方程和作图处理数据的方法。

【实验原理】

有色物质溶液颜色的深浅与浓度有关，浓度越大，颜色越深。因而可以用比较溶液颜色的深浅，来测定溶液中该种有色物质的浓度，这种测定方法称为比色分析。用分光光度计进行比色分析的方法称为分光光度法。

1. 朗伯比尔定律。

比色分析的原理是当一束一定波长的单色光通过有色溶液时，一部分光被溶液吸收，一部分光透过溶液。被吸收的光量和溶液的浓度、溶液的厚度，以及入射光的强度等因素有关（见图 4-7）。

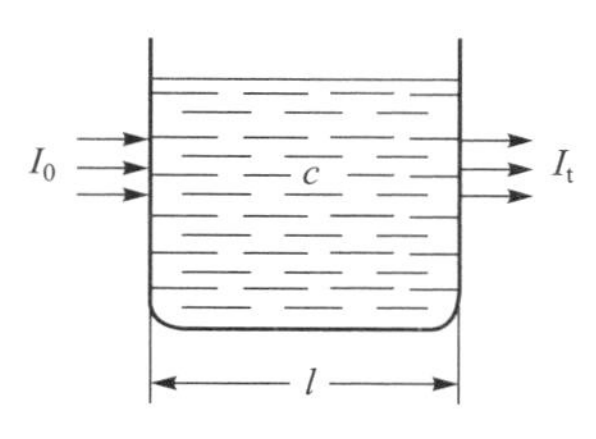

图 4-7　光的吸收示意图

如果入射光的强度为 I_0，吸收光的强度为 I_a，透过光的强度为 I_t，则

$$I_0 = I_a + I_t$$

当 I_0 一定时，吸收光的强度 I_a 越大，透过光的强度 I_t 越小。

对光的吸收和透过程度，通常有以下两种表示方法。

第一种方法是透光度。透过光的强度 I_t 与入射光的强度 I_0 之比称为透光度，常用 T 表示为

$$T = I_t / I_0$$

式中，T 越大，溶液的透光程度越大，而对光的吸收程度越小。

第二种方法是吸光度（又称光密度或消光值）。吸光度是透光度的负对数，用 A 表示为

$$A = -\lg T = -\lg(I_t / I_0) = \lg(I_0 / I_t)$$

式中，A 越大，I_0/I_t 越大，即溶液吸收光的程度也越大。反之，溶液对光的吸收程度小。

根据实验结果证明：有色溶液对光的吸收程度与溶液中有色物质的浓度 c 和液层厚度 l 的乘积在一定浓度范围内成正比。这就是朗伯比尔定律，其数学表达式为

$$A = \varepsilon c l$$

式中，ε 为一常数，称为摩尔吸光系数，其数值大小与入射光的波长，以及溶液的性质、温度有关。

对同一种有色物质，当入射光的波长、溶液温度和比色皿（液层厚度）一定时，吸光度 A 只与溶液的浓度 c 成正比。则有

$$A_1 / c_1 = A_2 / c_2 = \cdots = A_i / c_i = \varepsilon l = B$$

通常测定某有色物质一系列已知浓度的吸光度，以吸光度 A 为纵坐标，以浓度 c 为横坐标，绘出 A-c 标准曲线，曲线的斜率即为 $B = \varepsilon l$。如果测得该物质的未知浓度 c_i，溶液的吸光度 A_i，则由 $c_i = A_i / B$ 或从标准曲线上可求出 c_i。这就是比色分析的依据。

2. 等物质的量系列法求配合物的组成和稳定常数。

所谓等物质的量系列法，就是保持溶液中的中心离子 M 和配体 R（M、R 都略去电荷）的总物质的量不变，将中心离子和配体按不同物质的量比混合，配制一系列等体积的溶液（即配制一系列保持中心离子浓度 $c(\mathrm{M})$ 和配体浓度 $c(\mathrm{R})$ 之和不变的溶液），分别测定它们的吸光度。在这一系列等体积的溶液中，虽然总物质的量相等，但 M 和 R 物质的量比不同（即在这一系列溶液中，有一些溶液的金属离子（中心离子）是过量的，而另一些溶液的配体是过量的。只有当溶液中金属离子与配体的物质的量比与配离子的组成一致时，配离子的浓度才最大）。当溶液中只生成一种配合物时，随着 M 物质的量由小到大（R 物质的量则由大到小），配合物的浓度将是先递增后递减，相应的吸光度也作同样的变化。若以吸光度 A 为纵坐标，以 M/R 不同物质的量比（或配位体与中心离子的物质的量分数）为横坐标作图，所得的吸光度-物质的量比曲线，一定会出现极大值，如图 4-8 所示。

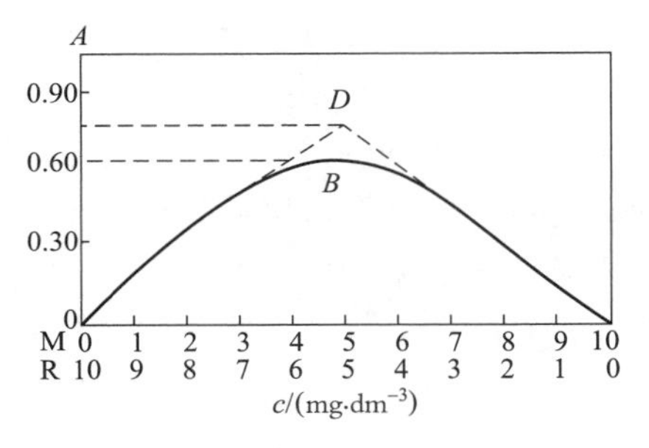

图 4-8　吸光度-物质的量比曲线图

本实验选择测定磺基水杨酸（HO—C₆H₃(—SO₃H)(—COOH)，简式为 H_3R）与 Cu^{2+} 形成配合物的组成和稳定常数。在溶液中，pH 不同则形成配合物的组成也不同。pH 在3~5.5时，形成黄绿色 $[CuR]^-$ 型配合物。

$$Cu^{2+} + {}^{-}O_3S\text{—}C_6H_3(\text{—OH})(\text{—COOH}) \rightleftharpoons \left[{}^{-}O_3S\text{—}C_6H_3(\text{—O—})(\text{—C(=O)—O—})Cu\right] + 2H^+$$

磺基水杨酸　　　　　　　　磺基水杨酸铜

pH > 8.5 时，形成蓝绿色 $[CuR_2]^{4-}$ 型配合物。本实验控制溶液的 pH = 5.0，用等物质的量系列法研究此时生成的磺基水杨酸铜配合物的组成和稳定常数。

（1）配合物组成的确定。

在所测的一系列溶液中，中心离子和配体的总物质的量相同，如果 M 和 R 全部形成了配合物，没有过量的 M 和 R，即溶液中的中心离子与配体的物质的量比与配合物（或配离子）的组成一致时，配合物的浓度最大，吸光度-物质的量比曲线呈现极大值。因此，与曲线极大值点对应的溶液的组成（M 和 R 物质的量比）即为该配合物的组成。对于图 4-8 所示的结果，与吸光度极大值点对应的 M 和 R 物质的量比为 1∶1，故该化合物的组成为 MR 型。如果实验结果表明，与吸光度 A 极大值点对应的溶液中，M 与 R 物质的量比为 1∶2，则配合物为 MR_2 型。

（2）配合物稳定常数的确定。

按照朗伯比尔定律，如果 M 和 R 全部形成了配合物 MR_n，“吸光度-物质的量比”图应是一条折线，有明显的极大值 D，如图 4-8 中的虚线所示。与 D 处对应的吸光度是

A_1，是 MR_n 不离解时的最大吸光度。实测的与 B 处对应的吸光度 A_2 是由于配合物发生部分解离后剩下的配合物的吸光度。因此，配合物的解离度 α 表示为

$$\alpha=\frac{A_1-A_2}{A_1} \tag{1}$$

而组成为 1∶1 的配合物 MR 的稳定常数可由式（2）求出。

$$MR \rightleftharpoons M+R$$

	MR	M	R
起始浓度/（$mol \cdot dm^{-3}$）	c	0	0
平衡浓度/（$mol \cdot dm^{-3}$）	$c-c\alpha$	$c\alpha$	$c\alpha$

$$K(\text{稳})=\frac{c(MR)}{c(M)c(R)}=\frac{1-\alpha}{c\alpha^2} \tag{2}$$

式中，c 是假设配合物 MR 不发生任何解离时的浓度（即图 4-8 中 D 点配离子的浓度）。将式（1）求得的 α 值代入式（2）中即得 $K(\text{稳})$。

但这样所得的 $K(\text{稳})$ 与文献值差别较大。这可能是磺基水杨酸离子加质子反应的影响。因为在 25 ℃时，磺基水杨酸羧基上氢的解离常数和酚基上的解离常数分别为 $K''_a=5.37\times10^{-3}$、$K'''_a=3.98\times10^{-12}$，故其有很大可能形成加质子反应。所以式（2）中的 $c(R)$ 需加以校正。即

$$c(R)=c\alpha-c(HR)-c(H_2R)=c\alpha-\frac{1}{K'''_a}c(H)c(R)-\frac{1}{K''_aK'''_a}c(R)c^2(H) \tag{3}$$

化简得

$$c(R)=\frac{c\alpha}{1+\dfrac{c(H)}{K'''_a}+\dfrac{c^2(H)}{K'''_aK''_a}} \tag{4}$$

而

$$c(M)=c\alpha,\ c(MR)=c-c\alpha$$

所以

$$\lg K(\text{稳})=\frac{c(MR)}{c(M)c(R)}=\frac{1-\alpha}{c\alpha^2}\left[1+\frac{c(H)}{K'''_a}+\frac{c(H)^2}{K'''_aK''_a}\right] \tag{5}$$

按式（5）计算出的结果接近文献值。结果比较见表 4-16。

表 4-16　lg$K$(稳) 实验值与文献值比较

记录 \ 本实验结果	按式（2）计算	按式（5）计算	文献值
lg$K$(稳)	3.27	9.67	9.27 9.52 9.43±0.09

【仪器、试剂与材料】

仪器：分光光度计；酸度计；电磁搅拌器；酸式滴定管（10 mL，2 支）；容量瓶（50 mL，9 个编号）；烧杯（50 mL，9 只编号）；镜头纸；滤纸条。

试剂：$Cu(NO_3)_2$(0.05 mol/dm^3,已标定好)；NaOH(1 mol/dm^3,0.05 mol/dm^3)；磺基水杨酸(0.05 mol/dm^3,已标定好)；HNO_3(0.1 mol/dm^3)；KNO_3(0.1 mol/dm^3)。

【实验内容】

1. 等物质的量系列溶液的配制。

（1）用10 mL滴定管按表4-17所示体积比，量取已标定好的$Cu(NO_3)_2$① 和磺基水杨酸溶液②（两者浓度相等），分别放入9只编有号码的50 mL烧杯中，配成混合溶液。

表4-17　等物质的量系列溶液的配制与吸光度测定

烧杯编号	1	2	3	4	5	6	7	8	9
$V(Cu(NO_3)_2)$/mL	1	2	3	4	5	6	7	8	9
$V(H_3R)$/mL	9	8	7	6	5	4	3	2	1
A									

（2）依次调节每只烧杯中混合溶液的pH。取1号烧杯中溶液，用酸度计测其pH，在搅拌下，先慢慢滴加1 mol/dm^3 NaOH溶液（以不生成沉淀为宜，若有沉淀生成则应待沉淀消失后再继续滴加），将溶液的pH调至4.5左右，再用0.05 mol/dm^3 NaOH准确调节，使溶液pH为5.0（此时溶液的颜色为黄绿色）。若溶液的pH超过5.0，则用0.1 mol/dm^3 HNO_3溶液调回。注意：溶液的总体积不超过40 mL。其他各只烧杯中溶液照此处理。

（3）将调好pH的溶液分别转移到已编有号码的50 mL容量瓶中，用pH＝5.0的0.1 mol/dm^3 KNO_3溶液稀释至标线，摇匀待测。

2. 吸光度的测定。

用分光光度计进行测定。选用槽长为1 cm的比色皿，以pH＝5的0.1 mol/dm^3 KNO_3溶液③作空白实验，用400 nm波长分别测定每只烧杯中混合溶液的吸光度④。

---

① $Cu(NO_3)_2$（0.05 mol/dm^3）溶液的配制。称取$Cu(NO_3)_2\cdot 3H_2O$，用0.1 mol/dm^3 KNO_3溶液配制成0.05 mol/dm^{3}的溶液，然后按如下方法进行标定：用移液管吸取15 mL 0.200 0 mol/dm^3 EDTA标准溶液，加热到80 ℃（有气泡向上跑），加2滴1-(2-吡啶偶氮)-2萘酚（简称PAN）指示剂，用待定的$Cu(NO_3)_2$溶液滴定至溶液由蓝色转变为紫色即为终点。根据用量计算出$Cu(NO_3)_2$溶液的准确浓度。

② 磺基水杨酸（0.05 mol/dm^3）溶液的配制。先按计量称取磺基水杨酸，用0.1 mol/dm^3 KNO_3溶液配制成约0.3 mol/dm^{3}的溶液。然后以酚酞作指示剂，用标准NaOH溶液标定，确定其准确浓度。最后用0.1 mol/dm^3 KNO_3稀释之，使磺基水杨酸的浓度与$Cu(NO_3)_2$溶液的浓度相同。

③ KNO_3(0.1 mol/dm^3，pH＝5）溶液的配制。取0.1 mol/dm^3 KNO_3溶液用HNO_3溶液准确调至pH＝5。

④ 实验波长选择。在本实验中除了形成的配合物CuR有颜色外，水合铜离子也有颜色。因此，实际所用波长应对配合物CuR有最大吸光度，而对水合铜离子有最小的吸光度。为此，测定两条吸收曲线作为选择合适波长的依据。

$Cu(NO_3)_2$溶液吸收曲线。取0.050 mol/dm^3 $Cu(NO_3)_2$（0.1 mol/dm^3 KNO_3）溶液10 mL注入50 mL容量瓶，用pH为5.0的0.1 mol/dm^3 KNO_3溶液稀释至刻度线。然后以pH＝5.0的KNO_3溶液做比色的空白液，在波长300～800 nm范围内测定$Cu(NO_3)_2$溶液吸光度。以所测的吸光度为纵坐标，波长为横坐标作图。

CuR吸收曲线。取3 mL 0.050 mol/dm^3 $Cu(NO_3)_2$(0.1 mol/dm^3 KNO_3）溶液，7 mL 0.050 mol/dm^{3}磺基水杨酸（H_3R），调节pH＝5.0，并用pH＝5.0的0.1 mol/dm^3 KNO_3溶液稀释至50 mL，按照$Cu(NO_3)_2$溶液吸收曲线方法测其吸光度，并作图。

综合考虑上述两条曲线，波长为400 nm最适宜。

先将去离子水冲洗过的比色皿用待测溶液荡洗3遍，然后装入待测溶液至2/3体积处，并用镜头纸仔细地将比色皿透光面擦净（水滴较多时先用滤纸吸去大部分水后，再用镜头纸擦净），按编号依次放入比色皿框内，进行测定。记录下吸光度。分光光度计的使用及注意事项见第2章2.5.3。

【结果处理】

1. 作图。

以吸光度 A 为纵坐标，以物质的量分数（即分数 $V_M/(V_M+V_R)$）为横坐标作吸光度-物质的量比曲线图，并将曲线两边的直线部分延长，求出最大的吸光度。

2. 求磺基水杨酸铜的组成和稳定常数。

【思考题】

1. 本实验中怎样确定配合物的组成，怎样求得 K(稳)？

2. 所用磺基水杨酸和硝酸铜的浓度相等是必要的吗？为什么？

3. 实验中：① 每个溶液的pH不一样，② 温度有较大变化，③ 比色皿的透光面不洁净，以上条件将对结果有何影响？

实验11　配合物的吸收光谱——分裂能的测定

【实验目的】

1. 学习配合物分裂能的测定方法，加深对相关理论的理解。

2. 熟悉分光光度计的使用。

【实验原理】

过渡金属形成配合物后，在晶体场的作用下，金属离子的五个d轨道发生能级分裂。在正八面体场中，d轨道分裂为两组：e_g 轨道（两个简并轨道）和 t_{2g} 轨道（三个简并轨道），如图4-9所示。

e_g 轨道和 t_{2g} 轨道之间的能量差称为分裂能，以 Δ_0 或10Dq表示，即

$$E(e_g)-E(t_{2g})=\Delta_0=10\text{Dq}$$

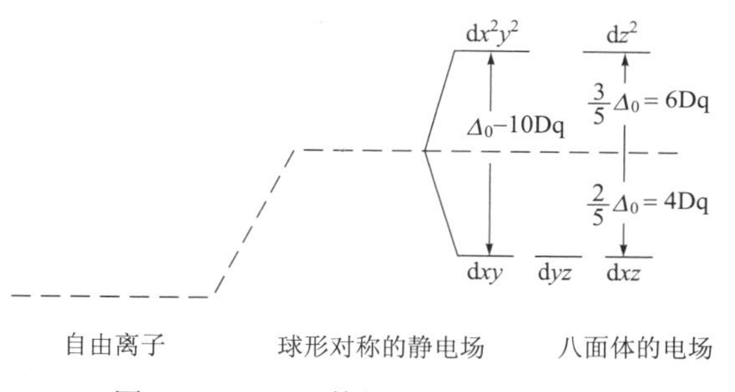

图4-9　正八面体场中d轨道的分裂

当分裂后的d轨道没有完全充满电子（$d^1 \sim d^9$）时，电子就可在不同能量的d轨道之间跃迁，此种跃迁称为d-d跃迁。d-d跃迁产生的光谱称为d-d跃迁光谱。d-d跃迁的能量在10 000~30 000 cm^{-1}，这种跃迁所需要的能量恰好等于较低能级与较高能级之间d轨道的分裂能。其中d-d轨道的能量14 000~25 000 cm^{-1} 相当于可见光区能量范围，所以过渡金属的配合物常具有特征颜色。

d-d跃迁的能量差可以通过实验测定。

根据

$$E_{光}=E(e_g)-E(t_{2g})=\Delta_0$$

$$E_{光}=h\nu=\frac{hc}{\lambda}=hc\tilde{\nu} \quad (1)$$

式中，h 为普朗克常数，其值为 6.626×10^{-34} J·s；$E_{光}$ 为可见光光能，单位为 J 或 kJ；ν 为频率，单位为 s^{-1}；c 为真空中光速，其值为 $2.998\,9\times10^{8}$ m/s；λ 为波长，单位为 nm；$\tilde{\nu}$ 为波数，即$\frac{1}{\lambda}$；Δ_0 为常用波数，单位为 cm^{-1}。

在光谱测定中，由于发生了 d-d 跃迁，则将在吸光度 A 与波长 λ 曲线中出现最大吸收峰，其对应的吸收峰吸收光子的能量即为跃迁发射所需要的能量，由最大吸收峰 λ 值可计算得到 Δ_0 值。即

$$\Delta_0=\frac{1}{\lambda} \quad (2)$$

结合式（1），可将 Δ_0 波数形式表示转化为能量形式表示为

$$E_{分裂能}=hc\Delta_0 \quad (3)$$

分裂能的大小与中心离子电荷数、d 轨道主量子数 n、价层电子构型，以及配位体的结构和性质有关。

配体相同，分裂能 Δ 按下列次序递减。

平面正方形场 > 八面体场 > 四面体场

八面体场中，同一元素与相同配位体形成的配合物，中心离子电荷数多的比电荷数少的 Δ_0 值大。

例如 $[Cr(H_2O)_6]^{3+}$ $\Delta_0=17\ 600\ cm^{-1}$

$[Cr(H_2O)_6]^{2+}$ $\Delta_0=14\ 000\ cm^{-1}$

同族、相同电荷数的过渡金属离子八面体场配合物，随着主量子数 n 增加，其 Δ_0 值也增大。Δ_0 值从第一过渡系到第二过渡系增加 40%～50%，由第二过渡系到第三过渡系增加 25%～30%。

例如 $[CrCl_6]^{3-}$ $\Delta_0=13\ 600\ cm^{-1}$

$[MoCl_6]^{3-}$ $\Delta_0=19\ 200\ cm^{-1}$

本实验测定$[Ti(H_2O)_6]^{3+}$、$[Cr(H_2O)_6]^{3+}$和$[Cr(EDTA)]^-$的分裂能。

在$[Ti(H_2O)_6]^{3+}$中，中心离子 Ti^{3+} 含 d^1 电子。基态时 d 电子位于能级较低的 t_{2g} 轨道，当它吸收一定波长的光后，d 电子从基态 t_{2g} 轨道跃迁到 e_g 轨道，跃迁所需的能量 $h\nu$ 就相当于 $[Ti(H_2O)_6]^{3+}$的分裂能 Δ_0。

在 $[Cr(H_2O)_6]^{3+}$和 $[Cr(EDTA)]^-$中，中心离子 Cr^{3+} 含有 d^3 电子，3 个 d 电子受八面体场的影响，电子间相互作用使 d 轨道产生如图 4-9 所示的能级分裂。所以这两个配离子吸收了可见光的能量后，分别都有 3 个相应的电子跃迁吸收峰，由吸收峰最大波长位置的波长来计算 Δ_0 值。其中电子从 t_{2g} 轨道跃迁到 e_g 轨道所需要的能量等于 10Dq。

【仪器、试剂与材料】

仪器：UV-2600 型分光光度计；容量瓶（50 mL，2 个）；烧杯（50 mL）；洗瓶；托盘天平；移液管（5 mL）。

试剂：$TiCl_3$（15%）水溶液；$CrCl_3 \cdot 6H_2O$（s，AR）；EDTA 二钠盐（s，AR）。

【实验内容】

1. $[Ti(H_2O)_6]^{3+}$溶液的配制。

用移液管吸取 5 mL 15%$TiCl_3$ 水溶液于 50 mL 容量瓶中，稀释至刻度，摇匀。

2. $[Cr(H_2O)_6]^{3+}$溶液的配制。

称取 0.3 g $CrCl_3 \cdot 6H_2O$ 于 50 mL 烧杯中，加少量去离子水溶解，转移至 50 mL 容量瓶中，稀释至刻度，摇匀。

3. $[Cr(EDTA)]^-$溶液的配制。

称取 0.5 g EDTA 二钠盐于 50 mL 烧杯中，用 30 mL 去离子水加热溶解后，加入约 0.05 g $CrCl_3 \cdot 6H_2O$，稍加热得紫色$[Cr(EDTA)]^-$溶液。

4. 电子光谱的测定。

在分光光度计的波长范围（420~700 nm）内，以去离子水作参比液，用 1 cm 比色皿测定上述溶液的吸光度。

以吸光度 A 为纵坐标，波长 λ 为横坐标，绘制出上述配合物的 A-λ 吸收曲线，由最大吸收波长，应用式（3）求出分裂能 Δ_0。

【实验数据记录和处理】

1. 以表格形式记录实验有关数据。

2. 绘制 A-λ 吸收曲线。

由实验测得的吸光渡 A 和波长 λ 绘制出 A-λ 吸收曲线，分别计算出配离子的 Δ_0 值。

注：每个配合物有一条吸收曲线。可采用不同连线方式（如……，-·-·-·-·等），在一张图上绘出三条曲线。

【思考题】

1. 用于测定配合物电子光谱的溶液浓度是否要很准确，为什么？

2. Ti^{3+}配合物吸收光谱是如何产生的？

3. 八面体场配合物的分裂能 Δ_0（10Dq）受哪些因素影响？

第 5 章

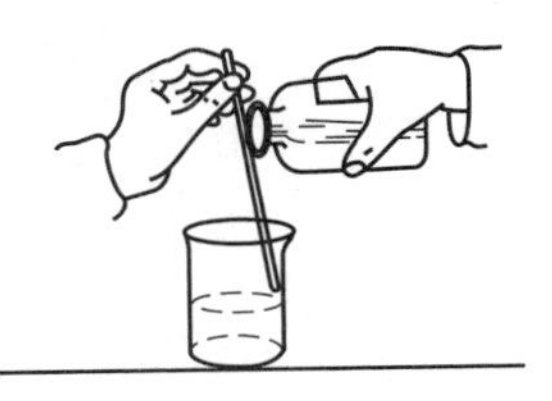

化学原理的应用实验

实验 12　电解质溶液与酸碱平衡

【实验目的】

1. 通过实验巩固溶液中酸碱平衡的有关概念（平衡条件、特点、移动的规律）。
2. 了解不同化合物在水中解离度的差别。
3. 掌握影响弱电解质解离平衡的因素。
4. 学习缓冲溶液的配制方法并了解缓冲溶液的性质。
5. 掌握盐类水解情况及影响盐类水解的主要因素。
6. 掌握用酸度计和精密试纸测定溶液 pH 的方法。
7. 练习或巩固固体或液体试剂的取用方法。

【实验原理】

根据电解质导电能力的大小把电解质分为强电解质和弱电解质。弱电解质在水溶液中的解离过程是可逆的，在一定条件下将建立平衡，称为解离平衡，如

$$H_2O(l) + HAc(aq) \rightleftharpoons H_3O^+(aq) + Ac^-(aq) \tag{1}$$

$$K_a^\ominus(HAc) = \frac{[c(H_3O^+)/c^\ominus][c(Ac^-)/c^\ominus]}{c(HAc)/c^\ominus} \tag{2}$$

$$NH_3 \cdot H_2O(aq) \rightleftharpoons NH_4^+(aq) + OH^-(aq) \tag{3}$$

$$K_b^\ominus = \frac{[c(NH_4^+)/c^\ominus][c(OH^-)/c^\ominus]}{c(NH_3 \cdot H_2O)/c^\ominus} \tag{4}$$

解离平衡是化学平衡的一种，有关化学平衡的原理都适用于解离平衡。

解离平衡在移动中常表现为一种同离子效应，这是在弱电解质溶液中，加入含有相同离子的另一种强电解质时，使弱电解质的解离程度减小的效应。如

$$NH_3 \cdot H_2O \rightleftharpoons NH_4^+ + OH^- \tag{5}$$

向 $NH_3 \cdot H_2O$ 溶液中加入 NH_4Ac 固体后，如

$$NH_4Ac \longrightarrow NH_4^+(aq) + Ac^-(aq) \tag{6}$$

使式（5）平衡向左移动，结果 $NH_3 \cdot H_2O$ 溶液中 OH^- 离子浓度降低，抑制了它的解离。

在这种弱碱（酸）及其盐的混合溶液中，加入少量的酸、碱或将其稀释，溶液的 pH 改变很小，这种溶液称为缓冲溶液。

酸的水溶液显酸性，碱的水溶液显碱性，盐对水解离平衡的破坏，则称为盐的水解。由于盐的水解致使不同盐的水溶液具有不同的酸碱性，利用水解反应可以进行合成新的化合物和物质的分离。

【仪器、试剂与材料】

仪器：酸度计；电动离心机；pH 试纸（广泛，精密）；试管；离心试管；玻璃搅拌棒。

试剂：HCl（0.1 mol/dm^3，6 mol/dm^3）；HAc（0.1 mol/dm^3，0.2 mol/dm^3，1 mol/dm^3，2 mol/dm^3）；HCOOH（0.1 mol/dm^3）；NaOH（0.1 mol/dm^3）；Zn 粒；$NH_3 \cdot H_2O$（0.1 mol/dm^3）；酚酞溶液；NaAc(s)；PbI_2(饱和溶液，0.2 mol/dm^3)；NH_4Cl（0.1 mol/dm^3，1 mol/dm^3）；NaCl（0.1 mol/dm^3）；NH_4Ac（s，0.1 mol/dm^3）；NaAc（0.1 mol/dm^3，0.2 mol/dm^3，1 mol/dm^3，2 mol/dm^3）；$Bi(NO_3)_3$（s）；$BiCl_3$（s）；$Al_2(SO_4)_3$（0.1 mol/dm^3）；$NaHCO_3$(0.5 mol/dm^3)；Na_2SiO_3(0.5 mol/dm^3)；KI(0.2 mol/dm^3)。

【实验内容】

1. 酸碱溶液的 pH。

（1）用广泛 pH 试纸测定 0.1 mol/dm^3 HCl、HAc、HCOOH、NaOH 和 $NH_3 \cdot H_2O$ 等溶液的 pH，并与计算值（实验前计算出的理论值）相比较。

（2）取两支试管各加入 1 粒 Zn 粒，分别加入 5 滴 0.1 mol/dm^3 HCl 和 0.1 mol/dm^3 HAc，观察现象，根据实验结果，比较两者酸性有何不同。

2. 同离子效应。

（1）在试管中加入 5 滴 0.1 mol/dm^3 $NH_3 \cdot H_2O$，再加入 1 滴酚酞溶液，溶液显什么颜色？作记录。再向其中加入少量 NH_4Ac 固体，摇动试管使其溶解，观察溶液颜色有何变化。说明其原因。

（2）在试管中加 3 滴 PbI_2 饱和溶液，然后加 1~2 滴 0.2 mol/dm^3 KI 溶液，振荡试管观察有何现象。说明其原因。

（3）参照本实验（1）自行设计一个方案，证明同离子效应。

3. 盐类的水解及影响水解的因素。

（1）几种盐类的水解情况。

用酸度计或精密 pH 试纸分别测定 0.1 mol/dm^3 NaAc 溶液、0.1 mol/dm^3 NH_4Cl 溶液和 0.1 mol/dm^3 NaCl，以及 0.1 mol/dm^3 NH_4Ac 溶液的 pH。分别与实验前计算出的 pH 进行比较，解释观察到的现象，并作出结论。

（2）影响盐类水解的因素。

① 温度对水解的影响。在试管中加入 2 mL 1 mol/dm^3 NaAc 溶液和 1 滴酚酞试液，摇动使均匀后，分成两份，一份留待对照用，另一份加热至沸，观察溶液颜色变化，解释现象。

② 浓度对水解的影响。取适量 $Bi(NO_3)_3$ 晶体放入离心试管里，加入适量去离子水使溶解，用玻璃棒充分搅动，离心分离，用滴管小心地吸取上层澄清液注入盛有去离子水的试管里，观察发生的现象，写出反应方程式。

③ 介质酸度对水解的影响。取米粒大小的固体 $BiCl_3$，用少量去离子水溶解，观察现象，测定该溶液的 pH。滴加 6 mol/dm^3 HCl 溶液，振荡试管，至沉淀刚好溶解。再加水稀释，又有何现象。写出反应方程式，并加以解释。

4. 能水解的盐类间的相互反应。

（1）在 1 mL 0. 1 mol/dm^3 $Al_2(SO_4)_3$ 溶液中加入 1 mL 0. 5 mol/dm^3 $NaHCO_3$ 溶液，观察现象，用水解平衡移动的观点来解释，写出反应离子方程式。

（2）在 1 mL 0. 5 mol/dm^3 Na_2SiO_3 溶液中，加入 1 mL 1 mol/dm^3 NH_4Cl 溶液，稍待片刻或微热后，观察有何现象发生，解释原因，并写出反应离子方程式。

5. 缓冲溶液。

（1）缓冲溶液的配制。

根据所提供的试剂设计出两种 pH 不同的缓冲溶液，各配制 10 mL，并设法测定这些缓冲溶液的 pH。

HAc	1 mol/dm^3	0. 1 mol/dm^3
NaAc	0. 1 mol/dm^3	1 mol/dm^3

（2）缓冲溶液的性质。

选择上面配制好的一种缓冲溶液，分为三份。第一份加入 2 滴 0. 1 mol/dm^3 HCl 溶液，第二份加入 2 滴 0. 1 mol/dm^3 NaOH 溶液，第三份加入 2 滴去离子水。分别用酸度计或精密试纸测定它们的 pH，填入表 5-1 中，并与实验前的计算值比较。

表 5-1 测定结果

溶液组成	pH	
	计算值	测量值
缓冲溶液		
缓冲溶液中加 2 滴 0. 1 mol/dm^3 HCl		
缓冲溶液中加 2 滴 0. 1 mol/dm^3 NaOH		
缓冲溶液中加 2 滴去离子水		

根据实验观察，说明缓冲溶液具有什么性质。

（3）缓冲容量。

以 2 mL 0. 2 mol/dm^3 HAc 和 2 mL 0. 2 mol/dm^3 NaAc 的混合溶液，再以 2 mL 2 mol/dm^3 HAc 和 2 mL 2 mol/dm^3 NaAc 的混合溶液代替去离子水按表 5-1 方法进行试验，并记录结果。试比较这两种混合溶液的缓冲容量。

【思考题】

1. 什么是同离子效应？你能设计出的同离子效应有哪些？
2. 盐的水解有哪些类型？试用实例加以总结，并用反应式表示。
3. 试举例说明对盐的水解的利用和抑制。
4. 什么是缓冲溶液，它有几种类型？如何配制一定 pH 范围的缓冲溶液？
5. 用酚酞溶液能否正确指示 HAc 或 NH_4Cl 溶液的 pH，为什么？

6. 实验室配制 $BiCl_3$ 溶液时，能否直接将固体 $BiCl_3$ 溶于去离子水中，应如何配制？

7. 使用 pH 试纸测定溶液的 pH 时，如何操作才是正确的？

8. 用 0.2 mol/dm^3 HAc 和 0.2 mol/dm^3 NaAc 溶液，如何配制 10 mL pH = 4.1 的缓冲溶液？

9. 将下面的两种溶液混合，能否形成缓冲溶液，为什么？

（1）10 mL 0.1 mol/dm^3 HCl 与 10 mL 0.2 mol/dm^3 $NH_3 \cdot H_2O$。

（2）10 mL 0.2 mol/dm^3 HCl 与 10 mL 0.1 mol/dm^3 $NH_3 \cdot H_2O$。

实验 13　沉淀——溶解平衡

【实验目的】

1. 通过实验巩固溶度积、同离子效应、盐效应等概念及溶度积规则。
2. 学会用溶度积规则判断沉淀的生成和溶解，以及分步沉淀和沉淀的转化。
3. 学会利用沉淀反应分离混合离子。
4. 巩固取用固（液）体试剂的方法。
5. 培养观察实验现象和分析、解决问题的能力。

【实验原理】

1. 沉淀的生成和溶解。

在一定温度下，难溶电解质饱和溶液中未溶解固体和已溶解离子之间的多相离子平衡，称为沉淀平衡。若以 A_mB_n 代表难溶电解质，A^{n+}、B^{m-}代表溶解的离子，为书写方便，下文省略 $c^{\ominus}$。其平衡可用下列方程式表示为

$$A_mB_n(s) \rightleftharpoons mA^{n+}(aq) + nB^{m-}(aq)$$

溶度积的通式为 $K_{sp}^{\ominus}(A_mB_n) = [c(A^{n+})]^m[c(B^{m-})]^n$

$K_{sp}^{\ominus}(A_mB_n)$称为溶度积，$K_{sp}^{\ominus}$的大小是判断溶液中能否生成沉淀和沉淀是否溶解的主要依据。

在实际溶液中，其反应商（又称为难溶电解质的离子积）可用 Q 表示为

$$Q = \{c(A^{n+})\}^m\{c(B^{m-})\}^n$$

根据平衡移动原理，将 Q 与 $K_{sp}^{\ominus}$比较。

当 $Q > K_{sp}^{\ominus}$，溶液为过饱和溶液，沉淀从溶液中析出。

当 $Q = K_{sp}^{\ominus}$，溶液为饱和溶液，处于沉淀平衡状态。

当 $Q < K_{sp}^{\ominus}$，溶液为不饱和溶液，沉淀溶解。

以上三种状态被称为溶度积规则，能够判断沉淀的生成和溶解。

2. 分步沉淀。

如果溶液中含有多种离子，并且都能与所加沉淀剂生成沉淀，所形成沉淀的溶解度又相差较大。此时，若在溶液中滴入沉淀剂，不同离子生成沉淀的先后次序不同，反应商 Q 达到 $K_{sp}^{\ominus}$的离子先沉淀出来，这种现象称为分步沉淀。因此，在实际工作中适当控制条件，就可利用分步沉淀进行离子分离（沉淀的先后次序还与电解质的类型、$K_{sp}^{\ominus}$的大小、离子的浓度有关）。

3. 沉淀的转化。

在实践中有时还会遇到不能用一般方法溶解的沉淀（如不溶于酸或碱），但可借助某种试剂将其转化为另一种沉淀，然后用一般方法溶解。这种将一种沉淀转化为另一种沉淀的方法称为沉淀的转化。如不溶于酸的天青石，可先转化为碳酸锶，再用酸溶解，反应式如下。

$$SrSO_4(s) + CO_3^{2-} \rightleftharpoons SrCO_3(s) + SO_4^{2-}$$

沉淀转化的难易程度可由平衡常数的大小来判断为

$$K^{\ominus} = \frac{c(SO_4^{2-})}{c(CO_3^{2-})} = \frac{[c(Sr^{2+})][c(SO_4^{2-})]}{[c(Sr^{2+})][c(CO_3^{2-})]} = \frac{K_{sp}^{\ominus}(SrSO_4)}{K_{sp}^{\ominus}(SrCO_3)}$$

查手册 $K_{sp}^{\ominus}(SrSO_4) = 3.4 \times 10^{-7}$, $K_{sp}^{\ominus}(SrCO_3) = 5.6 \times 10^{-10}$。

所以
$$K^{\ominus} = \frac{c(SO_4^{2-})}{c(CO_3^{2-})} = \frac{3.4 \times 10^{-7}}{5.6 \times 10^{-10}} = 6.07 \times 10^{2}$$

显然,转化程度是很大的。或者说,这个反应的转化条件是

$$c(CO_3^{2-}) > 1.65 \times 10^{-3} c(SO_4^{2-})$$

【仪器与试剂】

仪器：离心机；离心试管；普通试管。

试剂：HCl（2 mol/dm^3，6 mol/dm^3）；$NH_3 \cdot H_2O$（2 mol/dm^3）；$ZnCl_2$（0.1 mol/dm^3）；$Pb(Ac)_2$（0.01 mol/dm^3）；KI（0.02 mol/dm^3）；$MgCl_2$（0.1 mol/dm^3）；K_2CrO_4（0.1 mol/dm^3，0.01 mol/dm^3）；NH_4Cl（1 mol/dm^3）；$CuSO_4$（0.1 mol/dm^3）；$AgNO_3$（0.1 mol/dm^3，0.02 mol/dm^3）；$NaNO_3$（s）；HNO_3（6 mol/dm^3）；Na_2S（0.1 mol/dm^3，0.01 mol/dm^3）；NaCl（0.1 mol/dm^3）；$Hg(NO_3)_2$（0.1 mol/dm^3）；$Pb(NO_3)_2$（0.1 mol/dm^3）；Na_2SO_4（0.1 mol/dm^3）。

【实验内容】

1. 沉淀的生成。

（1）取适量 0.01 mol/dm^3 $Pb(Ac)_2$ 溶液于试管中，加入等量的 0.02 mol/dm^3 KI 溶液，振荡试管，观察有无沉淀产生。试计算并说明沉淀生成的原因，写出反应方程式。

将上述试剂稀释 10 倍后重复试验，结果如何?

（2）取下列试剂：$AgNO_3$ 0.1 mol/dm^3，NaCl 0.1 mol/dm^3，K_2CrO_4 0.1 mol/dm^3，参考上述方法，进行两个沉淀反应，仔细观察现象。通过计算说明沉淀生成的原因，写出反应方程式。

2. 沉淀的溶解。

（1）取 2 mL 0.1 mol/dm^3 $MgCl_2$ 溶液于试管中，加入数滴 2 mol/dm^3 $NH_3 \cdot H_2O$，此时生成的沉淀是什么？再向溶液中加入数滴 1 mol/dm^3 NH_4Cl 溶液，观察沉淀是否溶解。用平衡移动的观点解释现象。

（2）取两支试管，分别加入 0.1 mol/dm^3 $ZnCl_2$ 溶液、$CuSO_4$ 溶液各 5 滴，在两支试管中分别滴入 0.1 mol/dm^3 Na_2S 溶液，此时生成的沉淀各是什么？在盛有 $ZnCl_2$ 的试管中滴加

6 mol/dm^3 HCl 溶液，在盛有 $CuSO_4$ 的试管中滴加 6 mol/dm^3 HNO_3 溶液，振荡试管，观察沉淀是否溶解。解释现象。

（3）参照实验 1 制备 PbI_2 沉淀，在有 PbI_2 沉淀的溶液中加入少量固体 $NaNO_3$，振荡试管，观察并解释现象。

（4）取 5 滴 0.1 mol/dm^3 $Hg(NO_3)_2$ 溶液于试管中，滴加 0.02 mol/dm^3 KI 溶液，观察沉淀的生成，在有沉淀的溶液中再滴加 0.02 mol/dm^3 KI 溶液，振荡试管，观察沉淀是否溶解。

写出沉淀溶解的全部反应方程式。根据实验现象，总结沉淀溶解的常用方法。

3. 分步沉淀。

（1）取 2 滴 0.1 mol/dm^3 $AgNO_3$ 溶液和 2 滴 0.1 mol/dm^3 $Pb(NO_3)_2$ 溶液于同一试管中，加入 5 mL 去离子水稀释，摇匀后，逐滴加入 0.1 mol/dm^3 K_2CrO_4 溶液，不断振荡试管，观察沉淀的颜色。当继续滴加 0.1 mol/dm^3 K_2CrO_4 溶液时，观察沉淀颜色有无变化。根据沉淀颜色的变化和溶度积的计算值（实验之前计算），说明先后沉淀的难溶物质各是什么。由此得出什么结论？写出反应方程式。

（2）取 5 滴 0.1 mol/dm^3 NaCl 溶液和 5 滴 0.1 mol/dm^3 K_2CrO_4 溶液于试管中，混匀后，逐滴加入 0.1 mol/dm^3 $AgNO_3$ 溶液，不断振荡试管，观察沉淀颜色。继续滴加0.1 mol/dm^3 $AgNO_3$溶液，观察沉淀颜色有何变化。根据沉淀颜色和溶度积规则判断先后沉淀的难溶物质各是什么。并写出反应方程式。

4. 沉淀的转化。

（1）取 2 滴 0.1 mol/dm^3 $AgNO_3$ 和等量的 0.1 mol/dm^3 K_2CrO_4 溶液于试管中，振荡，观察溶液和沉淀的颜色。再加入 0.1 mol/dm^3 NaCl 溶液，边加边振荡试管，直至砖红色沉淀消失，白色沉淀生成为止。试解释所观察到的现象，由此得出什么结论？计算沉淀转化的平衡常数。

（2）取 5 滴 0.1 mol/dm^3 $Pb(NO_3)_2$ 溶液和 5 滴 0.1 mol/dm^3 K_2CrO_4 溶液于试中，振荡，观察沉淀的颜色。再滴加 0.1 mol/dm^3 Na_2S 溶液，振荡，观察沉淀的颜色变化，解释所观察到的现象。

5. 沉淀法分离混合离子溶液。

溶液中可能含有 Cu^{2+}、Ba^{2+}、Mg^{2+}，试分离鉴定，方案如下。

Cu^{2+}、Ba^{2+}、Mg^{2+}

0.1 mol/dm^3 Na_2SO_4

$BaSO_4$(s)（白）　　Cu^{2+}、Mg^{2+}

过量 $NH_3 \cdot H_2O$

$Mg(OH)_2$(s)（白）　　$[Cu(NH_3)_4]^{2+}$（深蓝色）

【思考题】

1. 举例说明什么是分步沉淀和沉淀的转化。

操作步骤：取 1 mL Cu^{2+}、Ba^{2+}、Mg^{2+} 混合溶液于离心试管中，滴加数滴 0.1 mol/dm^3

Na_2SO_4 溶液，直至大量白色沉淀生成为止，离心沉降，检查沉淀完全后，用滴管小心吸出上层清液于另一离心试管中，滴加 2 mol/dm^3 $NH_3 \cdot H_2O$ 至白色沉淀和蓝色溶液生成。写出各分离、鉴定反应方程式。

2. 举例说明沉淀的生成和溶解的条件是什么。

3. 设计 pH 对沉淀的生成和溶解影响的实验。

4. 如何把 $BaSO_4$ 转化为 $BaCO_3$。与把 Ag_2CrO_4 转化为 AgCl 相比，哪一种转化比较容易，为什么？

实验 14　氧化还原平衡与电化学

【实验目的】

1. 掌握电极电势对氧化还原反应进行方向的影响。
2. 了解沉淀反应、配合反应，以及浓度、介质酸度和催化剂对氧化还原反应的影响。
3. 了解电化学腐蚀的基本原理及其防止方法。
4. 掌握离子分离、沉淀洗涤等基本操作。

【实验原理】

1. 氧化还原反应进行的方向。

物质氧化还原能力的强弱与其本性有关，一般可以从电对电极电势高低来判断，比较氧化剂和还原剂的相对强弱。电极电势越高，表示氧化还原电对中氧化态物质的氧化性越强，还原态物质的还原性越弱；电极电势越低，表示氧化还原电对中还原态物质的还原性越强，氧化态物质的氧化性越弱。

氧化还原反应进行的方向可以根据氧化还原反应的吉布斯自由能变 ΔG 来判断。

当 $\Delta G < 0$　　反应能自发进行

当 $\Delta G = 0$　　反应处于平衡状态

当 $\Delta G > 0$　　反应不能自发进行

而吉布斯自由能变 ΔG 与原电池电动势 E 之间存在下列关系。

$$-\Delta G = nFE$$

若 $\Delta G < 0$，则电动势 $E > 0$，即 $E = E(+)-E(-) > 0$，则必须 $E(+) > E(-)$，氧化态物质电对电极电势应大于还原态物质电对电极电势，此时反应可自发进行。因此，根据氧化剂和还原剂所对应电对电极电势相对大小可以判断氧化还原反应进行的方向、次序和程度。

当 $E > 0$　　反应能自发进行

当 $E = 0$　　反应处于平衡状态

当 $E < 0$　　反应不能自发进行

如果在某水溶液系统中同时存在多种氧化剂（或还原剂），都能与加入的还原剂（或氧化剂）发生氧化还原反应，氧化还原反应则首先发生在电极电势差值最大的两个电对所对应的氧化剂和还原剂之间，即最强氧化剂和最强还原剂之间首先发生氧化还原反应。当然在判断氧化还原反应进行次序时，除了从热力学角度讨论外，还应考虑反应速率的快慢（即动力学上的问题）。

2. 浓度对氧化还原反应的影响。

当氧化剂和还原剂对应的电对电极电势相差较大时，通常直接用标准电极电势 $E^{\ominus}$(氧/还)判断氧化还原反应能否发生。若两者的标准电极电势相差较小，有可能生成沉淀或者形成配离子而显著地影响有关离子浓度，则必须考虑离子浓度对电极电势的影响，需用非标准电极电势 E(氧/还) 判断氧化还原反应能否发生。浓度与电极电势的关系可用能斯特方程式来表示为

$$E(\text{氧/还}) = E^{\ominus}(\text{氧/还}) + \frac{2.303RT}{zF}\lg\frac{c(\text{氧化型})/c^{\ominus}}{c(\text{还原型})/c^{\ominus}}$$

在 $T=298.15$ K 时，则

$$E(\text{氧/还}) = E^{\ominus}(\text{氧/还}) + \frac{0.059\ 17}{z}\lg\frac{c(\text{氧化型})/c^{\ominus}}{c(\text{还原型})/c^{\ominus}}$$

当离子浓度发生改变时，E(氧/还) 值也发生变化，电动势 E 也随之发生改变。

3. 酸度对氧化还原反应的影响。

对有 H^+或 OH^-参加电极反应的电对，还必须参考 pH 对电极电势和氧化还原反应的影响。介质的酸碱性对含氧酸盐电极电势和氧化性的影响特别大。如 $KMnO_4$ 在酸性、中性、碱性介质中被还原剂还原的产物各不相同。一般，含氧酸盐离子在酸性介质中，其电极电势 E(氧/还) 值比较大，表现出强氧化性，但在中性或碱性介质中，E(氧/还) 值较小，氧化性也变弱。

4. 氧化还原的相对性。

中间价态物质既可以与其低价态物质组成氧化还原电对而作为氧化剂，也可以与其高价态物质组成氧化还原电对而作为还原剂，因此它既有获得电子又有失去电子的能力，表现出氧化还原的相对性。

5. 氧化还原反应速率。

有些氧化还原反应，电动势较大，反应可以进行，但实际看不出变化现象，说明反应速率较慢。但如果加入少量某种离子便可加快反应速率，即某种离子对此反应起到催化作用。有时也可不外加少量某种离子，利用反应本身产生此种离子，加快反应速率，起到催化作用。

6. 电化学腐蚀及防止。

电化学腐蚀是由于金属在电解质溶液中发生与原电池相似的电化学过程而引起的一种腐蚀。腐蚀电池中较活泼的金属作为阳极（即负极）被氧化；而阴极（即正极）仅起传递电子作用，本身不被腐蚀。由于氧气浓度不同而引起的腐蚀称为差异充气腐蚀，实际上也是一种吸氧腐蚀。

在腐蚀介质中，加入少量能防止或延缓腐蚀过程的物质，这种物质被称为缓蚀剂，如乌洛托品（六次甲基四胺，商业上又称 H 促进剂)，可用作钢铁在酸性介质中的缓蚀剂。

【试剂与材料】

试剂：酸：HNO_3(浓，2 mol/dm^3)；H_2SO_4(1 mol/dm^3，3 mol/dm^3)；$H_2C_2O_4$(0.2 mol/dm^3)；HCl(0.1 mol/dm^3)。

碱：$NaOH$(6 mol/dm^3)。

盐：KI（0.1 mol/dm^3，0.5 mol/dm^3）；$FeCl_3$（0.1 mol/dm^3）；$K_2Cr_2O_7$（0.5 mol/dm^3）；KBr(0.1 mol/dm^3)；$FeSO_4$(0.1 mol/dm^3)；$K_3[Fe(CN)_6]$(0.1 mol/dm^3，0.01 mol/dm^3)；$KMnO_4$（0.1 mol/dm^3，0.01 mol/dm^3）；$ZnSO_4$（0.2 mol/dm^3）；$SnCl_2$（0.1 mol/dm^3）；$Fe_2(SO_4)_3$（0.1 mol/dm^3）；KSCN（0.1 mol/dm^3）；KIO_3（0.1 mol/dm^3，0.2 mol/dm^3）；Na_2SO_3(s)；NaF(2 mol/dm^3，1 mol/dm^3)；$(NH_4)_2S_2O_8$(s)；NaCl(1 mol/dm^3)；$Pb(NO_3)_2$(0.1 mol/dm^3)；$MnSO_4$（0.002 mol/dm^3）；Na_2S（0.1 mol/dm^3）；$AgNO_3$（0.1 mol/dm^3）。

其他：酚酞（1%）；H_2O_2(3%,12.3%)；铁片；Cu丝；Zn条；Zn粒；丙二酸-$MnSO_4$-淀粉混合液；乌洛托品（20%）；CCl_4；淀粉溶液；小铁钉；砂纸；试管。

【实验内容】

1. 电极电势与氧化还原反应的关系。

（1）在试管中加入0.5 mL 0.1 mol/dm^{3}KI溶液和2~3滴0.1 mol/dm^3$FeCl_3$溶液，观察现象。再加入0.5 mL CCl_4，充分振荡后观察CCl_4层的颜色。写出离子反应方程式。

（2）用0.1 mol/dm^{3}KBr溶液代替0.1 mol/dm^{3}KI溶液，进行同样的实验，观察现象。写出离子反应方程式。

（3）在两支试管中分别加入Br_2水、I_2水各0.5 mL，再加入0.1 mol/dm^3$FeSO_4$溶液数滴及0.5 mL CCl_4，摇匀后观察现象，写出离子反应方程式。

根据（1）、（2）、（3）实验结果，比较Br_2/Br^-、I_2/I^-、Fe^{3+}/Fe^{2+}三个电对电极电势的相对大小，并指出哪个电对的氧化态是最强的氧化剂，哪个电对的还原态是最强的还原剂。说明电极电势与氧化还原反应的关系。

（4）在试管中加入4滴0.1 mol/dm^3$FeCl_3$溶液和2滴0.1 mol/dm^3$KMnO_4$溶液，摇匀后往试管中逐滴加入0.1 mol/dm^3$SnCl_2$溶液，并不断摇动试管。待$KMnO_4$溶液刚褪色后，加入1滴KSCN溶液，观察现象，再继续滴加0.1 mol/dm^3$SnCl_2$溶液，观察溶液颜色的变化。解释实验现象，并写出离子反应方程式。

2. 浓度对氧化还原反应的影响。

（1）取两支试管分别加入0.5 mL 0.1 mol/dm^3$K_2Cr_2O_7$溶液，再各加3~5滴淀粉溶液和1~2滴1 mol/dm^3H_2SO_4溶液，然后向一支试管中加入3~5滴0.5 mol/dm^{3}KI溶液，另一支试管中加入3~5滴0.1 mol/dm^{3}KI溶液，混合均匀，静置，观察比较两支试管中出现蓝色的快慢。解释现象并写出离子反应方程式。

（2）在两支试管中各加入1粒Zn粒，然后分别加入2 mL 2 mol/dm^3HNO_3和浓HNO_3，观察所发生的现象。比较两支试管的反应速率和产物有何不同。

浓HNO_3被还原的主要产物可通过观察气体产物的颜色来判断。2 mol/dm^3 HNO_3还原产物可用气室法检验溶液中是否有NH_4^+生成来确定（气室法检验NH_4^+，参见第2章2.4.9）。

（3）于试管中加入10滴0.1 mol/dm^{3}KI和5滴0.1 mol/dm^3$K_3[Fe(CN)_6]$溶液，摇匀后加入2滴淀粉溶液，充分振荡，观察淀粉颜色有无变化。再加入5滴0.2 mol/dm^3$ZnSO_4$溶液，充分振荡，静置数分钟，观察现象并解释。根据$E^\ominus$(氧/还)判断I^-是否能还原$[Fe(CN)_6]^{3-}$，加入Zn^{2+}的作用是什么？离子反应方程式如下：

$$2I^- + 2[Fe(CN)_6]^{3-} = I_2 + 2[Fe(CN)_6]^{4-}$$

$$[Fe(CN)_6]^{4-} + 2Zn^{2+} \longrightarrow Zn_2[Fe(CN)_6](s)\text{（白色）}$$

（4）取两支试管，分别加入5滴0.1 mol/dm^3 $Fe_2(SO_4)_3$溶液和0.5 mL CCl_4。其中一支试管中加入5滴0.1 mol/dm^3 KI溶液，另一支试管中加入5滴2 mol/dm^3 NH_4F溶液后，再加入5滴0.1 mol/dm^3 KI溶液。充分振荡两支试管，观察两支试管中CCl_4层颜色有何不同。写出离子反应方程式并解释实验现象。

3. 酸度对氧化还原反应的影响。

（1）根据碘元素电势图判断下述反应。

$$5I^- + IO_3^- + 6H^+ = 3I_2 + 3H_2O$$

解释在什么介质中反应向正方向进行，在什么介质中向逆方向进行。

在试管中加入0.5 mL 0.1 mol/dm^3 KI溶液和2~3滴0.1 mol/dm^3 KIO_3溶液，再加入几滴淀粉溶液，摇匀后观察溶液颜色有无变化？滴加1 mol/dm^3 H_2SO_4溶液酸化混合物，观察有何变化。再滴加6 mol/dm^3 NaOH溶液使混合物显碱性，观察有何变化。解释实验现象。

（2）根据所给试剂，设计一组（三个）实验，证明$KMnO_4$在不同介质中（酸性、碱性、中性）被还原的产物各不同。记录实验现象，写出离子反应方程式。

提供试剂：$KMnO_4$（0.01 mol/dm^3）；Na_2SO_3（s）；H_2SO_4（3 mol/dm^3）；NaOH（6 mol/dm^3）。

4. 氧化还原的相对性。

（1）在离心试管中加入0.5 mL 0.1 mol/dm^3 $Pb(NO_3)$溶液，再加入1~2滴0.1 mol/dm^3 Na_2S溶液，充分振荡后观察沉淀颜色。离心分离，弃去上清液，用去离子水洗涤沉淀1~2次，滴加3%H_2O_2，边加边振荡，观察沉淀颜色的变化。写出离子反应方程式，解释H_2O_2在反应中起到的作用。

（2）根据给出的试剂，设计一个实验证明H_2O_2具有还原性。写出离子反应方程式。

提供试剂：$KMnO_4$（0.01 mol/dm^3）；H_2SO_4（3 mol/dm^3）；H_2O_2（3%）。

总结实验，说明H_2O_2在什么条件下作氧化剂，在什么条件下作还原剂。

（3）选作：在小烧杯中先加入10 mL 12.3% H_2O_2溶液，同时加入等体积的0.2 mol/dm^3 KIO_3（酸性溶液）和丙二酸-$MnSO_4$-淀粉混合液（调至22~23 ℃），观察溶液颜色的变化（先变蓝紫色，几秒后变为无色或淡琥珀色，再经几秒后又变为蓝紫色，而后又变为无色，反复变化）。说明H_2O_2在变化中起什么作用，解释原因。

（4）用本实验提供的试剂，设计实验验证$NaNO_2$的氧化还原性。

5. 催化剂对氧化还原反应的影响。

（1）取少量$(NH_4)_2S_2O_8$固体于试管中，加入约4 mL 2 mol/dm^3 HNO_3溶液（加盐酸可否?），再加2滴0.002 mol/dm^3 $MnSO_4$溶液，观察溶液颜色有无变化。将此溶液分成两份于试管中，向其中一份加入1滴0.1 mol/dm^3 $AgNO_3$溶液。然后将这两支试管同时置于水浴中加热。注意观察两试管中现象的区别。根据实验现象可以得出什么结论。若实验中加入过量$MnSO_4$溶液，又会有什么现象，为什么？有关离子反应方程式如下。

$$2Mn^{2+} + 5S_2O_8^{2-} + 8H_2O \xrightleftharpoons[\Delta]{Ag^+} 2MnO_4^- + 10SO_4^{2-} + 16H^+$$

（2）在三支试管中分别加入10滴0.2 mol/dm^3 $H_2C_2O_4$和数滴1 mol/dm^3 H_2SO_4溶液。在1号试管中加入2滴0.002 mol/dm^3 $MnSO_4$溶液，在3号试管中加入2滴1 mol/dm^3 NaF溶液。然后向三支试管中各加入2滴0.1 mol/dm^3 $KMnO_4$溶液，振荡，静置，观察三支试管中红色褪去的快慢。必要时可水浴加热。解释实验现象。

$KMnO_4$溶液和$H_2C_2O_4$溶液在酸性介质中能发生下述反应。

$$2MnO_4^- + 5H_2C_2O_4 + 6H^+ \rightleftharpoons 2Mn^{2+} + 10CO_2(g) + 8H_2O$$

此反应中，Mn^{2+}起催化作用。Mn^{2+}可外加，也可利用反应自身产生的Mn^{2+}起催化作用。如果加入F^-，它与Mn^{2+}形成难解离的配离子，反应会进行得较慢。

6. 电化学腐蚀及防止。

（1）腐蚀液的配制。在离心试管中加入1 mL 1 mol/dm^3 NaCl溶液，再滴加4滴0.1 mol/dm^3 $K_3[Fe(CN)_6]$和4滴1%酚酞溶液，振荡摇匀，即得腐蚀液。

（2）原电池腐蚀。在表面皿（其下衬一张白纸）上滴加1滴腐蚀液，再加入少量的去离子水，搅拌摇匀。然后取两根用砂纸打磨过干净的小铁钉，在一根铁钉的中部绕紧一根铜丝，另一根铁钉的中部绕紧一根锌条。将它们隔一定距离放置于表面皿上，并浸没在表面皿的腐蚀液中，经过一定时间后观察有何现象，简单解释之。表面皿中发生如下反应。

$$3Zn^{2+} + 2[Fe(CN)_6]^{3-} \rightleftharpoons Zn_3[Fe(CN)_6]_2(s)\text{（黄色）}$$

（3）差异充气腐蚀。在砂纸打磨过的铁片上，滴1～2滴腐蚀液，观察现象。静置20～30 min后，再仔细观察液滴不同部位所产生的颜色，并解释其现象。

（4）缓蚀剂法。在两支离心试管中各加入一根无锈小铁钉，并往其中一支离心试管中滴加20%乌洛托品，最好浸没铁钉。然后在两支离心试管中各加入等量约0.1 mol/dm^3 HCl和几滴0.01 mol/dm^3 $K_3[Fe(CN)_6]$溶液。观察、比较试管中现象有何不同，简单解释之。

【思考题】

1. 氧化还原反应进行程度大小和反应速率的快慢是否必然一致，为什么？

2. 如何将Mn^{2+}氧化成MnO_4^-。实验中为什么Mn^{2+}不能过量？$KMnO_4$在不同酸性条件下被还原的产物各是什么，并用电极电势予以说明。

3. 金属在大气中有哪几种最常见的化学腐蚀？

4. H_2O_2在何种情况下可作氧化剂，在何种情况下可作还原剂，具有何种价态的物质既可作氧化剂又可作还原剂？

5. 介质的酸碱性对哪些氧化还原反应有影响，怎样影响？

6. 从实验结果讨论氧化还原反应的次序与什么因素有关？

7. 试总结影响氧化还原反应的因素。

附：（1）KIO_3（0.2 mol/dm^{3}酸性溶液）溶液的配制：取10.7 g KIO_3于烧杯中加入10 mL 2 mol/dm^3 H_2SO_4，稀释至250 mL。

（2）H_2O_2（12.3%）溶液的配制：取 102.5 mL 30% H_2O_2 于烧杯中，稀释至 250 mL。

（3）丙二酸-$MnSO_4$-淀粉混合液的配制：取 3.9 g 丙二酸 $CH_2(COOH)_2$ 于烧杯中，加入 0.845 g $MnSO_4 \cdot H_2O$，另加 0.075 g 淀粉溶液（要将淀粉溶于热水中），稀释至 250 mL。

实验 15　配位反应与配位平衡

【实验目的】

1. 了解配离子的生成、组成和性质。
2. 比较不同配离子在溶液中的稳定性。
3. 掌握酸碱平衡、沉淀平衡、氧化还原平衡与配合平衡的相互影响。
4. 了解螯合物的形成及特性。
5. 了解配离子与简单离子、配合物与复盐在性质上的区别。

【实验原理】

由中心离子（或原子）与配位体按一定组成和空间构型以配位键结合所形成的化合物称为配位化合物（简称配合物）。大多数易溶配合物为强电解质，在水溶液中完全解离，如

$$[Ag(NH_3)_2]Cl(aq) \longrightarrow [Ag(NH_3)_2]^+(aq) + Cl^-(aq)$$

带正电荷的 $[Ag(NH_3)_2]^+$ 称为正配离子，带负电荷的称为负配离子，如 $[Ag(S_2O_3)_2]^{3-}$。

配离子相似于弱电解质，在水溶液中部分解离，如

$$[Ag(NH_3)_2]^+(aq) \rightleftharpoons Ag^+(aq) + 2NH_3(aq)$$

配合反应是分步进行的可逆反应，每一步反应都存在配位平衡。配离子、金属离子和配位体共存于配位-解离平衡系统中。配离子的稳定性由累积稳定常数 $K_f^{\ominus}$，即稳定常数 $K^{\ominus}$(稳)表示，为书写方便，下文省略 $c^{\ominus}$，如

$$Ag^+(aq) + 2NH_3(aq) \rightleftharpoons [Ag(NH_3)_2]^+(aq)$$

$$K^{\ominus}(\text{稳}) = \frac{\{c([Ag(NH_3)_2]^+)\}}{\{c(Ag^+)\}\{c(NH_3)\}^2}$$

$K^{\ominus}$(稳)具有平衡常数的一般特性，$K^{\ominus}$(稳)越大，配合物越稳定。利用 $K^{\ominus}$(稳)可以判断配位反应的方向。一个系统中首先生成最稳定的配合物，稳定性小的配合物可以转化为稳定性大的配合物。

根据平衡移动原理，改变平衡系统中简单金属离子和配位体的浓度，如改变溶液酸性，加入沉淀剂、氧化剂或还原剂等，均可使平衡移动，引起系统颜色、溶解度、电极电势以及 pH 的变化。如难溶于水的 AgCl 将溶于氨水中，离子反应方程如下：

$$AgCl(s) + 2NH_3(aq) \rightleftharpoons [Ag(NH_3)_2]^+(aq) + Cl^-(aq)$$

$$K^{\ominus} = \frac{\{c([Ag(NH_3)_2]^+)\}\{c(Cl^-)\}}{\{c(NH_3)\}^2}$$

实际上，上述溶液中存在着两个平衡，即

$$AgCl(s) \rightleftharpoons Ag^+(aq) + Cl^-(aq)$$
$$Ag^+(aq) + 2NH_3(aq) \rightleftharpoons [Ag(NH_3)_2]^+(aq)$$
$$\overline{AgCl(s) + 2NH_3(aq) \rightleftharpoons [Ag(NH_3)_2]^+(aq) + Cl^-(aq)}$$

即
$$K^\ominus = \frac{\{c([Ag(NH_3)_2]^+)\}\{c(Cl^-)\}}{\{c(NH_3)_2\}^2}$$
$$= \frac{\{c(c[Ag(NH_3)_2]^+)\}\{c(Cl^-)\}}{\{c(NH_3)_2\}^2}\frac{c(Ag^+)}{c(Ag^+)}$$
$$= K^\ominus(稳)([Ag(NH_3)_2]^+)K_{sp}^\ominus(AgCl)$$

所以，有配合物生成时，相应的$K^\ominus$(稳)越大，$K_{sp}^\ominus$越大，就越不容易生成沉淀。

又如浅绿色$[Fe(H_2O)_6]^{2+}$与邻菲罗啉在微酸性溶液中反应生成橘红色配离子。

$$[Fe(H_2O)_6]^{2+}(aq) + 3\ (\text{N}\ \text{N}) \xrightarrow{H^+} [Fe(\ \text{N}\ \text{N}\ )_3]^{2+}(aq) + 6H_2O$$

而在Hg^{2+}/Hg中加入CN^-，由于形成$[Hg(CN)_4]^{2-}$而减少Hg^{2+}浓度，故电极电势降低。

$$Hg^{2+} + 2e^- \rightleftharpoons Hg(l),\ E^\ominus(Hg^{2+}/Hg) = +0.85\ (V)$$
$$[Hg(CN)_4]^{2-} + 2e^- \rightleftharpoons Hg + 4CN^-,\ E^\ominus([Hg(CN)_4]^{2-}/Hg) = -0.37\ (V)$$

同理
$$Co^{3+} + e^- \rightleftharpoons Co^{2+},\ E^\ominus\ (Co^{3+}/Co^{2+}) = +1.95\ (V)$$
$$[Co(NH_3)_6]^{3+} + e^- \rightleftharpoons [Co(NH_3)_6]^{2+}$$
$$E^\ominus([Co(NH_3)_6]^{3+}/[Co(NH_3)_6]^{2+}) = +0.1\ (V)$$

当同一配位体提供两个或两个以上的配位原子与一个中心离子配位时，可形成具有环状结构的配位化合物，称为螯合物。螯合物比一般的配合物更加稳定。由于大多数金属的螯合物具有特征颜色，且难溶于水，所以螯合物常被用于分析化学中金属离子的鉴定。

尽管复盐与配合物都属于较复杂的化合物，但复盐与配合物不同，它在水溶液中完全解离为简单离子，如

$$(NH_4)Fe(SO_4)_2 \longrightarrow NH_4^+ + Fe^{3+} + 2SO_4^{2-}$$

简单金属离子在形成配位离子后，在颜色、溶解度、氧化还原性等特征上都有较大的改变。

总之，利用配离子的生成和性质可以用来分离、鉴定某些金属离子，还可以掩蔽反应中的干扰离子，在药物分析、药物制剂和临床治疗等方面都有重要作用。

【仪器与试剂】

仪器：离心机；漏斗；漏斗架；滤纸。

试剂：$CuSO_4$(0.1 mol/dm^3)；NaOH(0.1 mol/dm^3、2 mol/dm^3、6 mol/dm^3)；$BaCl_2$(0.1 mol/dm^3)；$NH_3 \cdot H_2O$(0.1 mol/dm^3、2 mol/dm^3、6 mol/dm^3)；Na_2S (0.1 mol/dm^3)；$AgNO_3$(0.1 mol/dm^3)；NaCl(0.1 mol/dm^3)；KI(0.2 mol/dm^3)；$Na_2S_2O_3$ (0.5 mol/dm^3)；

KBr(0.1 mol/dm^3)；$Fe_2(SO_4)_3$(0.1 mol/dm^3)；HCl（6 mol/dm^3，浓）KSCN(0.1 mol/dm^3)；NH_4F(10%)；$FeCl_3$(0.5 mol/dm^3，0.1 mol/dm^3)；H_2SO_4(6 mol/dm^3)；$(NH_4)_2C_2O_4$（饱和）；CCl_4；$CoCl_2 \cdot 6H_2O$(s)；$NiSO_4$（0.1 mol/dm^3）；丁二酮肟(1%)；$K_3[Fe(CN)_6]$（0.1 mol/dm^3）；$(NH_4)_2Fe(SO_4)_2$(0.1 mol/dm^3)；$K_4[Fe(CN)_6]$（0.1 mol/dm^3）；碘水；乙醇(95%)；$Al(NO_3)_3$(0.1 mol/dm^3)。

【实验内容】

1. 配合物的生成、离解及组成。

（1）含正配离子配合物的生成。在两支试管中各加入 0.5 mL 0.1 mol/dm^3 $CuSO_4$ 溶液，分别加入 2 滴 2 mol/dm^3 NaOH 和 0.1 mol/dm^3 $BaCl_2$，观察现象（检验什么离子?）。

另取 5 mL 0.1 mol/dm^3 $CuSO_4$ 溶液于小烧杯中，逐滴加入 6 mol/dm^3 $NH_3 \cdot H_2O$，观察溶液颜色的变化，至生成深蓝色溶液为止，生成的物质是什么？多加几滴 $NH_3 \cdot H_2O$，然后加入约 8 mL 95%酒精（使$[Cu(NH_3)_4]SO_4 \cdot H_2O$ 晶体溶解度降低而析出），观察晶体的颜色。滤过，用酒精洗涤晶体 1~2 次，备用。写出有关反应方程式。

取上述制得的$[Cu(NH_3)_4]SO_4 \cdot H_2O$ 晶体用少量去离子水溶解后，分成三份置于不同试管中，分别加入 2 滴 0.1 mol/dm^3 NaOH 溶液和 0.1 mol/dm^3 $BaCl_2$ 溶液及 0.1 mol/dm^3 Na_2S 溶液，观察现象。由实验结果验证铜氨配位化合物内界和外界的组成。

（2）含负配离子配合物的生成。选择下列试剂制备一个负配离子，并实验它的离解情况。

给定试剂：$AgNO_3$（0.1 mol/dm^3）；NaCl（0.1 mol/dm^3）；$NH_3 \cdot H_2O$（0.1 mol/dm^3，2 mol/dm^3)；KI(0.2 mol/dm^3)；$Na_2S_2O_3$(0.5 mol/dm^3)；NaOH(2 mol/dm^3)；KBr(0.1 mol/dm^3)。

提示：Ag^+作为配合物的形成体与过量 $Na_2S_2O_3$ 可形成$[Ag(S_2O_3)_2]^{3-}$。

写出操作步骤及试剂用量，详细记录实验现象。写出有关反应方程式，由实验结果说明此配合物的组成。

2. 配离子稳定性的比较。

Fe^{3+}可与 Cl^-、SCN^-、F^-等离子分别生成 $[FeCl_6]^{3-}$、$[Fe(NCS)_6]^{3-}$、$[FeF_6]^{3-}$（无色）等配离子。已知这些配离子的稳定性按下列次序增加，设计一组实验证实之。

$$[FeCl_6]^{3-} < [Fe(NCS)_6]^{3-} < [FeF_6]^{3-}$$

给定试剂：$Fe_2(SO_4)_3$(0.1 mol/dm^3)；HCl(6 mol/dm^3)；KSCN(0.1 mol/dm^3)；NH_4F(10%)。

写出实验步骤及试剂用量，记录实验现象，写出有关离子反应方程式，并从实验现象得出结论。

3. 配位平衡的移动。

（1）配位平衡与酸碱平衡。在试管中加入 1 mL 0.5 mol/dm^3 $FeCl_3$ 溶液，再逐滴加入 10% NH_4F 至溶液呈无色，将溶液分成两份，分别滴入 2 mol/dm^3 NaOH 和 6 mol/dm^3 H_2SO_4，观察现象，写出有关离子反应方程式并解释之。

（2）配位平衡与沉淀溶解平衡。在试管中加入 0.5 mL 0.1 mol/dm^3 $AgNO_3$ 溶液，逐滴加入 0.1 mol/dm^3 NaCl 溶液生成白色沉淀，分出沉淀并洗涤，然后加入 2 mol/dm^3 $NH_3 \cdot$

H_2O 至沉淀刚好溶解后，将溶液分成两份，在一份中滴加1滴0.1 mol/dm^3 NaCl溶液，在另一份中滴加1滴0.1 mol/dm^3 KBr溶液，写出反应方程式并解释现象。

根据实验结果试判断AgCl与AgBr两种难溶电解质溶度积的大小，并查出它们的溶度积来验证判断。

（3）配位平衡与氧化还原平衡。取两支试管各加入2滴0.1 mol/dm^3 $FeCl_3$ 溶液，然后向一支试管中加入5滴草酸铵饱和溶液，另一支试管加入5滴去离子水，再向两支试管中各加入3滴0.1 mol/dm^3 KI溶液和5滴 CCl_4，振荡试管，观察两支试管中 CCl_4 层的颜色，解释实验现象。

（4）配离子的相互转化。取米粒大小的 $CoCl_2 \cdot 6H_2O$ 于试管中，加水溶解，观察现象。再向试管中滴加浓HCl，观察颜色变化，继续滴加去离子水，颜色又有何变化。解释实验现象。

$$[Co(H_2O)_6]^{2+} + 4Cl^- \rightleftharpoons [CoCl_4]^{2-} + 6H_2O$$

4. 螯合物的生成。

在试管中加入2滴0.1 mol/dm^3 $NiSO_4$ 溶液，再加入1~2滴2 mol/dm^3 $NH_3 \cdot H_2O$ 和1滴丁二酮肟溶液，观察现象。此法是检验 Ni^{2+} 的灵敏反应，反应方程式如下。

$$2\ \begin{matrix} CH_3C{=}N{-}OH \\ | \\ CH_3C{=}N{-}OH \end{matrix} + Ni^{2+} + 2NH_3 \cdot H_2O \longrightarrow \begin{matrix} & O\cdots H{-}O & \\ & \uparrow \qquad | & \\ CH_3C{=}N & & N{=}C{-}CH_3 \\ | & Ni^{2+} & | \\ CH_3C{=}N & & N{=}C{-}CH_3 \\ & | \qquad \downarrow & \\ & O{-}H\cdots O & \end{matrix}(s) + 2NH_4^+ + 2H_2O$$

5. 配离子与简单离子及复盐的区别。

（1）配离子与简单离子的区别。取两支试管分别加入3滴0.1 mol/dm^3 $FeCl_3$ 和0.1 mol/dm^3 $K_3[Fe(CN)_6]$，然后各加1滴0.1 mol/dm^3 KSCN溶液，观察溶液的颜色并解释现象。

（2）配离子与复盐的区别。取两支试管分别加入2滴0.1 mol/dm^3 $(NH_4)_2Fe(SO_4)_2$ 溶液和0.1 mol/dm^3 $K_4[Fe(CN)_6]$ 溶液，然后各加入5滴碘水，观察两支试管中碘水是否都褪色。解释实验现象。

6. 利用配位反应分离混合离子。

试液中可能含有 Al^{3+}、Cu^{2+} 和 Ag^+，试利用配位反应，设计分离方案并写出有关反应方程式。

【思考题】

1. 配离子形成的条件和组成是什么？
2. 同一金属离子的不同配离子可以相互转化的条件是什么？
3. 总结本实验涉及几种溶液中离子平衡，它们有何共性？
4. 总结本实验中所观察到的现象，说明有哪些因素影响配合平衡？
5. 螯合物有何特征，为什么它比一般配合物稳定？
6. 总结配离子与简单离子和复盐的区别。

第 6 章

元素及其化合物的性质实验

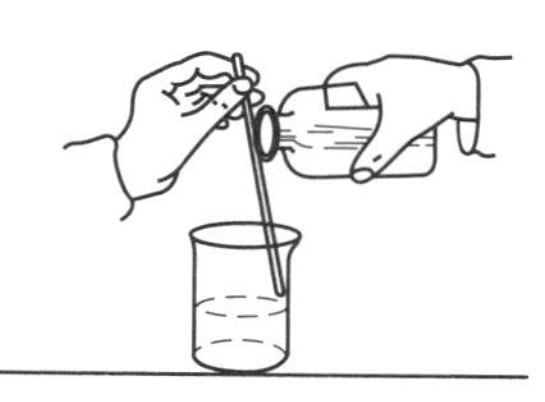

实验 16 N、P、O、S 实验

【实验目的】

1. 熟悉ⅤA、ⅥA 族元素一些重要化合物的性质。

2. 进行一些阴离子的分离和检出，学会进一步观察实验现象，判断反应结果，培养分析问题的能力。

【实验原理】

在ⅤA、ⅥA 族中，N、P、O、S 四个元素是典型的非金属，它们的价层电子构型为

N　$2s^22p^3$　　O　$2s^22p^4$

P　$3s^23p^3$　　S　$3s^23p^4$

氧的常见氧化数是-2，只有在 OF_2 中才显出正氧化数。另外还形成 O_2^-、O_2^{2-}（氧化数分别为-0.5、-1）化合物。元素电势图如下（其中（　）中数字表示 $E_A^\ominus$、[　] 中数字表示 $E_B^\ominus$，下同）。

$E^\ominus$/V

$$O_2 \xrightarrow[{[-0.076]}]{(0.68)} \begin{matrix} H_2O_2 \\ HO_2^- \end{matrix} \xrightarrow[{[0.87]}]{(1.77)} H_2O$$

式中，可见 H_2O_2 是一强氧化剂，也具有还原性。

硫的常见氧化数除-2 外，还有+2、+4、+6 等。元素电势图如下。

$E^\ominus$/V

$$SO_4^{2-} \xrightarrow{(-0.22)} S_2O_6^{2-} \xrightarrow{(0.57)} \begin{matrix} H_2SO_3 \\ SO_3^{2-} \end{matrix} \xrightarrow[{[-1.11]}]{(-0.08)} \begin{matrix} HS_2O_4^- \\ S_2O_4^{2-} \end{matrix} \xrightarrow[{[0.53]}]{(0.88)} S_2O_3^{2-} \xrightarrow[{[-0.74]}]{(0.50)} S \xrightarrow[{[-0.51]}]{(0.14)} \begin{matrix} H_2S \\ S^{2-} \end{matrix}$$

$$H_2SO_3 \xrightarrow{(0.51)} S_4O_6^{2-} \xrightarrow{(0.09)} S_2O_3^{2-}$$

$$SO_4^{2-} \xrightarrow{[-0.93]} SO_3^{2-} \qquad SO_3^{2-} \xrightarrow[{[-0.58]}]{(0.400)} S_2O_3^{2-}$$

式中，氧化数在-2 与+6 之间的化合物，既有氧化性，也有还原性，但一般以还原性为主，且在碱性介质中还原性更强。

SO_3^{2-}、$S_2O_4^{2-}$、$S_2O_3^{2-}$、S^{2-}的盐都是常用还原剂，如

$$2MnO_4^- + 5SO_3^{2-} + 6H^+ \longrightarrow 2Mn^{2+} + 5SO_4^{2-} + 3H_2O$$

$$S_2O_3^{2-} + 4Cl_2 + 5H_2O \longrightarrow 2HSO_4^- + 8H^+ + 8Cl^-$$

$$S_2O_3^{2-} + Cl_2 + H_2O \longrightarrow SO_4^{2-} + S + 2H^+ + 2Cl^-$$

$$I_2 + 2S_2O_3^{2-} \longrightarrow S_4O_6^{2-} + 2I^-$$

$S_2O_4^{2-}$ 除了能将 MnO_4^-、I_2 还原外，还能把 Cu^{2+}、Ag^+还原为金属。

在硫的含氧酸中，过硫酸及其盐是常用氧化剂。它可视为 H—O—O—H 分子中的 H 被—SO_3H（磺酸基）取代的结果。它能将 Mn^{2+}氧化成 MnO_4^-，反应方程式如下。

$$5S_2O_8^{2-} + 2Mn^{2+} + 8H_2O \longrightarrow 10SO_4^{2-} + 2MnO_4^- + 16H^+$$

氮常见的负氧化数化合物为 N_2H_4 和 NH_3。与氧不同，氮还易形成氧化数为+1、+2、+3、+4、+5 的化合物。氮的氧化物有 N_2O、NO、N_2O_3、NO_2、N_2O_5 等。元素电势图如下。

$$E^{\ominus}/V \qquad N_2 \overset{(-0.23)}{\underset{[-1.16]}{\overline{\qquad\qquad}}} \underset{[N_2H_4]}{N_2H_5^+} \overset{(1.28)}{\underset{[0.1]}{\overline{\qquad\qquad}}} \underset{[NH_3 \cdot H_2O]}{NH_4^+}$$

$$\overbrace{NO_3^- \overset{(0.79)}{\underset{[-0.86]}{\overline{\qquad\qquad}}} NO_2 \overset{(1.07)}{\underset{[0.88]}{\overline{\qquad\qquad}}} \underset{NO_2^-}{HNO_2}}^{(0.94)} \overset{(1.00)}{\underset{[-0.46]}{\overline{\qquad\qquad}}} NO \overset{(1.59)}{\underset{[0.76]}{\overline{\qquad\qquad}}} N_2O \overset{(1.77)}{\underset{[0.94]}{\overline{\qquad\qquad}}} N_2$$

在氮的化合物中，N_2H_4 是强还原剂。HNO_2 不稳定易分解成 HNO_3 和 NO。HNO_2 既有氧化性又有还原性，以氧化性为主，尤其在酸性介质中。HNO_3 是强氧化剂，并常与浓 HCl、HF、浓 H_2SO_4 等组成混酸使用。除 Ti^+、Ag^+盐见光分解外，硝酸盐常温下都比较稳定，但受热发生分解。

磷的含氧酸有 H_3PO_2（次磷酸）、H_3PO_3 及 H_3PO_4。在氧化数为+5 的含氧酸中，因含水量不同又有正、偏、焦磷酸之分，其酸性依次递增。正磷酸可形成三种类型的盐：一取代盐、二取代盐、三取代盐。大多数磷酸二氢盐易溶于水，而磷酸一氢盐和正盐大多都难溶于水。

【仪器、试剂与材料】

仪器：离心机；点滴盘。

试剂：$CdCO_3$(s)；Na_2SO_3(s)；$NaNO_2$(s)；$PbCO_3$(s)；$FeSO_4$(s)；KI(s, 2 mol/dm^3)；HCl(2 mol/dm^3，6 mol/dm^3)；H_2SO_4(3 mol/dm^3，浓)；HNO_3(浓)；H_2S(饱和)；NaOH (2 mol/dm^3，6 mol/dm^3)；$NH_3 \cdot H_2O$ (2 mol/dm^3)；$KMnO_4$ (0.01 mol/dm^3)；$Pb(Ac)_2$ (0.1 mol/dm^3)；$AgNO_3$ (0.1 mol/dm^3)；$Sr(NO_3)_2$ (0.1 mol/dm^3)；$SrCl_2$ (0.1 mol/dm^3)；$K_4[Fe(CN)_6]$ (0.25 mol/dm^3)；$Na_2[Fe(CN)_5NO]$ (1%)；Na_2S (0.1 mol/dm^3)；Na_2SO_3 (0.1 mol/dm^3)；标准 $Na_2S_2O_3$ (约 0.1 mol/dm^3)；$ZnSO_4$ (饱和)；$BaCl_2$ (0.1 mol/dm^3)；$CaCl_2$ (0.1 mol/dm^3)；$(NH_4)_2MoO_4$ (5%)；$K_2Cr_2O_7$ (0.1 mol/dm^3)；$Cd(NO_3)_2$ (0.1 mol/dm^3)；标准 KIO_3 (0.01 mol/dm^3)；乙醚；品红溶液；CCl_4；I_2 水；H_2O_2 (3%)。

材料：滤纸条；pH 试纸。

【实验内容】

1. 选择所给试剂设计一组实验，验证亚硫酸及其盐的主要性质。

给定试剂：Na_2SO_3（s）；H_2SO_4（3 mol/dm^3）；$KMnO_4$（0.01 mol/dm^3）；$K_2Cr_2O_7$（0.1 mol/dm^3）；品红溶液；H_2S（饱和）。

2. 试液中含有S^{2-}、$S_2O_3^{2-}$、SO_3^{2-}离子，试分离和检出。

提示：S^{2-}通常通过形成硫化物来检出，不受$S_2O_3^{2-}$、SO_3^{2-}影响。SO_3^{2-}通过氧化还原性来检出，故S^{2-}、$S_2O_3^{2-}$都有妨碍。$S_2O_3^{2-}$通常通过与Ag^+和酸作用来检出，因此S^{2-}有影响。所以这三个离子的混合液的检出，一般要预先进行分离。

通常用$CdCO_3$或$PbCO_3$固体，利用沉淀转化的方法将S^{2-}先分离出去，再利用$Sr(NO_3)_2$或$SrCl_2$溶液使SO_3^{2-}转化为难溶的锶盐将SO_3^{2-}与$S_2O_3^{2-}$分离。而$SrSO_3$可溶于酸，SO_3^{2-}易被氧化成SO_4^{2-}，则可分别检出（为了正确地判断分析的结果，可做空白实验和对照实验）。

按上述提示，设计好实验方案，写出每一步反应式及实验现象，实验前交给指导教师检查。实验可用离子分离鉴定框架图表示。

给定试剂：HCl（2 mol/dm^3）；$Pb(Ac)_2$（0.1 mol/dm^3）；$CdCO_3$（s）或$PbCO_3$（s）；$Sr(NO_3)_2$或$SrCl_2$（0.1 mol/dm^3）；$BaCl_2$（0.1 mol/dm^3）；H_2O_2（3%）；$AgNO_3$（0.1 mol/dm^3）；$KMnO_4$（0.01 mol/dm^3）；$Na_2[Fe(CN)_5NO]$（1%）。

3. 试液为两种无色水溶液，可能是N_2H_4和H_2O_2，试检出之。

给定试剂：$KMnO_4$（0.01 mol/dm^3）；I_2水；$AgNO_3$（0.1 mol/dm^3）；KI（0.2 mol/dm^3）；H_2SO_4（3 mol/dm^3）；$K_2Cr_2O_7$（0.1 mol/dm^3）；乙醚。

4. SO_2是防干果和果汁变质最有效的抑制剂，误吃工业用盐$NaNO_2$会中毒，可能含有SO_3^{2-}、NO_2^-的固体混合物如何检出。

5. 今有A、B、C三种溶液，它们可能是Na_3PO_4、Na_2HPO_4、NaH_2PO_4，选择所给试剂试用两种方法加以鉴定。说明利用它们的什么性质。写出有关反应方程式。

给定试剂：$CaCl_2$（0.1 mol/dm^3）；HNO_3（浓）；HCl（2 mol/dm^3）；$(NH_4)_2MoO_4$溶液；精密pH试纸。

【思考题】

1. 今有一试液，加3 mol/dm^3 H_2SO_4酸化后，溶液变浑，轻敲试管（或在水浴上加热），则有气泡发生，酸化后的试液既能使$KMnO_4$褪色，也能使淀粉-碘溶液褪色。判断此试液含有何种阴离子，写出上述有关反应方程式。

2. S^{2-}和SO_3^{2-}离子在何种介质中可以共存，为什么？长久放置H_2S、Na_2SO_3溶液会发生什么变化？

3. 设计方案比较$S_2O_8^{2-}$与MnO_4^-氧化性的强弱。

4. 怎样检查亚硫酸中的SO_4^{2-}？怎样检查硫酸盐中的SO_3^{2-}？

附：几种阴离子的鉴定方法

1. S^{2-}。

（1）试液中S^{2-}含量多时，可取少量试液于试管中，用HCl酸化后，将湿的$Pb(Ac)_2$

试纸放在试管口，若试纸变棕黑色，则证明 S^{2-} 存在。

（2）试液中 S^{2-} 含量少时，取几滴试液于点滴盘中，加 NaOH 溶液使试液呈碱性，滴加新配置的1%亚硝酰铁氰化钠 $Na_2[Fe(CN)_5NO]$ 溶液，出现紫红色证明 S^{2-} 存在。

（3）在含有 S^{2-} 的微酸性或中性溶液中，加入 $Cd(NO_3)_2$ 溶液产生黄色 CdS 沉淀，或加入 $AgNO_3$，或加入 $Pb(NO_3)_2$ 溶液，产生黑色 Ag_2S 或 PbS 沉淀都证明 S^{2-} 存在。

2. $S_2O_3^{2-}$。

（1）取少量试液于试管中，加入过量 $AgNO_3$ 溶液，若见到白色沉淀，并变为黄色、棕色，最后变为黑色 Ag_2S，证明 $S_2O_3^{2-}$ 存在。

（2）取少量试液于试管中，加入稀 HCl 并加热溶液见到乳白色混浊，证明 $S_2O_3^{2-}$ 存在。

3. SO_3^{2-}。

（1）在点滴盘上滴加2滴 $ZnSO_4$ 饱和溶液，先加入1滴 $K_4[Fe(CN)_6]$ 和1% $Na_2[Fe(CN)_5NO]$，再滴加试液，搅动，出现红色沉淀证明 SO_3^{2-} 存在。酸使红色沉淀消失，故酸性溶液必须中和，S^{2-} 的存在妨碍 SO_3^{2-} 的鉴定。

（2）取数滴试液于试管中，加入 Sr^{2+} 有白色沉淀，再加入稀 HCl 使白色沉淀溶解（或部分溶解），在清液中加入 H_2O_2（3%）及 $BaCl_2$ 溶液，若有白色沉淀产生，证明 SO_3^{2-} 存在。

4. NO_2^-。

（1）取数滴试液于试管中，先加入 $FeSO_4$ 溶液（或固体），再加入 H_2SO_4 或醋酸，若溶液呈棕色，则证明 NO_2^- 存在。

（2）在点滴盘上滴加2滴试液（中性或醋酸酸性），再加入氨基苯磺酸和 α-萘胺溶液各1滴，若立即（或短时间内）生成特殊红色（偶氮染料），则证明 NO_2^- 存在。

5. PO_4^{3-}。

取数滴试液于试管中，先加入2倍的1∶1 HNO_3，加热数分钟（若已知 SiO_3^{2-} 存在时，加数滴20%酒石酸钠溶液），再加入8~10滴5% $(NH_4)_2MoO_4$ 溶液，在60~70 ℃保温数分钟，产生黄色沉淀，证明 PO_4^{3-} 存在，反应方程式如下。

$$PO_4^{3-} + 3NH_4^+ + 12MoO_4^{2-} + 24H^+ \longrightarrow (NH_4)_3PO_4 \cdot 12MoO_3 \cdot 6H_2O(s)(\text{黄色}) + 6H_2O$$

实验17　F、Cl、Br、I实验

【实验目的】

1. 掌握卤素元素及其主要化合物的重要性质。
2. 进行从实验现象中提出问题，进而分析、解决问题的训练。
3. 学习类比方法。
4. 学习检出离子的操作：沉淀、溶液转移、沉淀洗涤，以及离心机的使用。

【实验原理】

卤素原子电子构型为 ns^2np^5。它们可形成氧化数为-1的物质，除 F^- 外，其他卤素原子常以配位键或激发成键的方式形成氧化数为+1、+3、+5、+7的化合物，如氯、溴、碘的含氧酸及盐。卤族元素及其化合物的性质特征是几乎都具有氧化性和还原性。

卤素元素的电势图如下（$E_A^\ominus$ 用（　）标记，$E_B^\ominus$ 用［　］标记）。

$E^\ominus$/V

$$F_2 \xrightarrow[{[2.87]}]{(2.87)} F^-$$

$$ClO_4^- \xrightarrow[{[0.400]}]{(1.226)} ClO_3^- \xrightarrow[{[0.271]}]{(1.157)} \begin{matrix} HClO_2 \\ ClO_2^- \end{matrix} \xrightarrow[{[0.680]}]{(1.673)} \begin{matrix} HClO \\ ClO^- \end{matrix} \xrightarrow[{[0.420]}]{(1.630)} Cl_2 \xrightarrow[{[1.360]}]{(1.360)} Cl^-$$

ClO_3^-—HClO/ClO^-：(1.415) [0.50]；HClO/ClO^-—Cl^-：(1.50) [0.88]；ClO_3^-—Cl_2：(1.458) [0.465]

$$BrO_4^- \xrightarrow[{[0.93]}]{(1.76)} BrO_3^- \xrightarrow[{[0.540]}]{(1.490)} \begin{matrix} HBrO \\ BrO^- \end{matrix} \xrightarrow[{[0.456]}]{(1.604)} Br_2 \xrightarrow[{[1.080]}]{(1.080)} Br^-$$

HBrO/BrO^-—Br^-：(1.34) [0.76]；BrO_3^-—Br_2：(1.513) [0.520]

$$\begin{matrix} H_5IO_6 \\ H_3IO_6^{2-} \end{matrix} \xrightarrow[{[0.70]}]{(1.60)} \begin{matrix} HIO_3 \\ IO_3^- \end{matrix} \xrightarrow[{[0.169]}]{(1.15)} \begin{matrix} HIO \\ IO^- \end{matrix} \xrightarrow[{[0.403]}]{(1.431)} I_2 \xrightarrow[{[0.54]}]{(0.540)} I^-$$

HIO/IO^-—I^-：(1.0) [0.49]；HIO_3/IO_3^-—I_2：(1.209) [0.216]

从卤素的电势图可以看出：

（1）还原性：$I^- > Br^- > Cl^- > F^-$。其中 I^- 还原性最强，HI、HBr 不能用浓 H_2SO_4 与相应的卤化物作用来制备。

（2）氧化性：$F_2 > Cl_2 > Br_2 > I_2$。F_2 是最强的氧化剂，能使水氧化放出 O_2。

（3）X_2 在碱中发生歧化，既可生成 X^- 和 XO^-，也可生成 X^- 和 XO_3^-，反应方程式如下。

$$X_2 + 2OH^- \longrightarrow X^- + OX^- + H_2O$$
$$X_2 + 6OH^- \longrightarrow 5X^- + XO_3^- + 3H_2O$$

（4）在酸性介质中卤素是相当强的氧化剂，能将 Fe^{2+}、H_2S 和卤化物等氧化，氧化性和稳定性如下。

氧化性递减 / 稳定性递增（↓）		
	HClO	$HClO_3$
	HBrO	$HBrO_3$
	HIO	HIO_3
	氧化性递减 稳定性递增（→）	

在碱性介质中也有上述规律，但相应化合物的氧化性比在酸性介质中小，稳定性增加，也就是说卤素含氧酸盐比相应的含氧酸稳定。

另外，高碘酸与 $HClO_4$、$HBrO_4$（都是极强的酸）不同，高碘酸（$H_5IO_6[IO(OH)_5]$）是五元弱酸（$K_1^{\ominus}=5.1\times10^{-4}$、$K_2^{\ominus}=4.9\times10^{-7}$、$K_3^{\ominus}=2.5\times10^{-12}$）。

由于卤素（或其他非金属）主要以阴离子形式存在，因此本实验采用阴离子分离和检出的手段来掌握一些卤素及其化合物的性质。分离必须是严密的，否则就会导致失败。对一个特定的检出反应有疑问时，最好用已知离子作试液进行对照实验，或用去离子水代替试液进行空白实验。

发生一系列氧化还原反应是非金属元素及其化合物的重要特性之一，因此应很好地利用电极电势来指导有关反应。但借助氧化还原反应只能判断反应能否进行和反应进行的完全程度，切不可和反应速率混为一谈。

【仪器与试剂】

仪器：离心机；水浴锅。

试剂：锌粉；镁粉；H_2SO_4(1 mol/dm^3，3 mol/dm^3，浓)；HCl(2 mol/dm^3)；$NH_3\cdot H_2O$(2 mol/dm^3)；F^-、Cl^-、Br^-、I^-混合液；KIO_3(0.1 mol/dm^3，准确0.01 mol/dm^3)；NaCl(0.1 mol/dm^3)；NaBr(0.1 mol/dm^3)；NaI(0.1 mol/dm^3)；$Ca(NO_3)_2$(0.1 mol/dm^3)；$FeCl_3$(0.1 mol/dm^3)；$NaNO_2$(0.1 mol/dm^3)；NaClO (0.1 mol/dm^3)；$NaClO_4$(0.1 mol/dm^3)；$Al_2(SO_4)_3$(0.25 mol/dm^3)；$(NH_4)_2CO_3$(12%)；HNO_3(1 mol/dm^3)；$AgNO_3$(0.1 mol/dm^3)；氯水(饱和)；Na_2SO_3 (0.2 mol/dm^3)；$FeSO_4$(0.1 mol/dm^3)；淀粉-KI试纸；CCl_4。

【实验内容】

1. 试液Ⅰ、Ⅱ中都含有F^-、Cl^-、Br^-、I^-离子（Ⅰ、Ⅱ的差别仅是离子浓度不同），试分离与检出之。

提示：常用方法是先加入Ca^{2+}将F^-除掉，其他卤素离子转化为卤化银AgX，再用$NH_3\cdot H_2O$或$(NH_4)_2CO_3$将AgCl溶解，而与AgBr、AgI分离。余下的AgBr、AgI混合物中加入锌粉或镁粉，将Br^-、I^-转入溶液。酸化后，根据Br^-、I^-的还原能力不同，用氯水分离和检出它们。

（1）按上述提示，设计好实验方案。可用离子分离鉴定框架图表示，见图6-1。实验前交给指导教师检查。

（2）在本法中，往往发生Br^-和I^-的漏检。因为用$NH_3\cdot H_2O$作用AgCl、AgBr和AgI混合物溶解出AgCl时，由于AgBr也微溶于$NH_3\cdot H_2O$，当Br^-含量少时会造成Br^-漏检。当用锌粉与AgBr、AgI反应转化为Br^-、I^-时，因为AgI溶解度很小，较难转化为I^-，而造成I^-漏检。可计算AgX被还原为Ag的标准电极电势。因此，须重新设计一种方案，改进上述两种分离方法，做到少漏检或不漏检Br^-和I^-（在图6-1中写出沉淀与溶液中所含物质的化学式）。

（3）参考相应的电极电势，求出Cl_2与Br^-、I^-混合液发生如下分步氧化还原反应的电动势。

$$Br^-,\ I^- \xrightarrow[(1)]{Cl_2} Br^-,\ I_2 \xrightarrow[(2)]{Cl_2} Br^-,\ HIO_3 \xrightarrow[(3)]{Cl_2} Br_2,\ HIO_3$$

与实际观察到的现象比较，实验方案有无矛盾的地方，如何解释？重新设计一组方案对Br^-、I^-混合液进行分离与检出。

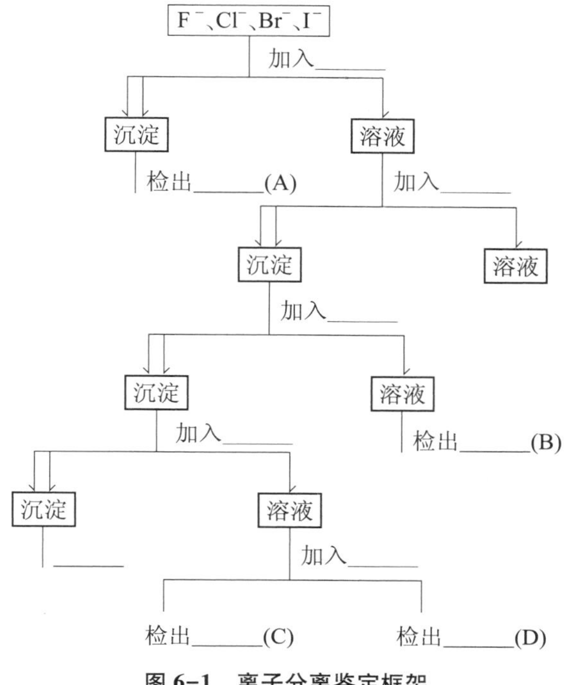

图 6-1　离子分离鉴定框架

2. 设计一组实验，比较 ClO^-、ClO_3^- 的氧化性强弱。

提示：按本实验中提供的试剂，参考标准电极电势，选择进行比较的反应和标准，即选用哪种还原剂、控制怎样的反应条件、比较什么样的现象。

3. 在 $Al_2(SO_4)_3$ 溶液中加入足够 Na_2CO_3 时，最后得到白色沉淀 $Al(OH)_3$。若在 $Al_2(SO_4)_3$ 溶液中加入 IO_3^-、I^-混合液（混合液中 IO_3^- 与 I^-应选取何种比例），则有 I_2 析出和沉淀产生。加入 $Na_2S_2O_3$ 与 I_2 反应后，也呈现出白色沉淀 $Al(OH)_3$，解释之。

比较实验，回答 IO_3^-、I^-混合液在反应中起着什么作用，为什么？这一组实验对你有何启迪？

【实验问题】

1. 试确定 IO_3^- 和 I^-离子在酸性溶液中反应的化学计量方程式。

提示：用滴管取 30 滴 0.01 mol/dm^{3}左右的 KIO_3 标准溶液于试管中，先加入 0.2 g KI，再加 10 滴 1 mol/dm^3 H_2SO_4 酸化。用与上述同样规格的滴管滴加 0.1 mol/dm^3 $Na_2S_2O_3$ 溶液，并不断摇动试管至碘的颜色恰好消失，求出 KIO_3 与 $Na_2S_2O_3$ 反应的物质的量之比。已知 I_2 与 $Na_2S_2O_3$ 反应为

$$I_2 + 2S_2O_3^{2-} \longrightarrow 2I^- + S_4O_6^{2-}$$

通过 IO_3^- 与 I^-在酸性溶液中的反应化学计量式就可求出物质的量之比。

2. 消除 Br^-、I^-影响，在 Br^-、I^-、NO_3^- 混合液中检出 NO_3^-。

【思考题】

1. 卤化钙是可溶的，为什么 CaF_2 难溶于水？卤化银是难溶的，为什么 AgF 可溶于水？

2. ClO^-、ClO_3^- 分别与 I^-、HCl、品红有何反应发生？

3. 酸碱中和时不用碱（OH^-）行吗？

4. 概述本实验中采用了几种方法使难溶物转化为溶液？

实验 18 常见阴离子的分离与鉴定

【实验目的】

1. 熟悉分离检出常见阴离子的方法、步骤和条件。

2. 熟悉常见阴离子的有关性质。

【实验原理】

常见阴离子通常指 SO_4^{2-}、SO_3^{2-}、$S_2O_3^{2-}$、PO_4^{3-}、CO_3^{2-}、NO_3^-、NO_2^-、S^{2-}、Cl^-、Br^-、I^-等。这些阴离子很多有特效反应，其分析特性主要表现在以下几个方面。

1. 易挥发性。

有些阴离子与酸作用，生成挥发性气体，甚至伴有特殊气味，以气泡的形式从溶液中逸出。例如

$$CO_3^{2-} + 2H^+ \rightleftharpoons H_2O + CO_2\ (g)$$

$$S^{2-} + 2H^+ \rightleftharpoons H_2S\ (g)$$

易挥发性表明阴离子的分析试液在酸性溶液中不稳定，一般应保存在碱性溶液中。这一性质给阴离子的鉴定带来很多方便。

2. 氧化还原性。

阴离子的氧化性和还原性一般表现得比阳离子突出，具有氧化性的阴离子与具有还原性的阴离子在一定介质中互不相容，不能共存。例如

$$2NO_2^- + 2I^- + 4H^+ \longrightarrow 2NO(g) + I_2 + 2H_2O$$

$$2S^{2-} + SO_3^{2-} + 6H^+ \longrightarrow S\ (s) + 3H_2O$$

它们彼此之间发生氧化还原反应，因此易发生漏检或误检。通常是量多的一方消耗掉量少的一方。因此，在一定酸碱环境中，不能共存的两种离子有一种已被鉴定出来，另一种就没必要再去鉴定了，可以使鉴定步骤大为简化。酸性溶液中不能共存的阴离子见表 6-1。

表 6-1 酸性溶液中不能共存的阴离子

阴离子	与左栏离子溶液中不能共存的阴离子
NO_2^-	S^{2-}、$S_2O_3^{2-}$、SO_3^{2-}、I^-
I^-	NO_2^-
SO_3^{2-}	NO_2^-、S^{2-}
$S_2O_3^{2-}$	NO_2^-、S^{2-}
S^{2-}	NO_2^-、$S_2O_3^{2-}$、SO_3^{2-}

3. 配合性。

有些阴离子可以作为配位体与阳离子形成配合物。阴离子的这一性质给阳离子的分离鉴

定带来干扰，同时使相应阴离子的鉴定也受到干扰。例如

$$Fe^{3+} + 6F^- \rightleftharpoons [FeF_6]^{3-}$$

因此，在制备阴离子试液时，需预先把碱金属以外的阳离子都除去。

由配合性可知，阴离子共存的机会较少，而且可利用的特效反应较多，在大多数情况下，阴离子彼此不妨碍鉴定，通常采用分别分离鉴定方法。只有在鉴定某些阴离子发生相互干扰的情况下，把阴离子按其与某些试剂的反应分组，组试剂可以查明某组阴离子是否存在，从而简化检出步骤。阴离子的分组见表6-2。

表6-2　阴离子的分组

组别	组试剂	组的特性	组中所包含的阴离子
Ⅰ	$BaCl_2$（中性或弱碱性）	钡盐难溶于水	SO_4^{2-}、$S_2O_3^{2-}$、SO_3^{2-}、CO_3^{2-}、PO_4^{3-}
Ⅱ	$AgNO_3$（HNO_3 存在下）	银盐难溶于水和稀 HNO_3	S^{2-}、Cl^-、Br^-、I^-
Ⅲ		钡盐和银盐溶于水	NO_3^-、NO_2^-

对未知阴离子混合物进行定性鉴定时，为了节省不必要的鉴定步骤，一般都先做初步检验，包括分组实验、挥发性实验及氧化还原性实验等项目，通过初步检验，可以判断哪些阴离子不可能存在、哪些阴离子可能存在，再对可能存在的离子进行个别检出鉴定。有关阴离子的分别分离鉴定方法可参阅前面的实验。

【试剂】

酸：H_2SO_4(2 mol/dm^3)；HNO_3(6 mol/dm^3,即 1∶1)；HCl(6 mol/dm^3,浓)。

碱：$NH_3 \cdot H_2O$（6 mol/dm^3）。

盐：$KMnO_4$（0.01 mol/dm^3）；$MnCl_2$（饱和）；KI（0.1 mol/dm^3）；$AgNO_3$（0.1 mol/dm^3）；$BaCl_2$（0.5 mol/dm^3）。

未知试液：Na_2SO_4(0.1 mol/dm^3)；Na_2S(0.1 mol/dm^3)；NaCl(0.1 mol/dm^3)；$NaNO_3$(0.1 mol/dm^3)；Na_3PO_4(0.1 mol/dm^3)；Na_2CO_3(0.1 mol/dm^3)；$Na_2S_2O_3$(0.1 mol/dm^3)；KI(0.1 mol/dm^3)；NaBr(0.1 mol/dm^3)；$NaNO_2$(0.1 mol/dm^3)；Na_2HPO_4(0.1 mol/dm^3)；$Ba(OH)_2$(饱和)；H_2O_2(3%)；$FeSO_4$(s)；$Pb(Ac)_2$(0.1 mol/dm^3)；$Na_2[Fe(CN)_6NO]$（1%）；$(NH_4)_2MoO_4$（5%）；$SrCl_2$（0.1 mol/dm^3）；$BaCl_2$（0.1 mol/dm^3）。

其他：CCl_4；Zn 粉；pH 试纸。

【实验内容】

向指导教师领取 5 mL 未知阴离子混合溶液，其中可能含有阴离子：CO_3^{2-}、NO_3^-、NO_2^-、PO_4^{3-}、SO_4^{2-}、SO_3^{2-}、S^{2-}、$S_2O_3^{2-}$、Cl^-、Br^-、I^-。按如下步骤检出未知液中的阴离子。

1. 阴离子的初步检验。

(1) 溶液酸碱性的检验。用 pH 试纸测定未知液的酸碱性。如果溶液呈强酸性，$pH \approx 2$，则不可能存在 CO_3^{2-}、NO_2^-、SO_3^{2-}、S^{2-}、$S_2O_3^{2-}$，若有 PO_4^{3-}，也只能以 H_3PO_4 存在。

如果未知溶液显碱性，在试管中加入几滴试液，加 2 mol/dm^3 H_2SO_4 酸化，轻敲试管底部，观察是否有气泡产生。如果现象不明显，可稍微加热，这时如有气泡产生，表示可能存

在 CO_3^{2-}、NO_2^-、SO_3^{2-}、S^{2-}、$S_2O_3^{2-}$ 等离子。注意产生的气体的气味。

（2）还原性阴离子的检验。在试管中加入 5 滴未知液，滴加 2 mol/dm^3 H_2SO_4 酸化，再滴加 2~3 滴 0.01 mol/dm^3 $KMnO_4$ 溶液。观察紫色是否褪去，若紫色褪去，表示 NO_2^-、SO_3^{2-}、S^{2-}、$S_2O_3^{2-}$、Br^-、I^-可能存在。如果现象不明显，可稍微加热，若加热后紫色褪去，表示有 Cl^-。

（3）氧化性阴离子的检验。取 2 滴未知液于试管中，加入 8 滴饱和 $MnCl_2$ 的浓 HCl 溶液，在沸水浴中加热 2 min，溶液变深褐色或黑色，表示有氧化性较强的 NO_3^-、NO_2^- 存在。

另取 3~4 滴未知液于试管中，滴加 2 mol/dm^3 H_2SO_4 酸化，再加入 4~5 滴 CCl_4、1~2 滴 0.1 mol/dm^3 KI 溶液，振荡试管，观察 CCl_4 层是否显紫色，如果 CCl_4 层显紫色，表示有 NO_2^-（在可能存在的 11 种阴离子中，只有 NO_2^- 有此反应）。

（4）钡组阴离子的检验。取 3~4 滴未知液于离心试管中，加入新配制的 6 mol/dm^3 $NH_3 \cdot H_2O$ 使溶液显碱性。再加入 2 滴 0.5 mol/dm^3 $BaCl_2$ 溶液，若生成白色沉淀，可能存在 CO_3^{2-}、SO_4^{2-}、SO_3^{2-}、$S_2O_3^{2-}$、PO_4^{3-}（浓度大于 0.04 mol/dm^3 时）；若不产生白色沉淀，则这些离子不存在（$S_2O_3^{2-}$ 不能肯定）。进行离心分离，在沉淀中加入数滴 6 mol/dm^3 HCl 溶液，沉淀若不完全溶解，则表示有 SO_4^{2-} 存在。

（5）银组阴离子的检验。取 3~4 滴未知液于离心试管中，加 1~2 滴 6 mol/dm^3 HNO_3 使溶液呈酸性。再加入 3~4 滴 0.1 mol/dm^3 $AgNO_3$ 溶液，若产生沉淀，继续滴加 $AgNO_3$ 至不再产生新的沉淀为止。然后加入 8 滴 6 mol/dm^3 HNO_3，如果沉淀不消失，表示 S^{2-}、$S_2O_3^{2-}$、Cl^-、Br^-、I^-可能存在。由沉淀的颜色也可作初步判断：滴入 $AgNO_3$ 溶液，如果立即生成黑色沉淀，表示有 S^{2-}存在；如果生成白色沉淀，且迅速变黄、变棕、变黑，表示有 $S_2O_3^{2-}$ 存在。进行离心分离，在沉淀中加入 3~4 滴 6 mol/dm^3 HNO_3，必要时加热搅拌，如果沉淀不溶或部分溶解，表示有 Cl^-、Br^-、I^-存在（注意：黑色沉淀可能掩盖其他颜色的沉淀）。如果没有沉淀产生，上述阴离子都不存在。

2. 阴离子的分别检出鉴定。

经过初步检验，已经可以综合分析判断出哪些离子可能存在、哪些离子不可能存在，对可能存在的阴离子进行分离、鉴定，确定未知液中存在的阴离子。

阴离子的分别鉴定按分别分离鉴定方法鉴定。

从表 6-3 五组未知液中任意选择一组（由实验教师安排确定所选的组号）鉴定。各组可能含有的阴离子见表 6-3。

表 6-3　未知液的分组及各组可能含有的阴离子

组号	可能含有的阴离子
Ⅰ	SO_4^{2-}、SO_3^{2-}、S^{2-}、Cl^-
Ⅱ	NO_3^-、PO_4^{3-}、Cl^-、SO_4^{2-}
Ⅲ	CO_3^{2-}、SO_3^{2-}、$S_2O_3^{2-}$、PO_4^{3-}
Ⅳ	SO_4^{2-}、PO_4^{3-}、Br^-、I^-
Ⅴ	NO_2^-、NO_3^-、CO_3^{2-}、HPO_4^{2-}

【思考题】

1. 某碱性无色未知液，用 HCl 溶液酸化后变浑，此未知液中可能含有哪些阴离子？

2. 常见阴离子的初步检验项目包括哪些，如何检验？

3. 常见阴离子可分为几个组，每组的特征是什么？

4. 下列五种溶液的试剂瓶标签被腐蚀，请用一种试剂加以鉴定。五种溶液分别为 Na_2S、NaCl、$NaNO_3$、Na_2HPO_4、$Na_2S_2O_3$。

实验 19　Cr、Mn、Fe、Co、Ni 实验

【实验目的】

1. 通过实验进一步了解铬（Cr）、锰（Mn）、铁（Fe）、钴（Co）、镍（Ni）的常见重要化合物的形成。

2. 了解铬和锰的主要氧化态化合物的性质。

3. 了解钴、镍的配合性，并与铁进行比较。

4. 了解 Co^{2+}离子和 Co^{3+}配离子的稳定性。

【实验原理】

铬、锰、铁、钴和镍分别属于ⅥB 族、ⅦB 族和Ⅷ族元素，从价电子层结构来看，它们都属于过渡元素，因此它们都应具有过渡元素的通性。例如可形成多种氧化态的化合物，水合离子有颜色，易形成配合物和羰基化合物。

1. 铬元素、锰元素。

铬的电子构型为 $3d^54s^1$，常见的氧化数为+3、+6，可以通过氧化还原反应而相互转化。+3 价铬的氢氧化物呈两性，+3 价铬盐易水解。在碱性溶液中，+3 价铬盐易被强氧化剂，如 Na_2O_2 或 H_2O_2，氧化为黄色的铬酸盐。

$$2CrO_2^- + 3H_2O_2 + 2OH^- \longrightarrow 2CrO_4^{2-} + 4H_2O$$

铬酸盐和重铬酸盐在水溶液中存在下列平衡。

$$2CrO_4^{2-}\text{（黄色）} + 2H^+ \rightleftharpoons Cr_2O_7^{2-}\text{（橙色）} + H_2O$$

式中，平衡在酸性介质中向右移动，在碱性介质中向左移动。

铬酸盐和重铬酸盐都是强氧化剂，易被还原为+3 价铬离子（呈绿色）。

在酸性溶液中，$Cr_2O_7^{2-}$ 与 H_2O_2 反应而生成蓝色过氧化铬 CrO_5（必须有乙醚或戊醇存在才稳定）。这个反应常用来鉴定 $Cr_2O_7^{2-}$ 或 Cr^{3+}。

锰的电子构型为 $3d^54s^2$，常见的氧化数是+2、+4、+6 和+7。高氧化数具有氧化性，低氧化数具有还原性，中间氧化数具有氧化性和还原性。在高氧化数化合物中，以它们的含氧酸盐为稳定，如 MnO_4^{2-}、MnO_4^- 等。

MnO_4^- 的还原产物与介质的性质（酸性、碱性或中性）有很大关系，在酸性溶液中 Mn（Ⅶ）被还原为 Mn（Ⅱ）。如

$$2MnO_4^- + 5SO_3^{2-} + 6H^+ \longrightarrow 2Mn^{2+} + 5SO_4^{2-} + 3H_2O$$

$$MnO_4^- + 5Fe^{2+} + 8H^+ \longrightarrow Mn^{2+} + 5Fe^{3+} + 4H_2O$$

在近中性（弱酸性或弱碱性）溶液中，Mn（Ⅶ）被还原为 MnO_2。如

$$2MnO_4^- + 3SO_3^{2-} + 2H^+ \longrightarrow 2MnO_2(s) + 3SO_4^{2-} + H_2O$$
$$2MnO_4^- + 3SO_3^{2-} + H_2O \longrightarrow 2MnO_2(s) + 3SO_4^{2-} + 2OH^-$$

在强碱性溶液中 Mn（Ⅶ）被还原成 MnO_4^{2-}。如

$$2MnO_4^- + 3SO_3^{2-} + 2OH^- \longrightarrow 2MnO_4^{2-} + SO_4^{2-} + H_2O$$

MnO_2 是 Mn（Ⅳ）最重要的化合物，它主要具有氧化性。如

$$MnO_2 + 4HCl(浓) \longrightarrow MnCl_2 + Cl_2(g) + 2H_2O$$
$$MnO_2 + 2FeSO_4 + 2H_2SO_4 \longrightarrow MnSO_4 + Fe_2(SO_4)_3 + 2H_2O$$
$$MnO_2 + H_2O_2 + H_2SO_4 \longrightarrow MnSO_4 + O_2(g) + 2H_2O$$

在碱性介质中，MnO_2 与碱共熔，可被空气中的氧所氧化，生成绿色的锰酸盐。如

$$2MnO_2 + 4OH^- + O_2 \longrightarrow 2MnO_4^{2-} + 2H_2O$$

Mn(Ⅱ)是最稳定的化合物（为什么?）。欲将 Mn^{2+} 氧化，必须选用较强的氧化剂，如 $NaBiO_3$、$(NH_4)_2S_2O_8$、PbO_2 等。如

$$2Mn^{2+} + 5NaBiO_3 + 14H^+ \longrightarrow 2MnO_4^- + 5Bi^{3+} + 5Na^+ + 7H_2O$$

反应产物 MnO_4^- 的特征紫红色是检验溶液中是否有 Mn^{2+} 存在的灵敏方法。但 Mn（Ⅱ）在碱性溶液中很不稳定，如

$$Mn^{2+} + 2OH^- \longrightarrow Mn(OH)_2(s)\ (白色胶状)$$
$$2Mn(OH)_2 + O_2 \longrightarrow 2MnO(OH)_2(棕色)$$
$$MnO(OH)_2 \xrightarrow{\triangle} MnO_2(s)\ (黑色) + H_2O$$

2. 铁系元素。

铁、钴、镍合称为铁系元素，它们的价层电子构型为 $3d^{6-8}4s^2$。但是与其他 d 区元素不同，它们均未得到氧化数为+8 的化合物。除铁、镍形成+6 氧化数，钴形成+4 氧化数外，一般常见的氧化数，铁、钴为+2、+3，镍为+2、+4。

Fe^{2+}、Co^{2+}、Ni^{2+} 的易溶盐溶液显极弱酸性，因为它们发生微弱的水解。相应的 $M(OH)_2$是难溶的碱性氢氧化物。$M(OH)_3$ 也是以碱性为主，但新沉淀出来的 $Fe(OH)_3$ 不仅能溶于酸，而且还能稍溶于强碱溶液而呈两性。

铁、钴、镍的元素电势图如下。

$E^{\ominus}/V$

$$FeO_4^{2-} \frac{(>1.9)}{[>0.9]} \begin{matrix} Fe^{3+} \\ Fe(OH)_3 \end{matrix} \frac{(0.77)}{[-0.546]} \begin{matrix} Fe^{2+} \\ Fe(OH)_2 \end{matrix} \frac{(-0.41)}{[-0.8914]} Fe$$

$$CoO_2 \frac{(>1.8)}{[0.7]} \begin{matrix} Co^{3+} \\ Co(OH)_3 \end{matrix} \frac{(1.95)}{[0.17]} \begin{matrix} Co^{2+} \\ Co(OH)_2 \end{matrix} \frac{(-0.282)}{[-0.73]} Co$$

$$NiO_4^{2-} \frac{(>1.8)}{[>0.4]} NiO_2 \frac{(1.68)}{[0.49]} \begin{matrix} Ni^{2+} \\ Ni(OH)_2 \end{matrix} \frac{(-0.236)}{[-0.72]} Ni$$

可以看出：在酸性介质中高氧化数化合物的氧化性都很强，MO_4^{2-}、MO_2 型和 Co^{3+} 的氧化性可和 MnO_4^- 相比。但在碱性介质中，它们的氧化性就急剧下降，所以制备这些高氧化数化合物时宜在碱性介质中进行。低氧化数化合物在碱性介质中是相当强的还原剂，并按铁-钴-镍的顺序还原性减弱。如 $Fe(OH)_2$ 可被空气中的 O_2 立即氧化。$Co(OH)_2$ 可逐渐被 O_2 氧化，$Ni(OH)_2$ 则不能被 O_2 所氧化。

铁系元素形成许多配合物，尤以 NH_3、CN^- 为配体的常见。CN^-、NH_3 都是强场配体，在强场中 $d^5(Fe^{3+})$、$d^6(Fe^{2+}、Co^{3+})$、$d^7(Co^{2+})$ 的八面体和平面四方形晶体场稳定化能相差不大，但形成八面体时总成键键能大，故上述离子一般都形成八面体型配合物。$d^8(Ni^{2+})$ 的平面四方形晶体场稳定化能大得多，一般形成平面四方形配合物。又由于在正八面体场中 d^6 的稳定化能最大，故 Fe^{2+}、Co^{3+} 的八面体配合物最稳定。钴配合物的稳定常数见表 6-4。

表 6-4　钴配合物的稳定常数

配体	ML_6　$K^{\ominus}_{稳}$	
	Co（Ⅱ）	Co（Ⅲ）
CN^-	1.3×10^{19}	2×10^{30}
NH_3	1.29×10^{5}	1.6×10^{35}

形成配合物后 Co(Ⅲ)比 Co(Ⅱ)显著稳定，也表现于 $E^{\ominus}(Co(Ⅲ)/Co^{2+})$ 显著下降。

$$Co^{3+}+e^- \rightleftharpoons Co^{2+},\ E^{\ominus}(Co^{3+}/Co^{2+}) = 1.81\ V$$

$$[Co(NH_3)_6]^{3+}+e^- \rightleftharpoons [Co(NH_3)_6]^{2+},\ E^{\ominus}([Co(NH_3)_6]^{3+}/[Co(NH_3)_6]^{2+}) = 0.1\ V$$

【仪器、试剂与材料】

仪器：离心机；试管。

试剂：MnO_2（s）；$NaBiO_3$（s）；KSCN（s，0.2 mol/dm³）；H_2SO_4（6 mol/dm³，2 mol/dm³）；HCl（浓）；HNO_3（6 mol/dm³）；NaOH（2 mol/dm³，6 mol/dm³，40%）；$NH_3\cdot H_2O$（浓，2 mol/dm³，6 mol/dm³）；H_2O_2（3%）；$MnSO_4$（0.1 mol/dm³，0.5 mol/dm³）；$CrCl_3$（0.1 mol/dm³）；$KMnO_4$（0.01 mol/dm³）；$K_2Cr_2O_7$（0.1 mol/dm³）；Na_2SO_3（0.1 mol/dm³）；$CoCl_2$（0.1 mol/dm³，0.5 mol/dm³）；$NiSO_4$（0.1 mol/dm³，0.5 mol/dm³）；NH_4Cl（1 mol/dm³）；Br_2 水；丙酮；石蕊试纸；淀粉-KI 试纸；pH 试纸；1%二乙酰二肟（酒精溶液）；乙醚；KI（0.2 mol/dm³）；四氯化碳；碘水；$K_4[Fe(CN)_6]$（0.5 mol/dm³）；$(NH_4)_2Fe(SO_4)_2$（0.2 mol/dm³）；$FeCl_3$（0.2 mol/dm³）。

【实验内容】

1. 铬和锰。

（1）Cr(Ⅲ)氢氧化物的制备和性质。用 0.1 mol/dm³ $CrCl_3$ 溶液制备氢氧化铬沉淀，观察沉淀的颜色。用实验证明 $Cr(OH)_3$ 呈两性，并写出反应方程式。

（2）Cr(Ⅲ)的氧化。在少量 0.1 mol/dm³ $CrCl_3$ 溶液中，先加入过量的 NaOH 溶液，再加入 H_2O_2 溶液，加热，观察溶液颜色变化。解释现象，并写出反应方程式。

（3）铬酸盐和重铬酸盐的相互转变。在 0.1 mol/dm^3 $K_2Cr_2O_7$ 溶液中，滴入少许 2 mol/dm^3 NaOH 溶液，观察溶液颜色变化。加入 2 mol/dm^3 H_2SO_4 溶液酸化，观察溶液颜色变化。解释现象，并写出反应方程式。

（4）Cr(Ⅵ)的氧化性。

① 用 Na_2SO_3 溶液试验 $K_2Cr_2O_7$ 在酸性溶液中的氧化性，写出反应方程式。

② $K_2Cr_2O_7$ 能否将盐酸氧化产生氯气，试用实验证明。

（5）Cr(Ⅲ)的鉴定。取 2 滴 0.1 mol/dm^{-1} $CrCl_3$ 于试管中，加入 6 mol/dm^3 NaOH 溶液使 Cr^{3+}转化为 CrO_2^-，再加入 3 滴 3% H_2O_2，微热至溶液呈浅黄色。冷却后加入 10 滴乙醚，再逐滴加入 6 mol/dm^3 HNO_3 酸化，振荡。乙醚层出现深蓝色证明 Cr^{3+}存在。

（6）Mn(Ⅱ)氢氧化物的制备和性质。取 0.1 mol/dm^3 $MnSO_4$ 和 2 mol/dm^3 NaOH 作用制备三份 $Mn(OH)_2$。在第一份中随即加入过量的 NaOH，在第二份中随即加入 2 mol/dm^3 H_2SO_4，第三份用玻璃棒搅拌。观察现象，说明 $Mn(OH)_2$ 的酸、碱性如何，对 O_2 的稳定性如何，写出有关反应式。

（7）Mn(Ⅳ)化合物的生成。取适量 0.01 mol/dm^3 $KMnO_4$ 溶液于试管中，滴加 0.1 mol/dm^3 $MnSO_4$ 溶液，观察 MnO_2 的生成，记录现象，写出反应方程式。

（8）Mn(Ⅵ)化合物的生成。在 2 mL 0.01 mol/dm^3 $KMnO_4$ 溶液中加入 1 mL 40% NaOH 溶液，再加入少量固体 MnO_2，加热，搅拌后静置片刻，观察上层清液的特征（绿色）。取上层清液于另一支试管中，加入 6 mol/dm^3 H_2SO_4 酸化，观察溶液颜色变化及沉淀析出。通过本实验将得出什么结论？

（9）Mn^{2+}的鉴定。取 2 滴 0.1 mol/dm^3 $MnSO_4$ 溶液于试管中，加入数滴 6 mol/dm^3 HNO_3（为什么？），再加入少量固体 $NaBiO_3$，振荡，离心沉降后，观察上层清液颜色。

2. 铁、钴和镍。

（1）参考实验内容 1 中第（6）步骤 Fe(Ⅱ)、Co(Ⅱ)、Ni(Ⅱ)氢氧化物的制备及性质，自己设计方案。

（2）Fe(Ⅲ)、Co(Ⅲ)、Ni(Ⅲ)氢氧化物的制备及性质。

给定试剂：$FeCl_3$(0.1 mol/dm^3)；$CoCl_2$(0.1 mol/dm^3)；$NiSO_4$(0.1 mol/dm^3)；Br_2 水；H_2O_2(3%)；NaOH(2 mol/dm^3)；HCl(浓)；淀粉-KI试纸。

根据实验结果，比较制备 Fe(Ⅱ)、Co(Ⅱ)、Ni(Ⅱ)和 Fe(Ⅲ)、Co(Ⅲ)、Ni(Ⅲ)氢氧化物的异同，比较 Fe(Ⅲ)、Co(Ⅲ)、Ni(Ⅲ) 氢氧化物氧化性的异同。

（3）铁的配合物。

① 向盛有 2 mL $K_4[Fe(CN)_6]$溶液的试管里加入约 0.5 mL 碘水，振荡（有何现象），再加入数滴$(NH_4)_2Fe(SO_4)_2$ 溶液，有何现象发生。此反应可作为 Fe^{2+}的鉴定反应。

$$2[Fe(CN)_6]^{4-} + I_2 = 2[Fe(CN)_6]^{3-} + 2I^-$$
$$2[Fe(CN)_6]^{3-} + 3Fe^{2+} = Fe_3[Fe(CN)_6]_2(s)$$

② 向盛有 2 mL $(NH_4)_2Fe(SO_4)_2$ 溶液的试管里加入碘水，振荡后（有何现象），将溶液分成两份，分别加入数滴 KSCN 溶液，再向其中一支试管中加入约 1 mL 3% H_2O_2 溶液，观察现象，此反应可作为 Fe^{3+}的鉴定反应。

$$2Fe^{2+} + 2H^+ + H_2O_2 = 2Fe^{3+} + 2H_2O_2$$

$$Fe^{3+} + nNCS^- = [Fe(NCS)_n]^{n-3}(n = 1 \sim 6)$$

试从配合物的生成对电极电势的改变来解释 $Fe(CN)_6^{4-}$ 能把 I_2 还原成 I^-，而 Fe^{2+} 则不能。

③ 向 $FeCl_3$ 溶液中加入亚铁氰化钾溶液，观察现象，写出反应方程式。这也是鉴定 Fe^{3+} 的一种常用方法。

④ 向盛有 1 mL 0.2 mol/dm³ $FeCl_3$ 溶液的试管中，加入浓氨水至过量，观察沉淀是否溶解，写出反应方程式。

（4）Co 和 Ni 的配合性。

① Co 和 Ni 的氨配合物。在盛有适量的 0.5 mol/dm³ $CoCl_2$ 溶液中，加入几滴 1 mol/dm³ NH_4Cl 溶液和过量的 6 mol/dm³ $NH_3 \cdot H_2O$，观察 $[Co(NH_3)_6]Cl_2$ 溶液的颜色，静置片刻，再观察颜色变化。解释现象，写出反应方程式。

按本实验方法制取 Ni 的氨配合物，并进行与 Co 的比较。

② Co 和 Ni 的 NCS^- 配合物。取 5 滴 0.1 mol/dm³ $CoCl_2$ 溶液于试管中，加入少量的 KSCN 固体，再加入数滴丙酮，观察丙酮溶液层的颜色，判断为何物。用同法制取 Ni 的配合物，并进行比较。

（5）Co 和 Ni 离子鉴定。

① Co^{2+} 离子的鉴定。Co^{2+} 与 SCN^- 反应生成 $[Co(SCN)_4]^{2-}$ 离子，在丙酮（或醇、醚混合液）试剂中显蓝色。在有 Mn^{2+} 和 Ni^{2+} 离子存在下仍不被干扰，是鉴定 Co^{2+} 离子的有效办法。

② Ni^{2+} 离子的鉴定。取 5 滴 0.1 mol/dm³ $NiSO_4$ 溶液于试管中，加入 5 滴 2 mol/dm³ $NH_3 \cdot H_2O$，再加入 1 滴 1%二乙酰二肟后有红色沉淀生成，即证明 Ni^{2+} 离子存在。

【实验问题】

钴和镍的分离

某 $CoCl_2 \cdot 6H_2O$ 产品中含有少量杂质 Ni(Ⅱ)，过去采用加镍试剂（二乙酰二肟）去镍方法，但镍试剂昂贵，试设计一种新方案取代之。

已知

$$Co^{2+} + 6NH_3 \rightleftharpoons [Co(NH_3)_6]^{2+} \qquad K^{\ominus}(稳) = 1.29 \times 10^5$$

$$Ni^{2+} + 6NH_3 \rightleftharpoons [Ni(NH_3)_6]^{2+} \qquad K^{\ominus}(稳) = 8.97 \times 10^8$$

$$Co(OH)_2 \rightleftharpoons Co^{2+} + 2OH^- \qquad K_{sp}^{\ominus} = 1.6 \times 10^{-15}$$

$$Ni(OH)_2 \rightleftharpoons Ni^{2+} + 2OH^- \qquad K_{sp}^{\ominus} = 5.0 \times 10^{-16}$$

【思考题】

1. Mn^{2+} 在强酸性介质中被 $NaBiO_3$ 氧化成 MnO_4^-，这是鉴定 Mn^{2+} 离子很灵敏的反应。试问构成酸性介质的酸用 HCl 可以吗？为什么？

2. 用实验说明 $Mn(OH)_2$ 是否有两性。长时间暴露于空气中有何变化，为什么？

3. MnO_4^- 的还原产物与介质的关系是什么？用方程式表示。

4. 在实验室中如何制取少量氯气？

5. Fe、Co、Ni 是同一过渡系的元素，通过实验对三种元素的性质得出什么结论？（包括化合物的酸碱性、氧化还原性及配合性。）

6. 设计分离 Fe^{3+} 和 Co^{2+}、Fe^{3+} 和 Ni^{2+} 的方案，并对各离子进行鉴定。

7. 在 Cr^{3+} 的鉴定中为什么要加乙醚？加乙醚前为什么要先将溶液冷却？

实验 20　Cu、Ag、Zn、Cd、Hg 实验

【实验目的】

1. 了解 ds 区元素单质及化合物的结构对其性质的影响。
2. 掌握 ds 区元素单质的氧化物或氢氧化物的性质。
3. 掌握 ds 区元素单质的金属离子形成配合物的特征。
4. 掌握 Cu(Ⅰ)与 Cu(Ⅱ)和 Hg(Ⅰ)与 Hg(Ⅱ)的相互转化条件。
5. 学习 ds 区元素离子的鉴定方法。

【实验原理】

铜、银、锌、镉、汞皆是周期系 ds 区元素。在化合物中，铜、锌、镉、汞常见的氧化数是+2，其中铜和汞也有+1，银的氧化数是+1。

（1）蓝色 $Cu(OH)_2$ 具有两性，可溶于酸，也可溶于浓 NaOH 溶液，形成 $[Cu(OH)_4]^{2-}$ 配离子。

$$Cu(OH)_2 + 2OH^- \xrightarrow{\text{浓 NaOH}} [Cu(OH)_4]^{2-}(\text{深蓝色})$$

$$Cu(OH)_2(\text{浅蓝色}) \xrightarrow{80\sim90\ ℃} CuO(\text{黑色}) + H_2O$$

Ag^+ 与适量的 NaOH 反应只能得到 Ag_2O 沉淀，因为 AgOH 极不稳定，在室温下即可脱水生成 Ag_2O。

$$2Ag^+ + 2OH^- \longrightarrow Ag_2O(\text{棕褐色}) + H_2O$$

锌的氧化物和氢氧化物均显两性。Zn^{2+} 与少量 NaOH 反应生成白色 $Zn(OH)_2$ 沉淀，NaOH 过量时生成 $[Zn(OH)_4]^{2-}$ 配离子。$Zn(OH)_2$ 的稳定性较高，在 877 ℃以上转化为白色 ZnO。

镉的氧化物、氢氧化物显碱性。$Cd(OH)_2$ 的稳定性比 $Zn(OH)_2$ 低，197 ℃以上即可分解为棕色 CdO。

Hg(Ⅰ)、Hg(Ⅱ)的氧化物和氢氧化物皆显碱性。$Hg(OH)_2$、$Hg_2(OH)_2$ 极易脱水而转变为黄色 HgO、黑色 Hg_2O，而 Hg_2O 仍不稳定，易歧化为 HgO 和 Hg。即

$$Hg^{2+} + 2OH^- \longrightarrow HgO(s)(\text{黄色}) + H_2O$$

$$Hg_2^{2+} + 2OH^- \longrightarrow Hg_2O(\text{黑色})(s) + H_2O$$

$$Hg_2O \longrightarrow HgO(s) + Hg(s)(\text{黑色})$$

（2）Cu^{2+} 与过量氨水作用可生成深蓝色 $[Cu(NH_3)_4]^{2+}$ 配离子。

$$Cu^{2+} + 4NH_3 \rightleftharpoons [Cu(NH_3)_4]^{2+}(\text{深蓝色})$$

Ag^+与适量氨水作用只能得到 Ag_2O（s），而 Ag_2O 可溶于过量氨水生成无色$[Ag(NH_3)_2]^+$配离子。

$$Ag_2O + 4NH_3 + H_2O \rightleftharpoons 2[Ag(NH_3)_2]^+ + 2OH^-$$

Zn^{2+}与少量氨水反应生成白色 $Zn(OH)_2$ 沉淀，过量时生成无色$[Zn(NH_3)_4]^{2+}$。

Hg^{2+}、Hg_2^{2+} 与过量氨水反应时，首先生成难溶于水的白色氨基化合物，在没有大量 NH_4^+ 存在下，氨基化物不易形成氨配离子。例如

$$HgCl_2 + 2NH_3 \longrightarrow NH_2HgCl(s)(\text{白色}) + NH_4Cl$$
$$Hg_2Cl_2 + 2NH_3 \longrightarrow NH_2HgCl(s) + Hg(s)(\text{黑色}) + NH_4Cl$$
$$2Hg(NO_3)_2 + 4NH_3 + H_2O \longrightarrow HgO \cdot HgNH_2NO_3(s)(\text{白色}) + 3NH_4NO_3$$
$$2Hg_2(NO_3)_2 + 4NH_3 + H_2O \longrightarrow HgO \cdot HgNH_2NO_3(s) + 2Hg(s) + 3NH_4NO_3$$

在溶液中有大量 NH_4^+ 存在时，氨基化合物可溶于氨水形成配离子，例如

$$NH_2HgCl + 2NH_3 + NH_4^+ \rightleftharpoons [Hg(NH_3)_4]^{2+} + Cl^-$$

（3）向 Cu^{2+}、Ag^+、Zn^{2+}、Cd^{2+}、Hg_2^{2+}、Hg^{2+}溶液中通入 H_2S 都可生成相应的硫化物沉淀。其中 ZnS 的 $K_{sp}^{\ominus}$较大，通入 H_2S 时必须控制溶液的 pH。HgS 沉淀极难溶，但可溶于过量 Na_2S 中。通常，在实验室中用王水溶解 HgS。Hg_2S 沉淀不稳定，见光即分解为 HgS 和 Hg。

（4）在水溶液中 Cu^{2+}具有一定的氧化性，能氧化 I^-和 SCN^-等。

例如

$$2Cu^{2+} + 4I^- \longrightarrow Cu_2I_2(s)(\text{白色}) + I_2,\ E^{\ominus}(Cu^{2+}/CuI) = 0.866\ (V)$$

白色 Cu_2I_2 能溶于过量 KI 或 KSCN 溶液中生成 $[CuI_2]^-$或$[Cu(SCN)_2]^-$配位离子，这两种离子在稀释时又分别沉淀为 Cu_2I_2 和 $Cu_2(SCN)_2$。

在加热的碱性溶液中，Cu^{2+}能氧化醛或糖类，并生成暗红色 Cu_2O，例如

$$2[Cu(OH)_4]^{2-} + C_6H_{12}O_6(\text{葡萄糖}) \xrightarrow{\triangle} Cu_2O(s)(\text{暗红色}) + C_6H_{12}O_7(\text{葡萄糖酸}) + 2H_2O + 4OH^-$$

本反应在有机化学上用来检验某些糖的存在。在浓 HCl 中，Cu^{2+}能将 Cu 氧化成棕黄色配离子 $[CuCl_2]^-$，将此溶液加水稀释时可得白色 Cu_2Cl_2 沉淀。

$$Cu^{2+} + Cu + 4Cl^- \longrightarrow 2[CuCl_2]^-(\text{棕黄色})$$
$$2[CuCl_2]^- \xrightarrow{H_2O} Cu_2Cl_2(s)(\text{白色}) + 2Cl^-$$

在水溶液中 Ag^+具有一定的氧化性。在银盐溶液中加入过量氨水，加热时能将醛类或某些糖类氧化，本身被还原为 Ag，应用这个性质可用来制备银镜。反应式如下。

$$Ag^+ + 2NH_3 + H_2O \longrightarrow Ag_2O + 2NH_4^+$$
$$Ag_2O + 4NH_3 + H_2O \rightleftharpoons 2[Ag(NH_3)_2]^+ + 2OH^-$$
$$2[Ag(NH_3)_2]^+ + HCHO + 2OH^- \longrightarrow 2Ag(s) + HCOONH_4 + 3NH_3 + H_2O$$
$$E^{\ominus}([Ag(NH_3)_2]^+/Ag) = 0.3719\ (V)$$

水溶液中 Hg^{2+} 具有一定氧化性。Hg^{2+} 在溶液中可氧化 Sn^{2+}。

$$2Hg^{2+} + Sn^{2+} \longrightarrow Hg_2^{2+} + Sn^{4+},\ E^{\ominus}(Hg^{2+}/Hg_2^{2+}) = 0.9083\ (V)$$

溶液中若有 Cl^- 存在，则立即有 Hg_2Cl_2 沉淀生成。

$$Hg_2^{2+} + 2Cl^- \rightleftharpoons Hg_2Cl_2(s)\ (白色)$$

当溶液中有过量 Sn^{2+} 时，则有 Hg 析出，溶液中沉淀由白色转变为灰黑色。

$$Hg_2Cl_2 + Sn^{2+} \longrightarrow 2Hg(s) + Sn^{4+} + 2Cl^-,\ E^{\ominus}(Hg_2Cl_2/Hg) = 0.2680\ (V)$$

（5）Cu(Ⅰ)与 Cu(Ⅱ)之间可相互转化。

$$2Cu^{2+} + 4I^- \longrightarrow Cu_2I_2(s) + I_2$$

Cu_2I_2 能溶于过量 KI 中生成 $[CuI_2]^-$ 配离子。

$$Cu_2I_2 + 2I^- \longrightarrow 2[CuI_2]^-$$

将 $CuCl_2$ 溶液和铜屑混合，加入浓 HCl，加热得棕黄色 $[CuCl_2]^-$ 配离子。

$$Cu^{2+} + Cu + 4Cl^- \xrightarrow{\triangle} 2[CuCl_2]^-$$

生成的 $[CuI_2]^-$ 与 $[CuCl_2]^-$ 都不稳定，将溶液加水稀释，又可得到白色 Cu_2I_2 和 Cu_2Cl_2 沉淀。

（6）Hg(Ⅰ)与 Hg(Ⅱ)之间可相互转化。

$$Hg_2^{2+} + 2Cl^- \rightleftharpoons Hg_2Cl_2(s)\ (白色)$$

$$Hg_2Cl_2 + 2NH_3 \longrightarrow NH_2HgCl\ (s)\ (白色) + Hg\ (s)\ (黑色) + NH_4Cl$$

Hg^{2+}、Hg_2^{2+} 与 I^- 作用，分别生成难溶于水的 HgI_2 和 Hg_2I_2 沉淀。橘红色 HgI_2 易溶于过量 KI 中生成 $[HgI_4]^{2-}$。

$$HgI_2 + 2KI \rightleftharpoons K_2[HgI_4]$$

黄绿色 Hg_2I_2 与过量 KI 反应时，发生歧化反应生成 $[HgI_4]^{2-}$ 和 Hg。

$$Hg_2I_2 + 2KI \longrightarrow K_2[HgI_4] + Hg(s)$$

（7）Cu^{2+} 能在中性或弱酸性溶液中与 $K_4[Fe(CN)_6]$ 反应生成红棕色 $Cu_2[Fe(CN)_6]$ 沉淀，可以利用这个反应来鉴定 Cu^{2+}。

Zn^{2+} 在强碱性溶液中与二苯硫腙反应生成粉红色螯合物，Cd^{2+} 与 H_2S 饱和溶液反应能生成黄色 CdS 沉淀，Hg^{2+} 与 $SnCl_2$ 反应生成白色 Hg_2Cl_2 沉淀，Hg_2Cl_2 与过量 $SnCl_2$ 反应能生成黑色 Hg 沉淀，利用上述特征反应可鉴定 Zn^{2+}、Cd^{2+}、Hg^{2+}。

【仪器与试剂】

仪器：离心机；试管。

试剂：$CuSO_4$(0.1 mol/dm^3)；$AgNO_3$(0.1 mol/dm^3，0.5 mol/dm^3)；$ZnSO_4$(0.1 mol/dm^3)；$Cd(NO_3)_2$(0.1 mol/dm^3)；$Hg_2(NO_3)_2$(0.1 mol/dm^3)；$Hg(NO_3)_2$(0.1 mol/dm^3)；NaOH

（0.1 mol/dm³，2 mol/dm³，6 mol/dm³，40%）；$NH_3 \cdot H_2O$（2 mol/dm³，6 mol/dm³，浓）；$CuCl_2$（0.1 mol/dm³）；NaCl（s）；$CoCl_2$（0.1 mol/dm³）；KBr（0.1 mol/dm³）；$Na_2S_2O_3$（0.1 mol/dm³）；KI（0.1 mol/dm³，2 mol/dm³）；Na_2S（0.1 mol/dm³）；KSCN（1 mol/dm³）；硫代乙酰胺（s）；HCl（2 mol/dm³，6 mol/dm³，浓）；HNO_3（6 mol/dm³）；葡萄糖（10%）；$SnCl_2$（0.1 mol/dm³）；Cu 屑；H_2SO_4（3 mol/dm³）；HAc（6 mol/dm³）；$K_4[Fe(CN)_6]$（0.1 mol/dm³）；二苯硫腙。

【实验内容】

1. 氧化物或氢氧化物的生成和性质。

取六支试管，分别加入 0.1 mol/dm³ $CuSO_4$、$AgNO_3$、$ZnSO_4$、$Cd(NO_3)_2$、$Hg(NO_3)_2$ 和 $Hg_2(NO_3)_2$ 溶液各 5 滴，然后向每支试管中加入 3 滴 2 mol/dm³ NaOH 溶液，观察沉淀的生成与颜色。写出离子反应方程式。保留沉淀，进行下列实验。

（1）检验 $Cu(OH)_2$ 的酸碱性及脱水性，写出反应的现象及离子反应方程式。

（2）检验 $Zn(OH)_2$ 的两性，写出离子反应方程式。

（3）检验 Ag_2O、HgO、Hg_2O、$Cd(OH)_2$ 是否具有两性，说明反应现象。

根据实验现象小结：ⅠB、ⅡB 族元素氢氧化物的酸碱性及热稳定性变化规律，其离子与 NaOH 反应的产物及产物不同的原因，并与ⅠA、ⅡA 族元素比较。

2. 配合物的生成。

（1）与氨水作用。取六支试管，分别加入 0.1 mol/dm³ $CuSO_4$、$AgNO_3$、$ZnSO_4$、$Cd(NO_3)_2$、$Hg(NO_3)_2$与 $Hg_2(NO_3)_2$ 溶液各 5 滴，然后在每支试管中逐滴加入 2 mol/dm³ $NH_3 \cdot H_2O$ 至过量，观察沉淀的生成与溶解情况。写出反应现象与反应方程式，并比较各离子与氨配合的能力。

（2）铜的配合物。在 5 mL 0.1 mol/dm³ $CuCl_2$ 溶液中，加入固体 NaCl 至溶液颜色发生变化。取 5 滴溶液加水稀释，有何变化，其余溶液保留待用。

（3）银的配合物。取 5 滴 0.1 mol/dm³ $AgNO_3$ 溶液于离心试管中，加入 5 滴 0.1 mol/dm³ NaCl 溶液，观察白色 AgCl 的生成。离心分离，弃去清液，在沉淀中加入数滴 2 mol/dm³ $NH_3 \cdot H_2O$，观察 AgCl 的溶解。在清液中加入 0.1 mol/dm³ KBr 溶液，观察淡黄色 AgBr 的生成，离心分离，弃去清液，在沉淀中加入 0.1 mol/dm³ $Na_2S_2O_3$ 溶液，观察 AgBr 的溶解。在溶解后的溶液中加入 0.1 mol/dm³ KI 溶液，观察 AgI 沉淀的生成。离心分离，弃去清液，在沉淀中加入 2 mol/dm³ KI 溶液，振荡溶解，再加入 0.1 mol/dm³ Na_2S 溶液。观察实验现象，写出离子反应方程式。

通过实验比较卤化银的溶解度及配银离子的稳定性。

（4）汞的配合物。取 1 滴 $Hg(NO_3)_2$ 溶液于试管中，滴加 0.1 mol/dm³ KI 溶液，边滴边振荡，至沉淀刚好溶解，观察现象，写出反应方程式。加入几滴 40% NaOH 溶液，将其配成奈氏试剂。再加入几滴铵盐溶液，观察现象，写出反应方程式（此反应用于检验 NH_4^+ 的存在）。

在 0.5 mL $Hg(NO_3)_2$ 溶液中，逐滴加入 1 mol/dm³ KSCN 溶液至过量，观察现象。把溶液分为两份，分别试验产物与 $ZnSO_4$、$CoCl_2$ 溶液的作用，用玻璃棒摩擦试管壁，观察白色 $Zn[Hg(SCN)_4]$和蓝色 $Co[Hg(SCN)_4]$沉淀的生成，写出反应方程式（此反应可用于定性鉴

定 Hg^{2+}、Zn^{2+}和 Co^{2+}）。

在 $Hg_2(NO_3)_2$ 溶液中逐滴加入 0.1 mol/dm^3 KI 溶液，观察沉淀的生成与溶解，写出反应方程式。

3. 铜、银、锌、镉、汞、硫化物的生成与性质。

分别取 5 滴 0.1 mol/dm^3 $CuSO_4$、$AgNO_3$、$ZnSO_4$、Cd（NO_3）$_2$ 和 $Hg(NO_3)_2$ 溶液，各加入 2 滴 5%CH_3CSNH_2 溶液，加热，观察有无沉淀产生。若无沉淀，则加入少量 6 mol/dm^3 $NH_3 \cdot H_2O$，观察沉淀颜色。离心分离，弃去清液，用 6 mol/dm^3 HCl 或 6 mol/dm^3 HNO_3 检验沉淀的溶解性。

4. Cu^{2+}、Ag^+、Hg^{2+}的氧化性。

（1）取 5 滴 0.1 mol/dm^3 $CuSO_4$，加 6.0 mol/dm^3 NaOH 使溶解，再加入 10%葡萄糖溶液，摇匀，加热至沸，有何物质生成，写出反应方程式。

（2）在一支干净的试管中加入 1 mL 0.5 mol/dm^3 $AgNO_3$ 溶液，滴加 2.0 mol/dm^3 $NH_3 \cdot H_2O$至生成的沉淀刚好溶解，加入 2 mL 10%葡萄糖溶液，将试管插入沸水浴中加热片刻，取出试管观察银镜的生成。然后倒掉溶液，加 2.0 mol/dm^3 HNO_3 使银溶解后倒入回收瓶。

（3）取 10 滴 0.1 mol/dm^3 $Hg(NO_3)_2$ 溶液，慢慢加入 0.1 mol/dm^3 $SnCl_2$，观察现象。继续加入 $SnCl_2$，观察有无黑色沉淀生成，写出反应方程式。

5. Cu(Ⅰ)与 Cu(Ⅱ)的相互转化。

（1）碘化亚铜的生成。在 0.5 mL $CuSO_4$ 溶液中滴加 KI 溶液，观察现象。再加入几滴 0.1 mol/dm^3 $Na_2S_2O_3$溶液（不宜过量，以免它与 Cu_2I_2 发生配合反应而使 Cu_2I_2 溶解）以除去反应中生成的碘，观察产物的颜色和状态。

由实验现象说明 $Na_2S_2O_3$ 的作用。请回忆，你在哪个实验中已接触过上述现象。

（2）氯化亚铜的生成和性质。取 5 mL 0.1 mol/dm^3 $CuCl_2$ 溶液，加入少量 NaCl（s），再加入少量铜屑，加热，直到溶液呈黄棕色。取出几滴溶液，加到 10 mL 水中，若有白色沉淀生成，则迅速将全部溶液倾入 50 mL 去离子水中，观察产物的颜色和状态。待大部分沉淀析出后，倾出溶液，用 20 mL 去离子水洗涤沉淀，洗涤时避免氧化。用滴管带水吸取沉淀分成三份，一份加入浓 HCl，一份加入浓 $NH_3 \cdot H_2O$，一份置于表面皿暴露在空气中，观察现象，写出反应方程式。

（3）氧化亚铜的生成和性质。在 0.5 mL $CuSO_4$ 溶液中加入过量 40%NaOH 溶液至最初生成的沉淀完全溶解，再加入几滴 10%葡萄糖溶液，摇匀，水浴加热，观察现象。离心分离，用去离子水洗涤沉淀，往沉淀中加入 3 mol/dm^3 H_2SO_4 溶液，观察现象。写出反应方程式。

6. Hg(Ⅰ)与 Hg(Ⅱ)的相互转化。

（1）在试管中加入 10 滴 0.1 mol/dm^3 $Hg_2(NO_3)_2$ 溶液，再加入 2~3 滴 2 mol/dm^3 HCl 溶液，观察白色 Hg_2Cl_2 沉淀的生成，然后向溶液中滴加 2 mol/dm^3 $NH_3 \cdot H_2O$，摇动试管，观察溶液颜色的变化。写出离子反应方程式。

（2）在两支试管中分别加入 10 滴 0.1 mol/dm^3 $Hg_2(NO_3)_2$ 和 $Hg(NO_3)_2$，各逐滴加入 0.1 mol/dm^3 KI 溶液，观察沉淀的生成与颜色。再分别继续滴入过量 KI 溶液。观察现象，写出反应方程式。

7. 离子鉴定。

(1) Cu^{2+} 的鉴定。取几滴 Cu^{2+} 试液，加入 6 mol/dm^3 HAc 溶液酸化，再滴加 0.1 mol/dm^3 $K_4[Fe(CN)_6]$溶液，有红棕色 $Cu_2[Fe(CN)_6]$沉淀生成，证明 Cu^{2+}存在。

(2) Ag^+的鉴定。取几滴 Ag^+试液，加入几滴 HCl 溶液，离心分离。在沉淀中加入过量 $NH_3 \cdot H_2O$，再加入 HNO_3 溶液酸化，有白色 AgCl 沉淀生成，证明 Ag^+存在。

(3) Zn^{2+}的鉴定。取几滴 Zn^{2+}试液，加入几滴 2 mol/dm^3 NaOH 溶液，再加入二苯硫腙，生成红色螯合物，证明 Zn^{2+}存在。

(4) Cd^{2+}的鉴定。取几滴 Cd^{2+}试液，调节溶液酸度约为 0.3 mol/dm^3（可先在 Cd^{2+}试液中加入 $NH_3 \cdot H_2O$ 至显碱性，再用 HCl 溶液中和至近中性，最后加入溶液总体积约 1/6 的 2 mol/dm^{3}HCl 即得），然后加入几滴 5%硫代乙酰胺溶液，在沸水浴中加热，生成黄色硫化物沉淀，证明 Cd^{2+}存在。

(5) Hg^{2+}的鉴定。见实验 4 中（3）。

(6) Hg_2^{2+} 的鉴定。取 2 滴 Hg_2^{2+} 试液于离心试管中，加入 1 滴 HCl 溶液，若生成白色沉淀，滴加氨水后，沉淀变为灰黑色，证明 Hg_2^{2+} 存在。

【思考题】

1. Cu 的氢氧化物有什么特点，铜的价态变化有什么特点?
2. Hg^{2+}的硫化物有什么特点，汞的价态变化有什么特点?
3. Ag^+的卤化物溶解性如何，选用什么样的试剂，可将之溶解，为什么?
4. Zn^{2+}、Cd^{2+}、Hg^{2+}、Hg_2^{2+} 与少量或过量氨水反应，各产生什么现象?
5. Hg_2^{2+} 与 Hg^{2+}的溶液中加入少量或过量 KI 各有什么现象产生?
6. Cu(Ⅰ)、Cu(Ⅱ)和 Hg(Ⅰ)、Hg(Ⅱ)在水溶液中稳定存在原价态及其高低价态间相互转化的条件是什么?
7. 今有六种失去标签的试剂瓶，分别装有 Cu^{2+}、Ag^+、Zn^{2+}、Cd^{2+}、Hg^{2+}、Hg_2^{2+} 盐，试选用一种试剂，将它们鉴定。

附：汞、镉的安全使用知识

1. 汞、镉的毒性。

镉的化合物进入人体后会引起中毒，发生肠胃炎、肾炎、上呼吸道炎症等，严重的镉中毒会引起极痛苦的“骨痛病”（全身痛、脊椎骨畸形和易碎骨）。因此，要严防镉的化合物进入口中，含镉废液应倒入指定的回收瓶内，集中处理。

2. 含镉废液的处理。

在废液中加石灰或电石渣，使镉离子转变为难溶的 $Cd(OH)_2$ 沉淀除去。

3. 汞的安全使用。

必须用水将汞封存，取用时将滴管伸入瓶底，以免带出过多水分。汞一旦洒落，用滴管或锡纸将汞珠尽量收集，有残存汞的地方洒一层硫黄粉，摩擦，使汞转变为难挥发的 HgS。

4. 汞蒸气的检验。

人在汞蒸气浓度为 0.01 g/m^3 空气中停留 1~2 d，就会发生汞中毒的症状。可以用白色

Cu_2I_2 试纸悬挂在室内检验汞蒸气，在室温为288 K时，若3 h内试纸明显变色，就表示室内汞蒸气超过允许含量。反应方程式为 $2Cu_2I_2+Hg \rightleftharpoons Cu_2(HgI_4)+2Cu$。

Cu_2I_2 试纸的制备：取一定量10% $CuSO_4$ 和10% KI混合，待 Cu_2I_2 沉降后，倾泻出上层清液，用10% $Na_2S_2O_3$ 洗去沉淀中的 I_2，再用去离子水洗涤数次，用乙醇把 Cu_2I_2 调成糊状，加 HNO_3（50 mL糊状物加1滴 HNO_3）调匀，涂在纸上，避光晾干，即得 Cu_2I_2 试纸。

5. 含汞废液的处理。

用废铜屑、铁屑、锌粒作还原剂处理废液，可直接回收金属汞。或在废液中加入NaSCN和 $KAl(SO_4)_2 \cdot 24H_2O$（为什么?），使汞转变为难溶的HgS沉淀而除去，除汞率可达99%。

实验21　常见阳离子的分离与鉴定

【实验目的】

1. 巩固和进一步掌握ⅠA、ⅡA和ⅠB、ⅡB族一些金属元素及其相应化合物的性质。

2. 了解对已知常见阳离子混合液进行分离和离子检出的方法。

（1）利用离子与试剂作用形成各种化合物性质的异同进行分离与鉴定。

（2）利用溶液平衡理论选定反应条件，控制反应进行的完全程度。

3. 进一步培养观察实验现象，分析实验中所遇问题和实验结果的能力。

4. 练习并掌握焰色反应的正确方法，了解用焰色反应鉴定离子的范围及巩固检出离子的操作。

【实验原理】

ⅠA、ⅡA族（s区）元素价层电子构型为 ns^{1-2}，分别形成氧化数为+1、+2化合物，无变价。

s区元素化合物以离子型为主（Li^+、Be^{2+} 的半径远比同族其他阳离子的小，其化合物的性质与同族比较有较大差异，如LiCl、$BeCl_2$ 有明显的共价性），易溶于水。常见的难溶化合物：Li^+、Mg^{2+} 有氟化物、碳酸盐、磷酸盐；Ca^{2+}、Sr^{2+}、Ba^{2+} 有硫酸盐、碳酸盐、草酸盐、铬酸盐等。

大部分ⅠA、ⅡA族元素化合物在火焰中灼烧时呈现特殊颜色，见表6-5。

表6-5　ⅠA、ⅡA族元素化合物在火焰中灼烧时呈现的颜色

化合物	LiCl	NaCl	KCl	$CaCl_2$	$SrCl_2$	$BaCl_2$
焰色	红	黄	紫	橙红	深红	绿
灵敏光谱线	610.4	588.9	404.0	714.9	707.0	553.5
波长/nm	670.8	589.5	404.7	723.6	687.8	577.8

ⅠB、ⅡB族（ds区）元素价层电子构型为 $(n-1)d^{10}ns^{1-2}$，分别形成+1、+2氧化数化合物，这与ⅠA、ⅡA族相似。但ⅠB族 $(n-1)$ d上的电子可参加成键，故有+1、+2、+3等氧化数。

ⅠB、ⅡB与ⅠA、ⅡA比较，前者次外层为18电子结构，后者为8电子结构，因此它们之间相应化合物的性质又有很大差别。

（1）ⅠB、ⅡB族金属活泼性较差，$E^{\ominus}$较高。

（2）ⅠB、ⅡB族元素氢氧化物（或氧化物）、硫化物，以及许多卤化物MX都难溶于水。

（3）ⅠB、ⅡB易生成配合物。

所以当这几族元素的离子共存时，常利用它们形成不同的沉淀反应进行分离与鉴定。

【仪器与试剂】

仪器：镍丝玻璃棒；煤气灯；酒精灯。

试剂：HCl（0.3 mol/dm^3，2 mol/dm^3，浓）；HAc（6 mol/dm^3）；王水；H_2O_2（3%）；H_2SO_4（2 mol/dm^3，浓）；H_2S饱和溶液或硫代乙酰胺固体；HNO_3（2 mol/dm^3，6 mol/dm^3，浓）；NaOH（2 mol/dm^3，6 mol/dm^3）；$NH_3 \cdot H_2O$（2 mol/dm^3，6 mol/dm^3，浓）；$SnCl_2$（1 mol/dm^3）；Pb粒、NH_4NO_3、$Sr(NO_3)_2$、KNO_3，$AgNO_3$、$Cu(NO_3)_2$、$Zn(NO_3)_2$、$Cd(NO_3)_2$、$Hg(NO_3)_2$ 均为 0.1 mol/dm^3；K_2CrO_4（1 mol/dm^3）；$(NH_4)_2S$、NH_4Cl、$(NH_4)_2CO_3$、Na_2S、KSCN均为1 mol/dm^3；二苯硫腙溶液；奈斯勒试剂；pH试纸。

【实验内容】

1. 混合离子的分离。

向指导教师领取一份含有NH_4^+、Ag^+、K^+、Sr^{2+}、Zn^{2+}、Pb^{2+}、Cd^{2+}、Cu^{2+}、Sn^{2+}的混合液进行分离（分离方案、书写格式参考实验17）。

2. 鉴定混合液中所含的阳离子。

向指导教师提交一份内容包括分离方案的步骤、定性检验各离子的步骤和实验现象及有关反应方程式的实验报告。

【思考题】

1. 用H_2S分离Zn^{2+}和Cd^{2+}时，为什么要控制溶液中H^+离子的浓度？
2. 在进行沉淀实验中如何检查沉淀已达完全？
3. 在分离过程中有哪几个步骤易被干扰，是如何排除的？
4. 混合液中含有Mn^{2+}应如何除去？

附：s区、ds区一些阳离子的鉴定

1. NH_4^+。

在碱性介质中，与奈斯勒试剂（K_2HgI_4）反应如下。或与强碱反应放出NH_3气体，使润湿的红色石蕊试纸变为蓝色。常在气室中进行。

$$NH_4^+ + 2[HgI_4]^{2-} + 4OH^- \longrightarrow \left[O\begin{matrix} Hg \\ \\ Hg \end{matrix}NH_2\right]I(s)\text{（红褐色）} + 7I^- + 3H_2O$$

2. K^+。

用焰色反应，火焰呈紫色。或在中性或微酸性介质中与钴亚硝酸钠（$Na_3[Co(NO_2)_6]$）反应，反应式如下。

$$2K^+ + Na^+ + [Co(NO_2)_6]^{3-} \rightleftharpoons K_2Na[Co(NO_2)_6](s)(\text{亮黄色})^{①}$$
$$K^+ + NaHC_4H_4O_6 \longrightarrow KHC_4H_4O_6(s)(\text{白色}) + Na^+$$

3. Sr^{2+}。

焰色反应呈深红色（猩红色）。

4. Ag^+。

在加有硝酸的试液中加 HCl，形成白色 AgCl 沉淀，向沉淀中加 6 mol/dm^3 $NH_3 \cdot H_2O$，搅动使沉淀溶解，继续加 6 mol/dm^3 HNO_3 酸化，有白色 AgCl 复析出，证明 Ag^+离子存在。

$$Ag^+ + Cl^- \rightleftharpoons AgCl(s)(\text{白色})$$
$$AgCl(s) + 2NH_3 \rightleftharpoons [Ag(NH_3)_2^+]^+ + Cl^-$$
$$[Ag(NH_3)_2]^+ + 2H^+ + Cl^- \rightleftharpoons AgCl(s)(\text{白色}) + 2NH_4^+$$

或与 K_2CrO_4 反应形成暗红色 Ag_2CrO_4 沉淀。

$$2Ag^+ + CrO_4^{2-} \rightleftharpoons Ag_2CrO_4(s)$$

5. Zn^{2+}。

在强碱性介质中，与无色二苯硫腙（HDZ）反应，形成粉红色螯合物②。

$$Zn^{2+} + 2HDZ \rightleftharpoons [Zn(DZ)_2] + 2H^+$$

6. Cu^{2+}。

在中性或酸性介质中，与亚铁氰化钾（$K_4[Fe(CN)_6]$）反应。

$$2Cu^{2+} + [Fe(CN)_6]^{4-} \rightleftharpoons Cu_2[Fe(CN)_6](s)(\text{红褐色})$$

7. Hg^{2+}。

在酸性介质中，与 $SnCl_2$ 反应，生成白色 Hg_2Cl_2 沉淀，继续加 $SnCl_2$ 出现黑色沉淀。

$$SnCl_2 + 2HgCl_2 \rightleftharpoons Hg_2Cl_2(s)(\text{白}) + SnCl_4$$
$$SnCl_2 + Hg_2Cl_2 \rightleftharpoons 2Hg(s)(\text{黑}) + SnCl_2$$

8. Cd^{2+}。

在酸性介质中通入 H_2S，生成黄色沉淀，为了除去其他离子干扰，先在试液中加浓 HCl，再通入 H_2S，取上清液稀释，调至弱酸性后，通入 H_2S。

---

① NH_4^+ 与 $Na_3[Co(NO_2)_6]$也生成黄色沉淀 $(NH_4)_2Na[Co(NO_2)_6]$，应将试液放于小瓷皿中蒸干后，加 HNO_3（1∶3），再蒸干，加热到 300 ℃至无白烟以除去 NH_4^+。

② 二苯硫腙（俗名打萨宗）

S═C(—NH—NH—C$_6$H$_5$)(—N═N—C$_6$H$_5$) ⇌ HS—C(═NH—NH—C$_6$H$_5$)(—N═N—C$_6$H$_5$)

与 Zn^{2+}反应，生成粉红色螯合物，粉红色螯合物是由一个 Zn^{2+}和两个二苯硫腙分子形成的，习惯上简写如下。

C(—NH—N(—C$_6$H$_5$)—)(═S—Zn$_2$)(—N═N—C$_6$H$_5$)　(S)（粉红色）

实验 22　固体试样中阴、阳离子的定性分析实验[①]

【实验目的】

1. 了解固体试样的分析原理、方法及实验步骤。

2. 运用所学元素及化合物的基本知识，练习根据试样外形、溶解性、酸碱度和阴、阳离子的检出结果等，分析判断未知试样的组分。

3. 进一步巩固常见阴离子和阳离子的有关性质及重要反应。

4. 综合训练阴、阳离子定性分析技术，学习固体试样的鉴定方法。

【实验原理】

固体试样定性分析的目的是鉴定试样中存在的各种阴、阳离子。固体试样多种多样，有盐类、难溶化合物、矿石、合金、陶瓷、建筑材料和其他化工产品等。不同的试样组成各不相同，因此所采用的分析方法也就不一样。

1. 初步试验。

在进行固体试样分析时，一般先进行初步试验：外表观察，包括颜色、光泽、形状、均匀程度，是否潮解、风化、腐蚀等。根据固体试样物理及化学特征性质，估计某些离子存在的可能性。

接着进行溶解性试验：将固体试样溶于水，根据溶液颜色、pH 就可做出判断。若不溶于水的，依次用稀 HCl、浓 HCl、稀 HNO_3、浓 HNO_3 和王水等溶剂处理；若不溶于酸，可采用熔融法熔化或分解不溶部分，根据情况作出粗略判断。

再进行化学性质试验：根据固体试样与常用试剂反应情况，包括有无沉淀、气体生成，预测可能存在的离子和不可能存在的离子。

2. 确证性试验。

最后进行确证性试验：对试样进行系统分析，根据具体情况，采用无损检测技术（研细成粉末或制备阴、阳离子分析试液），设计合理的分析方案并实施，作出正确的判断和结论。

【仪器与试剂】

仪器：台秤；加热装置；水浴锅；离心机；试管；表面皿；研钵；量筒（5 mL）；pH 试纸；淀粉碘化钾试纸；$Pb(Ac)_2$ 试纸。

试剂：固体试样；锌粉；浓 HCl；浓 HNO_3；$(NH_4)_2MoO_4$；HCl（6 mol/dm^3）；HNO_3（6 mol/dm^3）；$NH_3 \cdot H_2O$（6 mol/dm^3）；H_2SO_4（2 mol/dm^3）；Na_2CO_3（2 mol/dm^3）；$AgNO_3$（1 mol/dm^3）；$BaCl_2$（0.5 mol/dm^3）；$KMnO_4$（0.02 mol/dm^3）。

【实验内容】

领取 0.3 g 未知固体试样，用约 0.05 g 试样配制阳离子分析试液，用 0.1 g 试样配制阴离子分析试液，剩余的试样作初步试验、复查和备用。按下列步骤进行分析。

1. 外形观察。

结晶形态固体一般为盐类，粉末状固体一般为氧化物。观察它的颜色，闻气味，把少量

---

① 中国科学技术大学无机化学实验课程组. 无机化学实检［M］. 合肥：中国科学技术大学出版社，2012：8.

固体试样放在干燥的试管中用小火加热，观察它是否会分解或升华。

2. 溶解性试验。

（1）在试管中加入少量固体试样和1 mL蒸馏水，放在水浴中加热，如果看不出它有显著的溶解，可取出上层清液放在表面皿上，小火蒸干。若表面皿上没有明显的残迹就可判断试样不溶于水。对可溶于水的试样，应检查溶液的酸碱性。

（2）试样中不溶于水的部分依次用稀HCl、浓HCl、稀HNO_3、浓HNO_3和王水试验它的溶解性（包括不加热和在水浴中加热两种情况），再取试样最容易溶解的酸作溶剂。

3. 阳离子分析。

将0.05 g试样溶于2.5 mL蒸馏水中（若溶液呈碱性，可用HNO_3酸化）。如果试样不溶于水而溶于酸，则取0.05 g试样，用尽量少的酸溶解，再稀释至2.5 mL。

取少量试液，按各组沉淀条件的顺序，用6 mol/dm^3 HCl等四种组分试剂检验试液中含有哪几种离子。

剩下的试液先检出NH_4^+、Fe^{3+}和Fe^{2+}，再按阳离子系统分析的步骤检出各个阳离子。

4. 阴离子分析。

取0.1 g研细的试样，放入烧杯内，加2.5 mL 2 mol/dm^3 Na_2CO_3溶液，搅拌，加热至沸，保持微沸5 min，应随时加水补充蒸发掉的水分。如果有NH_3放出，继续煮沸至NH_3放完为止。把烧杯内的溶液及残渣全部转移到离心试管中，离心分离，把上清液移至另一支试管中，按阴离子分析步骤，检出各种阴离子，保留残渣。

如果在上清液中没有检查出PO_4^{3-}、S^{2-}、Cl^-、Br^-、I^-等离子，则需按以下方法在残渣中检验这些阴离子。

（1）取一部分残渣，放在离心试管内，用几滴6 mol/dm^3 HNO_3加热处理，离心分离，把上清液移至另一支试管中，再加入过量$(NH_4)_2MoO_4$溶液检查PO_4^{3-}。

（2）取一些残渣放在离心试管中，用蒸馏水洗净后，加入少量锌粉、4滴蒸馏水、4滴2 mol/dm^3 H_2SO_4，搅拌，用湿润的$Pb(Ac)_2$试纸放在管口，检查H_2S。

离心分离，弃去残渣，检出上清液中是否有Cl^-、Br^-、I^-等离子。

由于在制备阴离子试液时，加入了大量的CO_3^{2-}离子，所以在用$BaCl_2$检出阴离子时，应按以下步骤进行。

取3滴试液，加6 mol/dm^3 HCl酸化，并加热使CO_2放完，再加6 mol/dm^3 $NH_3 \cdot H_2O$至溶液刚好呈碱性。如果酸化时溶液浑浊（因酸化时，有$S_2O_3^{2-}$会析出S），应离心分离，设法检查溶液中是否有SO_4^{2-}、SO_3^{2-}、$S_2O_3^{2-}$等离子。

5. 分析结果。

根据已检出的阴、阳离子，结合试样的初步检验，判断固体试样中含有哪些组分。

注意以下事项。

（1）固体的溶解、加热等操作，参见前面的基础知识。

（2）检测阴离子时，注意还原性阴离子和氧化性阴离子的变化。

（3）由于制备溶液引入了大量的CO_3^{2-}离子，所以检查CO_3^{2-}离子时，要用原试样。

【思考题】

1. 根据自己所领取的未知固件试样，写出实际操作步骤（或画出流程图），分析结果，并说明判断理由，写出有关的化学方程式或离子方程式。

2. 一份固体试样可溶于水，在阳离子分析中，检出了 Ag^+ 离子，则哪些阴离子不可能存在？

3. 一份白色固体试样，不溶于水，但溶于 2 mol/dm^3 HCl，并产生大量的 H_2S 气体，则哪些阳离子不可能存在？

4. 用哪种试剂可以区分出 Na_2S、Na_2S_x、$Na_2S_2O_3$、Na_2SO_3、Na_2SO_4？

5. 一份未知溶液，无色无味，呈弱碱性，则可能存在哪些阳离子，与这几种阳离子共存的阴离子可能有哪些？

6. 分别用简单的方法鉴别以下试样。

（1）三瓶红色粉末：HgS、HgI_2、Fe_2O_3。

（2）三瓶白色粉末：AgCl、$PbCl_2$、$ZnCl_2$。

第7章

无机物的制备与提纯

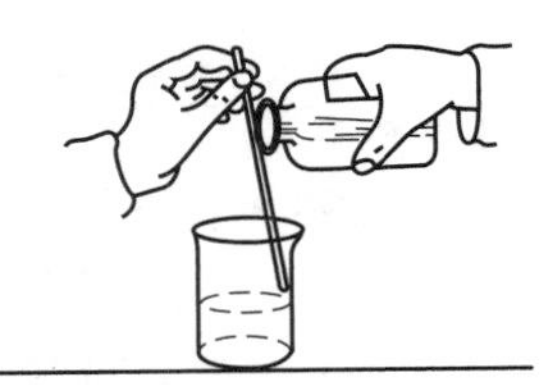

实验23　碘盐的制备与质量检验

【实验目的】

1. 了解碘元素对人的生长、发育和新陈代谢的重要性。
2. 了解食盐的提纯和加碘的方法。
3. 掌握溶解、浓缩、过滤、结晶等基本操作。
4. 学习分光光度法测定加碘盐中 KIO_3 含量的原理与方法。

【实验原理】

碘是人体不可缺少的生物微量元素（通常指在生物体内含量不足万分之一的元素）。当人体缺碘时，可导致甲状腺肿大（粗脖子病），引起严重后果，重病患者的后代可能出现聋、哑、呆、傻、矮，还可能转变为甲状腺癌。人体缺碘引起的诸多疾病，统称为碘缺乏病（Iodine-Deficiency Diseases，IDD）。

许多元素在适当浓度范围内是有益的，超过某一浓度就是有害的。过量摄入碘也会引起甲状腺肿大，人体日摄入碘量超过 1 000 μg/日，则是有害的。碘的缺乏与过剩都不利于人体健康。成年人体内含碘量为 20～50 mg。正常人每天摄入碘量为 120～150 μg/日。在我国，对饮用水中含碘量与 IDD 研究表明，含碘量适宜浓度范围是10～300 $\mu g/dm^3$。

IDD 虽危害严重，但属于可预防疾病。预防 IDD 主要是落实以食盐加碘为主的综合补碘措施。

1. 补碘剂——碘酸钾 KIO_3。

由于单质碘可升华，碘蒸气对眼、呼吸系统有刺激作用。目前，国际上使用 KI 和 KIO_3 作为补碘剂加入食盐中制成含碘盐，供人们食用，预防 IDD。

KI 有苦味，易挥发和潮解，见光易被空气氧化析出游离碘。

KIO_3 具有化学性质稳定，常温下不易挥发、不分解、不吸水、易保存，且活性效果好，口感舒适，易生产等优点。因此，我国使用 KIO_3 加工食用含碘盐。

KIO_3 为无色晶体，无臭、无味、可溶于水，不溶于醇和氨水，碘的质量分数为 59.3%。其晶体在常温下较稳定，加热至 560 ℃开始分解。

$$2KIO_3 \xrightarrow{\triangle} 2KI + 3O_2(g) \tag{1}$$

或 $$12KIO_3 + 6H_2O \xrightarrow{\triangle} 6I_2(g) + 12KOH + 15O_2(g) \tag{2}$$

在酸性介质中，KIO_3 是较强的氧化剂。

$$2IO_3^- + 12H^+(aq) + 10e^- \rightleftharpoons I_2(s) + 6H_2O(l),\quad E^{\ominus}(IO_3^-/I_2) = 1.209\ (V) \tag{3}$$

遇到食品中的还原性物质，如 Fe^{2+}、$C_2O_4^{2-}$，易被还原为单质碘。

纯 KIO_3 晶体有毒，但在治疗剂量范围小于等于 60 mg/kg 时对人体无毒害，食用盐国家标准 GB 5461-2000 规定碘盐含碘量（以 I 计）出厂产品不低于 40 mg/kg，销售品不低于 30 mg/kg。

2. 粗食盐提纯与碘盐制备。

由粗食盐提纯后制备碘盐。由于粗食盐中含有少量不溶性杂质，还含有 K^+、Ca^{2+}、Mg^{2+}、Fe^{3+}、SO_4^{2-} 和 CO_3^{2-} 等杂质。这些杂质使食盐极易潮解，而且也不宜食用。要得到较纯净的食盐通常采用重结晶的方法。将粗盐溶解于适量的水中，经过滤除去不溶性杂质（如泥沙等），然后将滤液加热蒸发浓缩为饱和溶液，冷却后析出食盐晶体。可溶性杂质由于总量少未达饱和，所以留在母液中。经再过滤则获得较纯净食盐晶体。经多次重结晶，可以得到纯度在 99.9%以上的晶体。产品纯度与母液的多少、晶体的大小和重结晶的次数有关。KIO_3 必须加到提纯后的食盐固体中，不能加入粗食盐提纯过程的浓缩溶液中。

3. 分光光度法测定碘盐中碘含量。

KIO_3 有氧化性，在酸性条件下可与还原剂（如 KI、$Na_2S_2O_3$、KNO_2 等）定量反应，产生游离碘。

$$IO_3^- + 5I^- + 6H^+ \rightleftharpoons 3I_2 + 3H_2O \tag{4}$$

反应生成的碘 I_2 可与淀粉作用形成蓝色的包合物，此包合物在 595 nm 波长处单色光具有最大吸收，通过测定其在 595 nm 处的吸光度 A，即可求得碘盐中的碘含量。

【仪器与试剂】

仪器：托盘天平；烧杯(150 mL 2 只，50 mL 1 只)；量筒（50 mL)；酒精灯(或电炉)；布氏漏斗；抽滤瓶；坩埚；点滴板；滤纸；火柴；试管和试管架；玻璃棒；UV-2600 型分光光度计；容量瓶(50 mL 6 个)；石棉网；坐标纸；移液管（5 mL，有分刻度 1 支)；吸耳球。

试剂：粗食盐；KIO_3(AR)；无水乙醇(AR)；$(NH_4)_2C_2O_4$（0.5 mol/dm^3)；NH_3-NH_4Cl 缓冲溶液；铬黑 T（1 mol/dm^3)；$BaCl_2$（3 mol/dm^3)；HCl(2 mol/dm^3)；HAc（2 mol/dm^3)；$H_2C_2O_4$（2mol/dm^3)；H_3PO_4(AR)；KSCN(AR)；市售碘(含 KIO_3）盐；H_2SO_4（3 mol/dm^3)；淀粉-KI(AR)混合液；1%淀粉指示剂。

标准 KIO_3 溶液的配制：称取 0.033 8 g KIO_3，配制成 100 mL 标准溶液，其含碘量为 200 mg/L。

1. 铬黑 T 指示剂的配制。

方法一：称取 0.1 g 铬黑 T 与 10 g 研细的干燥 NaCl 混合研匀，保存于干燥器中。

方法二：称取 0.2 g 铬黑 T 溶于 15 mL 三乙醇胺，待完全溶解后加入 5 mL 无水乙醇。此溶液可用数月不变质。

2. 检测液的配制。

将400 mL 1% 淀粉指示剂，4 mL 85% H_3PO_4，7 g KSCN固体，混合搅拌并溶解。

3. KIO_3 工作液的配制。

称取0.5 g 100 ℃烘干3 h的 KIO_3 溶于水，转移至1 000 mL容量瓶中（500 μg/cm^3），加水至刻度，摇匀。取1 mL容量瓶中溶液，再配制成50 mL，得到10 μg/cm^3 KIO_3 工作液。

4. 淀粉-KI混合液的配制。

称取2.5 g可溶性淀粉加水调和后倾入500 mL沸水中，煮沸至澄清。加入2.5 g KI，溶解后用约2 mL 0.2 mol/dm^3 NaOH调pH至8~9。此溶液在25 ℃时可稳定两周，备用。

【实验内容】

1. 粗盐的制备。

用托盘天平称取15 g粗食盐，放于150 mL洗净的烧杯中，加入50 mL去离子水，在酒精灯（或电炉）上边加热边搅拌，待粗盐全部溶解后，趁热用布氏漏斗减压抽滤。将滤液倒入洗净的150 mL烧杯中。

2. 精盐的制备。

滤液继续在酒精灯上加热、蒸发、浓缩，不断搅拌使溶液浓缩到原体积的一半（20~25 mL），取下烧杯稍冷却后，再次减压抽滤。母液倒回原烧杯留待后面分析用，精盐产品转移到干净的蒸发皿中，在酒精灯（或电炉）上加热至干燥，干燥后冷却，称量精盐质量，计算产率。

3. 精盐加碘。

用托盘天平称取5 g自制精盐，放入一只干净、干燥的坩埚中，并逐滴加入1 mL含碘量200 mg/dm^3 KIO_3 标准溶液。搅拌均匀后，加入3 mL无水乙醇（分析纯）。再次搅匀，将坩埚放在石棉网上，点燃酒精，燃尽后，冷却，即得加碘盐（或在干燥箱内100 ℃恒温烘干1 h）。计算自制碘盐中碘的含量（单位为mg/kg）。

4. 自制精盐质量检验（微型实验）。

本实验只定性检验部分杂质离子。称取约0.5 g自制精盐，加约10 mL去离子水，配制成精盐检验液。对重结晶母液和自制精盐检验液进行下列定性检验。

（1）Ca^{2+}检验。取母液和精盐检验液各2滴于点滴板的两个圆穴内，分别加入1滴0.5 mol/dm^3 $(NH_4)_2C_2O_4$ 溶液，对比观察有无 CaC_2O_4 白色沉淀产生。

（2）Mg^{2+}的检验。取母液和精盐检验液各2滴于点滴板的两个圆穴内，分别加入1滴 $NH_3 \cdot H_2O$-NH_4Cl 缓冲溶液（pH为多少?）和1滴铬黑T指示剂，对比观察溶液颜色。若有 Mg^{2+}存在，溶液显红色，否则显蓝色。

（3）SO_4^{2-} 的检验。取母液和精盐检验液各2滴于点滴板的两个圆穴内，分别加入1滴1 mol/dm^3 $BaCl_2$ 溶液和1滴3 mol/dm^3 HCl（为什么?），对比观察有无 $BaSO_4$ 白色沉淀产生。

将实验现象填入表7-1中。

表 7-1　实验现象

样品	检验项目			结论
	Ca^{2+}	Mg^{2+}	SO_4^{2-}	
母液				
粗盐检验液				

5. 影响碘盐稳定性的因素。

取三支干燥试管（为什么?），各加入 1 g 碘盐，在第一支试管中加入 1 滴 2 mol/dm^3 HAc 溶液；在第二支试管中加入 1 滴 2 mol/dm^3 HAc 和 1 滴 2 mol/dm^3 $H_2C_2O_4$；第三支试管为空白。将第一、第二支试管用酒精灯加热至干燥。然后将三支试管中试样取出分别置于点滴板的三个圆穴内，用玻璃棒压实后，各加入 2 滴检测液，比较其颜色，试说明影响碘盐稳定性的因素。

6. 碘盐中 KIO_3 含量的测定（分光光度法）。

（1）KIO_3 溶液标准曲线的制作。准确吸取 1.0 mL、2.0 mL、3.0 mL、4.0 mL、5.0 mL 实验室制备的 KIO_3 工作液分别放入 50 mL 容量瓶中，各加入 30.0 mL 0.1 mol/dm^3 H_2SO_4 溶液摇匀，再各加入 2 mL 淀粉-KI 混合液，显色后静置 2 min，稀释至 50 mL。水作为参比溶液，用 1 cm 比色皿（因淀粉透明度差）在 595 nm 波长处测定溶液的吸光度 A，绘制出工作曲线。

（2）试样的制备与测定。准确称取 1.0 g 自制碘盐，加去离子水（25~30 mL）于小烧杯中溶解后转移至 50 mL 容量瓶中，然后加入 H_2SO_4、淀粉-KI 混合液（方法同制作标准曲线），稀释至刻度线。测定其吸光度 A_x，在工作曲线上查出对应的 KIO_3 浓度 c_x（注意：标准曲线的制作和试样的制备与测定均要在相同条件下进行）。

（3）碘盐中 KIO_3 含量的计算。

$$W(KIO_3) = \frac{c_x V}{m_x \times 10^6}$$

【思考题】

1. 本实验应用什么原理精制粗盐?
2. 抽滤操作应注意哪些事项?
3. 碘剂为什么不直接加入浓缩液中，而是加入精盐结晶中?
4. 如何检验加碘盐中的碘剂是 KIO_3 还是 KI?
5. 如果本实验回收率过高或过低，可能是哪些原因所造成的?
6. 炒菜时，加碘盐最好在什么时候放入，为什么?
7. 制作 KIO_3 标准曲线时，淀粉-KI 混合液为什么要过量?
8. 能在碱性条件下进行 KIO_3 含量的测定吗? 为什么?

实验 24 $CuSO_4 \cdot 5H_2O$ 的制备与提纯

【实验目的】

1. 掌握 Cu、$CuSO_4 \cdot 5H_2O$ 的性质。
2. 了解以废铜和工业硫酸为主要原料制备 $CuSO_4 \cdot 5H_2O$ 的原理和方法。
3. 掌握无机制备过程中灼烧、水浴加热、减压过滤、结晶等基本操作。

【实验原理】

$CuSO_4 \cdot 5H_2O$ 俗名胆矾、蓝矾，是蓝色三斜晶系晶体，在干燥空气中缓慢风化，溶于水和氨液，难溶于无水乙醇。在不同温度下，可以发生下列脱水反应。

$$CuSO_4 \cdot 5H_2O \xrightarrow{375\ K} CuSO_4 \cdot 3H_2O \xrightarrow{386\ K} CuSO_4 \cdot H_2O \xrightarrow{531\ K} CuSO_4 \xrightarrow{923\ K} CuO + SO_3$$

式中，失去五个结晶水的 $CuSO_4$ 为白色粉末，其吸水性很强，吸水后即显出特征蓝色，可利用这一性质检验某些有机溶剂中的微量水分，也可以用无水 $CuSO_4$ 除去有机物中少量水分（作干燥剂）。

$CuSO_4 \cdot 5H_2O$ 的制备方法有多种，常用的有氧化铜法、废铜法、电解液法、白冰铜法、二氧化硫法。本实验选择以废铜和工业硫酸为主要原料制备 $CuSO_4 \cdot 5H_2O$，先将铜屑灼烧成 CuO，再与稀 H_2SO_4 反应。

$$2Cu + O_2 \xrightarrow{\text{灼烧}} 2CuO\ (\text{黑色})$$

$$CuO + H_2SO_4 \longrightarrow CuSO_4 + H_2O$$

由于本实验选用的是废铜和工业硫酸为原料，所以得到的 $CuSO_4$ 溶液中还含有其他杂质，不溶性杂质可过滤除去，可溶性杂质为 Fe^{2+} 和 Fe^{3+}。通常先用氧化剂（如 H_2O_2）将溶液中的 Fe^{2+} 氧化为 Fe^{3+}，然后调 pH 至 3（注意：不能使 pH≥4，否则会析出浅蓝色碱式硫酸铜沉淀，影响产品的质量和产率），再加热煮沸，使 Fe^{3+} 水解为 $Fe(OH)_3$，过滤除去。反应如下。

$$2Fe^{2+} + 2H^+ + H_2O_2 \longrightarrow 2Fe^{3+} + 2H_2O$$

$$Fe^{3+} + 3H_2O \xrightarrow[\triangle]{pH=3} Fe(OH)_3(s) + 3H^+$$

除去杂质后的 $CuSO_4$ 溶液，再加热蒸发，冷却结晶，减压抽滤，即可得到蓝色 $CuSO_4 \cdot 5H_2O$。

$CuSO_4 \cdot 5H_2O$ 用途广泛，它是制备其他含铜化合物的重要原料，在工业上用于镀铜和制作颜料，在农业上作为杀虫剂，还可以作为木材的防腐剂。

【仪器与试剂】

仪器：托盘天平；瓷坩埚；煤气灯；泥三角；坩埚钳；烧杯（100 mL）；量筒（10 mL）；酒精灯；蒸发皿；滤纸；剪刀。

试剂：Cu 粉（LR 或工业纯）；H_2SO_4（3mol/dm^3，工业纯）；$K_3[Fe(CN)_6]$（0.1mol/dm^3）；H_2O_2（3%）；$CuCO_3$（s，CP）；广泛 pH 试纸。

【实验内容】

1. 氧化铜的制备。

在托盘天平上称取 3.0 g 废铜粉，放入预先洗净、干燥的瓷坩埚（或蒸发皿）中，将坩埚置于泥三角上，用酒精喷灯的氧化焰小火微热。待 Cu 粉干燥后，加大火焰高温灼烧，并不断搅拌，搅拌时用坩埚钳夹住坩埚。灼烧至 Cu 粉完全转化为黑色 CuO（约 20 min。若用酒精灯加热，则需 30~40 min），停止加热并冷却至室温。

2. 粗 $CuSO_4$ 溶液的制备。

将冷却后的 CuO 倒入 100 mL 小烧杯中，加入 18 mL 3 mol/dm^3 H_2SO_4（工业纯），微热使 CuO 溶解，滤过，得粗 $CuSO_4$ 溶液。检验溶液中是否存在 Fe^{2+}（如何检验）。

3. $CuSO_4$ 溶液的精制。

在粗 $CuSO_4$ 溶液中，滴加 2 mL 3% H_2O_2，将溶液加热，检验溶液中是否存在 Fe^{2+}。当 Fe^{2+}完全氧化后，慢慢向溶液加入 $CuCO_3$ 粉末，同时不断搅拌，调节溶液至 pH = 3（为什么?）。在此过程中，要不断用 pH 试纸检验溶液的 pH。再加热溶液至沸（为什么?），趁热减压抽滤，滤液转移至洁净的 100 mL 烧杯中。

4. $CuSO_4 \cdot 5H_2O$ 晶体的制备。

在精制后的 $CuSO_4$ 溶液中，慢慢滴加 3 mol/dm^3 H_2SO_4，调节溶液至 pH = 1，将溶液转移至洁净的蒸发皿中，水浴加热蒸发至液面出现晶膜时停止。自然冷却至晶体析出，减压抽滤，晶体用滤纸吸干，称重。计算产率。

【思考题】

1. 为什么在精制后的 $CuSO_4$ 溶液中调节 pH = 1 使溶液呈强酸性?

2. 列举用 Cu 制备 $CuSO_4$ 的其他方法，并加以评述。

实验 25　离子交换法制备纯碱

【实验目的】

1. 学习离子交换的基本原理和练习使用离子交换剂的一般操作方法。

2. 了解纯碱生产的一种新工艺。

【实验原理】

1. 离子交换的基本原理。

离子交换剂是一种多孔的含有固定带电基团的难溶性高聚物。就化学结构而言，离子交换剂由两部分组成：一部分称为基体 R，主要是立体网状结构的高聚物（无机高聚物或有机高聚物）；另一部分是连在基体上的离子交换功能团。根据功能团的不同，离子交换剂分为阳离子交换剂和阴离子交换剂。阳离子交换剂所含的交换功能团带负电荷，必须用等量的阳离子来中和，如 $R—SO_3^-H^+$；而阴离子交换剂所含的交换功能团带正电荷，必须用等量的阴离子来中和，如 $R_4N^+\ Cl^-$。因此，阳离子交换剂可与水溶液中的阳离子进行交换。如

$$R—SO_3^-H^+ + M^+ \rightleftharpoons R—SO_3^-M^+ + H^+$$

阴离子交换剂可与水溶液中的阴离子进行交换，如

$$R_4N^+Cl^- + X^- \rightleftharpoons R_4N^+X^- + Cl^-$$

离子交换剂在化学上得到了广泛的应用。在化学合成上，离子交换剂主要是用一种离子来置换另一种离子，以及对不同离子的分离。

2. 离子交换法合成纯碱的基本原理。

索尔维法和侯德榜法制纯碱都包含以下主要反应。

$$Na^+ + Cl^- + NH_3 + CO_2 + H_2O \rightleftharpoons NaHCO_3 + NH_4^+ + Cl^-$$

即首先合成 $NaHCO_3$。离子交换法是利用阳离子交换剂 R—SO_3Na，将 NH_4HCO_3 转化为 $NaHCO_3$。

$$R—SO_3^-Na^+ + NH_4HCO_3 \rightleftharpoons R—SO_3^-NH_4^+ + NaHCO_3$$

然后将 $NaHCO_3$ 灼烧，即得 Na_2CO_3。

$$2NaHCO_3 \xrightarrow{\triangle} Na_2CO_3 + CO_2(g) + H_2O$$

【仪器与试剂】

仪器：离子交换柱；秒表；烧杯；锥形瓶；量筒；蒸发皿；瓷坩埚。

试剂：强酸性苯乙烯系阳离子交换树脂 001-7 型；NH_4HCO_3(0.5 mol/dm^3)；奈斯勒试剂；$AgNO_3$(0.1 mol/dm^3)；NaOH(2 mol/dm^3)；NaCl(10%)。

【实验步骤】

1. 装柱。

在交换柱底部放一小团玻璃纤维，再向柱中装满去离子水。调整交换柱下端的活塞（或螺旋夹），使液面大约以 0.5 cm/s 的速度下降，然后将已装好的离子交换树脂和水搅匀，以同样速度加入，使液面保持在接近管子的顶端。液面决不允许下降至离子交换树脂床的顶端以下。当交换树脂床达 40 cm 高时，将活塞（螺旋夹）拧紧。在树脂床顶部也装上一小团玻璃纤维或对苯二甲酸乙二酯布（俗称“的确良”）。

2. 转型。

出厂时 001-7 型离子交换树脂是 Na 型的，但是用去离子水泡洗后，可能混有少量氢型树脂（而使用过的交换树脂，则含有其他阳离子①）。为了完全转换成 Na 型，需用 10%NaCl 溶液处理。即将 10%NaCl 溶液，以 30 滴/min 的流速流过离子交换树脂。再用去离子水以 60 滴/min 的流速洗至无 Cl^-（用 0.1 mol/dm^3 $AgNO_3$ 检验）。

3. 制取 $NaHCO_3$ 溶液。

（1）调节流速。取 15 mL 去离子水注入交换柱中，然后调节活塞（或螺旋夹）控制流速约为 30 滴/min。

（2）交换和洗涤。当液面下降到高出交换树脂床 1 cm 时，用量筒量取 100 mL 0.5 mol/dm^3 NH_4HCO_3 溶液加到交换柱中。当加入 30 mL NH_4HCO_3 溶液后，用 250 mL 烧杯接收流出液。

① 使用过的交换树脂，应先用 10%NaCl 溶液浸泡 1 天，再用去离子水洗至无 Cl^-，然后用 2 mol/dm^3 NaOH 溶液浸泡 3~4 h，最后用去离子水洗至 pH 为 7。或先用 2 mol/dm^3 HCl 处理转变为 H 型，再用 NaOH 处理为 Na 型。

当 NH_4HCO_3 溶液全部加完，其液面下降到高出交换树脂床 1 cm 时，加入 10 mL 去离子水，洗涤树脂。当液面又下降到只高出树脂床 1 cm 时，再加入 10 mL 去离子水，如此重复 10 次，前四次的流速不变，但后六次可一次比一次加快。

收集流出液过程中，应不断地加以检验（自己设计方案），定性地考察交换结果。

4. 制取 Na_2CO_3。

将实验步骤 3 收集的 $NaHCO_3$ 溶液，倒入蒸发皿中，加热至干燥，再转入瓷坩埚中，500 ℃下灼烧，称重。

【思考题】

1. 如何回收本实验中的 NH_4^+？

2. 本实验中 NH_4HCO_3 的用量应根据什么来确定，请查阅有关资料。

3. 为什么交换柱内严禁空气进入？

实验 26　$Mg(NO_3)_2$ 的制备
——从工业废渣中提取 $Mg(NO_3)_2$

【实验目的】

1. 熟悉提纯固体物质的原理和方法，利用废物回收 $Mg(NO_3)_2$ 及消除镁渣对水源的污染。

2. 掌握溶解、过滤、洗涤、蒸发、结晶等基本操作，正确使用托盘天平、温度计和离心机。

3. 熟悉正确取用试剂，能对产品纯度进行简单定性检验。

【实验原理】

镁渣的主要成分是 $Mg(NO_3)_2$。杂质中以 Fe^{3+} 为主，此外含有 Ca^{2+}、Cr^{3+}、Mn^{2+}、Ni^{2+}、Cl^-等可溶性杂质和不溶性杂质（如泥沙、碎瓷环等）。

根据物质溶解度的不同，不溶性杂质可用溶解和过滤的方法除去，Fe^{3+} 易水解生成 $Fe(OH)_3$ 沉淀，过滤除去。硝酸镁的溶解度随温度升降变化较大，少量可溶性杂质 Ca^{2+}、Mn^{2+}等可用重结晶法除去。

重结晶的原理是由于晶体物质的溶解度一般随温度的降低而减小。当热的饱和溶液冷却时，待提纯的物质首先以结晶析出，而少量杂质由于尚未达到饱和仍留在溶液（母液）中（参见第 2 章 2.4.5）。

【仪器、试剂与材料】

仪器：托盘天平；离心机；普通漏斗架；减压过滤装置一套；酒精喷灯（或酒精灯）；三脚架；石棉网；铁架台及铁环；蒸发皿；点滴盘；温度计（0～150 ℃）；烧杯（250 mL，100 mL）；量筒。

试剂：镁渣；$NaBiO_3(s)$；HCl（2 mol/dm^3）；HNO_3（6 mol/dm^3）；$NH_3 \cdot H_2O$（浓，2 mol/dm^3）；$K_4[Fe(CN)_6]$（0.1 mol/dm^3）；KSCN（0.1 mol/dm^3）；$(NH_4)_2S$（0.1 mol/dm^3）；灯用酒精。

材料：滤纸；剪刀；pH 试纸。

【实验内容】

1. 镁渣称取。

在托盘天平上称取 50 g 镁渣。

2. 溶解。

把称好的镁渣倒入洗净的 250 mL 烧杯中，用量筒量取 70 mL 去离子水（水量过多或过少有什么问题?），倒入烧杯中，用玻璃棒搅拌。为了加速镁渣中可溶物的溶解和使 Fe(Ⅲ) 水解完全，并利于破坏胶体便于过滤分离，调溶液至 $pH > 4$，加热煮沸约 10 min，趁热过滤，保留滤渣。

3. 过滤、洗涤。

用普通玻璃漏斗过滤，使不溶物质（沉淀）和溶液分开，用 10 mL 去离子水洗涤沉淀两次，收集滤液。

4. 蒸发、结晶。

将所得滤液（取出 2 mL 留作检查杂质用）倒入事先洗净的瓷蒸发皿中，用酒精灯直接加热，并用玻璃棒不断搅拌滤液。当溶液温度达到 120 ℃时，停止加热。冷却即有针状硝酸镁晶体析出。

待冷却到室温时，用减压过滤法将晶体与滤液分开。将所得晶体（$Mg(NO_3)_2$）称重（保存产品作为下次制备 MgO 的原料），并按下式计算得率。

$$\frac{m\ (MgNO_3)_2}{m\ (\text{镁渣})}\times 100\%$$

5. 产品纯度检验。

定性地比较原料和产品中 Fe^{3+}、Ca^{2+}、Mn^{2+}等杂质的含量，并将结果填入表 7-2中。

表 7-2　比较原料和产品中 Fe^{3+}、Ca^{2+}、Mn^{2+}杂质含量

项目		Fe^{3+}	Ca^{2+}	Mn^{2+}
原料	滤液			
	滤渣①			
产品				
母液				

总结实验结果，对比杂质的含量，比较产品的纯度，并说明不溶性杂质和可溶性杂质除去的方法。

【思考题】

1. 怎样除去镁渣中的可溶性杂质和不溶性杂质?

2. 溶解镁渣时加热煮沸的作用是什么?

---

① 检查滤渣中的 Fe^{3+}、Ca^{2+}、Mn^{2+}时，需取少量滤渣于试管中，加 2 mL 6 mol/dm³ HNO_3 使溶解，然后取溶液分别检查。

3. 过滤操作中应注意些什么？

4. 蒸发结晶时能否将滤液蒸干，为什么？

参考数据见表 7-3。

表 7-3　$Mg(NO_3)_2$ 的溶解度

温度/℃	0	10	20	30	40	50	60	70	80	90
溶解度/(g · 100 g^{-1} H_2O)	66.7	70	73.1	77.4	81.1	85.7	91.8	99.5	110.1	137.2

附：一些阳离子的鉴定

1. Fe^{3+}。

取 2 滴试液，加 1 滴 2 mol/dm^3 HCl 酸化，加 1 滴 0.1 mol/dm^{3}KSCN，若出现红色，或加 1 滴 0.1 mol/dm^3$K_4[Fe(CN)_6]$，出现蓝色沉淀，证明 Fe^{3+}存在。

$$Fe^{3+} + SCN^- \rightleftharpoons [Fe(NCS)]^{2+}\text{(血红色)}$$

$$xFe^{3+} + xK^+ + x[Fe(CN)_6]^{4-} \rightleftharpoons [KFe(CN)_6Fe]_x(s)\ \text{(普鲁士蓝)}①$$

2. Fe^{2+}。

在酸性介质中与赤血盐（$K_3[Fe(CN)_6]$）反应生成蓝色沉淀。

$$xFe^{2+} + xK^+ + x[Fe(CN)_6]^{3-} \rightleftharpoons [KFe(CN)_6Fe]_x(s)\ \text{(滕氏蓝)}①$$

3. Mn^{2+}。

取 5 滴试液于离心试管中，加 6 mol/dm^3 HNO_3 酸化，再加少量固体 $NaBiO_3$，搅拌后离心沉降，若清液呈紫红色，证明 Mn^{2+}存在。

$$2Mn^{2+} + 5NaBiO_3 + 14H^+ \longrightarrow 2MnO_4^- + 5Bi^{3+} + 5Na^+ + 7H_2O$$

4. Ca^{2+}。

取 5 滴试液于离心试管中，加 3 滴 $(NH_4)_2S$，混合均匀后离心分离，检验沉淀（是什么？）是否完全。待沉淀完全后，在清液中加入 4 滴 NH_4Cl、2 滴浓氨水和 8 滴 $K_4[Fe(CN)_6]$，在水浴上加热并搅拌，若有白色沉淀，证明 Ca^{2+}存在。

$$Ca^{2+} + 2NH_4^+ + [Fe(CN)_6]^{4-} \xrightarrow[NH_4Cl]{NH_3 \cdot H_2O} Ca(NH_4)_2[Fe(CN)_6](s)\text{(白色)}$$

或在中性或碱性介质中与 $(NH_4)_2C_2O_4$ 反应生成白色沉淀。

$$Ca^{2+} + C_2O_4^{2-} \longrightarrow CaC_2O_4(s)\text{(白色)}$$

5. Mg^{2+}。

在 $NH_3 \cdot H_2O$-NH_4Cl 介质中，与磷酸氢二钠反应，生成白色的沉淀。

$$Mg^{2+} + HPO_4^{2-} + NH_3 \cdot H_2O + 5H_2O \longrightarrow MgNH_4PO_4 \cdot 6H_2O(s)\text{(白色)}$$

① 所谓普鲁士蓝与滕氏蓝，经结构分析证明是同一化合物。

或在强碱性介质中加镁试剂（对硝基苯偶氮-α-萘酚（$O_2NC_6H_4N = NC_{10}H_7OH$））生成淡蓝色的沉淀，证明 Mg^{2+} 存在。

实验 27 MgO 的制备与检验

【实验目的】

1. 了解制备金属氧化物的一般方法。
2. 学会一种制备 MgO 的方法及了解产品质量的检验方法。
3. 熟练掌握溶解、过滤、洗涤、蒸发、结晶等基本操作。

【实验原理】

制备 MgO（简称氧镁）有多种方法。

金属镁和氧气直接化合可以生成 MgO，$MgCO_3$ 或 $Mg(NO_3)_2$ 加热分解也可得到 MgO。

以菱镁矿（$MgCO_3$）为原料，制取 MgO（或 $Mg(NO_3)_2$），除去不溶性杂质及 Fe^{3+}、Ca^{2+}离子等可溶性杂质后，在 MgO（或 $Mg(NO_3)_2$）溶液中加入 $(NH_4)_2CO_3$ 或 Na_2CO_3 溶液，反应后生成 $Mg_2(OH)_2CO_3$（碱式碳酸镁），$Mg_2(OH)_2CO_3$ 经灼烧即得 MgO。

本实验是利用从镁渣中提取的 $Mg(NO_3)_2$（也可直接采用纯 $Mg(NO_3)_2$）为原料，制取 $Mg_2(OH)_2CO_3$，再经 $Mg_2(OH)_2CO_3$ 热分解制得 MgO，其反应如下。

$$5(NH_4)_2CO_3 + 5Mg(NO_3)_2 + 7H_2O \longrightarrow Mg(OH)_2 \cdot (MgCO_3)_4 \cdot 6H_2O + 10NH_4NO_3 + CO_2(g)$$

$$Mg(OH)_2 \cdot (MgCO_3)_4 \xrightarrow{800\ ℃} 5MgO + H_2O + 4CO_2(g)$$

碱式盐在 600 ℃就发生分解，但分解不完全，且需要的时间长。

氧化镁分重质氧化镁和轻质氧化镁两种。以视比容（1 g 试样所占的体积，mL/g）大小区分，视比容小于 5 mL/g 为重质氧化镁，视比容大于 5 mL/g 为轻质氧化镁。碱式碳酸镁经灼烧得到轻质氧化镁。轻质氧化镁广泛应用于医药、橡胶、人造纤维、造纸、塑料、电气、化妆品等工业。

【仪器与试剂】

仪器：与“实验 26 $Mg(NO_3)_2$ 的制备”相同，补充：马弗炉；坩埚。

试剂：$(NH_4)_2CO_3(30\%)$，其余同实验 26。

【实验内容】

1. 纯制硝酸镁。

（1）将实验 26 所得 $Mg(NO_3)_2$ 重结晶 1~2 次。即将 $Mg(NO_3)_2$ 溶于去离子水中（若有不溶物应过滤除去），然后蒸发，当溶液达到 120 ℃时冷却结晶。抽滤，得 $Mg(NO_3)_2$ 晶体。

（2）分析检验重结晶后的晶体及母液中 Fe^{3+}、Ca^{2+}、Mn^{2+} 离子（方法同实验 26）的含量，并与重结晶前晶体进行对比。

2. 合成碱式碳酸镁。

（1）将重结晶后的 $Mg(NO_3)_2$ 加去离子水溶解（浓度约为 1 mol/dm^3），加热至沸，边搅拌边缓慢加入 30% $(NH_4)_2CO_3$ 溶液，待有大颗粒沉淀生成并不再溶解后，可快加 $(NH_4)_2CO_3$ 至终点（在上层清液中加入浓氨水不再生成沉淀即视为沉淀完全），停止加热。

（2）趁热减压过滤，将滤饼转入烧杯中，用 70~80 ℃热水洗 2~3 次（除去 NH_4NO_3）。最后尽量抽干。

3. 灼烧制氧化镁。

将抽干的 $Mg(OH)_2 \cdot (MgCO_3)_4 \cdot 6H_2O$ 沉淀放在瓷蒸发皿中炒干后，转移到坩埚中，再放入马弗炉中，在 900 ℃下灼烧 3~6 h，冷却后检验是否分解完全。（若产品的量很少，亦可放在瓷蒸发皿中用酒精喷灯加热炒干后，再继续灼炒 30 min 以上，直到分解完全为止。）

4. 产品检验。

（1）取少量灼烧后已冷却的产品于试管中，先加入少许去离子水，然后加入 5~6 滴 2 mol/dm^3 HCl，观察有无气泡产生，若无气泡产生即证明分解完全。否则需要重新灼烧（或灼炒）。

（2）将产品称重，记录外观，测试比容，质量标准见表 7-4。

（3）检验 Fe^{3+}、Ca^{2+}杂质。

【思考题】

1. 金属氧化物的制备，一般可采用哪些方法？

2. 本实验中能否用 Na_2CO_3 代替 $(NH_4)_2CO_3$，各有何利弊？

3. 制备 MgO 选用 $MgCO_3$ 或碱式碳酸镁分解有什么优点，为什么不用 $Mg(NO_3)_2 \cdot 6H_2O$ 分解制备？

4. 如何检验 $Mg(NO_3)_2$ 是否完全转化为碳酸盐沉淀？

表 7-4　MgO 的质量标准（主要部分标准）

产品质量	Ⅰ级	Ⅱ级	Ⅲ级
纯度大于/%	99.5	98	98
硝酸盐（以 NO_2 计）	—	—	—
不大于/%	0.002	0.005	—
Fe^{3+}不大于/%	0.002	0.005	0.01
Ca^{2+}不大于/%	0.02	0.05	—
Mn^{2+}不大于/%	0.001	—	—
视比容（mL/g）	6	5	—

实验 28　$(NH_4)_2SO_4 \cdot FeSO_4 \cdot 6H_2O$ 的制备及质量检测

【实验目的】

1. 了解复盐的一般特性。

2. 掌握制备复盐的一般方法。

3. 掌握水浴加热、蒸发、结晶、过滤（减压）等基本操作。

4. 学习用目测比色法检验产品质量的技术。

【实验原理】

铁可与NH_4^+、K^+、Na^+的硫酸盐生成复盐$M(I)_2SO_4 \cdot MSO_4 \cdot 6H_2O$，较重要的复盐是硫酸亚铁铵（$(NH_4)_2SO_4 \cdot FeSO_4 \cdot 6H_2O$），又称为莫尔盐（Mohr 盐），化学式为$Fe(NH_4)_2(SO_4)_2 \cdot 6H_2O$。

本实验采用过量铁屑与稀H_2SO_4反应先制得$FeSO_4$溶液。

$$Fe + H_2SO_4 \longrightarrow FeSO_4 + H_2(g) \tag{1}$$

然后在$FeSO_4$溶液中加入$(NH_4)_2SO_4$晶体，并使其全部溶解，加热、蒸发，浓缩得到混合溶液，再冷却结晶，即可得到$(NH_4)_2SO_4 \cdot FeSO_4 \cdot 6H_2O$晶体。

$$FeSO_4 + (NH_4)_2SO_4 + 6H_2O \longrightarrow (NH_4)_2SO_4 \cdot FeSO_4 \cdot 6H_2O \tag{2}$$

复盐$(NH_4)_2SO_4 \cdot FeSO_4 \cdot 6H_2O$为浅蓝绿色单斜晶体。一般的亚铁盐在空气中易被氧化，但Fe^{2+}形成复盐后则比较稳定，故常温下$(NH_4)_2SO_4 \cdot FeSO_4 \cdot 6H_2O$在空气中相当稳定。100~110 ℃时其分解，失去结晶水，且溶于水不溶于乙醇。

复盐的特征之一是溶解度比组成它的简单盐都小，溶解度见表7-5。因此，从$FeSO_4$和$(NH_4)_2SO_4$溶于水所制得的浓混合溶液中，很容易得到$(NH_4)_2SO_4 \cdot FeSO_4 \cdot 6H_2O$晶体。

表7-5　$FeSO_4$、$(NH_4)_2SO_4$、$(NH_4)_2SO_4 \cdot FeSO_4 \cdot 6H_2O$的溶解度

溶解度/($g \cdot 100\ g^{-1}\ H_2O$)　温度/℃　物质	0	10	20	30	50	70
$FeSO_4$	15.6	20.5	26.6	33.2	48.6	56.0
$(NH_4)_2SO_4$	70.6	73.0	75.4	78.1	84.5	91.9
$(NH_4)_2SO_4 \cdot FeSO_4 \cdot 6H_2O$	12.5	18.1	21.2	24.5	31.3	38.5

由于$(NH_4)_2SO_4 \cdot FeSO_4 \cdot 6H_2O$在空气中比一般$Fe^{2+}$盐稳定，且溶解度比其组分单盐小，所以很容易制得较纯净的晶体，而且价格也较低。因此，$(NH_4)_2SO_4 \cdot FeSO_4 \cdot 6H_2O$应用广泛。在化学上是常用的还原剂，特别是在分析化学中，$(NH_4)SO_4 \cdot FeSO_4 \cdot 6H_2O$被作为氧化还原滴定法的基准物，在工业上常用作废水处理的混凝剂，在农业上既是化肥又是农药。

用目视比色法可以测定产品的纯度。由于Fe^{3+}可与SCN^-生成$[Fe(NCS)]^{2+}$（血红色），血红色较深时，则表明产品中含Fe^{3+}较多，反之则表明产品中含Fe^{3+}较少。可将已知Fe^{3+}量的溶液与SCN^-反应，制成$[Fe(NCS)]^{2+}$红色深浅不同的标准溶液色阶，再将产品的$[Fe(NCS)]^{2+}$溶液与标准溶液色阶比较。根据血红色深浅程度相仿的情况，即可检测出产品中杂质Fe^{3+}的含量，从而可确定产品的等级。

【仪器与试剂】

仪器：托盘天平；锥形瓶（150 mL）；量筒（50 mL）；容量瓶（1 000 mL）；酒精灯；布氏漏斗；吸滤瓶；恒温水浴（也可用大烧杯代替）；蒸发皿；移液管（50 mL，10 mL，带刻度）；比色管（25 mL，4 支）；温度计（0~100 ℃）；烧杯（500 mL）；三脚架；石棉网；铁架台；酒精喷灯；滤纸。

试剂：酸：H_2SO_4（3 mol/dm^3）。

盐：Na_2CO_3（10%）；$(NH_4)_2SO_4$（s）；KSCN（1 mol/dm^3）；$BaCl_2$（0.1 mol/dm^3）；$K_3[Fe(CN)_6]$（0.1 mol/dm^3）；$Fe(NH_4)(SO_4)_2 \cdot 12H_2O$(AR)；奈斯勒试剂。

其他：铁屑（片）；无水乙醇。

标准 Fe^{3+} 溶液配制方法：准确称取 0.0864 g 硫酸高铁铵 $Fe(NH_4)(SO_4)_2 \cdot 12H_2O$ 溶于 3 mL 3 mol/dm^3 H_2SO_4，并转移至 100 mL 容量瓶中，用去离子水稀释至刻度，摇匀。此标准溶液中 Fe^{3+} 含量为 0.010 0 mg/mL。

【实验内容】

1. 铁屑（片）的预处理（除去油污）。

用托盘天平称取 2.0～3.0 g 铁屑（片），放入 150 mL 锥形瓶中，加入 15 mL 10% Na_2CO_3 溶液。将锥形瓶放在石棉网上加热煮沸，不断搅拌，约 10 min 后，用倾泻法倾倒出 Na_2CO_3 碱性溶液，用自来水把铁屑（片）洗至中性后，再用去离子水冲洗（若用纯净铁片可免去这一步处理），用碎滤纸吸干表面。

2. $FeSO_4$ 的制备。

在盛有 2 g 洁净铁屑的锥形瓶中，加入 15 mL 3 mol/dm^3 H_2SO_4 溶液，在恒温水浴上加热（70～80 ℃），加热过程中应不时加入少量去离子水，以补充蒸发失去的水分（为什么?）。同时控制溶液的 pH 不大于 1（为什么?）。当铁屑与稀 H_2SO_4 反应至不再冒出大量气泡（25～30 min）后，趁热进行减压过滤。如果滤纸上有 $FeSO_4 \cdot 7H_2O$ 晶体析出，可用少量热去离子水将晶体溶解。用 2 mL 3 mol/dm^3 H_2SO_4 洗涤未反应完的残渣，洗涤液过滤后合并至前滤液中，将滤液转移至 50 mL 蒸发皿中。取出残渣，用碎滤纸吸干后称重，根据已反应的铁屑质量，计算出溶液中 $FeSO_4$ 的理论产量。

3. $(NH_4)_2SO_4 \cdot FeSO_4 \cdot 6H_2O$ 的制备。

根据计算出的 $FeSO_4$ 理论产量，计算制备 $(NH_4)_2SO_4 \cdot FeSO_4 \cdot 6H_2O$ 所需 $(NH_4)_2SO_4$ 的量。按计算量称取 $(NH_4)_2SO_4$，加入盛有 $FeSO_4$ 滤液的蒸发皿中，在水浴上加热、搅拌，使 $(NH_4)_2SO_4$ 全部溶解（若溶解不完全可加适量去氧水），调节 pH＝1～2，静置恒温（约 80 ℃）蒸发浓缩至液面刚出现薄层晶膜时为止。自水浴上取下蒸发皿，静置，自然冷却至室温，即有浅蓝绿色 $(NH_4)_2SO_4 \cdot FeSO_4 \cdot 6H_2O$ 晶体析出。减压抽滤，使晶体与母液分离，再用少量无水乙醇洗涤晶体两次，以除去晶体表面附着的水分，晶体要尽量抽干。将晶体取出，置于两张洁净的滤纸之间，轻压以吸干母液，称重。计算理论产量和产率，计算公式如下。

$$产率 = \frac{实际产量}{理论产量} \times 100\%$$

4. 产品检验。

(1) $(NH_4)_2SO_4 \cdot FeSO_4 \cdot 6H_2O$ 组成的鉴定。自行设计实验方案验证产品中含有 NH_4^+、Fe^{2+}、SO_4^{2-}。

(2) 目视比色法测定 Fe^{3+} 含量。标准系列溶液的配制：用移液管依次移取 5.00 mL、

10.00 mL、20.00 mL实验室提供的标准 Fe^{3+} 溶液（0.010 0 mg/mL），分别置于三支25 mL比色管中，各加入1.00 mL 3 mol/dm^3 H_2SO_4 和1.00 mL 1 mol/dm^{3}KSCN溶液，用不含 O_2 的去离子水（将去离子水用小火煮沸10 min，以除去所溶解的 O_2，盖好表面皿待冷却后取用）稀释至刻度，摇匀。三支比色管中 Fe^{3+} 含量分别对应不同等级的 $(NH_4)_2SO_4 \cdot FeSO_4 \cdot 6H_2O$ 试剂，见表7-6。

表7-6　不同等级的 $(NH_4)_2SO_4 \cdot FeSO_4 \cdot 6H_2O$ 试剂中 Fe^{3+} 含量

等级	Ⅰ级	Ⅱ级	Ⅲ级
Fe^{3+} 含量/mg	0.05	0.10	0.20

称取1.000 g产品置于25 mL比色管中，加入15 mL不含 O_2 的去离子水溶解，加入1.00 mL 3 mol/dm^3 H_2SO_4 和1.00 mL 1 mol/dm^{3}KSCN溶液，再加入不含 O_2 的去离子水稀释至刻度，摇匀。与标准系列溶液进行目视比色，根据比色结果，确定产品中 Fe^{3+} 含量及所对应的产品等级。

【思考题】

1. 制备 $FeSO_4$ 时为什么要保持溶液有较强酸性？
2. 减压抽滤的步骤有哪些？
3. 实验中哪些环节是影响产品质量的关键？
4. 在检验产品中 Fe^{3+} 含量时，为什么要用不含 O_2 的去离子水溶解产品？
5. 目测比色法确定物质含量的要点是什么？
6. 反应过程中，Fe和 H_2SO_4 哪一种应过量，为什么？

附：目视比色法技术简介

用眼睛观察比较溶液颜色的深浅来确定物质含量的分析方法称为目视比色法。其原理是将标准溶液和被测溶液在同样条件下进行比较，当溶液液层厚度相同，颜色的深浅程度一样时，两者的浓度相等。

应用目视比色法时先要配制标准系列溶液。以 Fe^{3+} 含量测定为例，在测定之前，先要配制一组 Fe^{3+} 含量不同的标准溶液色阶。做法是先确定显色剂（选用KSCN等）和测量条件，准备好一组同样的比色管，然后在管中依次加入一系列不同含量的 Fe^{3+} 标准溶液，再分别加入等量的显色剂及其辅助试剂（如HCl），最后用不含 O_2 的去离子水稀释至同样体积，即配成一系列颜色逐渐加深的标准溶液色阶。

比色时还要用同样的方法配制被测溶液。取与配制标准溶液颜色质地相同的比色管一支，称取一定量被测样品置于比色管中，加适量的去氧水溶解，然后按相同的条件进行显色并稀释至相同的体积。

比色操作时，可在比色管下衬以白瓷板，然后从管口垂直向下观察，将被测溶液比色管逐支与标准溶液色阶对比，确定颜色深浅程度相同者。若被测溶液的颜色是介于相邻的两色阶之间，则两色阶含量的平均值就为被测溶液中该物质含量的测定值。

注：在 $FeSO_4$ 制备过程中，加热温度不宜过高，防止白色 $FeSO_4 \cdot H_2O$ 析出（$FeSO_4 \cdot H_2O$ 在90~100 ℃间溶解度较小）。

实验 29　$KCr(SO_4)_2 \cdot 12H_2O$ 的制备与大晶体的培养

【实验目的】

1. 学习制备复盐的方法，掌握还原法制备复盐 $KCr(SO_4)_2 \cdot 12H_2O$。

2. 巩固无机合成基本操作。

3. 学习大晶体的培养（课外）。

【实验原理】

复盐是由两种盐和水的三组分体系形成的。它有固定的化学计量。复盐的制备原则上都是按两种盐组分的理论量配制。由于复盐在水中的溶解度比组成它的每一个组分的溶解度都小，因此从两组分盐溶于水所得的浓混合溶液中，很容易得到复盐。但较难控制组分比例。因此本实验用直接还原 $K_2Cr_2O_7$ 来控制两种盐的组分理论量。还原剂可用有机物（如葡萄糖或蔗糖），也可用无机物（如 SO_2）。反应式如下。

$$4K_2Cr_2O_7 + 16H_2SO_4 + C_6H_{12}O_6 \xrightarrow{H_2O} 8KCr(SO_4)_2 \cdot 12H_2O + 6CO_2(g)$$

$$K_2Cr_2O_7 + H_2SO_4 + 3SO_2 \xrightarrow{H_2O} 2KCr(SO_4)_2 \cdot 12H_2O$$

浓度的控制，以配好的 $K_2Cr_2O_7$ 溶液密度 $\rho_{70\ ^\circ C} = 1.11\ g/cm^3$ 为宜。溶液太浓，往往影响质量，溶液太稀又影响产率。配制复盐之前，各种组分的质量也应严加控制，否则合成复盐后除去杂质的效果往往下降。

【仪器与试剂】

仪器：搅拌器；抽滤装置；密度计（1.0～2.0 g/cm^3）；温度计（100 ℃）；分液漏斗；培养皿；铝锅或塑料瓶。

试剂：$K_2Cr_2O_7$（工业）；浓 H_2SO_4（cp）；葡萄糖（工业）；冰。

【实验步骤】

1. 配制 $K_2Cr_2O_7$ 溶液。

称取 20 g $K_2Cr_2O_7$ 配制成 $\rho_{70\ ^\circ C} = 1.11\ g/cm^3$ 的溶液。过滤后往清亮透明滤液中慢慢加入 13 mL 浓 H_2SO_4，放冷（25～35 ℃）备用（注意：此溶液不能有结晶析出，否则所得产品的外形不合格，有红点）。

2. 配制葡萄糖溶液。

称 4.5 g 葡萄糖配制成 25%的溶液。

3. 合成 $KCr(SO_4)_2 \cdot 12H_2O$。

将盛有 $K_2Cr_2O_7$ 溶液的烧杯放在冰水浴中，在搅拌下将配好的葡萄糖溶液通过分液漏斗慢慢滴入。控制混合溶液温度不超过 35 ℃（注意：滴加葡萄糖溶液太快，将使局部溶液温度过高），若温度高于 40 ℃，可能发生下述副反应。

$$KCr(SO_4)_2 \cdot 12H_2O \longrightarrow K[Cr(SO_4)_2(H_2O)_2] + 10H_2O$$

即生成了绿色的配合物，不易析出结晶。将加完葡萄糖溶液后所得溶液在冰浴中冷却，即得到紫色结晶，抽滤，称重，装入瓶中保存。计算产率。

【实验问题】

含 Cr(Ⅵ) 废水是有毒的，不能直接放入下水道中。本实验中含 Cr(Ⅵ) 废水应收集起来。

【思考题】

1. H_2SO_4 在反应中起何作用，是否需要过量？

2. 如果没有结晶析出，应采取什么措施？

附：从水溶液中生长晶体

从水溶液中生长大颗粒单晶的方法通常有两种。一种是将饱和溶液逐渐冷却形成过饱和而使晶体生长。另一种是维持恒定温度逐渐蒸发饱和溶液使晶体生长。在这两种方法中都需要制备出某一温度下的饱和溶液，同时也要有籽晶（或称晶种），而且必须是单晶。

1. 用冷却办法生长晶体。

将处于晶体生长温度下刚饱和的溶液加热，使其温度升高 15 ℃，然后加入少量的溶质使其溶解，并进行过滤。将滤液小心地转入洁净广口瓶中，待溶液的温度冷却到比晶体生长温度高 3 ℃ 左右时，用一根细线（如尼龙细丝）将籽晶悬挂在溶液中间，线的上端连接在广口瓶的塞子上（见图 7-1），并适当保温，避免溶液温度急速升降。如果经过 1~2 h，籽晶没有溶解则可静置数日，让晶体生长，否则应在溶液中再加溶质，并重复上述操作。

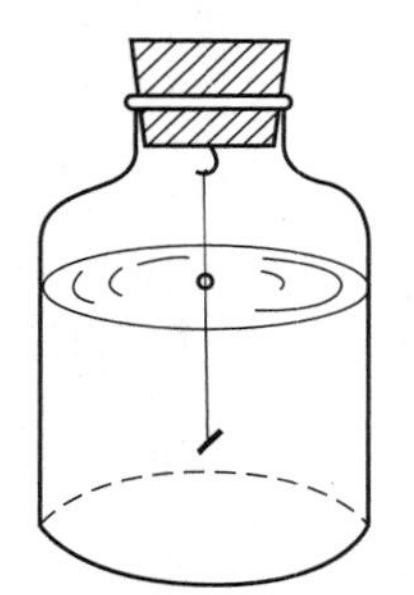

图 7-1 冷却办法培养晶体

2. 用蒸发办法生长晶体。

将处于晶体生长温度（一般取室温）下刚饱和的溶液加热升高10 ℃左右，然后小心过滤，将滤液收集在一只洁净烧杯中。当滤液温度只高于晶体生长温度 1~2 ℃时挂入籽晶，用布或滤纸将烧杯盖住，并用橡胶带固定好。将此烧杯放在温度波动小于 5 ℃的地方静置，随着溶剂逐渐蒸发，籽晶不断长大。

第8章

综合设计型实验

实验30　纸层析法分离与鉴定金属离子

【实验目的】

1. 熟悉纸色谱法分离金属离子的基本原理。
2. 学习纸色谱法分离金属离子的实验技术。
3. 掌握相对比移值 R_f 的计算及应用。
4. 了解纸色谱法在无机化学中的应用。

【实验原理】

纸层析（Paper Chromolography，PC）是在滤纸上进行的色谱分析法。纸层析中滤纸吸附的水分为固定相，而含有一定量水分的有机溶剂称为流动相（也称为展开剂）。被测试样滴在滤纸上，试样即溶解在固定相中。滤纸一端滴有测试样而形成斑点，该斑点称为原点。将滴有试样的滤纸一端浸入流动相，由于滤纸的毛细现象，流动相不断向上渗透。当流动相在原点与含有试样的固定相接触时，部分试样溶解于流动相中，此时在固定相和流动相中试样含量均较高。试样中不同离子在有机溶剂和水中的溶解度不同，它们在滤纸上的迁移速率则不同。流动相经过各个原点时，试液中各组分都分别向上移动。在水中溶解度较大的组分倾向于滞留在某个位置，向上移动的速率较慢；而在有机溶剂中溶解度较大的组分则随流动相向上流动，而且向上移动的速率较快。经过足够长的时间后，各离子将在滤纸不同位置留下斑点。所有组分都将得到分离。

如果展开后各离子的斑点颜色较浅不易鉴别，则可用一种适当的、能与有关组分反应产生颜色的试剂使斑点显色，根据不同离子显色后的特征颜色判断鉴别离子和离子迁移的距离。例如氨熏或者喷涂5%黄血盐及5%赤血盐作为显色试剂，或硫化钠作为显色试剂。

对于某一离子，其迁移距离与有机溶剂迁移距离的比值是一个常数，称为该离子的比移值，用 R_f 表示，可根据不同的 R_f 值来鉴定试样中的离子。

$$R_f=\frac{\text{离子斑点中心离原点的距离}}{\text{溶剂前沿最高点离原点的距离}}=\frac{h}{H}$$

式中，R_f 值与溶质在固定相和流动相间的分配系数有关。当层析纸（滤纸）、固定相、流动相以及温度一定时，每种物质的 R_f 值为一定值，是一个特有的常数，所以各金属离子的分离情况可用比移值 R_f 来衡量。但由于影响 R_f 值的因素较多，严格控制有一定困难，在作定

性鉴定时，可用纯组分做对照试验。

本实验介绍的纸色谱法适用于分离少量混合物，操作简便，分离效率高。用于鉴定亲水性较强的化合物时，纸色谱的分离效果比薄层色谱好。纸色谱中 R_f 值的再现性比薄层色谱好，所以在定性鉴定化合物亲水性方面，比薄层色谱更有价值。

本实验应用纸色谱法分离鉴定含 Fe^{3+}、Co^{2+}、Ni^{2+}、Cu^{2+} 的混合液和某未知液。以盐酸丙酮溶液为流动相。

【仪器与试剂】

仪器：滤纸 13 cm × 16 cm（慢速定量滤纸）；ϕ 0.1 cm 毛细管；烧杯（800 mL）；量筒（50 mL）；塑料薄膜；橡皮筋；塑料直尺；铅笔。

试剂：丙酮(AR)；浓氨水(AR)；HCl(AR，6 mol/dm^3)；Na_2S(AR，0.5 mol/dm^3)；$FeCl_3$(AR，0.03 mol/dm^3)；$CoCl_2$(AR，0.03 mol/dm^3)；$NiCl_2$(AR，0.03 mol/dm^3)；$CuCl_2$(AR，0.03 mol/dm^3)；$FeCl_3$、$CoCl_2$、$NiCl_2$、$CuCl_2$、混合液（各溶液浓度均为 0.03 mol/dm^3）；未知液。

【实验内容】

1. 流动相溶液的准备（展开剂）。

取 35 mL 丙酮，10 mL 6 mol/dm^3 HCl 于 800 mL 烧杯中，盖上塑料薄膜，轻摇烧杯，使展开剂混合均匀，待用。

2. 滤纸的准备。

取一张 13 cm × 16 cm 滤纸作层析纸。以 16 cm 的边为底边，距离底边 2 cm 处用铅笔（不能用圆珠笔或钢笔）画一条与底边平行的基线（见图 8-1），将滤纸折叠成八片，除左右最外各一片外，在每片基线的中心位置依次写上 Fe^{3+}、Co^{2+}、Ni^{2+}、Cu^{2+}、混合物、未知。

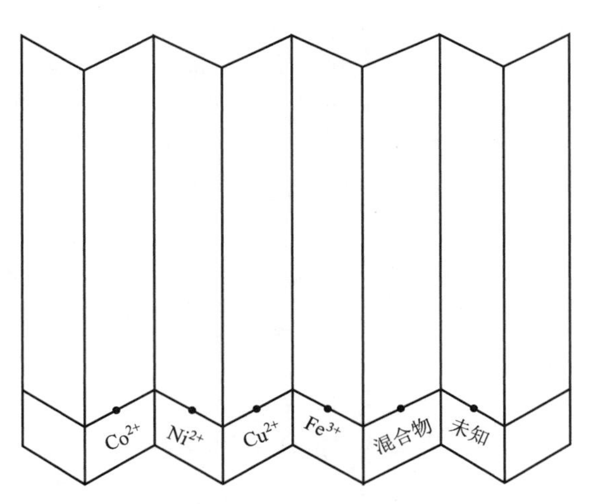

图 8-1 滤纸折叠及点样示意

3. 点样。

用毛细管蘸取少量下列试液（每种试液均用专用毛细管，不得混用）：$CoCl_2$、$NiCl_2$、$CuCl_2$、$FeCl_3$、混合液、未知液，分别在层析纸上按上述指定位置，各滴 1 滴试液，形成直径约 0.5 cm(不大于 0.5 cm) 斑点，即原点。将滤纸置于通风处晾干。

4. 展开。

揭开 800 mL 烧杯上的塑料薄膜，把点样后晾干的滤纸放入烧杯中，滤纸下端浸入展开剂中，展开剂液面应略低于层析纸上的铅笔线（见图 8-2）。注意：不要使试液斑点浸入展开剂中。盖上塑料薄膜，用橡皮筋固定。观察并记录层析过程中产生的现象。当展开剂前沿上升至离滤纸顶端 2 cm 左右时取出滤纸，立即用铅笔记下溶剂前沿的位置。层析滤纸在通风橱内自然干燥。

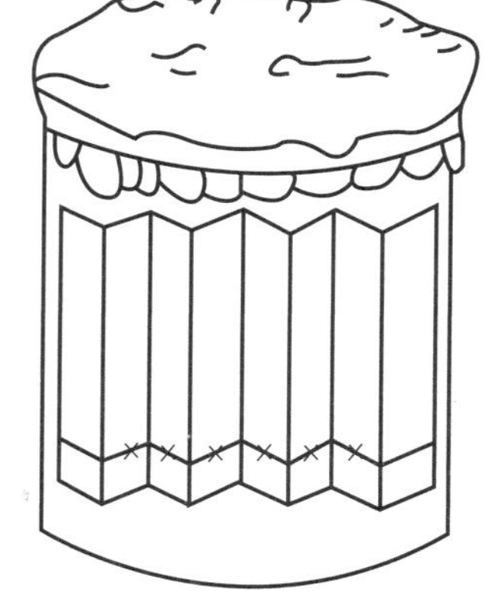
图 8-2　层析纸展开简易装置示意

5. 显色。

经过分离后的无机离子斑点一般颜色较浅，不易分辨，需要加入特殊试剂显色。层析纸干燥后用浓氨水喷雾，使之湿润，再喷 0.5 mol/dm^3 硫化钠溶液，自然干燥层析纸。

6. 测量。

用铅笔画出层析纸上各黑斑点的轮廓，用尺子测量斑点中心位置至基线原点的垂直距离 h，测量展开剂前沿至基线原点的垂直距离 H（精确至 0.1 cm），实验现象记录和数据处理见表 8-1。

【数据处理】

1. 根据表 8-1 中数据计算各离子 R_f 值。

2. 根据对照实验，观察混合液与未知液在滤纸上斑点的颜色、位置，分别与已知离子的颜色、位置比较，判断混合液中和未知液中是何种离子。

表 8-1　实验现象记录和数据处理

层析物质名称	$FeCl_3$	$CoCl_2$	$NiCl_2$	$CuCl_2$	混合液	未知液
层析时颜色						
喷雾氨水显色						
喷雾硫化钠显色						
h 值/cm						
H 值/cm						
R_f 值						

3. 结论。

混合液和未知液的组成。

必须注意，在整个操作过程不得用手接触纸条中部，否则皮肤表面的污物碰到滤纸上，会对展开产生干扰。

【思考题】

1. $CoCl_2$ 在丙酮中显示什么颜色？

2. 浓氨水为什么可用作许多阳离子的显色剂？试写出 Fe^{3+}、Co^{2+}、Ni^{2+}、Cu^{2+}与浓氨水的反应方程式。

3. 在滤纸上画基线时为什么必须用铅笔而不能用钢笔或圆珠笔？

4. 若实验时不慎将斑点浸入有机溶剂，会给实验带来什么后果？

5. 若制备展开剂时用 5 mL 12 mol/dm^3 HCL，估计 R_f 值将如何变化。

实验 31　三草酸合铁（Ⅲ）酸钾的制备、组成测定及表征

【实验目的】

1. 加深对 Fe^{2+}、Fe^{3+}化合物性质的了解。

2. 巩固配合物的制备、定性、定量化学分析的基本操作。

3. 熟悉热重、差热分析、磁化率测定、红外光谱分析、X 射线粉末衍射分析的操作技术。

4. 掌握确定化合物化学式的基本原理和方法。

5. 通过综合实验的基本训练，培养学生分析与解决较复杂问题的能力。

【实验原理】

1. 制备。

本实验采用草酸钾与三氯化铁反应，在冰水冷却的条件下制备三草酸合铁（Ⅲ）酸钾。反应式如下。

$$3K_2C_2O_4 + FeCl_3 + 3H_2O \xrightarrow{\text{冰水}} K_3[Fe(C_2O_4)_3]\cdot 3H_2O(\text{翠绿色}) + 3KCl$$

此配合物对光敏感，受光照发生下面分解反应而变成黄色。

$$2K_3[Fe(C_2O_4)_3] \xrightarrow{\text{光}} 3K_2C_2O_4 + 2FeC_2O_4 + 2CO_2(g)$$

2. 产物的定性分析。

产物组成的定性分析，包括化学分析和红外吸收光谱分析。

Fe^{3+}、K^+用化学分析方法进行鉴定，可以判断出它们是配合物的内界还是外界。化学分析可以确定各种组分的质量分数，从而确定化学式。

草酸根和结晶水通过红外光谱分析。草酸根形成配位化合物时，红外吸收的振动频率和谱带归属见表 8-2。

表 8-2　草酸根形成配位化合物红外吸收的振动频率和谱带归属

振动频率/cm^{-1}	谱带归属
1 712、1 677、1 649	羰基 C═O 的伸缩振动吸收带
1 390、1 270、1 255、885	C—O 伸缩及—O—C═O 弯曲振动
797、785	O—C═O 弯曲及 M—O 键的伸缩振动
528	C—C 的伸缩振动吸收带
498	环变形及 O—C═O 弯曲振动
366	M—O 伸缩振动吸收带

结晶水的吸收带在 3 200~3 550 cm^{-1}之间，一般在 3 450 cm^{-1}附近，所以只要将产物红外谱图的各吸收带与之对照即可得出定性的分析结果。

草酸根能以单齿、双齿形式与金属离子配位形成配合物，但最常见的是以双齿配位形成螯合结构的配合物。

3. 产物的定量分析。

产物的定量分析，可以采用化学分析方法，也可以采用仪器分析方法。通过定量分析可以测定各组分的质量分数，各离子、基团等的个数比，再根据定性实验得到对配合物内、外界的判断从而可推断出产物的化学式。

结晶水的含量采用质量分析方法。将已知质量的产物，在 110 ℃下干燥脱水，待脱水完全后再进行称量，即可计算出结晶水的质量分数。

（1）化学分析法。草酸根含量的测定用氧化还原滴定法。草酸根在酸性介质中，可被高锰酸钾定量氧化。其反应为

$$5C_2O_4^{2-} + 2MnO_4^- + 16H^+ \longrightarrow 2Mn^{2+} + 10CO_2(g) + 8H_2O$$

铁的分析也采用氧化还原滴定法。在上述测定草酸根含量滴定后的剩余溶液中，用过量还原剂锌粉将 Fe^{3+}还原为 Fe^{2+}，再用 $KMnO_4$ 标准溶液滴定 Fe^{2+}，其反应为

$$Zn + 2Fe^{3+} \longrightarrow 2Fe^{2+} + Zn^{2+}$$
$$5Fe^{2+} + MnO_4^- + 8H^+ \longrightarrow 5Fe^{3+} + Mn^{2+} + 4H_2O$$

由消耗 $KMnO_4$ 的量可计算出铁的质量分数。

钾的质量分数可由总量 100%减去铁、草酸根、结晶水的质量分数而得到。

（2）仪器分析法。草酸根合铁（Ⅲ）酸钾配合物中铁含量采用磺基水杨酸比色法，在分光光度计上测定系列铁标准溶液和样品溶液的吸光度。

配合物中钾质量分数可以用原子吸收光谱测定，也可用离子选择电极测定。

4. 产物的表征。

（1）配合物的类型、配离子电荷数的测定。一般应用电导率法或离子交换法（配合容量分析）。本实验采用电导率法测定所制备的草酸根合铁（Ⅲ）酸钾配合物中正、负离子的电荷。

（2）配合物中心离子的外层电子结构。通过对配合物磁化率的测定，可推算出草酸根合铁（Ⅲ）酸钾配合物中心离子 Fe^{3+}的 d 电子组态及配合物是高自旋还是低自旋，以及未成对电子数。

（3）热重、差热分析。通过对 TG 曲线的分析，可了解物质在升温过程中质量的变化情况；通过对 DTA 曲线的分析，可了解物质在升温过程中热量（吸热、放热）变化情况。所以对产品进行 TG、DTA 分析可测量出失去结晶水的温度、热分解温度及脱水分解反应热量变化的情况，以及各步失重的数量、含结晶水的个数和草酸根的含量，对于判断反应的产物是极有帮助的。

（4）X 射线粉末衍射分析。每种物质的晶体都具有自己独特的晶体结构，通过 X 射线粉末衍射分析，由所产生的衍射图，可鉴别晶体的物相，测定简单晶体物质的晶胞参数等。

【仪器与试剂】

仪器：分光光度计；热分析仪；电导率仪；磁天平；红外光谱仪；X射线衍射分析仪；离子计；钾电极；甘汞电极；托盘天平；电子天平（或分析天平）；抽滤装置；酒精灯；容量瓶（100 mL，500 mL）。

试剂：$K_2C_2O_4 \cdot H_2O$（CP）；$FeCl_3$（CP）；饱和酒石酸氢钾；KSCN（0.1 mol/dm^3）；H_2SO_4（3 mol/dm^3）；$KMnO_4$标准溶液（0.020 00 mol/dm^3）；Zn粉；HCl（1∶1）；磺基水杨酸（CP）；氨水（CP）；Fe^{3+}标准溶液（1 mg/cm^3）；KCl（AR）；$CaCl_2$（0.5 mol/dm^3）。

【实验内容】

1. 三草酸根合铁（Ⅲ）酸钾的制备。

称取12 g草酸钾放入100 mL烧杯中，注入20 mL去离子水并加热，使草酸钾全部溶解。在溶液近沸腾时边搅动边注入8 mL三氯化铁溶液（0.4 g/cm^3），将此溶液在冰水中冷却即有绿色晶体析出，用布氏漏斗过滤得粗产品。

将粗产品溶解在约20 mL热水中，趁热过滤，将滤液在冰水中冷却，待结晶完全后再过滤，用少量冰水洗涤晶体产物，并在空气中干燥。

2. 产物的定性分析。

（1）检定K^+。取少量产物加去离子水溶解于试管中，再加入1 mL饱和酒石酸氢钠，充分摇动试管（可用玻璃棒摩擦试管内壁后放置片刻），观察现象。

（2）检定Fe^{3+}。取少量产物加去离子水溶解于试管中，另取一支试管加入少量的$FeCl_3$溶液，各加2滴0.1 mol/dm^3 KSCN，观察现象。在装有产物溶液的试管中加入2滴3 mol/dm^3 H_2SO_4，观察溶液颜色有何变化，解释实验现象。

（3）检定$C_2O_4^{2-}$。取少量产物加去离子水溶解于试管中，另取一试管加入少量$K_2C_2O_4$溶液，各加入2滴0.5 mol/dm^3 $CaCl_2$，观察现象有何不同。

写出上述各反应方程式。

（4）利用红外光谱确定$C_2O_4^{2-}$及结晶水。制样（取少量KBr晶体及小于KBr用量百分之一的样品，在玛瑙研钵中研细，压片），在红外光谱仪上测定红外吸收光谱，并将谱图的各主要谱带与标准红外光谱图对照，确定是否含有$C_2O_4^{2-}$（C═O、C—O、O—C═O、M—O、C—C振动吸收谱带）及结晶水。

对实验步骤（3）、（4）的结果进行解释。（想进一步研究者，可将其谱图与草酸盐的标准谱图对照，并进行解释。）

根据实验步骤（1）、（2）、（3）、（4）的结果，判断该产物是复盐还是配合物，以及配合物的中心离子、配位体、内界、外界各是什么。

3. 产物组成的定量分析。

（1）结晶水含量的测定。洗净两个称量瓶（记下编号），将称量瓶放入110 ℃电热烘箱中干燥1 h，置于干燥器中冷却，冷却至室温时在电子天平（或分析天平）上称量。然后将称量瓶放到110 ℃电热烘箱中干燥0.5 h，即重复上述干燥（0.5 h）→冷却→称量操作，直至恒重（两次称量相差不超过0.3 mg）为止。

在电子天平上准确称取两份0.500 0~0.600 0 g样品（产物），分别放入已恒重的两个称量瓶中。将称量瓶放入110 ℃电热烘箱中干燥1 h，然后置于干燥器中冷却至室温，称量。

重复上述干燥（0.5 h）→冷却→称量操作，直至恒重。根据称量结果的质量差计算产品中结晶水的质量分数。

亦可用气相色谱法测定不同温度时热分解产物中逸出气体的组分及其相对含量来确定。

（2）配合物中草酸根含量的测定。在电子天平（或分析天平）上准确称取两份样品（0.150 0~0.200 0 g），分别放入两个锥形瓶中，加入 10 mL 3 mol/dm^3 H_2SO_4、20 mL 去离子水，微热溶解，加热至 75~85 ℃（此举为加快滴定反应的速度，但温度再高草酸易分解），趁热用 0.020 00 mol/dm^3 $KMnO_4$ 标准溶液进行滴定。先滴加 1~2 滴，待 $KMnO_4$ 褪色后，继续滴入 $KMnO_4$，至溶液呈粉红色（30 s 内不褪色）即为终点（保留溶液待下一步分析使用）。记录消耗 $KMnO_4$ 溶液的体积。

（3）配合物中铁含量的测定。在上一步保留的溶液中加入一小牛角匙 Zn 粉，加热近沸，至黄色消失，将 Fe^{3+} 还原为 Fe^{2+} 即可。趁热过滤除去多余的 Zn 粉，滤液收集到另一锥形瓶中，再用 5 mL 去离子水洗涤漏斗并将洗涤液也一并收集在上述锥形瓶中。继续用 0.020 00 mol/dm^3 $KMnO_4$ 标准溶液进行滴定，至溶液呈粉红色。记录消耗 $KMnO_4$ 溶液的体积（化学分析法）。

称取 1.964 g 干燥的、经重结晶的草酸根合铁酸钾，溶于 80 mL 去离子水中，注入 1 mL（体积比为 1∶1）HCl 后，转移至 100 mL 容量瓶中稀释至刻度。吸取 5 mL 容量瓶中溶液，在 500 mL 容量瓶中稀释至刻度，此溶液为样品溶液。该溶液须保存在暗处，因草酸根合铁配离子水溶液见光会分解。

用刻度移液管分别吸取 0、1.0 mL、2.5 mL、5.0 mL、7.5 mL、10.0 mL、12.5 mL 和 25 mL 样品溶液于 100 mL 容量瓶中，用去离子水稀释至约 50 mL，注入 5 mL 质量分数为 25%的磺基水杨酸，用（体积比为 1∶1）氨水中和至呈黄色，再注入 1 mL 氨水，然后用去离子水稀释到刻度，摇匀。在分光光度计上，用 1 cm 比色皿在 450 nm 处进行比色，测定各铁标准溶液和样品溶液的吸光度（仪器分析法）。

除上述两种测定配合物中铁含量的方法外，亦可选择其合适的方法来测定铁的含量。

（4）配合物中钾含量的测定。将钾电极作指示电极，饱和甘汞电极作参比电极接到离子计上，用去离子水将钾电极洗至负电位基本不变，用干净滤纸将电极表面的水吸干后分别测定 1×10^{-5} mol/dm^3、1×10^{-4} mol/dm^3、1×10^{-3} mol/dm^3、1×10^{-2} mol/dm^3、1×10^{-1} mol/dm^3 KCl 标准溶液的电位，测定的顺序必须从稀到浓，每次测定前不必再用去离子水洗，只要用滤纸将电极表面吸干（注意：电极表面不能有气泡，否则会影响电位值）。全部测完后将电极浸在去离子水中，放入搅拌子在电磁搅拌器上搅拌几分钟，换上干净的去离子水后继续清洗，静止后，测得电位与未测钾标准溶液前有相近的负值。

可以根据实验步骤（1）、（2）、（3）的结果，计算 K^+ 的质量分数，也可以根据实验步骤（4）的数据，求出配合物中钾的质量分数。

4. 测定配离子的电荷。

用电导率法测定所制备的草酸根合铁（Ⅲ）酸钾配合物中正、负离子的电荷。

5. 配合物磁化率的测定。

用磁天平测定三草酸合铁（Ⅲ）酸钾的磁化率。

（1）样品管的准备。洗涤磁天平的样品管（必要时用洗液浸泡），并用去离子水冲洗，再用酒精、丙酮各冲洗一次，用电吹风吹干（可预先烘干）。

（2）样品管的测定。在磁天平的挂钩上挂好样品管，并使其处于两磁极的中间，调节样品管的高度，使样品管底部对准电磁铁两极中心的连线（即磁场强度最强处）。在不加磁场的条件下称量样品管的质量。

接通冷却水，打开电源预热，高斯计调零、校准，并将量程选择开关转到 10 K 挡（若不接入高斯计此步骤可免去），用调节器旋钮，慢慢调大输入电磁铁线圈的电流至 5.0 A（若用高斯计可记下相对数值），在此磁场强度下测量样品管的质量。测量后，用调节器旋钮慢慢调小输入电磁铁的电流至零为止。记录测量时温度。

（3）标准物质的测定。从磁天平上取下空样品管，装入已研细的标准物质 $(NH_4)_2Fe(SO_4)_2 \cdot 6H_2O$（装样不均匀是测量误差的主要原因，因此需将样品一点一点地装入样品管，边装边在垫有橡皮板的桌面上轻轻撞击样品管，并要求每个样品填装的均匀程度、紧密状况都一致）至刻度处。在不加磁场和加磁场的情况下（与步骤（2）样品管的测定中完全相同的实验条件），测量标准物质 + 样品管的质量。取下样品管，倒出标准物质，按步骤（1）的要求洗净并干燥样品管。

（4）样品的测定。取样品（约 2 g）于玛瑙研钵中研细，按照标准物质测定的步骤及实验条件，在不加磁场和加磁场的情况下，测量样品 + 样品管的质量。测量后关闭电源及冷却水。测量后的样品倒出，留作 X 射线粉末衍射分析使用。

将实验数据记录填入表 8-3 中。

表 8-3　实验数据

测量物品	不加磁场的质量	加磁场的质量	加磁场的 ΔW
空样品管 W_0			
标准物质 + 样品管			
样品 + 样品管			

6. 配合物的热重分析。

使用十万分之一（或万分之一）天平，在热分析仪的小坩埚内，准确称取 5~6 mg 已研细的样品，小心地、轻轻地放到热分析仪的坩埚支架上，在 450 ℃以下进行热重（TG）、差热分析（DTA）。

仪器各量程及参数的选择如下。

热重（TG）量程：5 mg

差热分析量程：50 μV

微分热重量程：10 mV/min

升温速率：10 ℃/min

7. 配合物的 X 射线粉末衍射分析。

取少量产品，在玛瑙研钵中保留一部分，继续研细至无颗粒感（约 300 目），装入 X 射线粉末衍射分析仪样品板的凹槽中，用平面玻璃适当压紧（只能垂直方向按压，不能横向搓压，防止晶体产生择优取向）制得样品压片。将压片放到 X 射线粉末衍射分析仪的样品支架上，在教师的指导下，按操作使用说明开机，对样品进行 X 射线粉末衍射分析。选择实验操作条件：Cu 靶（λ Ka = 1.5418 Å）、管电压 35 kV、管电流 30 mA、扫描速度 4°/min、扫描角度（2θ）5°~60°。经过自动扫描、信号处理及计算机数据采集、数据处理，打印出衍射图谱，同时打印出各个衍射峰的 d 值及 I/I_1 值。

【实验结果与数据处理】

1. 产物的定性分析。

根据化学分析和红外光谱测定的结果给出以下初步结论。

（1）产物是复盐还是配合物。

（2）写出配合物的中心离子、配位体及内界、外界。

（3）由样品所测得的红外光谱图，根据基团的特征频率说明样品中所含的基团，并与标准红外光谱图对照，初步确定是何种配合物。

2. 产物组成的定量分析。

（1）结晶水含量的测定。根据质量分析法的称量结果计算产品中结晶水的质量分数。

（2）配合物草酸根含量的测定。根据滴定消耗 $KMnO_4$ 溶液的体积，计算产物中 $C_2O_4^{2-}$ 的质量分数。

（3）配合物中铁含量的测定。根据滴定消耗 $KMnO_4$ 溶液的体积，计算产物中 Fe^{3+} 的质量分数（化学分析法）。

将光度法测定的实验结果记录于表 8-4（仪器分析法）中。

表 8-4　光度法测定的实验结果

编号	$V(Fe^{3+})/cm^3$	$c(Fe^{3+})/(\mu g\cdot cm^{-3})$	吸光度 A		
			1	2	平均
1	0	0			
2	1.0	1.0			
3	2.5	2.5			
4	5.0	5.0			
5	7.5	7.5			
6	10.0	10.0			
7	12.5	12.5			
样品	25	x			

以吸光度 A 为纵坐标，Fe^{3+} 含量为横坐标作图得一直线，即为 Fe^{3+} 的标准曲线。以样品的吸光度 A 在标准曲线上找到相应的 Fe^{3+} 含量，并按下式计算样品中 Fe^{3+} 的质量分数。

$$\omega(Fe^{3+})/\% = \frac{c(\mu g\cdot cm^{-3})\times10^{-6}\times\mu g^{-1}\times\text{比色样品的稀释倍数}}{\text{样品克数}}\times100\%$$

（4）配合物中钾含量的测定。可由配合物总量 100% 中减去通过化学方法、容量滴定测得 Fe^{3+} 和草酸根的质量分数，再减去由热重分析测得结晶水的质量分数而得出钾的质量分数。

也可由离子计测定数据计算配合物中钾的质量分数。数据处理如下。

① 根据下列公式计算不同浓度 KCl 溶液中 K^+ 的活度系数，为

$$\lg\gamma(K^+) = \frac{-0.51\sqrt{I}}{1 + 1.30\sqrt{I}} + 0.06\sqrt{I}$$

$$I = \frac{1}{2}\sum c_i Z_i^2$$

式中，I 为 K^+ 离子强度；c_i 为该离子浓度；Z_i 为该离子的电荷数。

② 按 $a = c\gamma$ 计算活度，以 $-\lg a(K^+)$ 为横坐标，相应的测定电位 E 为纵坐标作图，将各点连成一条平滑的曲线，计算直线部分的斜率 S。

③ 将实验测得 ΔE、S 及已知的浓度增量 c_Δ 代入下式，即可求出溶液浓度 c，从而确定配合物中钾的质量分数。

$$c = \frac{c_\Delta}{10^{\pm\Delta E/S}-1}$$

式中，对阳离子取"+"，对阴离子取"-"。

3. 产物的表征。

（1）配合物的类型、配离子的电荷数。由电导率仪测得摩尔电导率数值与已知的各类离子化合物摩尔电导率相比较，判断配离子的电荷数，并初步确定是何种形式的配合物。

（2）配合物磁化率的测定。根据测定的摩尔磁化率和有效磁矩计算配合物中心离子 Fe^{3+} 未成对电子数，按照晶体场理论画出电子的排布，并说明草酸根是属于强场配体还是弱场配体，以及形成高自旋配合物还是低自旋配合物。

综合上述实验结果确定试样正确的化学式及中心离子 Fe^{3+} 电子组态。

（3）配合物的热重分析。根据不同温度时的样品质量，作出温度-质量热重曲线。

由热重曲线计算样品的失重率，并与各种可能的热分解反应理论失重率相比较，确定配合物中结晶水的数目和失去结晶水的温度。参考红外光谱图，确定该配合物的组成。

由气相色谱测定配合物在不同温度热分解逸出气体的组分及其相对含量，结合热分解的结果，写出热分解反应方程式。

（4）配合物 X 射线粉末衍射分析。查找 $K_3[Fe(C_2O_4)_3]\cdot 3H_2O$ 的 PDF 卡片（编号为 14~720），将实验得到的各个衍射峰 d、I/I_1 值，与 PDF 卡片一一进行对照，确定产品的物相。并从 PDF 卡片中查出产品所属的晶系、单位晶胞中化学式的数目、晶胞体积等结晶学数据及物理学性质（如 D、mp、color）等（有兴趣者可以从实验中得到的各个衍射峰 d、I/I_1 值，查找数字索引（numberical index），找出对应的 PDF 卡片进行比较，确定产品的物相）。

综合上述实验结果最终确定产物正确的化学式。

【思考题】

1. 如何正确确定草酸根合铁（Ⅲ）酸钾的热分解产物？
2. 当逐滴加入 $KMnO_4$ 标准溶液测定 Fe^{3+} 时，为什么待测液的颜色逐渐变黄？
3. 如何证明你所制备的产物不是单盐而是配合物？设计实验证明。
4. 查出产品的基本化学性质和物理性质。

附：1. 若需马上使用晶体作 K^+、Fe^{3+} 和 $C_2O_4^{2-}$ 的定性分析，抽滤时可用无水乙醇洗涤晶体 2~3 次，再用电吹风吹干即可。

2. $KMnO_4$标准溶液应提前标定出准确浓度。

实验 32 二氯化一氯五氨合钴（Ⅲ）的制备及组成测定

【实验目的】

1. 掌握二氯化一氯五氨合钴（Ⅲ）的制备方法，了解合成氨配合物的一般方法。
2. 巩固钴（Ⅱ）和钴（Ⅲ）的性质。
3. 通过测量产品的电导率，掌握确定配合物解离类型的原理和方法。
4. 掌握电子光谱测定配合物分裂能的方法。

【实验原理】

1. 制备。

水溶液中不含配合剂时，Co(Ⅲ) 能与 H_2O 迅速发生氧化还原反应，因此，Co(Ⅱ) 盐比 Co(Ⅲ) 盐稳定，将 Co(Ⅱ) 盐在水溶液中氧化成 Co(Ⅲ) 盐是不容易的，因为

$$[Co(H_2O)_6]^{3+} + e^- \rightleftharpoons [Co(H_2O)_6]^{2+}$$
$$E^{\ominus}([Co(H_2O)_6]^{3+}/[Co(H_2O)_6]^{2+}) = 1.95(V)$$

而形成配合物后情况则相反，Co(Ⅲ) 配合物要比 Co(Ⅱ) 配合物稳定得多，因为

$$[Co(NH_3)_6]^{3+} + e^- \rightleftharpoons [Co(NH_3)_6]^{2+}$$
$$E^{\ominus}([Co(NH_3)_6]^{3+}/[Co(NH_3)_6]^{2+}) = 0.1(V)$$

由于 Co(Ⅲ) 在水溶液中不能稳定存在，因此，制备 Co(Ⅲ) 配合物时，常用 Co(Ⅱ) 化合物为原料，在配合剂存在的条件下，通过氧化反应来制备。

例如在含有氨、铵盐和活性炭（作表面活性催化剂）的 CoX_2（$X = Cl^-$、Br^-或 NO_3^-）溶液中加入 H_2O_2 或通入氧气就可以得到六氨合钴（Ⅲ）配合物。反应式为

$$2CoCl_2 + 2NH_4Cl + 10NH_3 + H_2O_2 \xrightarrow{\text{活性炭}} 2[Co(NH_3)_6]Cl_3 + 2H_2O$$

$[Co(NH_3)_6]Cl_3$ 为黄红色单斜晶体，20 ℃时在水中溶解度为 0.26 mol/dm^3。215 ℃时，$[Co(NH_3)_6]Cl_3$ 即转化为$[Co(NH_3)_5Cl]Cl_2$。若加热超过 250 ℃，则被还原为 $CoCl_2$。

没有活性炭时，常常发生取代反应，得到取代的一氯五氨合钴（Ⅲ）配合物。反应式为

$$2CoCl_2 + 8NH_3 \cdot H_2O + 2NH_4Cl + H_2O_2 \longrightarrow 2[Co(NH_3)_5(H_2O)]Cl_3 + 8H_2O$$
$$[Co(NH_3)_5(H_2O)]Cl_3 \xrightarrow[\triangle]{HCl} [Co(NH_3)_5Cl]Cl_2 + H_2O$$

$[Co(NH_3)_5(H_2O)]Cl_3$ 为棕红色晶体，不稳定，加热易脱水。

$[Co(NH_3)_5Cl]Cl_2$ 为紫红色晶体，在水溶液中非常稳定。

本实验中二氯化一氯五氨合钴（Ⅲ）就是在没有活性炭的条件下制备的。

2. 组成的确定。

本实验对产品的解离类型、分裂能进行测定。另外，对产品的内、外界组成作定性分析。

（1）解离类型的测定。本实验采用电导率法测定、判断配合物的解离类型。

配合物在溶液中的解离行为服从强电解质的一般规律。溶液中电解质的导电能力取决于电解质本性及在溶液中的浓度。常用摩尔电导率 Λ_m 度量电解质的导电能力，它是单位浓度的电导率。

$$\Lambda_m = \frac{\kappa}{c} \tag{1}$$

式中，κ 称为电导率，与溶液性质有关；c 为电解质溶液的物质的量浓度。

在一定温度下，测定配合物稀溶液电导率 κ 后，由式（1）即可求得摩尔电导率 Λ_m。一般在25℃时，溶液接近无限稀释，各种类型离子化合物的摩尔电导率见表8-5。

表8-5　离子化合物的摩尔电导率

解离类型	MA	M_2A 或 MA_2	M_3A 或 MA_3	M_4A 或 MA_4
离子数	2	3	4	5
Λ_m/（$10^{-4}S\cdot m^2\cdot mol^{-1}$）	118~131	235~273	408~435	500~560

将实验测得摩尔电导率与已知的各种解离类型摩尔电导率范围对比，即可迅速获得测定物所解离出的离子数目，从而判断该配合物的解离类型，用以验证制备结果。

本实验制备的 $[Co(NH_3)_5(H_2O)]Cl_3$ 属于 MA_3 型，其 Λ_m 应在 $(408\sim435)\times10^{-4}\ S\cdot m^2\cdot mol^{-1}$ 范围内。

本实验制备的 $[Co(NH_3)_5Cl]Cl_2$ 属于 MA_2 型，其 Λ_m 应在 $(235\sim273)\times10^{-4}\ S\cdot m^2\cdot mol^{-1}$ 范围内。

（2）配离子分裂能的测定。晶体场理论认为中心离子和配位体以静电相吸引，配位体间相互排斥。晶体场理论还特别考虑了带负电配位体对中心离子最外层电子的排斥作用，晶体场理论的基本要点如下：

① 配合物中心离子和配位体之间是纯粹的静电作用结合；

② 在配位体形成的晶体场作用下，中心离子原来能量相同的五个d轨道发生分裂，分裂为能量不同的几组轨道；

③ 空间构型不同的配合物，配体形成不同的晶体场。分裂后的d轨道电子重新排布，电子优先占据其中能量较低的轨道。

配合物分子中外层电子跃迁而产生的光谱称为配合物的电子光谱。过渡金属配合物电子光谱通常包括d-d跃迁、电荷迁移、配体内电子迁移三种类型的吸收带。在配合物电子光谱中最重要的是d-d跃迁吸收带，其中研究最多的又最具代表性的是3d过渡金属配合物电子光谱。

电子在分裂后d轨道间的跃迁称为d-d跃迁。这种d-d跃迁能量大多在可见光区的能量范围，这就是过渡金属配合物呈现颜色的原因。

在常见的六配位八面体配合物中，由于中心离子d轨道与配体相对取向不同，使得原来能量相同的五个d轨道发生了能级分裂（见图8-3）。

能量较高的为 e_g 轨道，能量较低的为 t_{2g} 轨道，这两组轨道间的能量差 ΔE，称为分裂

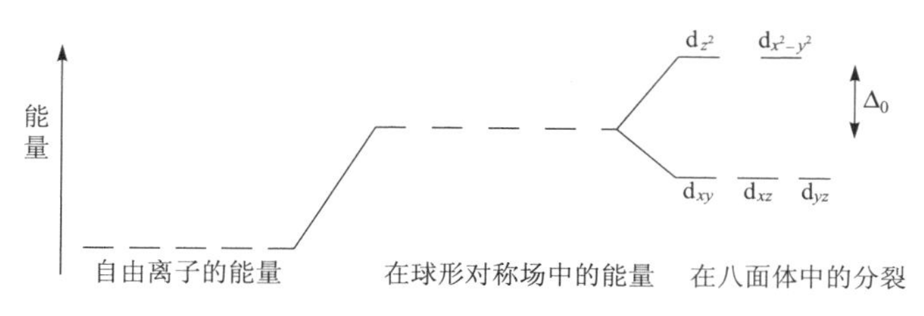

图 8-3　中心离子的 d 轨道能量在八面体场中的分裂

能 Δ_0。分裂能的大小与中心离子电荷、周期数、d 轨道电子数有关，又和配体性质等因素有关。对于同一中心离子和相同构型的配合物，分裂能的大小取决于配位体的强弱。分裂能一般在 $1.99\times10^{-11}\sim5.96\times10^{-19}$ J（波数为 10 000~30 000 cm^{-1}），相当于可见光区。分裂能的单位通常用 J 或 kJ 或 cm^{-1} 来表示。

Co(Ⅲ) 电子层结构为 [Ar]$3d^6$，作为六配位八面体配合物的中心离子，在发生 d-d 跃迁时，3d 电子所吸收的能量等于 e_g 轨道与 t_{2g} 轨道之间的能量差，即等于配离子分裂能 Δ_0 的大小。

$$E(e_g)-E(t_{2g}) = h\nu = h\cdot\frac{C}{\lambda} = \Delta_0 \tag{2}$$

式中，h 为普朗克常数（6.626×10^{-34} J·s）；C 为光速（3×10^8 m/s）；λ 为波长，单位为 nm。

本实验合成产物中 $[Co(NH_3)_5(H_2O)]Cl_3$ 和 $[Co(NH_3)_5Cl]Cl_2$ 的分裂能，可以通过它们的吸收光谱求得。配制一定浓度的配合物溶液，由分光光度计测出不同波长 λ 下的吸光度，以吸光度为纵坐标，波长为横坐标作出吸收曲线。根据曲线最高峰对应的 λ 值，计算求得配离子的最大吸收波长 λ_{max}，即可求出分裂能 Δ_0。由实验结果说明 Cl^- 和 H_2O 两种配体，哪一种配体引起的分裂能大。

(3) 产品组成定性分析。设计一组试管实验，检验最终产品中心离子、配位体及外界 Cl^-。

提示：

① 调整溶液酸、碱性可改变或破坏配离子。如在酸性溶液中，$[Co(NH_3)_5Cl]^{2+}$ 中 Cl^- 可被水取代。

$$[Co(NH_3)_5Cl]^{2+} + H_2O \xrightarrow{H^+} [Co(NH_3)_5(H_2O)]^{3+} + Cl^-$$

② 加热可破坏配离子。如加入强碱后，在加热条件下 $[Co(NH_3)_5Cl]^{2+}$ 可分解。

$$[Co(NH_3)_5Cl]Cl_2 + 3NaOH \xrightarrow{沸热} Co(OH)_3(s) + 5NH_3(g) + 3NaCl$$

【仪器与试剂】

仪器：电导率仪；UV-2600 型紫外分光光度计；电磁搅拌器；电子天平；抽滤装置；恒温水溶箱；烘箱；托盘天平；离心机；锥形瓶（250 mL 1 个）；量筒（25 mL、10 mL 各 1 个）；表面皿；容量瓶（100 mL 2 个）；滤纸；剪刀；称量纸；烧杯（50 mL 2 只）；酒精灯。

试剂：$CoCl_2 \cdot 6H_2O$(s)；NH_4Cl(s)；浓氨水；浓 HCl；95%乙醇；丙酮；H_2O_2(30%)；$AgNO_3$(0.1 mol/dm^3)；HNO_3(6 mol/dm^3)；萘斯勒试剂；NaOH(2 mol/dm^3)。

【实验内容】

1. 配合物的制备。

（1）$[Co(NH_3)_6]Cl_2$ 的制备。通风橱中，在 250 mL 锥形瓶中，加入 2.5 g NH_4Cl、2.5 mL 去离子水和 15 mL 浓氨水（约 0.22 mol）。在不断搅拌下，将 5 g(0.02 mol) 研细的 $CoCl_2 \cdot 6H_2O$ 分批加入，每次加入量应少，待前一份钴盐溶解后，再加入下一份。生成一种黄红色氯化六氨合钴（Ⅱ），即$[Co(NH_3)_6]Cl_2$，沉淀，并有热量放出。

（2）$[Co(NH_3)_5(H_2O)]Cl_3$ 的制备。在通用橱中，不断搅拌下，用滴管逐滴加入 4 mL H_2O_2(30%)(0.039 mol)。反应剧烈放热，同时产生气泡。在水浴上加热（60~70 ℃），至气泡终止（约 15 min），生成一种深红色 $[Co(NH_3)_5H_2O]Cl_3$ 溶液。

若欲制得固体 $[Co(NH_3)_5(H_2O)]Cl_3$，则取出锥形瓶冷却至室温。在通用橱中缓慢地加入 20 mL 浓 HCl（注意：要慢加，否则不出结晶!），将溶液自然冷却至室温，再在冷水中冷却约 10 min。用布氏漏斗滤出固体产物，用 5 mL 95%乙醇分数次洗涤沉淀。取出固体产品，自然风干后，在托盘天平上称出其质量，并计算产率。

（3）$[Co(NH_3)_5Cl]Cl_2$ 的制备。仍在通风橱中进行。待上述深红色溶液冷至室温后，在搅拌下，向其中缓慢加入 15 mL 浓 HCl，有紫红色 $[Co(NH_3)_5Cl]Cl_2$ 沉淀析出。再将混合物在水浴上加热 10 min（溶液温度不得超过 60 ℃），然后冷却至室温。

抽滤。沉淀先用 10 mL 冰水洗涤两次，再用冰冷却的 10 mL 6 mol/dm^3 HCl 洗涤，最后依次用 10 mL 95%乙醇、丙酮各洗一次。产品在 100 ℃烘箱中烘干。称重，计算得率。

将上述制得的 $Co[(NH_3)_5(H_2O)]Cl_3$ 晶体大部分放在玻璃表皿中，放入 110 ℃烘箱中烘烤 1.5 h 后取出，上述晶体也可以全部转化为紫色 $Co[(NH_3)_5Cl]Cl_2$ 配合物。称重，计算得率。

2. 组成的确定。

（1）定性分析。设计一组试管实验，验证产物内、外界组成，并写出各鉴定反应方程式、现象，根据实验结果对产品的组成作出判断。

（2）解离类型的测定。

取 2 个 100 mL 容量瓶分别配制 1.0×10^{-3} mol/dm^3 $[Co(NH_3)_5(H_2O)]Cl_3$ 和 $[Co(NH_3)_5Cl]Cl_2$ 的水溶液，用电导率仪分别测定它们的电导率 κ。由实验数据与已知各类离子化合物的摩尔电导率范围比较，从而确定中间产物和最终产物的解离类型。

（3）分裂能 Δ_0 的测定。用托盘天平分别称取 $[Co(NH_3)_5(H_2O)]Cl_3$ 和 $Co(NH_3)_5Cl]Cl_2$ 各 0.1 g，分别放入 25 mL 小烧杯中，加入 20 mL 去离子水配成溶液。

用 UV-2600 型紫外分光光度计，在波长 380~480 nm 分别测定上述两种溶液的吸光度。

作出两种配合物的吸收曲线，分别在两条吸收曲线上找出曲线最高峰所对应的最大波长 λ_{max}，并应用式（2）分别计算出两种配合物的分裂能 Δ_0。

由实验得出结论：哪一种配位体引起的分裂能大。

3. 实验数据记录及处理。

自行设计实验报告并进行数据处理。

【思考题】

1. 为了提高 $[Co(NH_3)_5Cl]Cl_2$ 的产率，应注意哪些关键操作步骤，为什么？
2. 二价钴和三价钴各以哪种形式存在较稳定，为什么？
3. 本实验测定溶液电导率时，为什么要求用稀溶液？浓度太大有何问题？
4. 分析 $[Co(NH_3)_5(H_2O)]Cl_3$ 和 $[Co(NH_3)_5Cl]Cl_2$ 分裂能不同的主要影响因素。
5. 二价镍氨配离子的稳定性如何？试设计一方法，除去钴盐（Ⅱ）中所含的杂质 Ni^{2+}。

实验 33　微波合成法制备磷酸钴纳米粒子

【实验目的】

1. 了解微波合成法制备纳米材料的原理和方法。
2. 了解使用 X 射线粉末衍射、差热分析仪等对产品进行表征。

【实验原理】

纳米材料是指在三维空间中至少有一维处于尺寸（1～100 nm）的材料。纳米材料具有极微小的粒径及较大的比表面，常表现与本体材料不同的性质，如纳米材料可在颜料、涂料、催化剂、功能陶瓷材料、发光材料、生物材料等方面有重要的作用。纳米材料的制备方法有多种，其中绿色化的实验技术——微波合成法，可在较短时间内完成反应，具有时间短、见效快、节能、操作方便等特点。

本实验是将硫酸钴、磷酸二氢钠、尿素、十二烷基苯磺酸钠的溶液混合，在微波辐射下反应制备磷酸钴纳米粒子，此方法制备的粒子均分散性好，形状规整。

其反应式为

$$3Co^{2+} + 2H_2PO_4^- + 4OH^- \longrightarrow Co_3(PO_4)_2 \cdot 4H_2O(s)$$

沉淀物经离心分离、洗涤、干燥后，用 X 射线粉末衍射观察其粒子分布及颗粒形状；用差热分析仪观察其受热时脱水和晶型变化的情况（该产品在 700 ℃以下是稳定的）。

【仪器与试剂】

仪器：电子天平；烧杯；微波炉；X 射线粉末衍射仪；差热分析仪；托盘天平；高速离心机。

试剂：无水硫酸钴（AR）；磷酸二氢钠（AR）；十二烷基苯磺酸钠（AR）；尿素（AR）；无水乙醇（AR）。

【实验内容】

1. 磷酸钴的制备。

配制 100 mL 含硫酸钴（3.0×10^{-3} mol/dm^3）、磷酸二氢钠（3.0×10^{-3} mol/dm^3）、十二烷基苯磺酸钠（0.01 mol/dm^3）、尿素（1.0 mol/dm^3）的混合液，放入 500 mL 烧杯中，搅拌溶解后，放在微波炉的中央，调至中火挡（约 500 W）辐射 2 min，待混合液沸腾后调至小火挡（约 150 W）辐射 2 min，取出烧杯后置于冷水中冷至室温，加入约 50 mL 无水乙醇，静置片刻。然后转入离心管用离心机以 3 000 r/min 离心分离，倾去上层清液，再用无水乙醇洗涤沉淀三次，所得沉淀于 100 ℃以下烘箱中烘干，贮于干燥器中备用。

2. 产品的表征。

（1）将得到的固体粉末研细后进行 X 射线粉末衍射分析，从衍射峰强度及峰宽来判定其晶粒大小。

（2）在氮气保护、升温速度 15 ℃/min 条件下，用差热分析仪观察记录样品从室温至 700 ℃的 TG 和 DTA 曲线，并计算样品的含水量，以确定水合物中结晶水的数目。

【思考题】

1. 制备过程中加入的表面活性剂十二烷基苯磺酸钠有何作用？
2. 试分析制备磷酸钴纳米材料受到哪些因素影响？
3. 使用微波炉要注意哪些事项？

附：微波炉使用注意事项

1. 微波对人体有危害，必须正确使用微波仪器，以防微波泄漏。
2. 微波炉内不能使用金属仪器，以免产生火花。
3. 炉门一定要关紧后才能开始加热，以免微波能量外泄。
4. 发现炉门变形等其他故障，切勿继续使用，需由专业维修人员进行检查修理。

实验 34　废旧锌锰干电池的回收和利用

【实验目的】

1. 熟练无机化合物的提取、制备、提纯、分析等方法和技能。
2. 学习实验方案的设计。
3. 了解废弃物中有效成分的回收利用方法。
4. 培养学生保护环境、减少污染，以及废旧资源再利用的节约意识。

【实验原理】

锌锰干电池就是日常生活中常用的干电池，其负极为电池壳体的锌电极，正极是被 MnO_2 包围着的石墨电极（具有增强导电能力，填充有碳粉），电解质为氯比锌和氯化铵的糊状物。其电池反应为

$$Zn + 2NH_4Cl + 2MnO_2 = Zn(NH_3)_2Cl_2 + 2MnOOH$$

在使用过程中，锌被氧化提供电子，MnO_2 起氧化作用，NH_4Cl 作为电解质没有消耗，碳粉是填料。因而回收处理废旧干电池可以获得多种物质（如铜、锌、二氧化锰、氯化铵以及碳棒等），所以对废旧干电池的回收利用既可以保护环境；又可以变废为宝，得到可利用的资源。

回收时，剥去电池外壳包装纸，用螺丝刀撬开顶盖，用小刀挖去小盖面的沥青层，即可用钳子慢慢拨出碳棒（连同铜帽）。取下铜帽集存，可作为实验或生产硫酸铜的原料，碳棒留做电极使用。

用剪刀或钢锯片把废电池外壳剥开，即可取出里面的墨色物质，它为 MnO_2、碳粉、氯化铵和氯化锌等的混合物。把这些黑色混合物倒入烧杯中，按每节电池加入 50 mL 左右蒸馏水，搅拌、溶解、过滤。滤液用于提纯氯化铵，滤渣可用于制备 MnO_2 及锰的化合物，电池的外壳可用于制锌或锌盐。

【仪器与试剂】

查阅有关文献，自己运用相应的仪器和试剂。

【实验要求】

查阅有关文献，设计实验方案，完成下列三项实验内容。

1. 从黑色混合物的滤液中提取 NH_4Cl。

（1）设计实验方案，提取并提纯 NH_4Cl。

（2）产品定性检验：证实其为铵盐，证实其为氯化物。

2. 从黑色混合物的滤渣中提取 MnO_2。

（1）设计实验方案，精制 MnO_2。

（2）试验 MnO_2 与 HCl、MnO_2 与 $KMnO_4$ 的作用。

3. 由锌壳制取 $ZnSO_4 \cdot 7H_2O$。

（1）设计实验方案，由锌单质的锌壳制备 $ZnSO_4 \cdot 7H_2O$。

（2）产品定性检验：验证硫酸盐；证实其为锌盐，证实其不含 Fe^{3+}、Cu^{2+}。

【实验提示】

1. 从黑色混合物的滤液中提取 NH_4Cl。

已知滤液的主要成分是 $ZnCl_2$ 和 NH_4Cl，两者在不同温度下的溶解度（$g \cdot 100g^{-1}\ H_2O$）见表 8-6。

表 8-6　$ZnCl_2$ 和 NH_4Cl 在不同温度下的溶解度

温度/K	273	283	293	303	313	333	353	363	373
$NH_4Cl/(g \cdot 100\ g^{-1}\ H_2O)$	29.4	33.2	37.2	31.4	45.8	55.3	65.6	71.2	77.3
$ZnCl_2/(g \cdot 100\ g^{-1}\ H_2O)$	342	363	395	437	452	488	541	—	614

氯化锌在 100 ℃时开始显著挥发，338 ℃时离解，350 ℃时升华。氯化铵和甲醛作用生成六亚甲基四胺、盐酸，后者用 NaOH 标准溶液滴定，便可求出产品中氯化铵的含量。有关反应式为

$$4NH_4Cl + 6HCHO = (CH_2)_6N_4 + 4HCl + 6H_2O$$

2. 从黑色混合物的滤渣中提取 MnO_2。

黑色混合物的滤渣中含有二氧比锰、碳粉和其他少量有机物。用少量的水冲洗，滤干固体，灼烧除去碳粉和有机物。粗制的二氧化锰中尚含有一些低价锰和少量其他金属化合物，应设法除去，以获得精制二氧化锰。

3. 由锌壳制取 $ZnSO_4 \cdot 7H_2O$。

将洁净的碎锌壳以适量的酸溶解。含有 Fe^{3+}、Cu^{2+} 杂质时，设法除去。

【思考题】

1. 查询相关资料，了解有关背景知识和废旧电池回收处理的意义。

2. 制取 $ZnSO_4 \cdot 7H_2O$ 时可能含有哪些杂质离子，如何除去？

实验 35　化学实验废液处理回收

【实验目的】

1. 掌握从含银废液中回收银的一种方法。

2. 掌握常压升华原理及操作，以及从含碘废液中提取碘。

3. 熟悉运用萃取原理从 CCl_4 废液中回收 CCl_4。

4. 练习分液漏斗的使用。

5. 巩固多相离子平衡和配合平衡，以及有关化合物的性质。

6. 巩固无机制备的基本操作技能。

7. 树立保护环境、勤俭节约、化废为宝的思想。

【实验原理】

1. 从含银废液或废渣中回收 Ag 并制取 $AgNO_3$。

银是一种贵金属，广泛用于制造装饰品、家用器皿，可长期保持银白色不易锈蚀。在工业生产、实验室、生活中，经常会排放各种含银废液。如果将这些废液中的银回收，既可产生可观的经济效益，又可保护环境。

含银废液主要来源于工业电镀银废液；工厂电器废银触头；实验室中 Cl^- 或 Ag^+ 的分析测定实验废液；照相馆、制镜厂废液等。从含银废液中回收银的方法很多（如沉淀法、氧化还原法、电解法等）。其中硫化钠沉淀法比较简单，适合于实验室操作。本实验含银废液来源于废定影液，可采用沉淀法回收银。

在照相底片和相纸上都有一层含 AgBr 的明胶薄层。摄影时，强弱不同的光线射到底片上，可以引起底片上 AgBr 不同程度的分解，使 Ag 形成极细小的晶核。光愈强，析出的银愈多。底片经过显影后，再用 $Na_2S_2O_3$ 定影，除去未被还原的 AgBr。在废定影液中，约 75% AgBr 能溶于 $Na_2S_2O_3$，其反应为

$$AgBr + 2Na_2S_2O_3 \rightleftharpoons Na_3[Ag(S_2O_3)_2] + NaBr$$

溶液中 $[Ag(S_2O_3)_2]^{3-}$ 与 Na_2S 反应，析出 Ag_2S 沉淀。

$$2Na_3[Ag(S_2O_3)_2] + Na_2S \longrightarrow 4Na_2S_2O_3 + Ag_2S(s)$$

从上述反应过程可知，本实验实际上是从含有 $[Ag(S_2O_3)_2]^{3-}$ 的溶液中回收银。比较 $[Ag(S_2O_3)_2]^{3-}$ 的 $K^\ominus$(稳) = 2.9×10^{13} 和 Ag_2S 的 $K_{sp}^\ominus = 6.3\times10^{-50}$，由下列平衡式可知

$$2[Ag(S_2O_3)_2]^{3-} + S^{2-} \rightleftharpoons Ag_2S(s) + 4S_2O_3^{2-}$$

$$K^\ominus = \frac{c^4(S_2O_3^{2-})}{c^2([Ag(S_2O_3)_2]^{3-})\cdot c(S^{2-})} = \frac{1}{(K^\ominus(\text{稳}))^2\cdot K_{sp}^\ominus}$$

$$= \frac{1}{(2.9\times10^{13})^2\times6.3\times10^{-50}} = 1.9\times10^{22}$$

式中，为书写方便，省略 $c^\ominus$。

用 S^{2-} 离子与 $[Ag(S_2O_3)_2]^{3-}$ 作用生成难溶性物质 Ag_2S 的反应是可行的。Ag_2S 既不溶于水也不溶于碱金属的氢氧化物、硫化物或稀的非氧化性酸，即可从废液中分离出 Ag_2S。Ag_2S 的进一步处理可用氧化还原法，在酸性介质中用 Fe 还原 Ag_2S 中的银。其反应为

$$Fe + Ag_2S + 2H^+ \longrightarrow 2Ag(s) + H_2S(g) + Fe^{2+}$$

Ag_2S 沉淀过滤分离后，也可直接灼烧 Ag_2S 得到单质 Ag。

$$Ag_2S + O_2 \xrightarrow{\text{灼烧}} 2Ag(s) + SO_2(g)$$

本实验用灼烧 Ag_2S 的方法制取 Ag。

灼烧 Ag_2S 需在 1 273 ~ 1 323 K 高温下才可制得单质 Ag，为了降低灼烧温度可加入 Na_2CO_3 和硼砂助熔。滤液经除去 Na_2S 后，$Na_2S_2O_3$ 重结晶提纯，仍可用作定影液。

将制得的 Ag 溶解在 1 : 1 HNO_3 溶液中，蒸发、干燥，即可制得 $AgNO_3$。

$AgNO_3$ 的纯度可用佛尔哈德沉淀滴定法测定。

2. 从含碘废液或废渣中回收 I_2 并制取 KI。

利用实验室中含碘废液或废渣提取碘并制备 KI，通常采用下列方法。

提取单质碘：将含碘废液用 Na_2SO_3 还原为 I^-后，再用 $CuSO_4$ 和 Na_2SO_3 与之反应，使生成 CuI 沉淀。

$$I_2 + SO_3^{2-} + H_2O \longrightarrow 2I^- + SO_4^{2-} + 2H^+$$

$$2I^- + 2Cu^{2+} + SO_3^{2-} + H_2O \longrightarrow 2CuI(s) + SO_4^{2-} + 2H^+$$

然后用浓 HNO_3 氧化 CuI，使 I_2 析出。

$$2CuI + 8HNO_3 \longrightarrow 2Cu(NO_3)_2 + 4NO_2(g) + 4H_2O + I_2$$

最后用升华的方法将 I_2 提纯。

升华是纯化固体物质的方法之一。某些物质在固态时有较高的蒸气压，当加热时，不经过液态而直接气化，蒸气遇冷又直接冷凝成固体，这个过程称为升华。利用升华可除去不挥发性杂质或分离不同挥发度的固体混合物。升华可得到纯度较高的产品。由于升华操作时间长，损失也较大，故在实验室里只用于较少量固体物质的纯化。

制取 KI 时，将 I_2 与铁粉反应生成 Fe_3I_8，再与 K_2CO_3 反应，经过滤、蒸发、浓缩、结晶后制得 KI 晶体。反应方程式如下。

$$3Fe + 4I_2 \longrightarrow Fe_3I_8$$

$$Fe_3I_8 + 4K_2CO_3 \longrightarrow 8KI + 4CO_2(g) + Fe_3O_4(s)$$

3. 从萃取碘、溴、氯后的 CCl_4 废液中回收 CCl_4。

根据极性相似者相溶的规则，I_2、Br_2、Cl_2 等非极性物质易溶于非极性溶剂 CCl_4 中。因此，可用 CCl_4 将 I_2、Br_2、Cl_2 从水相中萃取出来并溶解。反之，可用 Na_2SO_3 将 I_2、Br_2、Cl_2 还原为 I^-、Br^-、Cl^-离子，实现由疏水性物质转化为亲水性物质，则 I^-、Br^-、Cl^-从 CCl_4 中被反萃取而进入到水相中，反应如下。

$$SO_3^{2-} + I_2(Br_2) + H_2O \longrightarrow SO_4^{2-} + 2H^+ + 2I^-(Br^-)$$

卤素负离子及其离子溶于水与 CCl_4 分层，用分液漏斗即可将水溶液与 CCl_4 有机溶剂分离。分离后可回收 CCl_4。

【仪器、试剂与材料】

仪器：马弗炉；坩埚；坩埚钳；抽滤装置；烧杯（1 000 mL，200 mL）；托盘天平；容量瓶（250 mL）；锥形瓶；移液管（25 mL）；量筒（10 mL，100 mL）；滴定管架；碱式滴定管；蒸发皿或圆底烧瓶；分液漏斗；铁架台。

试剂：NaOH（6 mol/dm^3）；Na_2CO_3（s，AR）；$Na_2B_4O_7 \cdot 10H_2O$（s，AR）；HNO_3（6 mol/dm^3）；HCl(6 mol/dm^3，2 mol/dm^3)；浓 HNO_3；铁铵矾指示剂；$(NH_4)SCN$(0.100 0 mol/dm^3)；KIO_3(0.200 0 mol/dm^3)；KI(0.1 mol/dm^3)；$Na_2S_2O_3$（0.100 0 mol/dm^3）；淀粉溶液；Na_2SO_3(s,AR)；$CuSO_4 \cdot 5H_2O$(s,AR)；浓 HNO_3；铁粉；K_2CO_3；H_2SO_4（2 mol/dm^3）；Na_2SO_3（10%）；无水 $CaCl_2$；Na_2S（0.2 mol/dm^3）。

材料：广泛 pH 试纸；滤纸；剪刀。

【实验内容】

1. 从含银废液或废渣中回收 Ag 并制取 $AgNO_3$。

（1）沉淀。取 500 mL 废定影液于 1 000 mL 烧杯中，用 pH 试纸测其 pH。若 $pH < 7$，则用 6 mol/dm^3 NaOH 溶液调节溶液 pH≈8（为什么?），逐滴加入 0.2 mol/dm^3 Na_2S 溶液于烧杯中，边加边搅拌，直至沉淀完全（如何判断）。

（2）过滤。用倾泻法分离上层清液，将沉淀转移至布氏漏斗中，减压抽滤，并用热水洗涤沉淀数次，至无 S^{2-} 为止。将沉淀转移至蒸发皿中，小火烘干，冷却后粗称。

（3）高温分解。将干燥的 Ag_2S 转移至坩埚中，按质量比 $Ag_2S : Na_2CO_3 : Na_2B_4O_7 \cdot 10H_2O = 3 : 2 : 1$，加入 Na_2CO_3 和硼砂固体，混合均匀并研细。在马弗炉内（1 273～1 323 K）灼烧混合物 1～1.5 h。冷却后取出粒状银，将其与去离子水煮沸，除去 Na_2CO_3 和硼砂，干燥，得产品单质 Ag，称量。

（4）产品检验。产品外观为具有金属光泽的银白色颗粒状。取少许产品溶于 6 mol/dm^3 HNO_3 中，溶液呈无色透明，加水后也无混浊状物质。用 HCl 处理溶液，将有大量白色 AgCl 沉淀产生，待沉淀完全后，抽滤、灼烧滤液不应有可称量的杂质。

（5）$AgNO_3$ 的制备。将纯净的 Ag 溶解在 1 : 1 HNO_3 中。在通风橱中，将溶有纯净 Ag 的 HNO_3 溶液在蒸发皿中缓缓蒸发、浓缩，直至液面周围有少量晶体析出时停止加热。冷却后过滤，干燥，称量。

（6）$AgNO_3$ 含量的测定（佛尔哈德法）。准确称取 0.500 0 g $AgNO_3$ 成品置于 150 mL 烧杯中，加水溶解，转移至 250 mL 容量瓶中，稀释至刻度。吸取 25 mL 试液置于 250 mL 锥形瓶中，加入 5 mL 1 : 1 HNO_3和 1 mL 铁铵矾指示剂，用 0.100 0 mol/dm^3 NH_4SCN 标准溶液滴定，滴定时应不断振荡溶液，直至出现稳定的淡红色，即为终点。根据 NH_4SCN 标准溶液的用量，可计算出 $AgNO_3$ 的质量分数。

2. 从含碘废液或废渣中回收 I_2 并制取 KI。

（1）含碘废液中碘含量的测定。取 25.00 mL 含碘废液置于 250 mL 锥形瓶中，用 2 mol/dm^3 HCl 酸化，再过量 5 mL，加 20 mL 水，加热煮沸，稍冷，准确加入 10.00 mL 0.200 0 mol/dm^3 KIO_3，小火加热煮沸，除去 I_2，冷却后加入 5 mL 过量的 0.1 mol/dm^3 KI，产生的 I_2 用 0.100 0 mol/dm^3 $Na_2S_2O_3$ 标准溶液滴定至浅黄色，加入淀粉溶液后转为深蓝色，继续用 $Na_2S_2O_3$ 溶液滴定至蓝色恰好褪去，即为终点。

（2）单质 I_2 的提取。根据含碘废液中 I^-的含量，计算出使 500 mL 含碘废液中 I^-沉淀为 CuI 所需 Na_2SO_3 和 $CuSO_4 \cdot 5H_2O$ 的理论量。先将 Na_2SO_3（s）溶解于含碘废液中，再将 $CuSO_4$ 配成饱和溶液。在不断搅拌下将 $CuSO_4$ 饱和溶液滴入含碘废液中，加热至 60～70 ℃，静置沉降，在澄清液中检验 I^-是否已完全转化为 CuI 沉淀（如何检验），然后弃去上层清液，使沉淀体积保持在 20 mL 左右，转移到 100 mL 烧杯中，盖上表面皿，在不断搅拌下加入计算量的浓 HNO_3，待析出 I_2 沉降后，用倾泻法弃去上层清液，并用少量水洗涤 I_2。

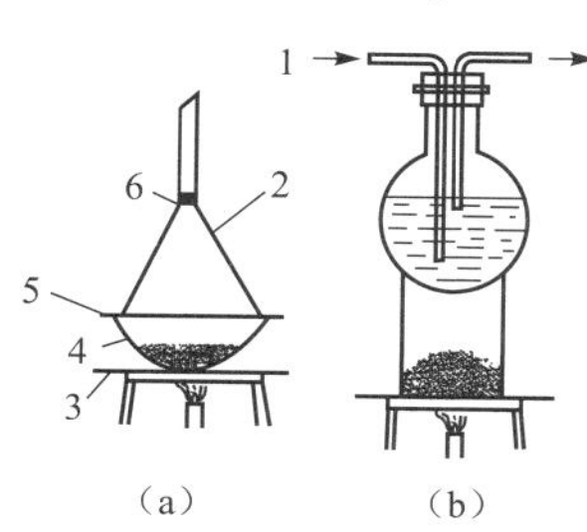

1—水；2—玻璃漏斗；
3—石棉网；4—蒸发皿；
5—有孔滤纸；6—棉花
图 8-4 常压升华装置
（a）简易升华装置；
（b）常压升华装置

（3）I_2 的升华。升华技术分为常压升华和减压升华。本实验采用常压升华，见图 8-4 中（b）装置。

图 8-4（a）是常压下常用的简易升华装置，它由蒸发皿和玻璃漏斗（颈部用棉花轻塞）组成。将欲升华的物质（本实验为单质 I_2）研碎后放入蒸发皿中，上面盖一张穿有许多小孔的滤纸（能让蒸气通过），取大小合适的玻璃漏斗倒置在滤纸上作为冷凝面。在石棉网下缓慢加热，I_2 的蒸气通过滤纸孔上升，冷却后凝结在滤纸上或漏斗的冷凝面上。较大量物质的升华可用图 8-4（b）所示的装置。把欲升华的物质放入烧杯内，用通冷却水的圆底烧瓶作为冷凝面，使欲升华物质的蒸气在烧瓶底部凝结成晶体并附着在瓶底上。

（4）KI 的制备。将精制的 I_2 置于 150 mL 烧杯中，加入 20 mL 水和铁粉（比理论值多 30%），不断搅拌，缓缓加热，使 I_2 完全溶解。将黄绿色溶液倾入另一个 150 mL 烧杯中，再用少量水洗涤铁粉，合并洗涤液。然后加入 K_2CO_3（是理论量的 110%）溶液，加热煮沸，使 Fe_3O_4 析出，抽滤，用少量水洗涤 Fe_3O_4，将滤液置于蒸发皿中，加热蒸发至出现晶膜，冷却，抽滤，称量。

（5）产品纯度检验。

① KI 含量的测定。参照 $AgNO_3$ 含量的测定，自行设计测定方案。

② 氧化剂杂质与还原剂杂质的鉴定。溶解 1 g KI 产品于 20 mL 水中，用 H_2SO_4 酸化后加入淀粉溶液，5 min 内不产生蓝色表示无氧化性离子存在。然后加入 1 滴 I_2 溶液，产生的蓝色不褪去，表示无还原性离子存在。

3. 从萃取碘、溴、氯后的 CCl_4 废液中回收 CCl_4。

（1）分液漏斗的准备。首先检查分液漏斗上的玻璃塞和旋塞与本体是否配套。然后装入少量水，先直立漏斗观察玻璃旋塞是否漏水，后倒立观察玻璃塞是否漏水，必须确认上述两处不漏水。若旋塞处漏水，可将旋塞取出擦干（旋塞槽亦要擦干），均匀地涂上一层薄凡士林，再塞进旋塞槽，旋转至凡士林呈透明。分液漏斗的装置及操作方法见图 8-5。

（2）CCl_4 回收的萃取操作方法。

① 取 30 mL CCl_4 废液置入分液漏斗中，加入 30 mL 10% Na_2SO_3，塞上玻璃塞（注意：玻璃塞上若有侧槽，必须将其与漏斗上端颈部的小孔错开），总体积不得超过漏斗容量的 3/4。

② 用左手的拇指和中指夹住漏斗上端颈部，食指末节顶住玻璃塞；用右手的食指和中指卷握在旋塞柄上，食指和拇指握住旋塞柄并能将其自由地旋转（见图 8-5（b））。

③ 将漏斗由里向外或由外向里旋转振摇 3~5 次，第一次时间较短既需放气，后续振摇操作可每次持续几分钟，使两种互不混溶的液体尽可能充分混合（也可将漏斗反复倒转，缓和地振摇）。

④ 减压放气时，将漏斗下部支管向上方倾斜，慢慢打开旋塞，排放可能产生的气体。放气后立即关闭旋塞，再振摇数次，有气体产生时，再放气减压（见图 8-5（c））。

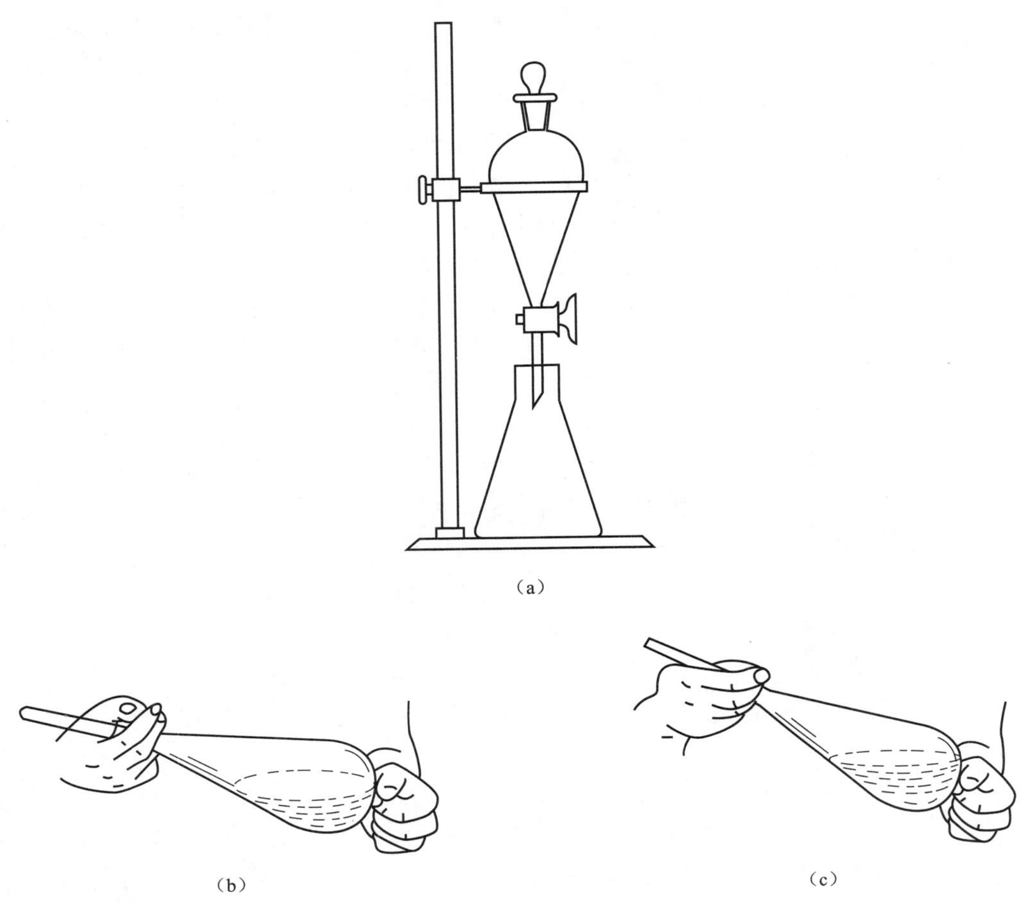

（a）

（b）

（c）

图 8-5　分液漏斗的操作示意

（a）分液漏斗装置；（b）摇荡；（c）放气

⑤ 振摇完毕后，将分液漏斗置于支架上静置分层，下层（CCl_4 层）为无色。将上端玻璃塞的侧槽对准颈部小孔，开启旋塞，将下层液体流入锥形瓶中。然后，关闭旋塞，打开上端玻璃塞，将上层液体从上口倒入烧杯中。若下层液体仍有颜色，则需再次进行反萃取，直至 CCl_4 层无色为止。

⑥ 在分出的 CCl_4 溶液中，加入少量无水 $CaCl_2$，搅拌静置，过滤后即得无色澄清的 CCl_4。将提纯的 CCl_4 倒入指定的回收瓶中。

【思考题】

1. 废定影液若呈酸性，为什么调节溶液 $pH \approx 8$？
2. 加入碳酸钠和硼砂有什么作用？
3. 怎样判断 Ag^+ 是否沉淀完全？
4. 能否在含银废液 $[Ag(S_2O_3)_2]^{3-}$ 中得到 AgCl 沉淀，为什么？
5. 含银废液回收 Ag 的实验依据是什么？
6. 制取 $AgNO_3$ 是否可从 Ag_2S 沉淀直接制取，为什么？
7. 含碘废液中 I^- 含量的测定，是否可用 $Na_2S_2O_3$ 溶液直接滴定加入过量 KIO_3 后产生的

I_2。测定 I^- 的浓度（以 g/cm^3 表示）应怎样计算？

8. 沉淀 500 mL 废液中的 I^-，需加入无水 Na_2SO_3（以 95%质量分数计）及 $CuSO_4 \cdot 5H_2O$（以 95%质量分数计）各多少 g。为什么要先加 Na_2SO_3，后加 $CuSO_4$ 饱和溶液？

9. 怎样计算含碘废液回收碘的实验中碘与 KI 的回收率？如何提高碘与 KI 的回收率？

10. 为什么可用反萃取法回收 CCl_4 废液中的 CCl_4？

11. 萃取操作时应如何注意安全？如何检查分液漏斗是否合格？

第9章

研究创新型实验

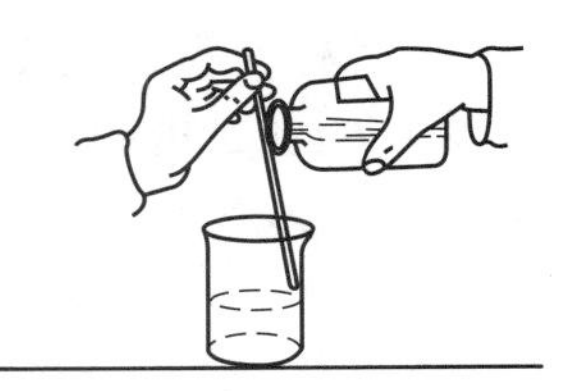

实验36　多酸化合物的合成及组成测定

【实验目的】

1. 了解多酸（盐）化合物的组成和结构。
2. 了解多酸（盐）化合物的一般合成方法。
3. 学习由红外光谱法鉴定多酸（盐）化合物。

【实验原理】

有一些简单的含氧酸，在酸性条件下，能彼此缩合成为比较复杂的酸，即多酸。缩合脱水的结果是通过共用氧原子（称为氧桥）把简单的含氧酸根连接在一起形成多酸。如

$$2CrO_4^{2-} + 2H^+ \rightleftharpoons Cr_2O_7^{2-} + H_2O$$

$$12WO_4^{2-} + 18H^+ \rightleftharpoons H_2W_{12}O_{40}^{6-} + 8H_2O$$

多酸分子可以看作是由两个或更多含氧酸根缩合形成的酸。根据多酸的组成可以把多酸分为同多酸和杂多酸。由同种含氧酸根缩合而成的多酸称为同多酸，如 $H_2Mo_3O_{10}$。由不同种含氧酸根缩合而成的多酸称为杂多酸，如 $H_4SiMo_{12}O_{40}$。不论是同多酸还是杂多酸，酸中的 H^+ 被金属离子取代后形成的盐统称为同（杂）多酸盐。

1826年由Berzelius J. 发现磷钼酸铵以来，多酸化学一直备受研究者关注。多酸是由前过渡金属元素Mo、W、V、Nb和Ta通过氧配体连接而形成的阴离子簇，其结构丰富多样，且具有分子水平上的可调控性。独特的结构赋予了多酸极具吸引力的性质，包括Bronsted酸碱性、氧化还原性等，这使得多酸在酸催化（如酯化反应、环氧化物醇解等）和氧化催化（如烯烃环氧化、硫醚氧化等）中得到了广泛的应用。近年来，多酸因其具有快速可逆得失电子而维持结构不变的独特性质，在析氢和二氧化碳还原等光电催化反应中，吸引了研究者的浓厚兴趣。此外，多酸在磁性、储能、光学和医药等领域也具有广泛的应用前景。

在经典多酸化合物的合成中，人们研究较多的两种常见结构类型为Keggin型的阴离子 $[XM_{12}O_{40}]^{n-}$ 和Dawson型的阴离子 $[X_2M_{18}O_{62}]^{n-}$，习惯上把阴离子中的X称为杂原子，而把M称为配原子。本实验中合成的 $K_5CoW_{12}O_{40} \cdot H_2O$ 为Keggin构型（见图9-1），具有四面体对称性，其中金属钴离子是多酸的中心原子（杂原子），三金属簇 W_3O_{13}（由三个 WO_6 八面体共边连接而成）作为配体在四面体的顶点。在碱性介质中Keggin结构会被破坏，生

成简单的含氧酸根，如

$$PW_{12}O_{40}^{2-} + 24OH^- \xrightleftharpoons{\triangle} PO_4^{3-} + 12WO_4^{2-} + 12H_2O$$

杂多酸具有大多数多元弱酸阴离子的共同特征，可以进行中和反应，H^+可被金属离子取代生成盐，杂多酸阴离子的配位基可以发生取代反应，杂多酸盐可以发生氧化还原反应。

合成杂多化合物常用的方法是将含有简单含氧阴离子和含杂原子的含氧阴离子水溶液进行酸化，如

$$7MoO_4^{2-} + 8H^+ \longrightarrow [Mo_7O_{24}]^{6-} + 4H_2O$$

$$12WO_4^{2-} + HPO_4^{2-} + 23H^+ \longrightarrow [PW_{12}O_{40}]^{3-} + 12H_2O$$

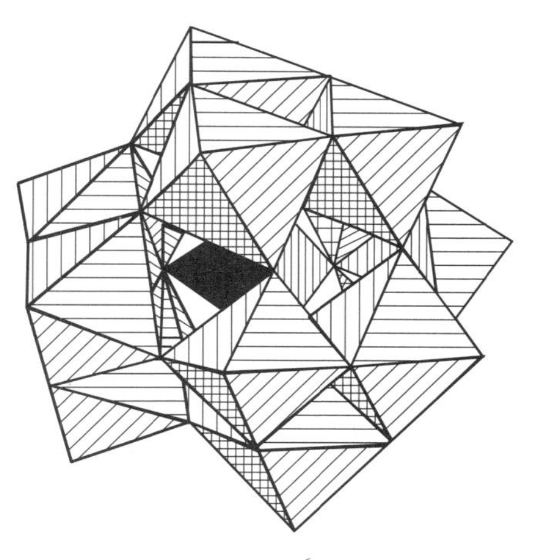

图 9-1　$[CoW_{12}O_{40}]^{6-}$的 Keggin 结构

黑体是四面体，阴影体是八面体

加入合适的阳离子，杂多酸盐就会从水溶液中析出。在实验中，加入试剂的顺序、控制合适的温度和溶液的 pH 都是很重要的。

本实验合成十二钨钴酸钾杂多酸盐：$K_5CoW_{12}O_{40} \cdot 2H_2O$。其制备采用贝克方法，以 $K_2S_2O_8$ 作氧化剂，将 Co^{2+}氧化为 Co(Ⅲ)。

$$8H_2O + 12WO_4^{2-} + Co(CH_3COO)_2 \longrightarrow CoW_{12}O_{40}^{6-} + 2CH_3COO^- + 16OH^-$$

$$2CoW_{12}O_{40}^{6-} + S_2O_8^{2-} \longrightarrow 2CoW_{12}O_{40}^{5-} + 2SO_4^{2-}$$

分别用醋酸和硫酸酸化反应产物，产物中杂质较多，采用重结晶的方法并控制合适的结晶速度，即可得到金黄色棒状晶体。

产物由红外光谱（IR）鉴定。杂多酸及盐往往都有特征的红外光谱，$K_5CoW_{12}O_{40} \cdot 2H_2O$ 的 IR 谱除了 340 0~350 0 cm^{-1}和 162 0~163 0 cm^{-1}两个结晶水的特征吸收峰外，$CoW_{12}O_{40}^{5-}$阴离子有 4 个特征吸收峰。其中 955 cm^{-1}、895 cm^{-1}、758 cm^{-1}吸收峰与 W—O 键振动有关，而 433 cm^{-1}吸收峰可能与 Co—O 键振动有关。

【仪器与试剂】

仪器：托盘天平；量筒（10 mL，50 mL）；抽滤装置；精密 pH 试纸；烧杯（50 mL，100 mL）；玻璃漏斗及漏斗架；显微镜或放大镜；红外光谱仪。

试剂：$Na_2WO_4 \cdot 2H_2O$(CP)；冰醋酸(AR)；$Co(Ac)_2 \cdot 4H_2O$(AR)；KCl(AR)；$K_2S_2O_8$(AR)；HAc(AR)；冰块；H_2SO_4（2 mol/dm^3）。

【实验内容】

1. $K_6CoW_{12}O_{40}$的制备。

在盛有 13 mL 去离子水的小烧杯中滴加 2 滴冰醋酸，再加入 2. 5 g $Co(Ac)_2 \cdot 4H_2O$，搅拌溶解得到醋酸钴溶液。

在盛有 40 mL 去离子水的烧杯中加入 19. 8 g $Na_2WO_4 \cdot 2H_2O$，搅拌溶解，以醋酸调节溶液 pH 至 6. 5~7. 5，得到钨酸钠溶液。

将钨酸钠溶液加热近沸腾，边搅拌边加入已配制好的醋酸钴溶液，将混合溶液微沸 15 min，趁热加入 13 g KCl 固体，溶解后将混合物冷却至室温，抽滤，以少量滤液洗涤沉淀

物，烘干，得深绿色产物。

2. $K_5CoW_{12}O_{40}$的制备。

用托盘天平称取20 g深绿色$K_6CoW_{12}O_{40}$溶解于32 mL 2 mol/dm^3 H_2SO_4中，微热数分钟使其溶解，过滤，弃去不溶物。将滤液加热至沸腾，边搅拌边分批加入$K_2S_2O_8$固体，每次约加0.5 g（不要加入太快，以免溶液爆沸），至溶液由蓝绿色转为金黄色，需5~10 g $K_2S_2O_8$。再继续加热煮沸5~8 min，以分解过量的$K_2S_2O_8$。

将上述反应液冷却至室温，若析出的晶体较少可用冰浴冷却（不要过冷，以免K_2SO_4等杂质析出过多），得到不纯的黄色$K_5CoW_{12}O_{40}$晶体，过滤沉淀，在显微镜下（或放大镜）观察，可看到黄色棒状晶体和无色透明杂质。将粗产品用10 mL热去离子水重结晶，抽滤，烘干，得到黄色晶体产物，称重（冷却速度慢或溶液较稀，可得到较大的黄色棒状晶体）。

3. $K_5CoW_{12}O_{40}$红外光谱鉴定。

取少量纯净、干燥的产物，加入KBr后，研细压片，测其红外光谱，以鉴定其纯度和结构。

$K_5CoW_{12}O_{40}$红外光谱见图9-2。

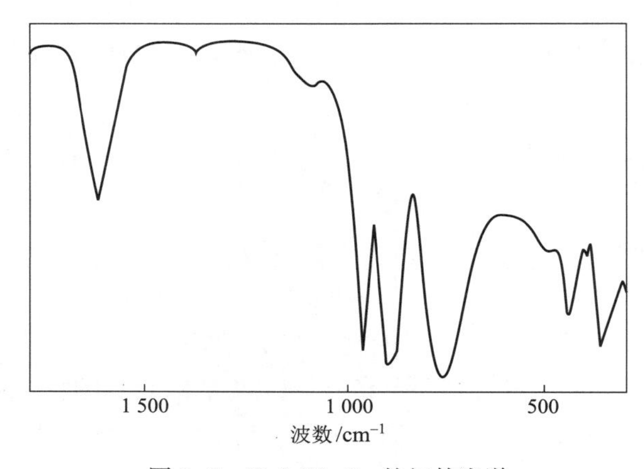

图9-2 $K_5CoW_{12}O_{40}$的红外光谱

如图9-2所示，若100 0~120 0 cm^{-1}有n个吸收峰，即产物中含有杂质。当杂质较多时，该区域的吸收峰较强，甚至会掩盖W—O键在955 cm^{-1}处的特征吸收峰，甚至在570~610 cm^{-1}处出现较强吸收峰。

【思考题】

1. 怎样才能使晶体长得大而杂质又尽可能少？
2. 在Keggin结构中哪一种氧原子与多原子的结合力最大，为什么？
3. 为什么在醋酸钴溶解前先向水中滴加冰醋酸？

实验37 银纳米片的合成及紫外可见光谱分析

【实验目的】

1. 掌握纳米粒子合成的基本实验操作。
2. 了解金属纳米粒子的形貌与其表面等离子体共振吸收峰位置的关系。

3. 学习通过紫外-可见吸收光谱表征纳米粒子的方法。

【实验原理】

1. 纳米粒子的特性。

当一种材料粒子的尺寸不断减小时，材料的一些性质（如比表面积）会随之发生连续变化。而当粒子的尺寸减小到纳米尺寸时，某些性质会发生急剧改变，使纳米材料具有传统材料所不具备的奇异或反常的理化特性，这种现象被称为纳米效应。例如当粒径减小至几纳米时，Au 粒子变为半导体，而 Ag 粒子表现为近似绝缘体；化学惰性 Pt、Au 等金属达到纳米尺度后可作为活性极高的催化剂；铁磁性物质进入纳米尺度后表现出超顺磁性，可用于核磁共振成像。

2. 影响纳米粒子生长的因素。

纳米粒子的生长过程可分为成核、成长和熟化三个阶段。在成核阶段，溶液中物质的量浓度远远大于其溶解度，形成晶核析出；在成长阶段，物质的量浓度仍大于溶解度，晶体继续析出，在已存在晶核的基础上继续长大；在熟化阶段，物质的量浓度等于溶解度，不再发生净生长，体系中较小较不稳定的粒子逐渐萎缩，而较大较稳定的粒子相应长大。

由于纳米粒子表面原子所占比例很高，较不稳定，容易结合长大，因此在合成时往往需要加入表面活性剂。活性剂分子与表面原子结合后，能有效降低纳米粒子的表面能，阻止其进一步长大，从而起到控制粒子尺寸的作用。某些活性剂分子还能与纳米粒子的特定晶面紧密结合，从而起到调控纳米粒子形貌的作用。

此外，试剂的选择、反应的温度、加入试剂的速度、光照等诸多因素都会影响到纳米粒子的合成。因此，纳米材料的合成不仅是一种技术，更是一门艺术。

3. 局域表面等离子体共振原理及其与纳米粒形貌的关系。

局域表面等离子体（LSP，localized surface plasmon）是将表面等离子体（SP，surface plasmon）限制在小尺寸纳米颗粒（粒径相当或者小于激发波长）表面的结果。当一个金属纳米颗粒被光照射时，光（电磁波）的交变电场会使自由电子发生移动。当由电子组成的"云"相对于其原始位置发生位移时，正负电荷中心发生偏移，电子和原子核之间的库仑引力导致电子"云"发生振荡（见图 9-3）。振荡的固有频率由电子密度、有效电子质量以及电荷分布的大小和形状决定，即由纳米颗粒本身组成、形状、大小及其所处的介电环境等因素所决定。当固有频率与入射光的频率相等时，即可发生共振，对入射光产生强烈的吸收或散射，称为局域表面等离子共振（LSPR，localized surface plasmon resonance）。LSPR 有两个重要效应：颗粒表面附近的电场大大增强，以及颗粒的光吸收在等离子体共振频率处具有最大值。局域表面等离子共振也可以根据纳米颗粒的组成与形状进行调整。对于贵金属（如 Au、Ag）纳米颗粒，共振可以发生在紫

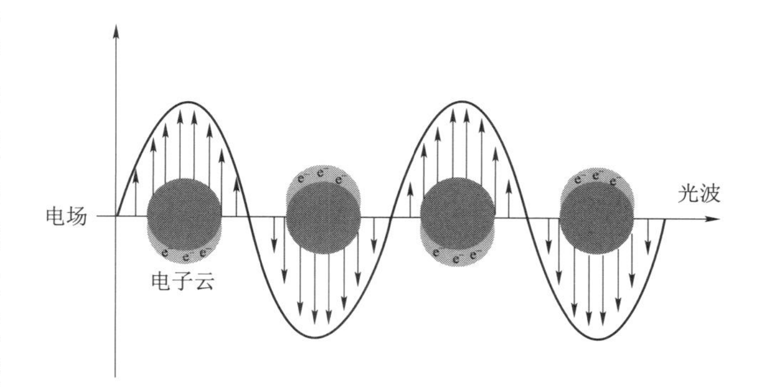

图 9-3　局域表面等离子共振：入射光的交变电场导致金属纳米颗粒表面电子"云"振荡

外、可见光以及近红外波长处。如果 LSPR 发生在可见光区域，金属纳米晶的胶体溶液中会产生绚丽的色彩。

【仪器与试剂】

仪器：烧杯；锥形瓶（100 mL）；移液枪；磁力搅拌器；紫外-可见分光光度计。

试剂：$AgNO_3$（s）；$NaBH_4$（s）；柠檬酸三钠（s）；H_2O_2（30%）；聚乙烯吡咯烷酮（PVP）。

【实验内容】

1. 溶液的配制。

先分别配制 30 mmol/L 柠檬酸三钠水溶液和 0.18 mol/L（以单体分子量计算的浓度）PVP 水溶液。

再采用分步稀释法配制 25 mL 0.1 mmol/L $AgNO_3$溶液。

最后用冰蒸馏水配制 0.1 mol/L $NaBH_4$水溶液（防止 $NaBH_4$较快分解），立即进行下述步骤。

2. 合成银纳米片。

平行移取 25 mL $AgNO_3$溶液分别置于三个 100 mL 的锥形瓶中，搅拌过程中依次加入 1.5 mL 柠檬酸三钠、1.5 mL PVP 水溶液和 0.1 mL 30% H_2O_2，充分搅匀后，向三个锥形瓶中分别滴加 0.1 mL、0.15 mL、0.25 mL 冰 $NaBH_4$水溶液，仔细观察并记录溶液颜色变化情况，等待 30 min 溶液颜色稳定后，停止搅拌。

3. 紫外-可见吸收光谱测量。

用分光光度计分别对上述制备的溶液进行紫外-可见吸收光谱测量。

【思考题】

1. 纳米银的制备方法有哪些？

2. 纳米银在哪些方面具有重要的应用前景？

实验 38　石墨烯薄膜的制备①

【实验目的】

1. 了解石墨烯的结构和性质。

2. 熟悉氧化石墨烯的制备方法。

【实验原理】

石墨烯是单原子层的石墨，于 2004 年由英国曼彻斯特大学的安德烈·盖姆教授和康斯坦丁·诺沃肖洛夫教授首次制备，他们也因此荣获了 2010 年诺贝尔物理学奖。石墨烯自发现以来，迅速成为物理学和材料学的热门研究对象。它是目前世界上最薄的材料，也是有史以来被证实的最结实的材料，其强度高达 130 GPa，是钢的 100 多倍，其断裂强度达到了惊人的 125 GPa。此外，石墨烯具有 100 倍于商用硅片的高载流子迁移率，是一种透明、具有优异导电性能的物质。用其制备的单电子晶体管的稳定性要显著高于采用硅材料制备的集成电路晶体管，未来有望替代硅用于超级计算机的生产。目前石墨烯的制备方法主要有以下三种。

---

① 中国科学技术大学无机化学实验课程组编著. 无机化学实验［M］. 合肥：中国科学技术大学出版社，2012.

1. 胶带折叠法。

胶带折叠法是制备石墨烯的最原始方法，2004 年由安德烈 · 盖姆教授和康斯坦丁 · 诺沃肖洛夫教授发明。该法虽然非常简单，但需要非凡持久的机械操作能力，而且得到的石墨烯的尺寸也有限。

2. 气相沉积法。

气相沉积法是利用含碳气氛在高温管式炉内，在金属表面上沉积生长得到大面积的石墨烯。此法制备的石墨烯质量较高，但是原材料较贵，仪器操作复杂，成本昂贵。

3. 湿化学法。

湿化学法是利用强氧化剂将石墨层结构破坏，进行羟基、羧基等亲水改性，进而破坏石墨层间的范德华作用，再通过超声分散得到单层氧化型石墨烯。进一步将其还原并稳定分散于溶液中即可得到纳米石墨烯溶胶（见图 9-4）。此法简单、便捷，目前被用于大量制备石墨烯。但由于强氧化剂的破坏作用，得到的石墨烯缺陷较多，电学性能较差。

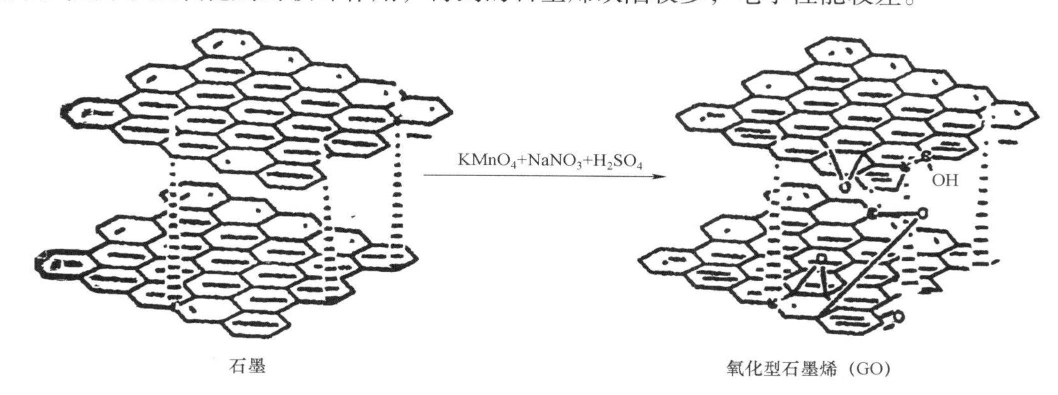

图 9-4　湿化学法制备氧化石墨烯原理

本实验即采用湿化学法制备石墨烯，并期望得到透明导电的薄膜材料。氧化型石墨的制备早在 1958 年就被赫默斯教授报道，因此也称作赫默斯法，基本原理如下。

廉价的石墨粉在强氧化剂作用下，其内部的石墨层结构被破坏，使得石墨层间的作用力急剧减弱，最后在超声作用下均匀分散，得到棕色胶体溶液。

制得的氧化型石墨烯溶液在 60 ℃水浴中加热几分钟，由于热流作用，氧化型石墨烯能够在空气和水界面上形成致密的薄膜。然后将该薄膜小心转移至柔软透明的 PET 塑料衬底上，再通过合适的还原方法，将氧化型石墨烯还原成石墨烯，即可得到柔软、透明的石墨烯薄膜。

【仪器与试剂】

仪器：烧杯（50 mL，250 mL）；磁力搅拌器；水浴锅；量筒（10 mL，25 mL，100 mL）；布氏漏斗；抽滤瓶；循环水泵；欧姆表。

试剂：石墨粉；$NaNO_3$（s）；$KMnO_4$（s）；H_2SO_4；H_2O_2（30%）；聚对苯二甲酸乙二醇酯（PET 薄膜）；氢碘酸（55%）。

【实验内容】

1. 配制石墨混合体系。

（1）称取 0.5 g 石墨粉和 0.25 g $NaNO_3$ 于 50 mL 烧杯中，将烧杯置于冰浴中，搅拌下

缓慢滴加 12 mL 浓 H_2SO_4。

（2）往上述体系中分批加入 1.5 g $KMnO_4$，继续保持 30 min，体系逐渐变黏稠。（注意：$KMnO_4$ 的加入速度要缓慢，尽量勿使混合溶液的温度超过 20 ℃，以防反应过于剧烈。）

（3）将上述混合体系转移至 250 mL 烧杯中，缓慢加入 80 mL 蒸馏水，得到棕黄色浑浊液，最后加入 2 mL 30% H_2O_2终止反应。

2. 提纯。

减压抽滤，并用大量蒸馏水清洗滤渣，以除去残余的酸和金属离子。取部分残渣，加入适量蒸馏水，超声分散 30 min，得到棕色溶液，即氧化型石墨烯。

3. 制备石墨稀薄膜。

（1）将氧化型石墨烯分散液置于 60 ℃水浴中，加热片刻，即可观察到在空气和水的界面处形成一薄膜。将聚对苯二甲酸乙二醇酯（PET）衬底浸入该溶液中，提拉，即可将氧化石墨烯薄膜转移至 PET 衬底上。再将该衬底于 80 ℃烘箱中干燥 1 h，即得到棕黄色 PET 氧化型石墨烯薄膜。

（2）将 PET 氧化型石墨烯薄膜浸入 100 ℃氢碘酸溶液中，保持 30 s，再用乙醇冲洗，即得到具有导电性能、透明、柔软的石墨烯 PET 薄膜。

4. 用欧姆表测定石墨烯 PET 薄膜的电阻。

【思考题】

1. 石墨烯是碳原子以什么杂化方式连接紧密堆积而成的单层二维晶格结构？
2. 石墨烯在哪些方面具有重要的应用前景？

实验 39　席夫碱配体金属配合物的合成与表征

【实验目的】

1. 掌握连续变化分光光度法测定配合物组成及其稳定常数的基本原理及实验方法。
2. 掌握紫外可见分光光度计的使用。

【实验原理】

金属配合物的制备和表征，以及了解金属-配体的相互作用在探究生物无机化学和小分子催化等领域起着关键作用。连续变化分光光度法是测定配合物组成及其稳定常数最常用的方法之一，即保持溶液中金属和配体的总摩尔数不变，而连续改变它们之间的相对比率，根据所得的吸光度和这种相对比率关系曲线的极值确定配合物组成。

图 9-5 为 Fe^{2+}与邻菲罗啉通过连续变化分光光度法得到的关系曲线示意。

在本实验中通过水杨醛与苯甲酰肼反应合成一种希夫碱——水杨醛苯甲酰肼。然后用所得水杨醛苯甲酰肼制备铜（Ⅱ）和铁（Ⅲ）的配合物，探究金属离子对配合物组成的影响。

水杨醛 + 苯甲酰肼 $\xrightarrow{H_2O,\ EtOH}$ 水杨醛苯甲酰肼

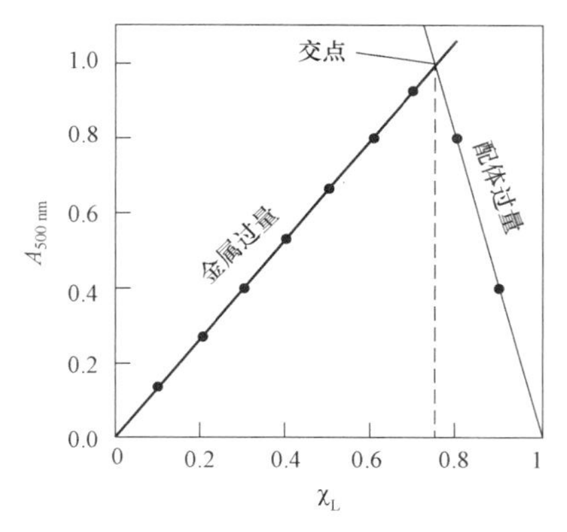

图 9-5　Fe^{2+}与邻菲罗啉通过连续变化分光光度法得到的关系曲线

【仪器与试剂】

仪器：烧杯（100 mL）；锥形瓶（100 mL）；量筒（50 mL）；玻璃棒；布氏漏斗；抽滤瓶（250 mL）；紫外可见分光光度计。

试剂：苯甲酰肼（s）；水杨醛（l）；无水氯化铜（s）；六水合氯化铁（s）；乙醇（l）；甲醇（l）。

【实验内容】

1. 水杨醛苯甲酰肼（SBH）及其金属配合物的合成。

（1）水杨醛苯甲酰肼的合成。

称取 1.0 g 苯甲酰肼于 100 mL 烧杯中，加入 40 mL 蒸馏水搅拌溶解；在另一个 100 mL 烧杯中加入 1.6 mL 水杨醛，加入 15 mL 乙醇搅拌溶解。然后用滴管将水杨醛溶液缓慢滴加到苯甲酰肼溶液中，滴加过程中用玻璃棒不断搅拌，滴加搅拌过程不少于 10 min。

滴加结束后将产物减压过滤，并用乙醇洗涤两次（每次 5 mL），100 ℃烘箱中烘干得到产物，称重。

（2）SBH 金属配合物的合成。

称取 0.40 g 金属盐，用 5 mL 溶剂溶解（$CuCl_2$溶解在乙醇中，$FeCl_3 \cdot 6H_2O$ 溶解在水中）。称取 0.70 g 步骤 1 制成的 SBH 放入 100 mL 锥形瓶中，再加入 10 mL 乙醇，在水浴（80 ℃以上）中加热，使固体完全溶解。当 SBH 完全溶解后，取出锥形瓶，迅速加入金属盐溶液并搅拌。当出现沉淀时，立刻将锥形瓶放入冰水中，静置 10 min。经减压过滤，冰水洗涤（2 次，每次 10 mL），烘干得到产物，称重。

2. SBH 的铜、铁配合物的紫外光谱研究（以铜配合物为例）。

（1）使用 100 mL 容量瓶，配制 1 mmol/L SBH 的甲醇溶液，记录称重的质量和溶液浓度，记为溶液 1。

（2）使用 100 mL 容量瓶，配制 1 mmol/L $CuCl_2$的甲醇溶液，记为溶液 2。

（3）称量约 30 mg 铜（Ⅱ）-SBH 配合物，以甲醇为溶剂，配置成 100 mL 溶液，记录称重的质量及溶液浓度，记为溶液 3。

（4）用甲醇做空白实验。用微量移液管将 0.1 mL 溶液 1 加入洁净的试管中，再用微量移液管加入 2.9 mL 甲醇，均匀混合。测量其紫外-可见光谱（从 200 到 600 nm）。要确保所

有光谱的吸光度都不高于1。对溶液2和溶液3重复此步骤。

（5）打印光谱，保存适当格式的数据。记录最大吸光度的波长及其强度。对于金属配体溶液，识别出现的新峰（即从单独由金属或配体引起的峰中分离出来）。

（6）根据表9-1配置系列溶液，测定单一波长下溶液的吸光度（铜配合物400 nm；铁配合物550 nm），作图确定金属和配体之间的比例关系。

（7）铁（Ⅲ）-SBH配合物的实验方法与铜（Ⅱ）-SBH配合物相同。

表9-1　配制系列溶液

溶液1体积/mL	溶液2体积/mL	甲醇体积/mL
0	1.2	1.8
0.15	1.05	1.8
0.3	0.9	1.8
0.45	0.75	1.8
0.6	0.6	1.8
0.7	0.5	1.8
0.8	0.4	1.8
0.9	0.3	1.8
1	0.2	1.8
1.1	0.1	1.8
1.2	0	1.8

【思考题】

1. SBH + Fe（Ⅲ）和SBH + Cu（Ⅱ）对应最大吸光度的波长分别为多少？
2. 紫外可见分光光度计的原理是什么？

实验40　金属有机骨架材料的合成、表征及其气体吸附性能测试

【实验目标】

1. 了解金属有机骨架（MOF）材料。
2. 掌握ZIF-8的制备方法。
3. 学会用X射线粉末衍射（PXRD）和气体吸附分析对MOF结构进行表征。

【实验原理】

金属有机骨架（Metal-Organic Frameworks，MOFs）材料也叫多孔配位聚合物（Porous Coordination Polymers，PCPs），是一类由金属离子或金属离子簇（节点）与有机配体（连接体）通过自组装形成的晶态多孔材料。它具有比表面积大、孔径可调、不饱和金属活性位点、结构多样，以及可功能化修饰等优点。

类沸石咪唑酯骨架（Zeolitic Imidazolate Frameworks，ZIFs）是金属有机骨架（MOFs）的一个分支，而ZIF-8是ZIFs系列中最典型的代表，它具有非常好的水热稳定性，较大的

比表面积，良好的化学稳定性。这一系列的优点，使它在气体吸附与分离、环境治理和药物缓释等方面有广阔的应用前景。

【仪器与试剂】

仪器：烧杯（100 mL）；蜀牛瓶（250 mL）；量筒（50 mL）；X 射线粉末衍射仪；Kubo-X1000 孔径与比表面积分析仪。

试剂：无水醋酸锌（s）；2-甲基咪唑（s）。

【实验内容】

1. ZIF-8 的合成。

称取 2.5 g 无水醋酸锌于 100 mL 烧杯中，加入 50 mL 蒸馏水搅拌溶解；在另一个 100 mL 烧杯中加入 11.2 g 2-甲基咪唑，加入 50 mL 蒸馏水搅拌溶解；将两个烧杯中的溶液混合并超声 30 s，静置 21 h，其间可观察到有白色固体生成。反应结束后经过滤，去离子水洗涤，80 ℃烘箱烘干，得到产物 ZIF-8（见图 9-5），称重。

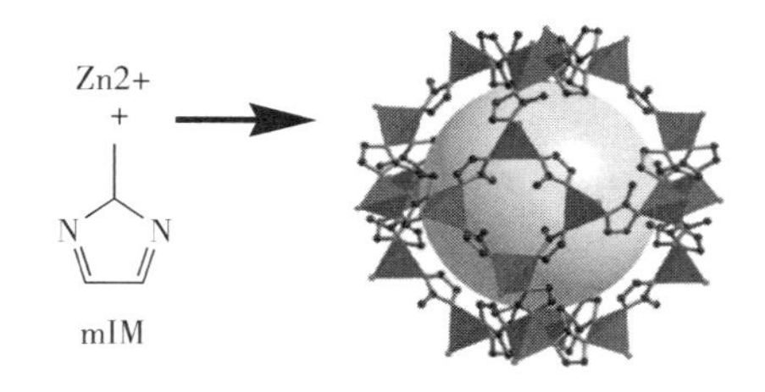

图 9-6 ZIF-8 的合成和结构。内部球体代表客体分子可进入的空隙

2. 纯度表征 X-射线粉末衍射。

制备样品，在以下条件下采集 X 射线粉末数据，并保存原始数据（Cu-Kα 辐射；5-50° 2θ；$\Delta 2\theta = 0.02°$；$t = 1$ s/step；总采集时间约 40 min）。

3. 气体吸附测试。

本实验使用 Kubo-X1000 孔径与比表面积分析仪测试 ZIF-8 的气体吸附性能，样品测试前需在 100 ℃下预处理 10 h，在 77 K N_2条件下进行测试，得到比表面积数据、吸附数据，以及孔径分布数据。

【思考题】

1. ZIF-8 材料的常用合成方法有哪些？

2. ZIF-8 材料在哪些方面具有重要的应用前景？

实验 41 铑彩虹：二聚醋酸铑的配体场效应

【实验目的】

1. 学习配合物结构及配体场效应导致的溶剂化变色原理。

2. 了解化合物颜色与紫外-可见光谱数据之间的关系。

3. 巩固分子轨道理论。

【实验原理】

人眼实际能观察到物体的颜色是由于当太阳光照射某物体时，分子中的电子吸收外来辐

射的能量从一个能量较低的能级跃迁到另一个能量较高的能级，进而导致某段波长的光被化合物（物体）所吸收，则化合物（物体）所显示的颜色为该色光的补色，因此电子跃迁的轨道能级差值决定了物体的颜色。

某些物质在不同的溶剂中能显示不同的颜色，这种现象被称为溶剂化显色现象。如二聚醋酸铑 $Rh_2(OAc)_4$ 在不同的溶剂中可以分别显示对应彩虹的七种颜色。对于这种现象，可以用晶体场理论和分子轨道理论进行解释。

首先需要了解 $Rh_2(OAc)_4$ 中 Rh-Rh 键的分子轨道。在 $Rh_2(OAc)_4$ 所形成的具有四次对称轴的轮桨形配位环境中，两个 Rh 之间可以通过 d_z^2 轨道的重叠形成金属-金属 σ 键，通过 d_{xz} 和 d_{yz} 轨道重叠形成 π 键，通过 d_y 轨道重叠形成 δ 键（见图 9-7）。类比有机化学中的 C-C π 键弱于 C-C σ 键，金属-金属 π 键也弱于金属-金属 σ 键。因此在金属-金属键中，σ 轨道与 σ^* 轨道的分裂能大于 $\pi-\pi^*$ 轨道，而 $\delta-\delta^*$ 轨道的分裂能最小。从而得到金属-金属键的分子轨道能量排序为 $\sigma<\pi<\delta<\delta^*<\pi^*<\sigma^*$，每个轨道能容纳来自中心金属的两个价电子。化学式 $Rh_2(OAc)_4$ 表明该化合物中 Rh 的氧化态为 +2，因此每个 Rh（Ⅱ）离子都能给出 7 个价电子形成分子轨道（共 14 个价电子），其分子轨道的电子构型为 $\sigma^2\pi^4\delta^2\delta^{*2}\pi^{*4}$（见图 9-8）。

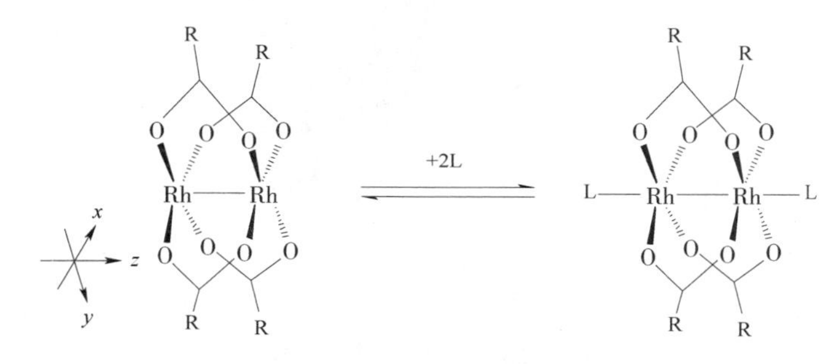

图 9-7 $Rh_2(OAc)_4$ 与不同溶剂配体 L 配位

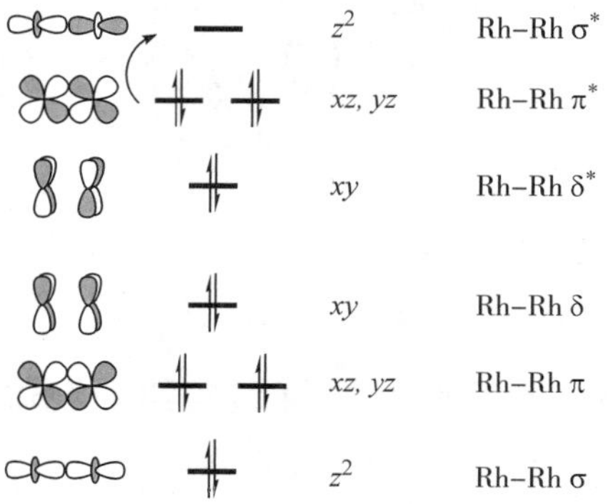

z^2	Rh-Rh σ^*
xz, yz	Rh-Rh π^*
xy	Rh-Rh δ^*
xy	Rh-Rh δ
xz, yz	Rh-Rh π
z^2	Rh-Rh σ

图 9-8 Rh（Ⅱ）-Rh（Ⅱ）键的分子轨道

因此可以得到在上述分子轨道中 Rh-Rh π^* 轨道为最高占据分子轨道（HOMO），Rh-Rh σ^* 轨道为最低未占据分子轨道（LUMO），由于电子在这两个轨道上跃迁所需的能量正好与可见光的能量匹配，因此 $Rh_2(OAc)_4$ 具有颜色，同时可通过紫外-可见光谱得到吸收光波长，并根据公式 $\Delta E_{HL}=hv$ 和 $\Delta E_{HL}=hc/v$ 计算 HOMO-LUMO 轨道的能隙。

$Rh_2(OAc)_4$在不同溶剂中的变色现象，是由于$Rh_2(OAc)_4$与溶剂分子配位，溶剂分子上的电子会向金属中心偏移，改变金属中心的电子密度，导致 HOMO-LUMO 轨道的能隙发生变化，从而导致颜色变化。不同颜色的产生则是由于溶剂配体的极性不同所导致的。

本实验将探究$Rh_2(OAc)_4$在不同溶剂中的颜色变化，并通过紫外-可见光谱仪确定其吸收光波长，计算 HOMO-LUMO 轨道的能隙。同时通过比较溶剂配体的极性，探讨配体极性对 HOMO-LUMO 轨道的能隙变化的影响。

【仪器与试剂】

仪器：UV-2600 型紫外可见分光光度计；试管。

试剂：无水乙醇；乙腈；二聚醋酸铑$Rh_2(OAc)_4$（s）；异烟酸钠（s）；对甲基苯磺酰甲基异腈（s）；苯甲醛（l）；三苯基膦（s）。

【实验内容】

1. 溶液配制。

根据表 9-2 中用量需求配制以下溶液：$Rh_2(OAc)_4$的乙醇溶液（2.0 mg/dm^3）；异烟酸钠水溶液（2.0 mg/dm^3）；对甲基苯磺酰甲基异腈（TosMIC）的二氯甲烷溶液（2.0 mg/dm^3）；苯甲醛；三苯基膦（PPh_3）的二氯甲烷溶液（1.0 mg/dm^3）。

2. $Rh_2(OAC)_4(L)_2$的合成。

根据表 9-2 的比例在试管中配置溶液。

表 9-2　待配溶液的体积

配体 L	$Rh_2(OAC)_4(EtOH)_2$ 的体积/mL	配体溶液的体积/mL	乙醇/mL	总体积/mL
乙醇	0.625	—	0.625	1.25
乙腈	0.625	0.625	—	1.25
异烟酸钠	0.625	0.625	—	1.25
苯甲醛	0.625	0.625	—	1.25
对甲基苯磺酰甲基异腈	0.625	0.625	—	1.25
三苯基膦	0.125	0.50	0.50	1.125

3. 光谱分析。

测定步骤 2 中所配制溶液的紫外-可见吸收光谱（200~800 nm）。

4. 结果处理。

分析紫外-可见吸光谱的数据，对于每种溶液，确定与$\pi^* \to \sigma^*$跃迁相关的波长，计算 HOMO-LUMO 轨道的能隙，评价配体与双金属中心作用大小，完成表 9-3。

表 9-3　记录数据

配体 L	溶液颜色	λ_{max}/nm	HOMO-LUMO 的能隙/(kJ · mol^{-1})
乙醇			
乙腈			

续表

配体 L	溶液颜色	λ_{max}/nm	HOMO-LUMO 的能隙/($kJ \cdot mol^{-1}$)
异烟酸钠			
苯甲醛			
对甲基苯磺酰甲基异腈			
三苯基膦			

【注意事项】

实验中用到有毒、挥发性的有机试剂，实验过程中需做好防护措施。

【思考题】

1. 查阅实验中所用配体的极性大小，分析配体极性对轨道能隙的影响。
2. 简述朗伯比尔定律的适用条件。

附　　录

附录一　中华人民共和国法定计量单位

表 1　国际单位制（SI）的基本单位

物理量		单位	
名称	符号	名称	符号
长度	l	米	m
质量	m	千克	kg
时间	t	秒	s
电流	I	安［培］	A
热力学温度	T	开［尔文］	K
物质的量	n	摩［尔］	mol
发光强度	I_v	坎［德拉］	cd

表 2　国际单位制中具有专门名称的导出单位

物理量	单位		
	名称	符号	用 SI 基本单位和 SI 导出单位表示
频率	赫［兹］	Hz	$1\ \mathrm{Hz}=1\ \mathrm{s}^{-1}$
能［量］	焦［耳］	J	$1\ \mathrm{J}=1\ \mathrm{N}\cdot\mathrm{m}$
力	牛［顿］	N	$1\ \mathrm{N}=1\ \mathrm{kg}\cdot\mathrm{m/s^2}$
压力	帕［斯卡］	Pa	$1\ \mathrm{Pa}=1\ \mathrm{N/m^2}$
功率	瓦［特］	W	$1\ \mathrm{W}=1\ \mathrm{J/s}$
电荷［量］	库［仑］	C	$1\ \mathrm{C}=1\ \mathrm{A}\cdot\mathrm{s}$
电位，电压，电动势	伏［特］	V	$1\ \mathrm{V}=1\ \mathrm{W/A}$
电阻	欧［姆］	Ω	$1\ \Omega=1\ \mathrm{V/A}$
电导	西［门子］	S	$1\ \mathrm{S}=1\ \Omega^{-1}$
电容	法［拉］	F	$1\ \mathrm{F}=1\ \mathrm{C/V}$
摄氏温度	摄氏度①	℃	1 ℃ =1 K
注：① 摄氏度是用来表示摄氏温度时单位开尔文的专门名称（参阅 GB 3102. 4 中 4-1. a 和 4-2. a）			

表3　用于构成十进倍数和分数单位的词头

因数	词头名称		符号	因数	词头名称		符号
	英文	中文			英文	中文	
10^{24}	yotta	尧［它］	Y	10^{-1}	deci	分	d
10^{21}	zetta	泽［它］	Z	10^{-2}	centi	厘	c
10^{18}	exa	艾［可萨］	E	10^{-3}	milli	毫	m
10^{15}	peta	拍［它］	P	10^{-6}	micro	微	μ
10^{12}	tera	太［拉］	T	10^{-9}	nano	纳［诺］	n
10^{9}	giga	吉［咖］	G	10^{-12}	pico	皮［可］	p
10^{6}	mega	兆	M	10^{-15}	femto	飞［母托］	f
10^{3}	kilo	千	k	10^{-18}	atto	阿［托］	a
10^{2}	hecto	百	h	10^{-21}	zepto	仄［普托］	z
10^{1}	deca	十	da	10^{-24}	yocto	幺［科托］	y

表4　可与国际单位制单位并用的我国法定计量单位

量的名称	单位名称	单位符号	与SI单位的关系
时间	分	min	1 min = 60 s
	［小］时	h	1 h = 60 min = 3 600 s
	日，（天）	d	1 d = 24 h = 86 400 s
体积	升	L，(l)	$1\ L = 1\ dm^3 = 10^{-3} m^3$
质量	吨	t	$1\ t = 10^3\ kg$
	原子质量单位	u	$1\ u \approx 1.660\ 540 \times 10^{-27}\ kg$
长度	海里	n mile	1 n mile = 1 852 m（只用于航行）
能［量］	电子伏	eV	$1 eV \approx 1.602\ 177 \times 10^{-19}\ J$
面积	公顷	hm^2	$1\ hm^2 = 10^4\ m^2$

注：几种单位的换算。

（1）1 J = 0.239 0 cal，1 cal = 4.184 J。

（2）1 J = 9.869 cm^3 · atm，1 cm^3 · atm = 0.1013 J。

（3）1 J = 6.242×10^{18} eV，1 eV = 1.602×10^{-19} J。

（4）1 D（德拜）= 3.334×10^{-30} C · m（库仑 · 米），1 C · m = 2.999×10^{29} D。

（5）1 Å（埃）10^{-10} m = 0.1 nm = 100 pm。

（6）1 cm^{-1}（波数）= 1.986×10^{-23} J = 11.96 J/mol。

附录二　元素的相对原子质量

原子序数	名称符号	英文名称	相对原子质量	原子序数	名称符号	英文名称	相对原子质量
1	氢 H	Hydrogen	1.007 94 (7)	42	钼 Mo	Molybdenum	95.94 (1)
2	氦 He	Helium	4.002 602 (2)	43	锝 * Tc	Technetium	(97.907)
3	锂 Li	Lithium	6.941 (2)	44	钌 Ru	Ruthenium	101.07 (2)
4	铍 Be	Beryllium	9.012 182 (3)	45	铑 Rh	Rhodium	102.905 50 (2)
5	硼 B	Boron	10.811 (7)	46	钯 Pd	Palladium	106.42 (1)
6	碳 C	Carbon	12.010 7 (8)	47	银 Ag	Silver	107.868 2 (2)
7	氮 N	Nitrogen	14.006 7 (2)	48	镉 Cd	Cadmiun	112.411 (8)
8	氧 O	Oxygen	15.999 4 (3)	49	铟 In	Indium	114.818 (3)
9	氟 F	Fluorine	18.998 403 2 (5)	50	锡 Sn	Tin	118.710 (7)
10	氖 Ne	Neon	20.179 7 (6)	51	锑 Sb	Antimony	121.760 (1)
11	钠 Na	Sodium	22.989 770 (2)	52	碲 Te	Tellurium	127.60 (3)
12	镁 Mg	Magnesium	24.305 0 (5)	53	碘 I	Iodine	126.904 47 (3)
13	铝 Al	Aluminium	26.981 538 (2)	54	氙 Xe	Xenon	131.293 (6)
14	硅 Si	Silicon	28.085 5 (3)	55	铯 Cs	Caesium	132.905 45 (2)
15	磷 P	Phosphorus	30.973 761 (2)	56	钡 Ba	Barium	137.327 (7)
16	硫 S	Sulfur	32.065 (6)	57	镧 La	Lanthanum	138.905 5 (2)
17	氯 Cl	Chlorine	35.453 (2)	58	铈 Ce	Cerium	140.116 (1)
18	氩 Ar	Argon	39.948 (1)	59	镨 Pr	Praseodymium	140.907 65 (2)
19	钾 K	Potassium	39.098 3 (1)	60	钕 Nd	Neodymium	144.24 (3)
20	钙 Ca	Calcium	40.078 (4)	61	钷 * Pm	Promethium	(144.91)
21	钪 Sc	Scandium	44.955 910 (8)	62	钐 Sm	Samarium	150.36 (3)
22	钛 Ti	Titanium	47.867 (1)	63	铕 Eu	Europium	151.964 (1)
23	钒 V	Vanadium	50.941 5 (1)	64	钆 Gd	Gadolinium	157.25 (3)
24	铬 Cr	Chromiun	51.996 1 (6)	65	铽 Tb	Terbium	158.925 34 (2)
25	锰 Mn	Manganese	54.938 049 (9)	66	镝 Dy	Dysprosium	162.500 (1)
26	铁 Fe	Iron	55.845 (2)	67	钬 Ho	Holmium	164.930 32 (2)
27	钴 Co	Cobalt	58.933 200 (9)	68	铒 Er	Erbium	167.259 (3)
28	镍 Ni	Nickel	58.693 4 (2)	69	铥 Tm	Thulium	168.934 21 (2)
29	铜 Cu	Copper	63.546 (3)	70	镱 Yb	Ytterbium	173.04 (3)
30	锌 Zn	Zinc	65.409 (4)	71	镥 Lu	Lutetium	174.967 (1)
31	镓 Ga	Gallium	69.723 (1)	72	铪 Hf	Hafnium	178.49 (2)
32	锗 Ge	Germanium	72.64 (1)	73	钽 Ta	Tantalum	180.947 9 (1)
33	砷 As	Arsenic	74.921 60 (2)	74	钨 W	Tungsten	183.84 (1)
34	硒 Se	Selenium	78.96 (3)	75	铼 Re	Rhenium	186.207 (1)
35	溴 Br	Bromine	79.904 (1)	76	锇 Os	Osmium	190.23 (3)
36	氪 Kr	Krypton	83.879 8 (2)	77	铱 Ir	Iridium	192.217 (3)
37	铷 Rb	Rubidium	85.467 8 (3)	78	铂 Pt	Platinum	195.078 (2)
38	锶 Sr	Strontium	87.62 (1)	79	金 Au	Gold	196.966 55 (2)
39	钇 Y	Yttrium	88.905 85 (2)	80	汞 Hg	Mercury	200.59 (2)
40	锆 Zr	Zirconium	91.224 (2)	81	铊 Tl	Thallium	204.383 3 (2)
41	铌 Nb	Niobium	92.906 38 (2)	82	铅 Pb	Lead	207.2 (1)
83	铋 Bi	Bismuth	208.980 38 (2)	98	锎 * Cf	Californium	(251.08)
84	钋 * Po	Polonium	(208.98)	99	锿 * Es	Einsteinium	(252.08)

续表

原子序数	名称符号	英文名称	相对原子质量	原子序数	名称符号	英文名称	相对原子质量
85	砹* At	Astatine	(209.99)	100	镄* Fm	Fermium	(257.01)
86	氡* Rn	Radon	(222.02)	101	钔* Md	Mendelevium	(258.01)
87	钫* Fr	Francium	(223.02)	102	锘* No	Nobelium	(259.01)
88	镭* Ra	Radium	(226.03)	103	铹* Lr	Lawrencium	(260.11)
89	锕* Ac	Actinium	(227.03)	104	钅卢* Rf	Rutherfordium	(261.11)
90	钍* Th	Thorium	232.038 1(1)	105	钅杜* Db	Dubnium	(262.11)
91	镤* Pa	Protactinium	231.035 88(2)	106	钅喜* Sg	Seaborgium	(263.12)
92	铀* U	Uranium	238.028 91(3)	107	钅波* Bh	Bohrium	(264.12)
93	镎* Np	Neptunium	(237.05)	108	钅黑* Hs	Hassium	(265.13)
94	钚* Pu	Plutonium	(244.06)	109	鿏* Mt	Meitnerium	(266.13)
95	镅* Am	Americium	(243.06)	110	* Uun		(269)
96	锔* Cm	Curium	(247.07)	111	* Uuu		(272)
97	锫* Bk	Berkelium	(247.07)	112	* Uub		(277)

注：(1) 本表相对原子质量引自2001年国际相对原子质量表，以$^{12}C=12$为基准。
(2) 末位数的准确度加注在其后括号内。
(3) 加括号的相对原子质量为放射性元素最长寿命同位素的质量数。
(4) 加*者为放射性元素。

附录三　不同温度下水的饱和蒸汽压

T/K	$p(H_2O)/kPa$	T/K	$p(H_2O)/kPa$
274	0.657 16	292	2.198 7
275	0.706 05	293	2.338 8
276	0.758 13	294	2.487 7
277	0.813 59	295	2.644 7
278	0.872 60	296	2.810 4
279	0.935 37	297	2.985 0
280	1.002 1	298	3.169 0
281	1.073 0	299	3.362 9
282	1.148 2	300	3.567 0
283	1.228 1	301	3.781 8
284	1.312 9	302	4.007 8
285	1.402 7	303	4.245 5
286	1.497 9	304	4.495 3
287	1.598 8	305	4.757 8
288	1.705 6	306	5.033 5
289	1.818 3	307	5.322 9
290	1.938 0	308	5.626 7
291	2.064 4	309	5.945 3

注：数据录自 David R Lide. Handbook of chemistry and physics [M]. 71st ed. Florida: CRC Press, 1990–1991: 6–12.

附录四　实验室常用酸、碱溶液的浓度

溶液名称	密度/($g\cdot cm^{-3}$)(20 ℃)	质量百分数/%	物质的量浓度/($mol\cdot dm^{-3}$)
H_2SO_4(浓)	1. 84	98	18
H_2SO_4(稀)	1. 18 1. 16	25 9. 1	3 1
HNO_3(浓)	1. 42	68	16
HNO_3(稀)	1. 20 1. 07	32 12	6 2
HCl(浓)	1. 19	38	12
HCl(稀)	1. 10 1. 033	20 7	6 2
H_3PO_4	1. 7	86	15
浓高氯酸($HClO_4$)	1. 7~1. 75	70~72	12
$HClO_4$(稀)	1. 12	19	2
冰醋酸(HAc)	1. 05	99~100	17. 5
HAc(稀)	1. 02	12	2
氢氟酸(HF)	1. 13	40	23
浓氨水($NH_3\cdot H_2O$)	0. 90	27	14
稀氨水	0. 98	3. 5	2
NaOH(浓)	1. 43 1. 33	40 30	14 13
NaOH(稀)	1. 09	8	2
$Ba(OH)_2$(饱和)	/	2	~0. 1%
$Ca(OH)_2$(饱和)	/	0. 15	

附录五　弱酸、弱碱的解离常数

表 1　弱酸的解离常数（298. 15 K）

弱酸	$K_a^{\ominus}$
H_3AsO_4	$K_{a1}^{\ominus}=5.7\times10^{-3}$；$K_{a2}^{\ominus}=1.7\times10^{-7}$；$K_{a3}^{\ominus}=2.5\times10^{-12}$
H_3AsO_3	$K_{a1}^{\ominus}=5.9\times10^{-10}$
H_3BO_3	5.8×10^{-9}

续表

弱酸	$K_a^\ominus$
HOBr	2.6×10^{-10}
H_2CO_3	$K_{a1}^\ominus=4.2\times10^{-7}$；$K_{a2}^\ominus=4.7\times10^{-11}$
HCN	5.8×10^{-10}
H_2CrO_4	（$K_{a1}^\ominus=9.55$；$K_{a2}^\ominus=3.2\times10^{-7}$）
HOCl	2.8×10^{-8}
$HClO_2$	1.0×10^{-2}
HF	6.9×10^{-4}
HoI	2.4×10^{-11}
HIO_3	0.16
H_5IO_6	$K_{a1}^\ominus=4.4\times10^{-4}$；$K_{a2}^\ominus=2\times10^{-7}$；$K_{a3}^\ominus=6.3\times10^{-13}$①
HNO_2	6.0×10^{-4}
HN_3	2.4×10^{-5}
H_2O_2	$K_{a1}^\ominus=2.0\times10^{-12}$
H_3PO_4	$K_{a1}^\ominus=6.7\times10^{-3}$；$K_{a2}^\ominus=6.2\times10^{-8}$；$K_{a3}^\ominus=4.5\times10^{-13}$
$H_4P_2O_7$	$K_{a1}^\ominus=2.9\times10^{-2}$；$K_{a2}^\ominus=5.3\times10^{-3}$；$K_{a3}^\ominus=2.2\times10^{-7}$；$K_{a4}^\ominus=4.8\times10^{-10}$
H_2SO_4	$K_{a2}^\ominus=1.0\times10^{-2}$
H_2SO_3	$K_{a1}^\ominus=1.7\times10^{-2}$；$K_{a2}^\ominus=6.0\times10^{-8}$
H_2Se	$K_{a1}^\ominus=1.5\times10^{-4}$；$K_{a2}^\ominus=1.1\times10^{-15}$
H_2S	$K_{a1}^\ominus=8.9\times10^{-8}$；$K_{a2}^\ominus=7.1\times10^{-19}$②
H_2SeO_4	$K_{a2}^\ominus=1.2\times10^{-2}$
H_2SeO_3	$K_{a1}^\ominus=2.7\times10^{-2}$；$K_{a2}^\ominus=5.0\times10^{-8}$
HSCN	0.14
$H_2C_2O_4$（草酸）	$K_{a1}^\ominus=5.4\times10^{-2}$；$K_{a2}^\ominus=5.4\times10^{-5}$
HCOOH（甲酸）	1.8×10^{-4}
HAc（乙酸）	1.8×10^{-5}
$ClCH_2COOH$（氯乙酸）	1.4×10^{-3}
EDTA	$K_{a1}^\ominus=1.0\times10^{-2}$；$K_{a2}^\ominus=2.1\times10^{-3}$；$K_{a3}^\ominus=6.9\times10^{-7}$；$K_{a4}^\ominus=5.9\times10^{-11}$

表2　弱碱的解离常数（298.15K）

弱碱	$K_b^\ominus$
$NH_3\cdot H_2O$	1.8×10^{-5}
N_2H_4（联氨）	9.8×10^{-7}
NH_2OH（羟氨）	9.1×10^{-9}
CH_3NH_2（甲胺）	4.2×10^{-4}
$C_6H_5NH_2$（苯胺）	(4×10^{-10})
$(CH_2)_6N_4$（六次甲基四胺）	(1.4×10^{-9})

附录六　无限稀释溶液中离子的极限摩尔电导率(298 K)

阳离子	$10^4\Lambda_m^\infty/(S\cdot m^2\cdot mol^{-1})$	阴离子	$10^4\Lambda_m^\infty/(S\cdot m^2\cdot mol^{-1})$
H_3O^+	349.82	OH^-	199.0
Li^+	38.69	Cl^-	76.34
Na^+	50.11	Br^-	78.40
K^+	73.52	I^-	76.80
NH_4^+	73.40	NO_3^-	71.44
Ag^+	61.92	ClO_4^-	57.30
$\frac{1}{2}Mg^{2+}$	53.60	CH_3COO^-	40.7
$\frac{1}{2}Ca^{2+}$	59.50	$\frac{1}{2}SO_4^{2-}$	80.0
$\frac{1}{2}Ba^{2+}$	63.64	$\frac{1}{2}CO_3^{2-}$	69.80
$\frac{1}{3}Fe^{3+}$	68.0	$\frac{1}{2}C_2O_4^{2-}$	74.20

附录七　难溶电解质的溶度积常数

化学式	$K_{sp}^\ominus$	化学式	$K_{sp}^\ominus$
AgAc	1.9×10^{-3}	$BiONO_3$	4.1×10^{-5}
Ag_3AsO_4	1.0×10^{-22}	$CaCO_3$	4.9×10^{-9}
AgBr	5.3×10^{-13}	$CaC_2O_4\cdot H_2O$	2.3×10^{-9}
AgCl	1.8×10^{-10}	$CaCrO_4$	(7.1×10^{-4})
Ag_2CO_3	8.3×10^{-12}	CaF_2	1.5×10^{-10}
Ag_2CrO_4	1.1×10^{-12}	$Ca(OH)_2$	4.6×10^{-6}
AgCN	5.9×10^{-17}	$CaHPO_4$	1.8×10^{-7}
$Ag_2Cr_2O_7$	(2.0×10^{-7})	$Ca_3(PO_4)_2$(低温)	2.1×10^{-33}
$Ag_2C_2O_4$	5.3×10^{-12}	$CaSO_4$	7.1×10^{-5}
$AgIO_3$	3.1×10^{-8}	$Cd(OH)_2$(沉淀)	5.3×10^{-15}
AgI	8.3×10^{-17}	$Ce(OH)_3$	(1.6×10^{-20})
Ag_2MoO_4	2.8×10^{-12}	$Ce(OH)_4$	(2×10^{-28})
$AgNO_2$	3.0×10^{-5}	$Co(OH)_2$(陈)	2.3×10^{-16}
Ag_3PO_4	8.7×10^{-17}	$Co(OH)_3$	(1.6×10^{-44})
Ag_2SO_4	1.2×10^{-5}	$Cr(OH)_3$	(6.3×10^{-31})
Ag_2SO_3	1.5×10^{-14}	CuBr	6.9×10^{-9}
AgSCN	1.0×10^{-12}	CuCl	1.7×10^{-7}
$Al(OH)_3$(无定型)	(1.3×10^{-33})	CuCN	3.5×10^{-20}

续表

化学式	$K_{sp}^{\ominus}$	化学式	$K_{sp}^{\ominus}$
$AuCl$	(2.0×10^{-13})	CuI	1.2×10^{-12}
$AuCl_3$	(3.2×10^{-25})	$CuSCN$	1.8×10^{-13}
$BaCO_3$	2.6×10^{-9}	$CuCO_3$	(1.4×10^{-10})
$BaCrO_4$	1.2×10^{-10}	$Cu(OH)_2$	(2.2×10^{-20})
BaF_2	1.8×10^{-7}	$Cu_2P_2O_7$	7.6×10^{-16}
$Ba(NO_3)_2$	6.1×10^{-4}	$FeCO_3$	3.1×10^{-11}
$Ba_3(PO_4)_2$	(3.4×10^{-23})	$Fe(OH)_2$	4.86×10^{-17}
$BaSO_4$	1.1×10^{-10}	$Fe(OH)_3$	2.8×10^{-39}
$Be(OH)_2$	6.7×10^{-22}	HgI_2	2.8×10^{-29}
$Bi(OH)_3$	(4×10^{-31})	$HgCO_3$	3.7×10^{-17}
BiI_3	7.5×10^{-19}	$HgBr_2$	6.3×10^{-20}
$BiOBr$	6.7×10^{-9}	Hg_2Cl_2	1.4×10^{-18}
$BiOCl$	1.6×10^{-8}	Hg_2CrO_4	(2.0×10^{-9})
Hg_2I_2	5.3×10^{-29}	$PbBr_2$	6.6×10^{-6}
Hg_2SO_4	7.9×10^{-7}	$PbCl_2$	1.7×10^{-5}
$K_2[PtCl_6]$	7.5×10^{-6}	$PbCrO_4$	(2.8×10^{-13})
Li_2CO_3	8.1×10^{-4}	PbI_2	8.4×10^{-9}
LiF	1.8×10^{-3}	$Pb(N_3)_2$(斜方)	2.0×10^{-9}
Li_3PO_4	(3.2×10^{-9})	$PbSO_4$	1.8×10^{-8}
$MgCO_3$	6.8×10^{-6}	$Sn(OH)_2$	5.0×10^{-27}
MgF_2	7.4×10^{-11}	$Sn(OH)_4$	(1×10^{-56})
$Mg(OH)_2$	5.1×10^{-12}	$SrCO_3$	5.6×10^{-10}
$Mg_3(PO_4)_2$	1.0×10^{-24}	$SrCrO_4$	(2.2×10^{-5})
$MnCO_3$	2.2×10^{-11}	$SrSO_4$	3.4×10^{-7}
$Mn(OH)_2$(am)	2.1×10^{-13}	$TlCl$	1.9×10^{-4}
$NiCO_3$	1.4×10^{-7}	TlI	5.5×10^{-8}
$Ni(OH)_2$(新)	5.0×10^{-16}	$Tl(OH)_3$	1.5×10^{-44}
$Pb(OH)_2$	1.43×10^{-20}	$ZnCO_3$	1.2×10^{-10}
$PbCO_3$	1.5×10^{-13}	$Zn(OH)_2$	6.8×10^{-17}

附录八　标准电极电势(298.15 K)

电极反应	$E^{\ominus}$/V
氧化型+ze^- $\rightleftharpoons$ 还原型	
$Li^+(aq)+e^- \rightleftharpoons Li(s)$	−3.040
$Cs^+(aq)+e^- \rightleftharpoons Cs(s)$	−3.027
$Rb^+(aq)+e^- \rightleftharpoons Rb(s)$	−2.943
$K^+(aq)+e^- \rightleftharpoons K(s)$	−2.936
$Ra^{2+}(aq)+2e^- \rightleftharpoons Ra(s)$	−2.910
$Ba^{2+}(aq)+2e^- \rightleftharpoons Ba(s)$	−2.906

续表

电极反应 氧化型+ze⁻ ⇌ 还原型	$E^{\ominus}$/V
$Sr^{2+}(aq)+2e^- \rightleftharpoons Sr(s)$	−2.899
$Ca^{2+}(aq)+2e^- \rightleftharpoons Ca(s)$	−2.869
$Na^+(aq)+e^- \rightleftharpoons Na(s)$	−2.714
$La^{3+}(aq)+3e^- \rightleftharpoons La(s)$	−2.362
$Mg^{2+}(aq)+2e^- \rightleftharpoons Mg(s)$	−2.357
$Sc^{3+}(aq)+3e^- \rightleftharpoons Sc(s)$	−2.027
$Be^{2+}(aq)+2e^- \rightleftharpoons Be(s)$	−1.968
$Al^{3+}(aq)+3e^- \rightleftharpoons Al(s)$	−1.68
$[SiF_6]^{2-}(aq)+4e^- \rightleftharpoons Si(s)+6F^-(aq)$	−1.365
$Mn^{2+}(aq)+2e^- \rightleftharpoons Mn(s)$	−1.182
$SiO_2(am)+4H^+(aq)+4e^- \rightleftharpoons Si(s)+2H_2O$	−0.975 4
* $SO_4^{2-}(aq)+H_2O(l)+2e^- \rightleftharpoons SO_3^{2-}(aq)+2OH^-(aq)$	−0.936 2
* $Fe(OH)_2(s)+2e^- \rightleftharpoons Fe(s)+2OH^-(aq)$	−0.891 4
$H_3BO_3(s)+3H^++3e^- \rightleftharpoons B(s)+3H_2O(l)$	−0.889 4
$Zn^{2+}(aq)+2e^- \rightleftharpoons Zn(s)$	−0.762 1
$Cr^{3+}(aq)+3e^- \rightleftharpoons Cr(s)$	(−0.74)
* $FeCO_3(s)+2e^- \rightleftharpoons Fe(s)+CO_3^{2-}(aq)$	−0.719 6
$2CO_2(g)+2H^+(aq)+2e^- \rightleftharpoons H_2C_2O_4(aq)$	−0.595 0
* $2SO_3^{2-}(aq)+3H_2O(l)+4e^- \rightleftharpoons S_2O_3^{2-}(aq)+6OH^-(aq)$	−0.565 9
$Ca^{3+}(aq)+3e^- \rightleftharpoons Ga(s)$	−0.549 3
$Fe(OH)_3(s)+e^- \rightleftharpoons Fe(OH)_2(s)+OH^-(aq)$	−0.546 8
$Sb(s)+3H^+(aq)+3e^- \rightleftharpoons SbH_3(g)$	−0.510 4
$In^{3+}(aq)+2e^- \rightleftharpoons In^+(aq)$	−0.445
* $S(s)+2e^- \rightleftharpoons S^{2-}(aq)$	−0.445
$Cr^{3+}(aq)+e^- \rightleftharpoons Cr^{2+}(aq)$	(−0.41)
$Fe^{2+}(aq)+2e^- \rightleftharpoons Fe(s)$	−0.408 9
* $Ag(CN)_2^-(aq)+e^- \rightleftharpoons Ag(s)+2CN^-(aq)$	−0.407 3
$Cd^{2+}(aq)+2e^- \rightleftharpoons Cd(s)$	−0.402 2
$PbI_2+2e^- \rightleftharpoons Pb(s)+2I^-(aq)$	−0.365 3
* $Cu_2O(s)+H_2O(I)+2e^- \rightleftharpoons 2Cu(s)+2OH^-(aq)$	−0.355 7
$PbSO_4(s)+2e^- \rightleftharpoons Pb(s)+SO_4^{2-}(aq)$	−0.355 5
$In^{3+}(aq)+3e^- \rightleftharpoons In(s)$	−0.338
$Tl^++e^- \rightleftharpoons Tl(s)$	−0.335 8
$Co^{2+}(aq)+2e^- \rightleftharpoons Co(s)$	−0.282
$PbBr_2(s)+2e^- \rightleftharpoons Pb(s)+2Br^-(aq)$	−0.279 8
$PbCl_2(s)+2e^- \rightleftharpoons Pb(s)+2Cl^-(aq)$	−0.267 6
$As(s)+3H^+(aq)+3e^- \rightleftharpoons AsH_3(g)$	−0.238 1
$Ni^{2+}(aq)+2e^- \rightleftharpoons Ni(s)$	−0.236 3
$VO_2^+(aq)+4H^++5e^- \rightleftharpoons V(s)+2H_2O(l)$	−0.233 7

续表

电极反应 氧化型+ze^- ⇌ 还原型	$E^{\ominus}$/V
$N_2(g)+5H^+(aq)+4e^- \rightleftharpoons N_2H_5^+(aq)$	−0.213 8
$CuI(s)+e^- \rightleftharpoons Cu(s)+I^-(aq)$	−0.185 8
$AgCN(s)+e^- \rightleftharpoons Ag(s)+CN^-(aq)$	−0.160 6
$AgI(s)+e^- \rightleftharpoons Ag(s)+I^-(aq)$	−0.151 5
$Sn^{2+}(aq)+e^- \rightleftharpoons Sn(s)$	−0.141 0
$Pb^{2+}(aq)+e^- \rightleftharpoons Pb(s)$	−0.126 6
$In^+(aq)+e^- \rightleftharpoons In(s)$	−0.125
* $CrO_4^{2-}(aq)+2H_2O(l)+3e^- \rightleftharpoons CrO_2^-(aq)+4OH^-(aq)$	(−0.12)
$Se(s)+2H^+(aq)+2e^- \rightleftharpoons H_2Se(aq)$	−0.115 0
$WO_3(s)+6H^+(aq)+6e^- \rightleftharpoons W(s)+3H_2O(l)$	−0.090 9
* $2Cu(OH)_2(s)+2e^- \rightleftharpoons Cu_2O(s)+2OH^-(aq)+H_2O(l)$	(−0.08)
$MnO_2(s)+2H_2O(l)+2e^- \rightleftharpoons Mn(OH)_2(am)+2OH^-(aq)$	−0.051 4
$[HgI_4]^{2-}(aq)+2e^- \rightleftharpoons Hg(l)+4I^-(aq)$	−0.028 09
$2H^+(aq)+2e^- \rightleftharpoons H_2(g)$	0
* $NO_3^-(aq)+H_2O(l)+e^- \rightleftharpoons NO_2^-(aq)+2OH^-(aq)$	0.008 49
$S_4O_6^{2-}(aq)+2e^- \rightleftharpoons 2S_2O_3^{2-}(aq)$	0.023 84
$AgBr(s)+e^- \rightleftharpoons Ag(s)+Br^-(aq)$	0.073 17
$S(s)+2H^+(aq)+2e^- \rightleftharpoons H_2S(aq)$	0.144 2
$Sn^{4+}(aq)+2e^- \rightleftharpoons Sn^{2+}(aq)$	0.153 9
$SO_4^{2-}(aq)+4H^+(aq)+2e^- \rightleftharpoons H_2SO_3(aq)+H_2O(l)$	0.157 6
$Cu^{2+}(aq)+e^- \rightleftharpoons Cu^+(aq)$	0.160 7
$AgCl(a)+e^- \rightleftharpoons Ag(s)+Cl^-$	0.222 2
$[HgBr_4]^{2-}(aq)+2e^- \rightleftharpoons Hg(l)+4Br^-(aq)$	0.231 8
$HAsO_2(aq)+3H^+(aq)+3e^- \rightleftharpoons As(s)+2H_2O(l)$	0.247 3
$PbO_2(s)+H_2O(l)+2e^- \rightleftharpoons PbO(s,黄色)+2OH^-(aq)$	0.248 3
$Hg_2Cl_2(s)+2e^- \rightleftharpoons 2Hg(l)+2Cl^-(aq)$	0.268 0
$BiO^+(aq)+2H^+(aq)+3e^- \rightleftharpoons Bi(s)+H_2O(l)$	0.313 4
$Cu^{2+}(aq)+2e^- \rightleftharpoons Cu(s)$	0.339 4
* $Ag_2O(s)+H_2O(l)+2e^- \rightleftharpoons 2Ag(s)+2OH^-(aq)$	0.342 8
$[Fe(CN)_6]^{3-}(aq)+e^- \rightleftharpoons [Fe(CN)_6]^{4-}(aq)$	0.355 7
$[Ag(NH_3)_2]^+(aq)+e^- \rightleftharpoons Ag(s)+2NH_3(aq)$	0.371 9
* $ClO_4^-(aq)+H_2O(l)+2e^- \rightleftharpoons ClO_3^-(aq)+2OH^-(aq)$	0.397 9
* $O_2(g)+2H_2O(l)+4e^- \rightleftharpoons 4OH^-(aq)$	0.400 9
$2H_2SO_3(aq)+2H^+(aq)+4e^- \rightleftharpoons S_2O_3^{2-}(aq)+3H_2O(l)$	0.410 1
$Ag_2CrO_4(s)+2e^- \rightleftharpoons 2Ag(s)+CrO_4^{2-}(aq)$	0.445 6
$2BrO^-(aq)+2H_2O(l)+2e^- \rightleftharpoons Br_2(l)+4OH^-(aq)$	0.455 6
$H_2SO_3(aq)+4H^+(aq)+4e^- \rightleftharpoons S(s)+3H_2O(l)$	0.449 7
$Cu^+(aq)+e^- \rightleftharpoons Cu(s)$	0.518 0
$TeO_2(s)+4H^+(aq)+4e^- \rightleftharpoons Te(s)+2H_2O(l)$	0.528 5

续表

电极反应 氧化型$+ze^- \rightleftharpoons$还原型	$E^{\ominus}/V$
$I_2(s)+2e^- \rightleftharpoons 2I^-(aq)$	0.534 5
$MnO_4^-(aq)+e^- \rightleftharpoons MnO_4^{2-}(aq)$	0.554 5
$H_3AsO_4(aq)+2H^+(aq)+2e^- \rightleftharpoons H_3AsO_3(aq)+H_2O(l)$	0.574 8
* $MnO_4^-(aq)+2H_2O(l)+3e^- \rightleftharpoons MnO_2(s)+4OH^-(aq)$	0.596 5
* $BrO_3^-(aq)+3H_2O(l)+6e^- \rightleftharpoons Br^-(aq)+6OH^-(aq)$	0.612 6
* $MnO_4^{2-}(aq)+2H_2O(l)+2e^- \rightleftharpoons MnO_2(s)+4OH^-(aq)$	0.617 5
$2HgCl_2(aq)+2e^- \rightleftharpoons Hg_2Cl_2(s)+2Cl^-(aq)$	0.657 1
* $ClO_2^-(aq)+H_2O(l)+2e^- \rightleftharpoons ClO^-(aq)+2OH^-(aq)$	0.680 7
$O_2(g)+2H^+(aq)+2e^- \rightleftharpoons H_2O_2(aq)$	0.694 5
$Fe^{3+}(aq)+e^- \rightleftharpoons Fe^{2+}(aq)$	0.769
$Hg_2^{2+}(aq)+2e^- \rightleftharpoons 2Hg(l)$	0.795 6
$NO_3^-(aq)+2H^+(aq)+e^- \rightleftharpoons NO_2(g)+H_2O(l)$	0.798 9
$Ag^+(aq)+e^- \rightleftharpoons Ag(s)$	0.799 1
$[PtCl_4]^{2-}(aq)+2e^- \rightleftharpoons Pt(s)+4Cl^-(aq)$	0.847 3
$Hg^{2+}(aq)+2e^- \rightleftharpoons Hg(l)$	0.851 9
* $HO_2^-(aq)+H_2O(l)+2e^- \rightleftharpoons 3OH^-(aq)$	0.867 0
* $ClO^-(aq)+H_2O(l)+2e^- \rightleftharpoons Cl^-(aq)+2OH^-$	0.890 2
$2Hg^{2+}(aq)+2e^- \rightleftharpoons Hg_2^{2+}(aq)$	0.908 3
$NO_3^-(aq)+3H^+(aq)+2e^- \rightleftharpoons HNO_2(aq)+H_2O(l)$	0.927 5
$NO_3^-(aq)+4H^+(aq)+3e^- \rightleftharpoons NO(g)+2H_2O(l)$	0.963 7
$HNO_2(aq)+H^+(aq)+e^- \rightleftharpoons NO(g)+H_2O(l)$	1.04
$NO_2(g)+H^+(aq)+e^- \rightleftharpoons HNO_2(aq)$	1.056
* $ClO_2(aq)+e^- \rightleftharpoons ClO_2^-(aq)$	1.066
$Br_2(l)+2e^- \rightleftharpoons 2Br^-(aq)$	1.077 4
$ClO_3^-(aq)+3H^+(aq)+2e^- \rightleftharpoons HClO_2(aq)+H_2O(l)$	1.157
$ClO_2(aq)+H^+(aq)+e^- \rightleftharpoons HClO_2(aq)$	1.184
$2IO_3^-(aq)+12H^+(aq)+10e^- \rightleftharpoons I_2(s)+6H_2O(l)$	1.209
$ClO_4^-(aq)+2H^+(aq)+2e^- \rightleftharpoons ClO_3^-(aq)+H_2O(l)$	1.226
$O_2(g)+4H^+(aq)+4e^- \rightleftharpoons 2H_2O(l)$	1.229
$MnO_2(s)+4H^+(aq)+2e^- \rightleftharpoons Mn^{2+}(aq)+2H_2O(l)$	1.229 3
* $O_3(g)+H_2O(l)+2e^- \rightleftharpoons O_2(g)+2OH^-(aq)$	1.247
$Tl^{3+}(aq)+2e^- \rightleftharpoons Tl^+(aq)$	1.280
$2HNO_2(aq)+4H^+(aq)+4e^- \rightleftharpoons N_2O(g)+3H_2O(l)$	1.311
$Cr_2O_7^{2-}(aq)+14H^+(aq)+6e^- \rightleftharpoons 2Cr^{3+}(aq)+7H_2O(l)$	(1.33)
$Cl_2(g)+2e^- \rightleftharpoons 2Cl^-(aq)$	1.360
$2HIO(aq)+2H^+(aq)+2e^- \rightleftharpoons I_2(s)+2H_2O(l)$	1.431
$PbO_2(s)+4H^+(aq)+2e^- \rightleftharpoons Pb^{2+}(aq)+2H_2O(l)$	1.458
$Au^{3+}(aq)+3e^- \rightleftharpoons Au(s)$	(1.50)
$Mn^{3+}(aq)+e^- \rightleftharpoons Mn^{2+}(aq)$	(1.51)

续表

电极反应 氧化型$+ze^-$ ⇌ 还原型	$E^{\ominus}$/V
$MnO_4^-(aq)+8H^+(aq)+5e^- \rightleftharpoons Mn^{2+}(aq)+4H_2O(l)$	1.512
$2BrO_3^-(aq)+12H^+(aq)+10e^- \rightleftharpoons Br_2(l)+6H_2O(l)$	1.513
$Cu^{2+}(aq)+2CN^-(aq)+e^- \rightleftharpoons Cu(CN)_2^-(aq)$	1.580
$H_5IO_6(aq)+H^+(aq)+2e^- \rightleftharpoons IO_3^-(aq)+3H_2O(l)$	(1.60)
$2HBrO(aq)+2H^+(aq)+2e^- \rightleftharpoons Br_2(l)+2H_2O(l)$	1.604
$2HClO(aq)+2H^+(aq)+2e^- \rightleftharpoons Cl_2(g)+2H_2O(l)$	1.630
$HClO_2(aq)+2H^+(aq)+2e^- \rightleftharpoons HClO(aq)+H_2O(l)$	1.673
$Au^+(aq)+e^- \rightleftharpoons Au(s)$	(1.68)
$MnO_4^-(aq)+4H^+(aq)+3e^- \rightleftharpoons MnO_2(s)+2H_2O(l)$	1.700
$H_2O_2(aq)+2H^+(aq)+2e^- \rightleftharpoons 2H_2O(l)$	1.763
$S_2O_8^{2-}(aq)+2e^- \rightleftharpoons 2SO_4^{2-}(aq)$	1.939
$Co^{3+}(aq)+e^- \rightleftharpoons Co^{2+}(aq)$	1.95
$Ag^{2+}(aq)+e^- \rightleftharpoons Ag^+(aq)$	1.989
$O_3(g)+2H^+(aq)+2e^- \rightleftharpoons O_2(g)+H_2O(l)$	2.075
$F_2(g)+2e^- \rightleftharpoons 2F^-(aq)$	2.889
$F_2(g)+2H^+(aq)+2e^- \rightleftharpoons 2HF(aq)$	3.076

注：（1）附录七和附录八中的数据是根据刘天和，赵梦月．NBS化学热力学性质表：SI的单位表示的无机物质和C_1与C_2有机物质选择值［M］．北京：中国标准出版社，1998．中的数据计算得来的。

（2）附录七和附录八中括号中的数据取自于Dean J A，Ed. Lange's handbook of chemistry［M］. 13th ed. New York：McGraw-Hill Book Company，1985.

附录九　配离子的标准稳定常数（298.15 K）

配离子	$K_f^{\ominus}$	配离子	$K_f^{\ominus}$
$AgCl_2^-$	1.84×10^5	$Cd(CN)_4^{2-}$	1.95×10^{18}
$AgBr_2^-$	1.93×10^7	$Cd(OH)_4^{2-}$	1.20×10^9
AgI_2^-	4.80×10^{10}	$CdBr_4^{2-}$	(5.0×10^3)
$Ag(NH_3)^+$	2.07×10^3	$CdCl_4^{2-}$	(6.3×10^2)
$Ag(NH_3)_2^+$	1.67×10^7	CdI_4^{2-}	4.05×10^5
$Ag(CN)_2^-$	2.48×10^{20}	$Cd(en)_3^{2+}$	(1.2×10^{12})
$Ag(SCN)_2^-$	2.04×10^8	$Cd(EDTA)^{2-}$	(2.5×10^{16})
$Ag(S_2O_3)_2^{3-}$	(2.9×10^{13})	$Co(NH_3)_4^{2+}$	1.16×10^5
$Ag(en)_2^+$	(5.0×10^7)	$Co(NH_3)_6^{2+}$	1.3×10^5
$Ag(EDTA)^{3-}$	(2.1×10^7)	$Co(NH_3)_6^{3+}$	(1.6×10^{35})
$Al(OH)_4^-$	3.31×10^{33}	$Co(NCS)_4^{2-}$	(1.0×10^3)
AlF_6^{3-}	(6.9×10^{19})	$Co(EDTA)^{2-}$	(2.0×10^{16})
$Al(EDTA)^-$	(1.3×10^{16})	$Co(EDTA)^-$	(1×10^{36})
$Ba(EDTA)^{2-}$	(6.0×10^7)	$Cr(OH)_4^-$	(7.8×10^{29})

续表

配离子	$K_f^\ominus$	配离子	$K_f^\ominus$
$Be(EDTA)^{2-}$	(2×10^{9})	$Cr(EDTA)^{-}$	(1.0×10^{23})
$BiCl_4^-$	7.96×10^{6}	$CuCl_2^-$	6.91×10^{4}
$BiCl_6^{3-}$	2.45×10^{7}	$CuCl_3^{2-}$	4.55×10^{5}
$BiBr_4^-$	5.92×10^{7}	CuI_2^-	(7.1×10^{8})
BiI_4^-	8.88×10^{14}	$Cu(SO_3)_2^{3-}$	4.13×10^{8}
$Bi(EDTA)^{-}$	(6.3×10^{22})	$Cu(NH_3)_4^{2+}$	2.30×10^{12}
$Ca(EDTA)^{2-}$	(1×10^{11})	$Cu(P_2O_7)_2^{6-}$	8.24×10^{8}
$Cd(NH_3)_4^{2+}$	2.78×10^{7}	$Cu(C_2O_4)_2^{2-}$	2.35×10^{9}
$Cu(CN)_2^-$	9.98×10^{23}	$Ni(N_2H_4)_6^{2+}$	1.04×10^{12}
$Cu(CN)_3^{2-}$	4.21×10^{28}	$Ni(en)_3^{2+}$	2.1×10^{18}
$Cu(CN)_4^{3-}$	2.03×10^{30}	$Ni(EDTA)^{2-}$	(3.6×10^{18})
$Cu(CNS)_4^{3-}$	8.66×10^{9}	$Pb(OH)_3^-$	8.27×10^{13}
$Cu(EDTA)^{2-}$	(5.0×10^{18})	$PbCl_3^-$	27.2
FeF^{2+}	7.1×10^{6}	$PbBr_3^-$	15.5
FeF_2^{2+}	3.8×10^{11}	PbI_3^-	2.67×10^{3}
$Fe(CN)_6^{3-}$	4.1×10^{52}	PbI_4^{2-}	1.66×10^{4}
$Fe(CN)_6^{4-}$	4.2×10^{45}	$Pb(CH_3CO_2)^{+}$	152.4
$Fe(NCS)^{2+}$	9.1×10^{2}	$Pb(CH_3CO_2)_2$	826.3
$FeBr^{2+}$	4.17	$Pb(EDTA)^{2-}$	(2×10^{18})
$FeCl^{2+}$	24.9	$PbCl_3^-$	2.10×10^{10}
$Fe(C_2O_4)_3^{3-}$	(1.6×10^{20})	$PdBr_4^{2-}$	6.05×10^{13}
$Fe(C_2O_4)_3^{4-}$	1.7×10^{5}	PdI_4^{2-}	4.36×10^{22}
$Fe(EDTA)^{2-}$	(2.1×10^{14})	$Pd(NH_3)_4^{2+}$	3.10×10^{25}
$Fe(EDTA)^{-}$	(1.7×10^{24})	$Pd(CN)_4^{2-}$	5.20×10^{41}
$HgCl^{+}$	5.73×10^{6}	$Pd(CNS)_4^{2-}$	9.43×10^{23}
$HgCl_2$	1.46×10^{13}	$Pd(EDTA)^{2-}$	(3.2×10^{18})
$HgCl_3^-$	9.6×10^{13}	$PtCl_4^{2-}$	9.86×10^{15}
$HgCl_4^{2-}$	1.31×10^{15}	$PtBr_4^{2-}$	6.47×10^{17}
$HgBr_4^{2-}$	9.22×10^{20}	$Pt(NH_3)_4^{2+}$	2.18×10^{35}
HgI_4^{2-}	5.66×10^{29}	$Sc(EDTA)^{-}$	1.3×10^{23}
$Hg(NH_3)_4^{2+}$	1.95×10^{19}	$Zn(OH)_3^-$	1.64×10^{13}
$Hg(CN)_4^{2-}$	1.82×10^{41}	$Zn(OH)_4^{2-}$	2.83×10^{14}
HgS_2^{2-}	3.36×10^{51}	$Zn(NH_3)_4^{2+}$	3.60×10^{8}
$Hg(CNS)_4^{2-}$	4.98×10^{21}	$Zn(CN)_4^{2-}$	5.71×10^{16}
$Hg(EDTA)^{2-}$	(6.3×10^{21})	$Zn(CNS)_4^{2-}$	19.6
$Ni(NH_3)_6^{2+}$	8.97×10^{8}	$Zn(C_2O_4)_2^{2-}$	2.96×10^{7}
$Ni(CN)_4^{2-}$	1.31×10^{30}	$Zn(EDTA)^{2-}$	(2.5×10^{16})

附录十　常见沉淀物的pH

表1　金属氢氧化物沉淀的pH

氢氧化物	pH				
	开始沉淀		沉淀完全(残留离子浓度< 10^{-5} mol·dm^{-3})	沉淀开始溶解	沉淀完全溶解
	离子初始浓度/(1 mol·dm^{-3})	离子初始浓度/(0.01 mol·dm^{-3})			
$Sn(OH)_4$	0	0.5	1	13	15
$TiO(OH)_2$	0	0.5	2.0	—	—
$Sn(OH)_2$	0.9	2.1	4.7	10	13.5
$ZrO(OH)_2$	1.3	2.25	3.75	—	—
HgO	1.3	2.4	5.0	11.5	—
$Fe(OH)_3$	1.5	2.3	4.1	14	—
$Al(OH)_2$	3.3	4.0	5.2	7.8	10.8
$Cr(OH)_3$	4.0	4.9	6.8	12	15
$Be(OH)_3$	5.2	6.2	8.8	—	—
$Zn(OH)_2$	5.4	6.4	8.0	10.5	12~13
Ag_2O	6.2	8.2	11.2	12.7	—
$Fe(OH)_2$	6.5	7.5	9.7	13.5	—
$Co(OH)_2$	6.6	7.6	9.2	14.1	—
$Ni(OH)_2$	6.7	7.7	9.5	—	—
$Cd(OH)_2$	7.2	8.2	9.7	—	—
$Mn(OH)_2$	7.8	8.8	10.4	14	—
$Mg(OH)_2$	9.4	10.4	12.4	—	—
$Pb(OH)_2$		7.2	8.7	10	13
$Ce(OH)_4$		0.8	1.2	—	—
$Th(OH)_4$		0.5	—	—	—
$Tl(OH)_3$		~0.6	~1.6	—	—
H_2WO_4		~0	~0	—	~8
H_2MoO_4		—	—	~8	~9
稀土		6.8~8.5	~9.5	—	—
H_2UO_4		3.6	5.1	—	—

表 2　沉淀金属硫化物的 pH

pH	被 H_2S 沉淀的金属
1	铜组：Cu、Ag、Hg、Pb、Bi、Cd 砷组：As、Au、Pt、Sb、Se、M
2~3	Zn、Ti
5~6	Co、Ni
>7	Mn、Fe

表 3　在溶液中硫化物沉淀时盐酸最高浓度

硫化物	Ag_2S	HgS	CuS	Sb_2S_3	Bi_2S_3	SnS_2	CdS
盐酸浓度/($mol \cdot dm^{-3}$)	12	7.5	7.0	3.7	2.5	2.3	0.7
硫化物	PbS	SnS	ZnS	CoS	NiS	FeS	MnS
盐酸浓度/($mol \cdot dm^{-3}$)	0.35	0.30	0.02	0.001	0.001	0.000 1	0.000 08

附录十一　无机物在不同温度下的溶解度

单位：$g \cdot (100g\ H_2O)^{-1}$

化学式	273 K	283 K	293 K	303 K	313 K	323 K	333 K	343 K	353 K	363 K	373 K
AgBr	—	—	8.4×10^{-6}	—	—	—	—	—	—	—	3.7×10^{-4}
$AgC_2H_3O_2$	0.73	0.89	1.05	1.23	1.43	1.64	1.93	2.18	2.59	—	—
AgCl	—	8.9×10^{-5}	1.5×10^{-4}	—	—	5×10^{-4}	—	—	—	—	2.1×10^{-3}
AgCN	—	—	2.2×10^{-5}	—	—	—	—	—	—	—	—
Ag_2CO_3	—	—	3.2×10^{-3}	—	—	—	—	—	—	—	5×10^{-2}
Ag_2CrO_4	1.4×10^{-3}	—	—	3.6×10^{-3}	—	5.3×10^{-3}	—	8×10^{-3}	—	—	1.1×10^{-2}
AgI	—	—	—	3×10^{-7}	—	—	3×10^{-6}	—	—	—	—
$AgIO_3$	—	3×10^{-3}	4×10^{-3}	—	—	—	1.8×10^{-2}	—	—	—	—
$AgNO_2$	0.16	0.22	0.34	0.51	0.73	0.995	1.39	—	—	—	—
$AgNO_3$	122	167	216	265	311	—	440	—	585	652	733
Ag_2SO_4	0.57	0.7	0.8	0.89	0.98	1.08	1.15	1.22	1.3	1.36	1.41
$AlCl_3$	43.9	44.9	45.8	46.6	47.3	—	48.1	—	48.6	—	49
AlF_3	0.56	0.56	0.67	0.78	0.91	—	1.1	—	1.32	—	1.72
$Al(NO_3)_3$	60	66.7	73.9	81.8	88.7	—	106	—	132	153	160
$Al_2(SO_4)_3$	31.2	33.5	36.4	40.4	45.8	52.2	59.2	66.1	73	80.8	89
As_2O_5	59.5	62.1	65.8	69.8	71.2	—	73	—	75.1	—	76.7
As_2S_5	—	—	5.17×10^{-5} (291)	—	—	—	—	—	—	—	—
B_2O_3	1.1	1.5	2.2	—	4	—	6.2	—	9.5	—	15.7

续表

化学式	273 K	283 K	293 K	303 K	313 K	323 K	333 K	343 K	353 K	363 K	373 K
$BaCl_2\cdot 2H_2O$	31.2	33.5	35.8	38.1	40.8	43.6	46.2	49.4	52.5	55.8	59.4
$BaCO_3$	—	1.6×10^{-3} (281)	2.2×10^{-3} (291)	2.4×10^{-3} (297)	—	—	—	—	—	—	6.5×10^{-3}
BaC_2O_4	—	—	9.3×10^{-3} (291)	—	—	—	—	—	—	—	2.28×10^{-2}
$BaCrO_4$	2.0×10^{-4}	2.8×10^{-4}	3.7×10^{-4}	4.6×10^{-4}	—	—	—	—	—	—	—
$Ba(NO_3)_2$	4.95	6.67	9.02	11.48	14.1	17.1	20.4	—	27.2	—	34.4
$Ba(OH)_2$	1.67	2.48	3.89	5.59	8.22	13.12	20.94	—	101.4	—	—
$BaSO_4$	1.15×10^{-4}	2.0×10^{-4}	2.4×10^{-4}	2.85×10^{-4}	—	3.36×10^{-4}	—	—	—	—	4.13×10^{-4}
$BeSO_4$	37	37.6	39.1	41.4	45.8	—	53.1	—	67.2	—	82.8
Br_2	4.22	3.4	3.2	3.13	—	—	—	—	—	—	—
Bi_2S_3	—	—	1.8×10^{-5} (291)	—	—	—	—	—	—	—	—
$CaBr_2\cdot 6H_2O$	125	132	143	185(307)	213	—	278	—	295	—	312(378)
$Ca(H_2C_3O_2)_2\cdot 2H_2O$	37.4	36	34.7	33.8	33.2	—	32.7	—	33.5	—	—
$CaCl_2\cdot 6H_2O$	59.5	64.7	74.5	100	128	—	137	—	147	154	159
CaC_2O_4	—	6.7×10^{-4} (13)	6.8×10^{-4} (298)	—	—	9.5×10^{-4}	—	—	—	14×10^{-4} (368)	—
CaF_2	1.3×10^{-3}	—	1.6×10^{-3} (298)	—	—	—	—	—	—	—	—
$Ca(HCO_3)_2$	16.15	—	16.6	—	17.05	—	17.5	—	17.95	—	18.4
CaI_2	64.6	66	67.6	69	70.8	—	74	—	78	—	81
$Ca(IO_3)_2\cdot 6H_2O$	0.09	0.17	0.24	0.38	0.52	—	0.65	—	0.66	0.67	—
$Ca(NO_2)_2\cdot 4H_2O$	63.9	—	84.5 (291)	104	—	—	134	—	151	166	178
$Ca(NO_3)_2\cdot 4H_2O$	102	115	129	152	191	—	—	—	358	—	363
$Ca(OH)_2$	0.189	0.182	0.173	0.16	0.141	0.128	0.121	0.106	0.094	0.086	0.076
$CaSO_4\cdot 1/2H_2O$	—	—	0.32	0.29 (298)	0.26 (308)	0.21 (318)	0.145 (338)	0.12 (348)	—	—	0.071
$CdCl_2\cdot 2.5H_2O$	90	100	113	132	—	—	—	—	—	—	—
$CdCl_2\cdot H_2O$	—	135	135	135	135	—	136	—	140	—	147

续表

化学式	273 K	283 K	293 K	303 K	313 K	323 K	333 K	343 K	353 K	363 K	373 K
$CoCl_2$	43.5	47.7	52.9	59.7	69.5	—	93.8	—	97.6	101	106
$Co(NO_3)_2$	84	89.6	97.4	111	125	—	174	—	204	300	—
$CoSO_4$	25.5	30.5	36.1	42	48.8	—	55	—	53.8	45.3	38.9
$CoSO_4 \cdot 7H_2O$	44.8	56.3	65.4	73	88.1	—	101	—	—	—	—
CrO_3	164.9	—	167.2	—	172.5	183.9	—	—	191.6	217.5	206.8
CsCl	161	175	187	197	208	218.5	230	239.5	250	260	271
CsOH	—	—	395.5 (288)	—	—	—	—	—	—	—	—
$CuCl_2$	68.6	70.9	73	77.3	87.6	—	96.5	—	104	108	120
CuI_2	—	—	1.107	—	—	—	—	—	—	—	—
$Cu(NO_3)_2$	83.5	100	125	156	163	—	182	—	208	222	247
$CuSO_4 \cdot 5H_2O$	23.1	27.5	32	37.8	44.6	—	61.8	—	83.8	—	114
$FeCl_2$	49.7	59	62.5	66.7	70	—	78.3	—	88.7	92.3	94.9
$FeCl_3 \cdot 6H_2O$	74.4	81.9	91.8	106.8	—	315.1	—	—	525.8	—	535.7
$Fe(NO_3)_2 \cdot 6H_2O$	113	134	—	—	—	—	266	—	—	—	—
$FeSO_4 \cdot 7H_2O$	28.8	40	48	60	73.3	—	100.7	—	79.9	68.3	57.8
H_3BO_3	2.67	3.72	5.04	6.72	8.72	11.54	14.81	18.62	23.62	30.38	40.25
$H_2C_2O_4$	3.54	6.08	9.52	14.23	21.52	—	44.32	—	84.5	125	—
Hg_2Br_2	—	—	4×10^{-6} (299)	—	—	—	—	—	—	—	—
$HgBr_2$	0.3	0.4	0.56	0.66	0.91	—	1.68	—	2.77	—	4.9
Hg_2Cl_2	1.4×10^{-4}	—	2×10^{-4}	—	7×10^{-4}	—	—	—	—	—	—
$HgCl_2$	3.63	4.82	6.57	8.34	10.2	—	16.3	—	30	—	61.3
I_2	0.014	0.02	0.029	0.039	0.052	0.078	0.1	—	0.225	0.315	0.445
KBr	53.5	59.5	65.3	70.7	75.4	80.2	85.5	90	95	99.2	104
$KBrO_3$	3.09	4.72	6.91	9.64	13.1	17.5	22.7	—	34.1	—	49.9
$KC_2H_3O_2$	216	233	256	283	324	—	350	—	381	398	—
$K_2C_2O_4$	25.5	31.9	36.4	39.9	43.8	—	53.2	—	63.6	69.2	75.3
KCl	28	31.2	34.2	37.2	40.1	42.6	45.8	48.3	51.3	54	56.3
$KClO_3$	3.3	5.2	7.3	10.1	13.9	19.3	23.8	—	37.6	46	56.3

续表

化学式	273 K	283 K	293 K	303 K	313 K	323 K	333 K	343 K	353 K	363 K	373 K
$KClO_4$	0.76	1.06	1.68	2.56	3.73	6.5	7.3	11.8	13.4	17.7	22.3
KSCN	177	198	224	255	289	—	372	—	492	571	675
K_2CO_3	105	108	111	114	117	121.2	127	133.1	140	148	156
K_2CrO_4	56.3	60	63.7	66.7	67.8	—	70.1	70.4	72.1	74.5	75.6
$K_2Cr_2O_7$	4.7	7	12.3	18.1	26.3	34	45.6	52	73	—	80
$K_3Fe(CN)_6$	30.2	38	46	53	59.3	—	70	—	—	—	91
$K_4Fe(CN)_6$	14.3	21.1	28.2	35.1	41.4	—	54.8	—	66.9	71.5	74.2
$KHCO_3$	22.5	27.4	33.7	39.9	47.5	—	65.6	—	—	—	—
$KHSO_4$	36.2	—	48.6	54.3	61	—	76.4	—	96.1	—	122
KI	128	136	144	153	162	168	176	184	192	198	208
KIO_3	4.6	6.27	8.08	10.03	12.6	—	18.3	—	24.8	—	32.3
$KMnO_4$	2.83	4.31	6.34	9.03	12.6	16.98	22.1	—	—	—	—
KNO_2	279	292	306	320	329	—	348	—	376	390	410
KNO_3	13.9	21.2	31.6	45.3	61.3	85.5	106	138	167	203	245
KOH	95.7	103	112	126	134	140	154	—	—	—	178
K_2PtCl_6	0.48	0.6	0.78	1	1.36	2.17	2.45	3.19	3.71	4.45	5.03
K_2SO_4	7.4	9.3	11.1	13	14.8	16.5	18.2	19.75	21.4	22.9	24.1
$K_2S_2O_8$	1.65	2.67	4.7	7.75	11	—	—	—	—	—	—
$KAl(SO_4)_2$	3	3.99	5.9	8.39	11.7	17	24.8	40	71	109	—
LiCl	69.2	74.5	83.5	86.2	89.8	97	98.4	—	112	121	128
Li_2CO_3	1.54	1.43	1.33	1.26	1.17	1.08	1.01	—	0.85	—	0.72
LiF	—	—	0.27 (18)	—	—	—	—	—	—	—	—
LiOH	11.91	12.11	12.35	12.7	13.22	13.3	14.63	—	16.56	—	19.12
Li_3PO_4	—	—	0.039 (291)	—	—	—	—	—	—	—	—
$MgBr_2$	98	99	101	104	106	—	112	—	113.7	—	125
$MgCl_2$	52.9	53.6	54.6	55.8	57.5	—	61	—	66.1	69.5	73.3
MgI_2	120	—	140	—	173	—	—	—	186	—	—
$Mg(NO_3)_2$	62.1	66	69.5	73.6	78.9	—	78.9	—	91.6	106	—
$Mg(OH)_2$	—	—	9×10^{-4} (291)	—	—	—	—	—	—	—	4×10^{-3}
$MgSO_4$	22	28.2	33.7	38.9	44.5	—	54.6	—	55.8	52.9	50.4
$MnCl_2$	63.4	68.1	73.9	80.8	88.5	98.15	109	—	113	114	115

续表

化学式	273 K	283 K	293 K	303 K	313 K	323 K	333 K	343 K	353 K	363 K	373 K
$Mn(NO_3)_2$	102	118	139	206	—	—	—	—	—	—	—
MnC_2O_4	0.02	0.024	0.028	0.033	—	—	—	—	—	—	—
$MnSO_4$	52.9	59.7	62.9	62.9	60	—	53.6	—	45.6	40.9	35.3
NH_4Br	60.5	68.1	76.4	83.2	91.2	99.2	108	116.8	125	135	145
NH_4SCN	120	144	170	208	234	—	346	—	—	—	—
$(NH_4)_2C_2O_4$	2.2	3.21	4.45	6.09	8.18	10.3	14	—	22.4	27.9	34.7
NH_4Cl	29.4	33.3	37.2	41.4	45.8	50.4	55.3	60.2	65.6	71.2	77.3
NH_4ClO_4	12	16.4	21.7	27.7	34.6	—	49.9	—	68.9	—	—
$(NH_4)_2 \cdot Co(SO_4)_2$	6	9.5	13	17	22	27	33.5	40	49	58	75.1
$(NH_4)_2CrO_4$	25	29.2	34	39.3	45.3	—	59	—	76.1	—	—
$(NH_4)_2Cr_2O_7$	18.2	25.5	35.6	46.5	58.5	—	86	—	115	—	156
$(NH_4)_2 \cdot Cr(SO_4)_2$	3.95	—	10.78 (298)	18.8	32.6	—	—	—	—	—	—
$(NH_4)_2 \cdot Fe(SO_4)_2 6H_2O$	17.8	18.1	21.2	24.5	—	31.3	—	38.5	—	—	—
NH_4HCO_3	11.9	16.1	21.7	28.4	36.6	—	59.2	—	109	170	354
$NH_4H_2PO_4$	22.7	29.5	37.4	46.4	56.7	—	82.5	—	118	—	173
$(NH_4)_2HPO_4$	42.9	62.9	68.9	75.1	81.8	—	97.2	—	—	—	—
NH_4I	155	163	172	182	191	199.6	209	218.7	229	—	250
NH_4MgPO_4	0.023 1	—	0.052	—	0.036	0.03	0.04	0.016	0.019	—	0.019 5
NH_4NO_3	118.3	—	192	241.8	297	344	421	499	580	740	871
$(NH_4)_2PtCl_6$	0.289	0.374	0.499	0.637	0.815	—	1.44	—	2.16	2.61	3.36
$(NH_4)_2SO_4$	70.6	73	75.4	78	81	84.5	88	91.9	95.3	98	103
$(NH_4)Al(SO_4)_2$	2.1	5	7.74	10.9	14.9	20.1	26.7	—	—	—	—
$(NH_4)_2S_2O_8$	58.2	—	—	—	—	—	—	—	—	—	—
$(NH_4)_3SbS_4$	71.2	—	91.2	120	—	—	—	—	—	—	—
$(NH_4)_2SeO_4$	—	117 (7)	—	—	—	—	—	—	—	—	197
NH_4VO_3	—	—	0.48	0.84	1.32	1.78	2.42	3.05	—	—	—
$Na_2B_4O_7$	1.11	1.6	2.56	3.86	6.67	10.5	19	24.4	31.4	41	52.5
$NaBr$	80.2	85.2	90.8	98.4	107	116	118	—	120	121	121
$NaBrO_3$	24.2	30.3	36.4	42.6	48.8	—	62.6	—	75.7	—	90.8
$NaC_2H_3O_2$	36.2	40.8	46.4	54.6	65.6	83	139	146	153	161	170

续表

化学式	273 K	283 K	293 K	303 K	313 K	323 K	333 K	343 K	353 K	363 K	373 K
$Na_2C_2O_4$	2.69	3.05	3.41	3.81	4.18	—	4.93	—	5.71	—	6.5
$NaCl$	35.7	35.8	35.9	36.1	36.4	37	37.1	37.8	38	38.5	39.2
$NaClO_3$	79.6	87.6	95.9	105	115	—	137	—	167	184	204
Na_2CO_3	7	12.5	21.5	39.7	49	—	46	—	43.9	43.9	—
Na_2CrO_4	31.7	50.1	84	88	96	104	115	123	125	—	126
$Na_2Cr_2O_7$	163	172	183	198	215	244.8	269	316.7	376	405	415
$Na_4Fe(CN)_6$	11.2	14.8	18.8	23.8	29.9	—	43.7	—	62.1	—	—
$NaHCO_3$	7	8.1	9.6	11.1	12.7	14.45	16	—	—	—	—
NaH_2PO_4	56.5	69.8	86.9	107	133	157	172	190.3	211	234	—
Na_2HPO_4	1.68	3.53	7.83	22	55.3	80.2	82.8	88.1	92.3	102	104
NaI	159	167	178	191	205	227.8	257	294	295	—	302
$NaIO_3$	2.48	2.59	8.08	10.7	13.3	—	19.8	—	26.6	29.5	33
$NaNO_3$	73	80.8	87.6	94.9	102	104.1	122	—	148	—	180
$NaNO_2$	71.2	75.1	80.8	87.6	94.9	—	111	—	133	—	160
$NaOH$	—	98	109	119	129	—	174	—	—	—	—
Na_3PO_4	4.5	8.2	12.1	16.3	20.2	—	29.9	—	60	68.1	77
$Na_4P_2O_7$	3.16	3.95	6.23	9.95	13.5	17.45	21.83	—	30.04	—	40.26
Na_2S	9.6	12.1	15.7	20.5	26.6	36.4	39.1	43.31	55	65.3	—
$NaSb(OH)_6$	—	0.03 (285.2)	—	—	—	—	—	—	—	—	0.3
Na_2SO_3	14.4	19.5	26.3	35.5	37.2	—	32.6	—	29.4	27.9	—
Na_2SO_4	4.9	9.1	19.5	40.8	48.8	46.7	45.3	—	43.7	42.7	42.5
$Na_2SO_4 \cdot 7H_2O$	19.5	30	44.1	—	—	—	—	—	—	—	—
$Na_2S_2O_3 \cdot 5H_2O$	50.2	59.7	70.1	83.2	104	—	—	—	—	—	—
$NaVO_3$	—	—	19.3	22.5	26.3	—	33	—	40.8	—	—
Na_2WO_4	71.5	—	73	—	77.6	—	—	—	90.8	—	—
$NiCO_3$	—	—	0.009 3 (298)	—	—	—	—	—	—	—	—
$NiCl_2$	53.4	56.3	60.8	70.6	73.2	78.3	81.2	85.2	86.6	—	87.6
$Ni(NO_3)_2$	79.2	—	94.2	105	119	—	158	—	187	188	—
$NiSO_4 \cdot 7H_2O$	26.2	32.4	37.7	43.4	50.4	—	—	—	—	—	—
$Pb(C_2H_3O_2)_2$	19.8	29.5	44.3	69.8	116	—	—	—	—	—	—

续表

化学式	273 K	283 K	293 K	303 K	313 K	323 K	333 K	343 K	353 K	363 K	373 K
$PbCl_2$	0.67	0.82	1	1.2	1.42	1.7	1.94	—	2.54	2.88	3.2
PbI_2	0.044	0.056	0.069	0.09	0.124	0.164	0.193	—	0.294	—	0.42
$Pb(NO_2)_2$	37.5	46.2	54.3	63.4	72.1	85	91.6	—	111	—	133
$PbSO_4$	2.8×10^{-3}	3.5×10^{-3}	4.1×10^{-3}	4.9×10^{-3}	5.6×10^{-3}	—	—	—	—	—	—
$SbCl_3$	602	—	910	1 087	1 368	—	—	—	—	—	—
Sb_2S_3	—	—	0.000 175 (291)	—	—	—	—	—	—	—	—
$SnCl_2$	83.9	—	259.8 (288)	—	—	—	—	—	—	—	—
$SnSO_4$	—	—	33 (298)	—	—	—	—	—	—	—	18
$Sr(C_2H_3O_2)_2$	37	42.9	41.1	39.5	38.3	37.4	36.8	36.2	36.1	39.2	36.4
SrC_2O_4	3.3×10^{-3}	4.4×10^{-3}	4.6×10^{-3}	5.7×10^{-3}	—	—	—	—	—	—	—
$SrCl_2$	43.5	47.7	52.9	58.7	65.3	72.4	81.8	85.9	90.5	—	101
$Sr(NO_2)_2$	52.7	—	65	72	79	83.8	97	—	130	134	139
$Sr(NO_3)_2$	39.5	52.9	69.5	88.7	89.4	—	93.4	—	96.9	98.4	—
$SrSO_4$	0.011 3	0.012 9	0.013 2	0.013 8	0.014 1	—	0.013 1	—	0.011 6	0.011 5	—
$SrCrO_4$	—	0.085 1	0.09	—	—	—	—	—	0.058	—	—
$Zn(NO_3)_2$	98	—	118.3	138	211	—	—	—	—	—	—
$ZnSO_4$	41.6	47.2	53.8	61.3	70.5	—	75.4	—	71.1	—	60.5

注：(1) 表中括号内数据表示温度值（K），温度（K）由 373 K+ t 得到。

(2) 摘自 Dean J A, Ed. Lange's handbook of chemistry [M]. 13th. ed. New York: McGraw-Hill Book Company, 1985.

(3) 摘自吴建中. 化学用表 [M]. 北京：北京科学出版社，2018：5.

附录十二　常用指示剂的配制方法

表 1　酸碱指示剂

名称	pH 变色范围	颜色变化	配制方法
百里酚监，1 g/L dm^3	1.2~2.8	红~黄	将 0.1 g 百里酚蓝溶于 100 mL 20%乙醇中
甲基黄，1 g/L dm^3	2.9~4.0	红~黄	将 0.1 g 甲基黄溶于 100 mL 90%乙醇中
甲基橙，1 g/L dm^3	3.1~4.4	红~黄	将 0.1 g 甲基橙溶于 100 mL 热水中
溴酚蓝，1 g/L dm^3	3.0~4.6	黄~紫	将 0.1 g 溴酚蓝溶于 100 mL 20%乙醇中；或 0.1 g 溴酚蓝与 3 mL 0.05 mol/L NaOH 溶液混匀，加水稀释至 100 mL

续表

名称	pH变色范围	颜色变化	配制方法
溴甲酚绿，1 g/L dm^3	3.8~5.4	黄~蓝	将0.1 g溴甲酚绿溶于100 mL 20%乙醇中；或0.1 g溴甲酚绿与3 mL 0.05 mol/L NaOH溶液混匀，加水稀释至100 mL
甲基红，1 g/L dm^3	4.4~6.2	红~黄	将0.1 g甲基红溶于100 mL 60%乙醇中
澳百里酚蓝，1 g/L dm^3	6.2~7.6	黄~蓝	将0.1 g溴百里酚蓝溶于100 mL 20%乙醇中
中性红，1 g/L dm^3	6.8~8.0	红~黄橙	将0.1 g中性红溶于100 mL 60%乙醇中
酚酞，1 g/L dm^3	8.2~10.0	无色~红	将0.1 g酸酞溶于100 mL 90%乙醇中
百里酚蓝，1 g/L dm^3	8.0~9.6	黄~蓝	将0.1 g百里酚蓝溶于100 mL 20%乙醇中
百里酚酞，1 g/L dm^3	9.4~10.6	无色~蓝	将0.1 g百里酚酞溶于100 mL 90%乙醇中
甲基红-溴甲酚绿	5.1	酒红~绿	将1份0.2%甲基红乙醇溶液与3份0.01%溴甲酚绿乙醇溶液混合
甲酚红-百里酚蓝	8.3	黄~紫	将1份0.1%甲酚红钠盐水溶液与3份1 g/L百里酚蓝钠盐水溶液
百里酚酞-茜素黄R	10.2	黄~紫	将0.2 g百里酚酞和0.1 g茜素黄用乙醇溶解并定容至100 mL

表2　金属指示剂

名称	颜色		配制方法
	游离态	化合物	
铬黑T（EBT）	蓝	酒红	（1）将0.5 g铬黑T加入20 mL三乙醇胺并加水至100 mL （2）将1 g铬黑T与100 g NaCl研细、混匀
钙指示剂	蓝	红	将0.5 g钙指示剂与100 g NaCl研细、混匀
二甲酚橙（XO）	黄	红	将0.1 g二甲酚橙溶于100 mL水中
磺基水杨酸	无色	红	将1 g磺基水杨酸溶于100 mL水中
吡啶偶氮萘酚（PAN）	黄	红	将0.1 g吡啶偶氮萘酚溶于100 mL乙醇中
钙镁试剂	红	蓝	将0.5 g钙镁试剂溶于100 mL水中

表 3　氧化还原指示剂

名称	$E^{\ominus}$/V	颜色		配制方法
		氧化态	还原态	
中性红，0.5 g/L dm^3	0.24	红	无色	将 0.05 g 中性红溶于 100 mL 60%乙醇中
次甲基蓝	0.532	天蓝	无色	将 0.05 g 次甲基蓝溶于 100 mL 水中
二苯胺	0.76	紫	无色	将 1 g 二苯胺在搅拌下溶于 100 mL 浓硫酸和 100 mL 浓磷酸，储于棕色瓶中
二苯胺磺酸钠	0.85	紫	无色	将 0.5 g 二苯胺磺酸钠溶于 100 mL 水中，必要时过滤
邻苯氨基苯甲酸	0.89	紫红	无色	将 0.2 g 邻苯氨基苯甲酸加热溶解在 100 mL 2 g/L Na_2CO_3溶液中，必要时过滤
邻二氮菲-亚铁	1.06	浅蓝	红	将 0.5 g $FeSO_4 \cdot 7H_2O$ 溶于 100 mL 水中，加 2 滴 H_2SO_4，加 0.5 g 邻二氮菲

附录十三　实验室常用洗液

名称	配制方法	使用
合成洗涤剂（也可用肥皂水）	将合成洗涤剂粉用热水搅拌浓溶液	用于一般的洗涤，一定要用毛刷反复刷洗，冲净
重铬酸钾洗液	取 $K_2Cr_2O_7$（LR）20g 于 500 mL 烧杯中，加水 40 mL，加热溶解，冷却后，沿杯壁在搅动下缓慢加入 400 mL 浓 H_2SO_4 即成（注意：边加边搅），存于磨口细口瓶中，盖紧	具有强氧化性和强酸性，用于洗涤油污及有机物。使用前应先尽量除去仪器内的水，防止洗液被水稀释。用后倒回原瓶，可反复使用，直到红棕色溶液变为绿色（Cr^{3+}色）时，即已失效
高锰酸钾碱性洗液	取 $KMnO_4$（LR）4 g，溶于少量水中，缓慢加入 100 mL 10% NaOH 溶液	用于洗涤油污及有机物。洗后玻璃壁上附着的 MnO_2 沉淀，可用粗亚铁盐或 Na_2SO_3溶液洗去
氢氧化钠乙醇溶液	取 120 g NaOH 溶液溶于 150 mL 水中，用 95%乙醇稀释至 1 L	用于洗涤油污及某些有机物
酒精-浓硝酸洗液		用于洗涤沾有有机物或油污、结构较复杂的仪器，洗涤时先加少量酒精于脏仪器中，再加入少量浓硝酸
碱性酒精溶液	30%～40% NaOH 酒精溶液	用于洗涤油污
盐酸	取 HCl（CP）与水以 1∶1 体积比混合，亦可加入少量 $H_2C_2O_4$	为还原性强酸洗涤剂，可洗去多种金属氧化物及金属离子
盐酸-乙醇洗液	取 HCl（CP）与乙醇按 1∶2 体积比混合	主要用于洗涤被染色的吸收池、比色皿、吸量管等

附录十四 常用缓冲溶液的配制

pH	配制方法
2.0	甲液：取16.6 mL磷酸，加水至10.0 mL，摇匀。乙液：取71.63 g磷酸氢二钠，加水使溶解成1 000 mL。取甲液72.5 mL与乙液27.5 mL混合，接匀，即得
2.5	取100 g磷酸二氢钾，加水800 mL，用盐酸调节pH至2.5，用水稀释至1 000 mL
3.5	取25 g醋酸铵，加水25 mL溶解后，加38 mL 7 mol/dm^3盐酸溶液，用2 mol/dm^3盐溶液或5 mol/dm^3氨溶液准确调节pH至3.5，用水稀释至100 mL，即得
3.6	取8 g三水合醋酸钠渗于适量水中，加13 mL 6 mol/dm^3醋酸，稀释至500 mL，即得
4.0	取20 g三水合醋酸钠溶于适量水中，加134 mL 6 mol/dm^3醋酸，稀释至500 mL，即得
4.0	取邻苯二甲酸氢钾10.21 g，加水900 mL，搅拌使溶解，用氢氧化钠试液（必要时用稀盐酸）调节pH至4.0，加水稀释至1 000 mL，混匀，即得。或将预配的pH 4.0缓冲液粉剂包完全溶解于250 mL水中，即得
4.5	取32 g三水合醋酸钠溶于适量水中，加68 mL 6 mol/dm^3醋酸，稀释至500 mL，即得
5.0	取50 g三水合醋酸钠溶于适量水中，加34 mL 6 mol/dm^3酸酸，稀释至500 mL，即得
6.0	取100 g醋酸铵，加300 mL水使溶解，加7 mL冰醋酸，摇匀，即得
6.8	取250 mL 0.2 mol/dm^3磷酸二氢钾溶液，加118 mL 0.2 mol/dm^3氢氧化钠溶液，用水稀释至100 mL，遥匀，即得
6.86	取3.4 g磷酸二氢钾、3.55 g磷酸氢二钠，加900 mL水，搅拌使溶解，用氢氧化钠试液（必要时用稀盐酸）调节pH至6.86，加水稀释至1 000 mL，混匀，即得
7.6	取27.22 g磷酸二氯钾，加水使溶解成1 000 mL，取50 mL，加42.4 mL 0.2 mol/dm^3氢氧化钠溶液，再加水稀释至200 mL，即得
8.0	取50 g氯化铵溶于适量水中，加3.5 mL 15 mol/dm^3氨水，稀释至500 mL，即得
8.5	取40 g氯化铵溶于适量水中，加8.8 mL 15 mol/dm^3氨水，稀释至50 mL，即得
9.0	取35 g氧化铵溶于适量水中，加24 mL 15 mol/dm^3氨水，稀释至500 mL，即得
9.18	取3.81 g硼砂，加水900 mL，搅拌使溶解，用氢氧化钠试液（必要时用稀盐酸）调节pH至9.18，加水稀释至1 000 mL混匀，即得
9.5	取30 g氯化铵溶于适量水中，加65 mL 15 mol/dm^3氨水，稀释至500 mL，即得
10	取27 g氧化铵溶于适量水中，加197 mL 15 mol/dm^3氨水，稀释至500 mL，即得
10.8~11.2	取5.30 g无水碳酸钠，加水使溶解成1 000 mL；另取1.91 g硼砂，加水使溶解成10 mL。临用前取973 mL碳酸溶液与27 mL硼砂溶液混匀，即得

附录十五　实验室常用溶液的配制

试剂名	化学式	相对分子质量	浓度/(mol·dm⁻³)	配制方法
硝酸银	$AgNO_3$	169.87	0.25	溶解 4.25 g 硝酸银于水中，稀释至 100 mL
			0.1	溶解 1.7 g 硝酸银于水中，稀释至 100 mL
硝酸铝	$Al(NO_3)_3$	375.13	0.1	溶解 3.75 g 硝酸铝于水中，稀释至 100 mL
氯化钡	$BaCl_2$	208.24	0.1	溶解 2.083 g 一水氯化钡于水中，稀释至 10 mL
			25%	取 25 g 氯化钡溶解于 100 g 热水中
硝酸钡	$Ba(NO_3)_2$	261.35	0.1	溶解 2.613 g 硝酸钡于水中，稀释至 100 mL
氯化亚锡	$SnCl_2 . 2H_2O$	225.65	0.1	取 2.26 g 氯化亚锡，加浓盐酸使溶解，加水释至 10 mL，滤过，即得。临用新配
硝酸铅	$Pb(NO_3)_2$	331.23	0.05	取 1.66 g 硝酸好，置 100 mL 溶量瓶中，加 5 mL 浓硝酸与 50 mL 水溶解后，用水稀释至刻度，摇匀
三氯化锑	$SbCl_3$	228.11	0.1	取 2.3 g 三氧化锑，加浓盐酸使溶解，加水稀释至 100 mL，滤过，即得。临用新配
硝酸铋	$Bi(NO_3)_3 \cdot 5H_2O$	485.10	0.1	取 4.85 g 硝酸铋溶于 50 mL 2.0 mol/L 硝酸中，然后加水 50 mL
氯化钙	$CaCl_2$	110.98	0.1	取 1.1 g 氯化钙，加水使溶解成 100 mL，即得
硝酸钙	$Ca(NO_3)_2 \cdot 4H_2O$	236.15	0.1	取 2.36 g 晶体，加水使溶解成 100 mL，即得
硝酸镉	$Cd(NO_3)_2 \cdot 4H_2O$	308.47	0.1	取 3.1 g 晶体溶于 50 mL 2.0 mo/L 硝酸中，然后加水 50 mL
硝酸钴	$Co(NO_3)_2 \cdot 6H_2O$	291.03	0.1	取 2.9 g 晶体溶于 100 mL 水中
氯化钴	$CoCl_2 \cdot 6H_2O$	237.93	0.1	取 2.4 g 晶体溶于 100 mL 水中
硝酸铬	$Cr(NO_3)_3 \cdot 9H_2O$	400.15	0.1	取 4 g 晶体溶于 10 mL 水中

续表

试剂名	化学式	相对分子质量	浓度/$(mol \cdot dm^{-3})$	配制方法
氯化铬	$CrCl_3 \cdot 6H_2O$	266.45	0.1	取2.67 g氯化铬溶于3 mL 6 mo/L盐酸中，加水稀释至100 mL
硝酸铜	$Cu(NO_3)_2$	187.56	0.1	取1.88 g晶体溶于100 mL水中
硫酸铜	$CuSO_4 \cdot 5H_2O$	249.68	0.1	取12.5 g晶体，加水使溶解成100 mL，即得
硝酸铁	$Fe(NO_3)_2 \cdot 9H_2O$	404.00	0 1	取4 g晶体，加水90 mL溶解，滴加2滴浓硝酸后定容到100 mL，即得
氯化铁	$FeCl_3 \cdot 6H_2O$	270.30	0.5	取13.52 g氯化铁溶于10 mL 6 mol/L盐酸，加水稀释至100 mL
硫酸亚铁	$FeSO_4 \cdot 7H_2O$	278.05	0.25	取8 g硫酸亚铁，加新沸过的冷水100 mL使溶解，即得。临用新制
硝酸汞	$Hg(NO_3)_2 \cdot 5H_2O$	414.6	0.1	取约4.15 g硝酸高汞溶于90 mL无氯离子蒸馏水中，加入3 mL浓硝酸，用蒸馏水稀释至100 mL
硝酸亚汞	$Hg_2(NO_3)_2 \cdot 2H_2O$	561.22	0.1	取5.6 g硝酸亚汞，加90 mL水与10 mL稀硝酸使溶解，即得。本液应置棕色瓶内，加汞1滴，密塞储存
硫化钠	$Na_2S \cdot 9H_2O$	240.18	0.1	取2.4 g硫化钠和0.4 g氢氧化钠溶于水中，稀释至100 mL。临用新制
硫化铵	$(NH_4)_2S$	48.087	3	在20 mL浓氨水中通入硫化氢气体至饱和，然后再加入20 mL浓氨水，最后加水稀释至1 000 mL。本液应置棕色瓶内，在暗处储存，本液若发生大量的硫沉淀，即不适用
硫代乙酰胺	CH_3CSNH_2	75.13	5%	取5 g硫代乙酰胺溶于100 mL水中
碳酸铵	$(NH_4)_2CO_3$	96	0.1	取0.96 g研细的碳酸铵溶解于100 mL 2 mol/dm^3氨水中
			14%	取14 g碳酸铵溶于86 mL水中
氯化铵	NH_4Cl	53.49	0.1	取0.54 g氯化铵，加水使溶解成100 mL，即得
硫酸铵	$(NH_4)_2SO_4$	132.14	饱和	取50 g硫酸铵溶解于100 mL热水中，冷却后过滤

续表

试剂名	化学式	相对分子质量	浓度/(mol·dm^{-3})	配制方法
硫酸氢铵	NH_4HSO_4	115.11	0.1	取1.15 g硫酸氢铵，加水使溶解成100 mL，即得
硝酸铵	NH_4NO_3	80.043	0.1	取0.8 g硝酸铵，加水使溶解成100 mL，即得
硫氰酸铵	NH_4SCN	76.12	0.1	取0.76 g硫氰酸铵，加水使溶解成100 mL，即得
醋酸钡	$Ba(C_2H_3O_2)_2$	255.41	0.1	取2.55 g醋酸钡，加水使溶解成100 mL，即得
氢氧化钡	$Ba(OH)_2 \cdot 8H_2O$	315.47	饱和(0.04)	取氢氧化钡，加新沸过的冷水使溶解成饱和溶液，即得。临用新制
氢氧化钙	$Ca(OH)_2$	74.096	0.1	取7.4 g氢氧化钙，置于玻璃瓶内，加水1 000 mL，密塞，剧烈振荡，静止，用时倾取上层清液
氯化汞	$HgCl_2$	271.52	0.1	取2.7 g二氯化汞，加水使溶解成100 mL，即得
硝酸汞	$Hg(NO_3)_2$	324.6	0.1	取1.53 g黄色氧化汞，加32 mL硝酸与15 mL水使溶解，即得。本液应置于玻璃塞瓶内，在暗处储存
硝酸亚汞	$Hg_2(NO_3)_2$	525.19	0.1	取5.25 g硝酸亚汞，加90 mL水与10 mL稀硝酸使溶解，即得。本液应置棕色瓶内，加汞1滴，密塞储存
硫酸汞	$HgSO_4$	296.65	0.1	取3 g黄氧化汞，加40 mL水后，缓慢加20 mL硫酸，随加随搅拌，再加40 mL水，搅拌使溶解，即得
砷酸钠	Na_3AsO_4	402.09	0.1	取4 g砷酸钠，加水使溶解成100 mL，即得
溴化钾	KBr	119	0.1	取1.2 g溴化钾，加水溶解成100 mL，即得。密封干燥避光储存
铬酸钾	K_2CrO_4	194.19	5%	取5 g铬酸钾，加水使溶解成100 mL，即得
重铬酸钾	$K_2Cr_2O_7$	294.19	0.1	取3 g重铬酸钾，加水使溶解成100 mL，即得

续表

试剂名	化学式	相对分子质量	浓度/($mol \cdot dm^{-3}$)	配制方法
磷酸二氢钾	KH_2PO_4	136.09	0.1	取 1.36 g 磷酸二氢钾，加水使溶解成 100 mL，即得
铁氰化钾	$K_3Fe(CN)_6$	329.24	0.05	取 1.65 g 铁氰化钾，加水使溶解，稀释到 100 mL，即得。临用新制
亚铁氰化钾	$K_4Fe(CN)_6$	422.42	0.1	取 4.3 g 亚铁氰化钾，加水 100 mL 使溶解，即得。临用新配
碘酸钾	KIO_3	214	0.1	取碘酸钾，在 105 ℃干燥至恒重后，精密称取 0.36 g. 加水适量使溶解，置 100 mL 容量瓶中并稀释至刻度，摇匀
碘化钾	KI	166	0.1	取 1.66 g 碘化钾，加水使 100 mL 溶解，贮于标色瓶中。临用新配
			10%	溶解 10 g 碘化钾于 100 mL 水中，贮于棕色瓶中。临用新配
硝酸钾	KNO_3	101.1	0.1	溶解 1 g 硝酸钾于 100 mL 水中
草酸钾	$K_2C_2O_4$	184.23	10%	溶解 10 g 碘化钾于 100 mL 水中
草酸铵	$(NH_4)_2C_2O_4$	124.1	4%	取 4 g 草酸铵，加水使溶解成 100 mL，即得
高锰酸钾	$KMnO_4$	158.04	0.01	取 3.3 g 高锰酸钾，溶于 1 050 mL 水中，缓慢煮沸 15 min，冷却，于暗处放置两周，用已处理过的 4 号玻璃滤埚过滤于棕色瓶中
过二硫酸钾	$K_2S_2O_8$	270.32	0.2	取 5.4 g 过二硫酸钾，加水使溶解成 100 mL，即得
硫酸钾	K_2SO_4	174.24	1%	取 1 g 硫酸钾，加水使溶解成 100 mL，即得
硫氰酸钾	KSCN	97.18	0.1	称取 1 g 硫氰酸钾，溶于 100 mL 水中，摇匀
硝酸锂	$LiNO_3$	68.95	0.1	称取 0.7 g 硝酸理，溶于 100 L 水中，摇匀
二氧化硫	饱和 SO_2溶液	64.06	1.78	将亚硫酸钠与稀硫酸反应产生的氧化硫通入水中，直到二氧化硫不再溶解为止（20 ℃时溶解度是 9.4），注意：用氢氧化钠溶液做尾气吸收
硝酸铝	$Al(NO_3)_3 \cdot 9H_2O$	375.13	10%	取 10 g 硝酸铝，溶于 10 ml 水中，摇匀
硝酸锰	$Mn(NO_3)_2 \cdot 4H_2O$	250.01	0.1	取 2.5 g 硝酸锰，稀释至 100 mL
乙酸钠	$CH_3COONa \cdot 3H_2O$	136.08	0.1	取 1.36 g 乙酸钠，稀释至 100 mL

续表

试剂名	化学式	相对分子质量	浓度/(mol · dm^{-3})	配制方法
溴酸钠	$NaBrO_3$	150.91	0.1	取2 g氧氧化钠溶于6 g水中，冷却后在搅拌下滴加2 g液溴，保持温度小于20 ℃，滴完搅拌片刻，冷却储存
溴化钠	NaBr	102.89	0.1	取1.03 g溴化钠，稀释至100 mL
碳酸钠	Na_2CO_3	105.99	0.1	取1.25 g一水合碳酸钠或1.05 g无水碳酸钠，加水使溶解成100 mL
氯酸钠	$NaClO_3$	106.44	0.1	取1.06 g氯酸钠，稀释至100 mL
氯化钠	NaCl	58.5	0.1	取5.85 g氯化钠，稀释至100 mL
磷酸二氢钠	NaH_2PO_4	119.98	0.1	取0.2 g磷酸二氢钠，稀释至100 mL
磷酸氢二钠	Na_2HPO_4	141.96	0.1	取1.42 g磷酸氢二钠结晶，稀释至100 mL
氟化钠	NaF	41.99	0.1	取氟化钠0.42 g，加0.1 mol/dm^3盐酸使溶解成100 mL，需用塑料容器配制，临用新配
碳酸氢钠	$NaHCO_3$	84.01	0.1	取0.84 g碳酸氯钠，加水使溶解成100 mL，即得
氢氧化钠	NaOH	40.0	2.0	取8 g氢氧化钠，加水使溶解成100 mL，即得
			6.0	取2 g氢氧化钠，加水使溶解成100 mL，即得
碘酸钠	$NaIO_3$	197.92	0，1	取2 g碘酸钠，加水使溶解成100 mL，即得
钼酸钠	Na_2MoO_4	241.95	5%	取5 g钼酸钠，加95 g水，搅拌溶解，即得
硝酸钠	$NaNO_3$	84.99	0.1	取0.85 g硝酸钠，加水使溶解成100 mL，即得
			0.5	取4.25 g硝酸钠，加水使溶解成100 mL，即得
亚硝酸钠	$NaNO_2$	68.99	0.1	取0.7 g亚硝酸钠，加水使溶解成100 mL，即得
亚硝酸钴钠	$Na_3Co(NO_2)_6$	412.99	0.5	取10.3 g亚硝酸钴钠，加水使溶解成50 mL，滤过，即得
草酸钠	$Na_2C_2O_4$	134.00	0.2	取2.68 g草酸钠，加水使溶解成100 mL，即得

续表

试剂名	化学式	相对分子质量	浓度/(mol·dm^{-3})	配制方法
磷酸钠	$Na_3PO_4 \cdot 12H_2O$	380.14	0.1	取3.8 g磷酸钠，加水使溶解成100 mL，即得
硫酸钠	Na_2SO_4	142.06	0.1	取1.42 g硫酸钠，加水使溶解成100 mL，即得
亚硫酸氢钠	$NaHSO_3$	104.06	0.1	取1.1 g亚硫酸氢钠，加水使溶解成100 mL，即得。临用新制
亚硫酸钠	Na_2SO_3	126.04	0.1	取1.26 g无水亚硫酸钠，加水100 mL使溶解，即得。临用新制
硫代硫酸钠	$Na_2S_2O_3$	158.00	0.1	称量1.58 g硫代硫酸钠，溶于100 mL新煮沸并已放冷的水中
硝酸镍	$Ni(NO_3)_2$	290.81	0.1	取2.9硝酸镍，加水使溶解成100 mL，即得
硼酸	H_3BO_3	61.83	饱和	20 ℃溶解度5.7
硫化氢	H_2S	34.08	0.1	20 ℃溶解度033，本液应置棕色瓶内，在暗处储存。本液若无明显的硫化氢臭，或与等容的三氯铁试液混合时不能生成大量的硫沉淀，即不适用
硝酸铁	$Fe(NO_3)_3 \cdot 9H_2O$	241.86	0.1	取2.42 g硝酸铁，加1 mL浓硝酸，定容至100 mL
硫酸铁	$Fe_2(SO_4)_3$	399.86	0.1	取4 g硫酸铁晶体溶于10 mL稀硫酸中，再加水至100 mL
硝酸锌	$Zn(NO_3)_2 \cdot 6H_2O$	297.49	0.1	取3 g硝酸锌溶于水中，定容至100 mL
硝酸银	$AgNO_3$	169.87	0.01	取0.17 g硝酸银溶于100 mL水中
醋酸铅	$(CH_3COO)_2Pb$	325.00	0，1	取3.25 g醋酸铅，加新沸过的冷水溶解后，滴加醋酸使溶液澄清，再加沸过的冷水至100 mL，即得
醋酸钠	$CH_3COONa \cdot 3H_2O$	136.08	0.1	取1.36 g醋酸钠晶体，加水使溶解成100 mL，即得
亚硝基铁氰化钠	$Na_2Fe(CN)_5NO \cdot 2H_2O$	297.95	0.1	取3 g亚硝基铁氰化钠，加水使溶解成100 mL，即得。临用新制

续表

试剂名	化学式	相对分子质量	浓度/(mol·dm^{-3})	配制方法
过氧化氢	H_2O_2	34.01	3%	取浓过氧化氢溶液（30%），加水稀释成3%的溶液，即得
次氯酸钠	NaClO	74.44	4%	取20 g含氯石灰，缓慢加水100 mL，研磨成均匀的混悬液后，加14%碳酸钠溶液100 mL，随加随搅拌，用湿滤纸滤过，分取滤液5 mL，加碳酸钠数滴，如显浑浊，再加适量的碳酸钠溶液使石灰完全沉淀，滤过，即得。含次氯酸钠应不少于4%。本液应置棕色瓶内，在暗处储存
次溴酸钠	NaBrO	119.00	0.5	取20 g氢氧化钠，加水75 mL溶解后，加溴5 mL，再加水稀释至100 mL，即得。临用新制
多硫化铵	$(NH_4)_2S_x(x=2\sim6)$			取硫化铵试液，加硫黄使饱和，即得
草酸	$H_2C_2O_4\cdot2H_2O$	126.4	0.5	取6.3 g草酸，加水使溶解成100 mL，即得
盐酸羟胺	$HO{-}NH_2\cdot HCl$	69.49	0.5	取3.5 g盐酸经胺，加60%乙醇使溶解成100 mL，即得
钼酸铵	$(NH_4)_6Mo_7O_{24}\cdot4H_2O$	196.01	0.1	取1.24 g钼酸铵溶于10 mL水中，将所得溶液倒入10 mL 6 mol/dm^{3}硝酸中，放置24 h，取其澄清液
硫氰酸汞铵	$Hg(SCN)_2\cdot2NH_4SCN$	464.97	0.1	取5 g硫氰酸铵与4.5 g二氧化汞，加水使溶解成100 mL，即得
氯水	Cl_2		饱和	水中通入氯气至饱和（用时临时配制），氯气在25 ℃时溶解度为199 mL/100 g水
溴水	Br_2		饱和	取溴2~3 mL，置于用凡士林涂塞的玻璃瓶中，加水100 mL，振摇使成饱和的溶液，置暗处储存
碘水	I_2		饱和	取0.13 g碘和0.5 g碘化钾溶解在尽可能少量的水中，待碘完全溶解后（充分搅动），再加水稀释至100 mL

续表

试剂名	化学式	相对分子质量	浓度/(mol·dm^{-3})	配制方法
碱性连二亚硫酸钠	$Na_2S_2O_4$	174.11	1	取50 g连二亚硫酸钠，加水250 mL使溶解，加含氢氧化钠28.57 g的水洛液40 mL，混合，即得。临用新制
醋酸铀酰锌	$ZnUO_2(CH_3COO)_4$	57.59		取10 g醋酸铀酰锌，加5 mL冰醋酸与50 mL水，微热使溶解，另取30 g醋酸锌，加3 mL冰醋酸与30 mL水，微热使溶解，将两液混合，放冷，滤过，即得
淀粉指示液	$C_{12}H_{22}O_{11}$		0.5%	取0.5 g可溶性淀粉，加5 mL水搅匀后，缓慢倾入100 mL沸水中，随加随搅拌，继续煮沸2 min，放冷，倾取上层清液，即得。临用新制
碘化钾淀粉指示液	KI-淀粉		0.2%	取0.2 g碘化钾，加100 mL新制的淀粉指示液使溶解，即得
邻二氢菲	$C_{12}H_8N_2 \cdot H_2O$	198.22	0.15%	取0.375 0 g邻二氮菲于烧杯中，加少量蒸馏水和4滴浓盐酸溶解后，移至250 mL容量瓶中，加蒸馏水定容。临用新制
亚硝酰铁氰化钠	$Na_2[Fe(CN)_5NO]$	297.95	3%	称取3 g二水合亚硝酰铁氰化钠溶于100 mL水中
泰斯勒试剂	$K_2[HgI_4]$	786.4		称取11.5 g碘化汞和8 g碘化钾溶于足量的水中，稀释至50 mL，然后加50 mL 6 mol/dm^{3}氯氧化钠溶液，静置后取其清液储存于棕色瓶中
钙指示剂	$C_{21}H_{14}N_2O_7S$	438.41	0.2%	取0.10 g钙指示剂或其钠盐与10 g在105 ℃干燥的氯化钠，置于研钵中研细混匀。储存于棕色磨口瓶中
铝试剂	$C_{22}H_{14}O_9 \cdot 3NH_3$	473.43	0.1%	取0.1 g铝试剂溶于10 mL水中
丁二酮肟	$C_4H_8N_2O_2$	116.12	0.1	取1.2 g丁二酮肟，加100 mL乙醇使溶解，即得
品红试剂	$C_{20}H_{19}N_3$	301.38		取0.01 g品红盐酸盐溶于20 mL热水中，放冷，加入0.1 g亚硫酸氢钠和2滴浓盐酸，再用蒸馏水稀释至100 mL

注：附录十和附录十四摘自宁光辉，梁晓琴．无机化学实验［M］．北京：科学出版社，2015：8.

附录十六　常见离子和化合物的颜色

1. 离子

(1) $[Ti(H_2O)_6]^{3+}$ 紫色　$[TiO(H_2O)_2]^{2+}$ 桔黄色　TiO_2^{2-} 橙红色

(2) $[V(H_2O)_6]^{2+}$ 蓝色　$[V(H_2O)_6]^{3+}$ 暗绿色　VO^{2+} 蓝色　VO_2^+ 黄色　VO_2^{3+} 棕红色　$V(O_2)O_3^{3-}$ 黄色

(3) $[Cr(H_2O)_6]^{2+}$ 天蓝色　$[Cr(H_2O)_6]^{3+}$ 蓝紫色　$[Cr(H_2O)_5Cl]^{2+}$ 蓝绿色　$[Cr(H_2O)_4Cl_2]^+$ 绿色

CrO_2^- 绿色　CrO_4^{2-} 黄色　$Cr_2O_7^{2-}$ 橙色

(4) $[Mn(H_2O)_6]^{2+}$ 浅红色　MnO_4^{2-} 绿色　MnO_4^- 紫红色

(5) $[Fe(H_2O)_6]^{2+}$ 浅绿色　$[Fe(H_2O)_6]^{3+}$ 淡紫色　$[Fe(CN)_6]^{4-}$ 黄色　$[Fe(CN)_6]^{3-}$ 红棕色

$[Fe(NCS)_n]^{3-n}$ 血红色

(6) $[Co(H_2O)_6]^{2+}$ 粉红色　$[Co(NH_3)_6]^{2+}$ 黄色　$[Co(NH_3)_6]^{3+}$ 橙黄色　$[Co(SCN)_4]^{2-}$ 蓝色

(7) $[Ni(H_2O)_6]^{2+}$ 亮绿色　$[Ni(NH_3)_6]^{2+}$ 蓝色

(8) $[Cu(H_2O)_4]^{2+}$ 蓝色　$[CuCl_4]^{2-}$ 棕黄色　$[Cu(NH_3)_4]^{2+}$ 深蓝色

2. 化合物

(1) 氧化物。

V_2O_5 红棕色或橙黄色　Cr_2O_3 绿色　CrO_3 橙红色　MnO_2 棕色　FeO 黑色　Fe_2O_3 砖红色　CoO 灰绿色

Co_2O_3 黑色　NiO 暗绿色　Ni_2O_3 黑色　Cu_2O 暗红色　CuO 黑色　Ag_2O 褐色　ZnO 白色

CdO 棕灰色　Hg_2O 黑色　HgO 红色或黄色　PbO_2 棕褐色　Pb_3O_4 红色　Sb_2O_3 白色　Bi_2O_3 黄色

(2) 氢氧化物。

$Cr(OH)_3$ 灰绿色　$Mn(OH)_2$ 白色　$Fe(OH)_2$ 白色　$Fe(OH)_3$ 红棕色　$Co(OH)_2$ 粉红色

$Co(OH)_3$ 褐色　$Ni(OH)_2$ 淡绿色　$Ni(OH)_3$ 黑色　$CuOH$ 黄色　$Cu(OH)_2$ 浅蓝色

$Zn(OH)_2$ 白色　$Cd(OH)_2$ 白色　$Sn(OH)_2$ 白色　$PbOH$ 白色　$Sb(OH)_3$ 白色

$Bi(OH)_3$ 白色　$BiO(OH)$ 灰黄色

(3) 铬酸盐。

$CaCrO_4$ 黄色　$BaCrO_4$ 黄色　Ag_2CrO_4 砖红色　$PbCrO_4$ 黄色

(4) 硫酸盐。

$CaSO_4$ 白色　$BaSO_4$ 白色　Ag_2SO_4 白色　$PbSO_4$ 白色

$Cr_2(SO_4)_3 \cdot 6H_2O$ 绿色　$Cr_2(SO_4)_3 \cdot 18H_2O$ 紫色　$[Fe(NO)]SO_4$ 深棕色

$CoSO_4 \cdot 7H_2O$ 红色　$CuSO_4 \cdot 5H_2O$ 蓝色

$Cu_2(OH)_2SO_4$ 浅蓝色　Hg_2SO_4 白色　$(NH_4)_2Fe(SO_4)_2 \cdot 6H_2O$ 蓝绿色

$NH_4Fe(SO_4)_2 \cdot 12H_2O$ 浅紫色

（5）磷酸盐。

$Ca_3(PO_4)_2$ 白色　$CaHPO_4$ 白色　$Ba_2(PO_4)_2$ 白色　$FePO_4$ 浅黄色　Ag_3PO_4 黄色

（6）碳酸盐。

$CaCO_3$ 白色　$BaCO_3$ 白色　Ag_2CO_3 白色　$PbCO_3$ 白色　$MgCO_3$ 白色

$FeCO_3$ 白色　$MnCO_3$ 白色　$CdCO_3$ 白色　$Bi(OH)CO_3$ 白色

$Co_2(OH)_2CO_3$ 红色　$Ni_2(OH)_2CO_3$ 浅绿色　$Cu_2(OH)_2CO_3$ 蓝色

$Zn_2(OH)_2CO_3$ 白色　$Hg_2(OH)_2CO_3$ 红褐色

（7）草酸盐。

CaC_2O_4 白色　BaC_2O_4 白色　$Ag_2C_2O_4$ 白色　PbC_2O_4 白色　FeC_2O_4 淡黄色

（8）硅酸盐。

$BaSiO_3$ 白色　$MnSiO_3$ 肉色　$Fe_2(SiO_3)_3$ 棕红色　$CoSiO_3$ 紫色　$NiSiO_3$ 翠绿色

$CuSiO_3$ 蓝色　$ZnSiO_3$ 白色　Ag_2SiO_3 黄色

（9）氯化物。

$CoCl_2$ 蓝色　$CoCl_2 \cdot H_2O$ 蓝紫色　$CoCl_2 \cdot 2H_2O$ 紫红色　$CoCl_2 \cdot 6H_2O$ 粉红色

$CrCl_3 \cdot 6H_2O$ 绿色　$FeCl_3 \cdot 6H_2O$ 黄棕色　$TiCl_3 \cdot 6H_2O$ 紫色　$BiOCl$ 白色　$SbOCl$ 白色

$Sn(OH)Cl$ 白色　$Co(OH)Cl$ 蓝色　$AgCl$ 白色　$CuCl$ 白色　Hg_2Cl_2 白色

$PbCl_2$ 白色　$HgNH_2Cl$ 白色

（10）溴化物。

$AgBr$ 浅黄色　$PbBr_2$ 白色

（11）碘化物。

AgI 黄色　Hg_2I_2 黄色　HgI_2 桔红色　PbI_2 黄色　CuI 白色

（12）拟卤化合物。

$AgCN$ 白色　$AgSCN$ 白色　$CuCN$ 白色　$Cu(CN)_2$ 黄色　$Cu(SCN)_2$ 黑色

（13）硫化物。

MnS 肉色　FeS 黑色　Fe_2S_3 黑色　CoS 黑色　NiS 黑色　Cu_2S 黑色　CuS 黑色　Ag_2S 黑色

ZnS 白色　CdS 黄色　HgS 红色或黑色　SnS 棕色　SnS_2 黄色　PbS 黑色　As_2S_3 黄色　Sb_2S_3 橙色

Sb_2S_5 橙红色　Bi_2S_3 黑褐色

（14）其他含氧酸盐。

$NaBiO_3$ 黄棕色　BaS_2O_3 白色　$BaSO_3$ 白色　$Ag_2S_2O_3$ 白色

（15）其他化合物。

$Mn_2[Fe(CN)_6]$ 白色　$Zn_2[Fe(CN)_6]$ 白色　$Cu_2[Fe(CN)_6]$ 红棕色　$Ni_2[Fe(CN)_6]$ 浅 绿色

$Co_2[Fe(CN)_6]$ 绿色　$Fe_3[Fe(CN)_6]_2$ 蓝色　$Fe_4[Fe(CN)_6]_3$ 蓝色

$Na_2[Fe(CN)_6] \cdot 2H_2O$ 红色　$(NH_4)_3PO_4 \cdot 12MoO_3 \cdot 6H_2O$ 黄色

$\left[\begin{array}{c} Hg \\ O \quad NH_2 \\ Hg \end{array} \right] I$　　$\left[\begin{array}{c} I-Hg \\ \quad NH_2 \\ I-Hg \end{array} \right] I$　　$\begin{array}{c} H_3C-C-C-CH_3 \\ O\leftarrow N \quad N-O \\ H \quad Ni \quad H \\ O-N \quad N\rightarrow O \\ H_3C-C-C-CH_3 \end{array}$

红棕色　　深褐色或红棕色　　鲜红色

附录十七　磁化率、反磁磁化率和结构改正数

表 1　部分原子（离子）的摩尔磁化率

原子	$\chi_M \times 10^6$	原子	$\chi_M \times 10^6$
H	−2.93	P	−26.3
C(链)	−6.00	As(V)	−43.0
C(环)	−5.76	Bi	−192
N(链)	−5.55	Li	−4.2
N(环)	−4.61	Na	−9.2
N(酰胺)	−1.54	K	−18.5
N(酰二胺、酰亚胺)	−2.11	Mg	−10.0
O(醇、醚)	−4.61	Cu	−15.9
O(醛、酮)	+1.73	Al	−13.0
O(羧基)	−3.36	Zn	−13.5
F	−6.3	Sb^{3+}	−74.0
Cl	−20.1	Hg^{2+}	−33.0
Br	−30.6	Sn^{4+}	−3.0
I	−44.6	K^+	−14.9
S	−15.6	Cu^+	−15.0
Se	−23.0	Na^+	−7.0

表2 部分配体的反磁磁化率

配体	$\chi_D\times10^6$	配体	$\chi_D\times10^6$
Br^-	−35	ClO_4^-	−32
Cl^-	−23	IO_4^-	−52
I^-	−51	NO_2^-	−10
CN^-	−13	NO_3^-	−19
NCS^-	−31	SO_4^{2-}	−40
CO	−10	H_2O	−13
CO_3^{2-}	−28	O_2^{2-}	−7
$C_2H_3O_2^-$（醋酸根）	−30	OH^-	−12
$C_2H_8N_2$（乙二胺）	−46	NH_4^+	−13
$C_2O_4^{2-}$（草酸根）	−25	NH_3	−18

表3 部分结构改正数

配体	$\lambda_B\times10^6$	配体	$\lambda_B\times10^6$
>C=C<	+5.5	>C—Cl	+3.1
—C≡C—	+0.8	>C—Br，>C—I	+4.1
>C=C—C=C<	+10.6	苯环	−1.4
>C=C—C—	+4.5	萘环	−31.0
—N=N—	+1.8	CH（α、γ、ε、δ）[1]	−1.29
>C=N	+8.2	—C—（α、γ、ε、δ）	−1.55
—C≡N	+0.8	—CH—（β），—C—（β）	−0.48

注：① α、β、γ、ε、δ 相对于氧基（Oxygen group）的位置，如 α 表示最邻近氧基。

主要参考文献

［1］中国科学技术大学无机化学实验课题组．无机化学实验［M］．合肥：中国科学技术大学出版社，2012.
［2］吴建中．无机化学实验［M］．北京：科学出版社，2018.
［3］宁光辉，梁晓琴．无机化学实验［M］．北京：科学出版社，2015.
［4］商少明．无机及分析化学实验［M］．北京：化学工业出版社，2019.
［5］周花蕾．无机化学实验［M］．北京：化学工业出版社，2019.
［6］文利柏，虎玉森，白红进．无机化学实验［M］．北京：化学工业版社，2017.
［7］刘约权，李贵深．实验化学（上）［M］．北京：高等教育出版社，2002.
［8］浙江大学，南京大学，北京大学，兰州大学．综合化学实验［M］．北京：高等教育出版社，2003.
［9］王伯康．综合化学实验［M］．南京：南京大学出版社，2000.
［10］王伦，方宾．化学实验［M］．北京：高等教育出版社，2003.
［11］沈君朴．实验无机化学（第二版）［M］．天津：天津大学出版社，1996.
［12］张勇，胡忠鲠．现代化学基础实验［M］．北京：科学出版社，2000.
［13］殷学锋．新编大学化学实验［M］．北京：高等教育出版社，2002.
［14］南京大学．大学化学实验［M］．北京：高等教育出版社，1999.
［15］崔学桂，张小丽．基础化学实验［M］．济南：山东大学出版社，2000.
［16］聂麦茜，吴蔓莉．水分析化学［M］．北京：冶金工业出版社，2003.
［17］张济新，等．实验化学原理与方法［M］．北京：化学工业出版社，1999.
［18］李铭岫．无机化学实验［M］．北京：北京理工大学出版社，2002.
［19］林宝凤．基础化学实验技术绿色化教程［M］．北京：科学出版社，2003.
［20］吴肇亮，俞英，等．基础化学实验（上）［M］．北京：石油工业出版社，2003.
［21］刘海涛，杨郦，张树安，等．无机材料合成［M］．北京：化学工业出版社，2003.
［22］侯振雨．无机及分析化学实验［M］．北京：化学工业出版社，2004.
［23］武汉大学化学系无机化学教研室．无机化学实验［M］．武汉：武汉大学出版社，1997.
［24］郎建平，卞国庆．无机化学实验［M］．南京：南京大学出版社，2009.
［25］Bustamante E L，Fernandez J L and Zamaro J M. Influence of the solvent in the synthesis of zeolitic imidazolate framework－8（ZIF－8）nanocrystals at room temperature. Journal of Colloid and Interface Science，2014，424，37－43.
［26］Warzecha E，Berto T C，Wilkinson C C and Berry J F. Rhodium rainbow：a colorful laboratory experiment highlighting ligand field effects of dirhodium tetraacetate. Journal of Chemical Education，2019，96，571－576.
［27］Wilkinson S M，Sheedy T M and New E J. Synthesis and characterization of metal complexes with schiff base ligands. Journal of Chemical Education，2016，93，351－354.